한국의 건축문화재

4 충북편

김 경 표 지음

기문당

일러두기

1) 대상 : 지정문화재 중 목조건조물로서 유형문화재급 이상을 원칙으로 함

2) 문화재 명칭 : 문화재 목록상의 명칭을 기준으로 함

3) 사진 및 도면 : 대상당 사진 2매, 도면 1면 기준

4) 서술내용 : 연혁, 위치, 입지, 배치, 평면, 입면, 단면, 기타 건축요소

5) 유형 분류
   관영건축 : 궁전, 읍성, 객사, 관아, 성곽 등
   불교건축 : 사지, 사찰, 암자 등
   유교건축 : 문묘, 향교, 서원, 서당, 사당, 비각 등
   주거건축 : 주택, 별당, 마을 등
   누정건축 : 누각, 정자, 교량, 정원, 조경시설
   기타건축

총서 기획의 배경

건축문화재란 한국건축문화의 유산으로서 역사적, 예술적, 학술적 가치가 높아 문화재로 지정 · 보존된 건조물을 의미한다. 이는 한국건축사의 중심적인 사료로서 연구와 교육의 대상이며, 문화유산의 중요한 부분으로서 대중적 답사와 관광의 대상이며, 현장에서 보존되는 문화재로서 보존 · 관리의 대상이다. 이 때문에 전공연구자는 물론 일반인들의 현장체험을 위한 답사의 수요가 폭발적으로 증가해 왔다.

각 방면의 관심에 따라 건축문화재를 소개하는 저술도 꾸준히 증가되어 왔다. 각 지역의 문화원에서는 향토사류의 저술 속에 향토문화 유산의 한 부분으로서 건축문화재를 다루었으며, 문화재관리국을 비롯한 지방관청에서는 문화재대관류의 저술 안에 그것을 포함하였다. 그러나 이것들은 각 지방의 문화재를 포괄적으로 다룬 것이기에 건축문화재만을 따로 분류하기가 어렵고, 건축적 성격이나 건축사적 가치를 상세히 설명하는 경우가 드물었다.

건축문화재는 건축학내에서 한국건축사의 실증적 사료로서 조사 · 연구되어 왔기 때문에, 건축문화재를 대상으로 하는 많은 논문이나 보고서 등이 저술되어 왔다. 특히 1980년대 이후 현장답사의 수요가 폭발적으로 증가함에 따라 건물별, 유형별, 지역별 인내시들이 활발히 저술되었다. 그러나 이러한 전공분야의 자료들은 대부분 잘 알려진 국가 지정급 문화재만을 발췌하여 다루었고, 대상 수가 많을수록 그에 관한 설명이 축약되는 경우가 많았다. 전국을 망라하여 건축문화재의 소재와 건축적 성격 및 건축사적 의미를 설명한 자료 집성이나 종합 안내서는 아직까지 발간되지 못하고 있는 실정이다.

이와 같은 배경에서 본총서는 한국의 건축문화재를 총망라하여 체계적으로 소개할 목적으로 기획되었다. 그리고 국가 및 지방 지정 건축문화재를 망라하여 그 소재와 내용을 밝히고, 건축사적 또는 건축계획적 의미나 가치를 설명하려는 의도를 가지고 있었다. 또한 지역별 단행본으로 구성하여 전통 건축문화의 지역적 성격을 조망하게 하는 한편 현장답사에 도움이 되고자 하였다. 이로써 학문적으로는 한국건축사 연구에 유용한 실증적 자료집이 되게 하고, 대중적으로는 건축문화재 기행의 종합적 안내서로서 활용하며, 행정적으로는 지역내 건축문화재의 성격과 현황을 파악하는 보존과 관리의 자료집으로 활용코자 한 것이다.

이 총서의 집필을 위해 각 도별로 한국건축사의 전공학자들을 필자로 위촉하였다. 이 분들은 각 지역에서 오랫 동안 건축문화재를 대상으로 연구를 수행한 경험이 있었기 때문에 '건축사 학자들의 관점과 시각' 이라는 기획의도를 달성하기에 모자람이 없었다. 이러한 필자들로 집필위원회를 구성하여 편제와 대상, 집필원칙 등을 결정하였다.

각 지역별 대상의 선정과 저술방법은 원칙적으로 필자에게 위임되어 있었으나 통일성을 기하기 위해 분류와 편제의 기본원칙을 설정하였다. 우선 저술대상은 목조건조물로서 지방의 유형문화재급 이상을 모두 포함하기로 하고 건축사적 가치에 따라 가감하기로 하였다. 총서의 편제는 각 건축유형의 지역성 및 시대적 변천과정을 해석하기 편하도록 유형별 편제를 채택하였다. 물론 제주도나 강원도와 같이 유형적 사례가 다양하지 않은 지역은 예외로 하였다. 한편, 답사의 편의성을 위하여 부록에 권역별 지도와 문화재 위치를 넣기로 하였다.

수차에 걸친 필자 회의 끝에 몇 개의 저술원칙도 설정되었다. 그 첫째는 '현장체험적인 서술이어야 할 것', 둘째는 '사진이나 도면 등 시각적 자료를 제공할 것', 셋째는 '건축적 성격을 가급적 상세히 기술하여 자료목록화(database)가 가능하도록 할 것', 넷째는 '건축적 가치나 의미를 중심으로 서술되어야 할 것', 마지막으로 '대중적으로 이해될 수 있는 문체여야 할 것' 등이다. 그러나 전문성과 대중성을 동시에 획득하기란 대단히 어려운 일이었기에 전공대학생 정도의 독자를 대상으로 설정할 수밖에 없었다. 전문용어의 해설은 배병선 위원이 맡아 통일시키도록 하였다.

필자들에게는 집필을 위해 수차에 걸친 재답사가 요구되었다. 잘 알려진 대상이라도 확인과 검증이 필요했고, 관련문헌의 고증, 사진촬영과 도면 작성, 해석관점의 설정, 집필 등 고된 노동에 가까운 노력이 더하여졌다. 최소한 100여 개가 넘는 대상을 답사하고 집필하는 동안 2년 여에 걸친 시간이 소요되었다. 실로 한국건축사의 자료집성이라는 열정이 없었다면 가능하지 않은 일이었다.

그러나 이러한 시간과 노력에도 불구하고 필진의 대부분은 끝내 만족할 수 없었다. 사진의 질이 아마추어의 수준을 넘지 못하고, 도면을 미처 작성하지 못한 것도 있으며, 참고문헌의 부족으로 고증이 부족하거나 해석이 정밀하지 못한 부분도 많았기 때문이다. 따라서 계속적으로 수정 보완할 것을 전제로 두고 우선 초판을 간행하게 된 것이다.

이 총서를 펴내기까지 대동여지도의 김정호 선생과 같은 열정과 노고로 집필에 임해 주신 필자 여러분께 경의와 찬사를 표하는 바이다. 또한 한국건축사 연구의 진흥과 한국건축문화의 대중적 이해를 위해 이 책을 출판해준 기문당 강해작 사장님께도 깊이 경의를 표한다. 혹시라도 서툰 점이 있다면 모두 기획자의 능력이 부족함을 탓해주기 바라며, 향후 선배 제현의 격려와 질책으로 이 책이 명실상부한 한국건축사의 자료집성으로 거듭나기를 기대한다.

기획위원장 강영환 배상

서 문

고건축은 살아서 숨쉬는 것이다. 그러기에 고건축물은 살아서 움직이는 사람과 더불어 살기를 바란다. 그러면서 함께 더불어 사는 사람과 서로의 혼을 주고 받는다. 그러다가 고건축물이 홀로 빈 공간을 스스로 지키고만 있을 때, 이것은 기다림의 연속이 된다. 그럴 때쯤이면 저 멀리 아랫마을 도회 속에 살아가는 우리들의 가슴도 자꾸만 저려오는 것이다. 대대로 내려오며 숨쉬던 고건축물은 어디로 가고 있는가, 오늘날 우리들은 어디로 향해 살아가는가. 그 지점은 언젠가는 같아야만 하는 것이기에 그러지 못한 현재를 안타까워 하며 쓰러져가는 고건축물을 어루만지며 저려오는 마음을 달래며 미천한 지식으로 한 조각 한 조각 떨어져 나가는 고건축물 조각들의 모습을 담고자 노력하였다. 충북은 청풍명월의 고장, 선비의 고장, 의사(義士)들의 고장이다. 그러기에 그 건축적 유구가 많이 남아 있으며 이 지역의 고건축물은 이곳 조상들의 훌륭함을 깨닫게 하는 흔적들이다. 아름다운 자연경관이 신(神)에게 고개 숙이게 한다면 고건축물은 앞서간 사람들에게 고개 숙이게 한다.

우선 충북건축문화에 대한 제반 관계를 싱호김도하면서 그 성격을 추출해보고자 한다.

1. 지리적 성격

충북지역은 지역적으로 우리나라의 중앙 남부 내륙에 위치한 독특한 영역을 차지하고 있다. 동쪽으로는 강원도와 경상북도, 서쪽은 충청남도, 남쪽은 전라북도, 북쪽은 강원도 · 경기도와 접하고 있다. 동남부로는 소백산맥이, 그리고 북서부로는 차령산맥이 가로 놓여 인접 도와 자연적인 경계를 이룬다. 또한 이 양대 산맥은 도의 산지지형을 형성하는 골격이 된다. 소백산맥은 소백산 · 도솔봉 · 문수봉 · 속리산 · 민주지산 등 험준한 고산들로 연이어 있고, 군데군데에 죽령 · 조령(鳥嶺) · 이화령(梨花嶺) · 추풍령(秋風嶺) 등의 고개가 있어 영남지방과 연결되는 중요한 교통로로 이용되었다. 차령산맥은 강원도와의 도계(道界) 부근까지는 남대산 · 백운산 등의 준봉으로 되어 있으나 점차 낮아져 구릉성 산지를 이룬다. 한편, 차령산맥의 부용산에서 분기한 산맥은 극히 저산성 산지로 산맥의 윤곽은 뚜렷하지 않으나 남쪽으로 뻗어내려 백마령과 보광산을 잇는 하나의 분수령을 이루는데, 그 남서사면으로는 미호천(美湖川)과 보청천(報靑川)이 흘러서 청주를 비롯한 진천 · 보은 · 영동 · 옥천 등지를 포함하는 금강수계권(錦江水系圈)이 되며, 북동사면으로는 달천(達川)과 남한강이 흘러서 충주를 비롯한 괴산 · 단양 · 제천 등지를 포함하는 남한강수계권을 이룬다. 또한 이 분수령은 청주를 중심으로 하는 남부지역과 충주를 중심으로 하는 북부지역을 구분하는 지형적 경계 구실을 하고 있다.

이러한 산맥들이 위치한 지형상의 조건으로 충북은 전반적으로 동고서저(東高西低)를 이루며, 산지가 많고 평야가 적게 형성되어 있다. 비록 큰 평야는 없으나 미호천 유역인 청주 일원의 미호평야가 있고, 달천과 남한강이 합류하는 충주분지에는 비교적 넓은 평야가 전개되고 있다. 전반적으로 충북은 산지가 많은 까닭에 산지로 둘러싸인 크고 작은 많은 침식분지가 곳곳에 발달해 있고 넓은 평야가 적기 때문에 밭농사를 많이 짓는다.

이러한 지리적 특징은 충북을 하나의 독립된 지역으로 만들어 독자적인 문화를 형성시킬 자연적인 조건이 되기도 하지만, 동시에 교통의 장애물이 되어 발전에 지장을 초래할 수 있는 요건이 되기도 하였다. 이는 서울과 영남 · 호남지방의 중간지점에 위치하여 일찍부터 도로교통의 요충지가 되었으며, 충북의 남북부지역을 관류하는 금강과 남한강의 본류가 일찍부터 문화와 문물이 전파 또는 유통되는 가장 기본적이고 천연적인 교통로였다는 점과 근대에 이르러서는 이러한 지형적 제약으로 교통망이 충분히 발달하지 못하여 요충지로서의 기능을 제대로 발휘하지 못하고 있는 것에서도 알 수 있다. 또한 이러한 지리적 요인은 타 지방과 문화교류나 정보가 늦고 보수적이고 수동적이며 형식을 중시하는 성격과 깊은 관계가 있다고 알려져 왔다.

2. 역사 · 문화적 성격

충북지역은 역사적 배경에 의하면 고구려 · 백제 · 신라의 각축이 심했던 전략적 요충지로 삼국의 문화와 통일 후의 신라문화가 혼재하고 있는 특색 있는 지역이다. 또한 한반도 중심부 내륙에 위치하여 소백산맥과 차령산맥, 남한강과 금강을 중심으로 지리적 · 지역적인 문화의 특징을 갖추고 있는 지역이다. 특히 충북지역에 흐르는 남한강과 금강은 자연환경으로써 충북문화의 발생에 계기를 마련하였고 역사적으로는 충북문화의 형성에 일정한 방향을 제시하였다.

충북지역에 언제부터 사람들이 살기 시작하였는지는 정확히 알 수 없으나 처음으로 이 지역에 정착한 사람들은 바로 한강과 금강을 따라 들어왔다. 이는 제천 점말동굴, 단양 금굴, 단양 상시바위그늘, 청원 두루봉동굴, 단양 수양개 등의 선사유적과 유물에서 잘 나타나고 있다.

삼한시대에는 마한에 속하였고, 삼국시대에는 삼국의 문화중심지인 왕도(王都)에서 멀리 떨어진 변방이었으며 또한 잦은 전쟁으로 이 지역에 삼국의 문화가 정착하는 데 많은 제약을 받았다. 이러한 역사적 배경으로 인하여 고대(古代)에는 이 지역이 복합문화적 성격 내지는 서로 위상이 다른 다양한 문화상이 나타나는 변방문화(邊方文化)의 편린을 보이기도 하였다.

신라가 삼국을 통일한 뒤에야 비로소 충북지역에 속리산 법주사를 비롯한 여러 사찰이 품격을 갖추어 세워지게 되고 거기에 불교문화가 정착될 수 있었는데, 이 모두는 신라문화의 수용이었다. 따라서 오늘날 충북지역에 남아 있는 불교문화는 거의 시대적으로 통일신라를 상한으로 하여, 삼국에서 형성된 문화의 자극과 영향으로 이루어진 것들이다.

또한 통일신라 때인 경덕왕 16년(757)에 중원경(中原京) · 서원경(西原京)이 설치되어 신라의 행정 거점으로 발전하였다. 특히 신라말 후삼국이 정립하던 시기에 있어서 충북지방은 후백제와 후고구려가 서로 접경하고 있었으므로 군사적인 전초기지로서 매우 중요시되었다. 이러한 변혁기에 충북지역의 지방세력들도 크게 대두하였으며, 견훤과 궁예 및 후일의 왕건은 모두 충북지역의 호족세력들을 가장 중요한 연합세력으로 생각했고, 자기편으로 끌어들이기 위하여 노력하였다. 특히 청주, 충주, 진천, 회인지방의 호족세력들은 고려의 통일전쟁에 중요한 역할을 담당하기도 하였으며, 고려왕조가 안정되고 왕권이 확립되는 과정에서 중앙귀족으로 편입되거나 지방세력으로 성장하여 정치, 경제, 문화적으로 커다란 역할을 하였다. 특히 이 시기에는 경주에 집중되었던 건축기술 인력이 중앙 왕권이 무력해지고 지방이 제각기 호족세력에 의해 지배되면서 각 지역의 건축기술 인력도 지방호족이나 호족과 연관된 불교사원 조성에 종사하게 되었고, 이로 인해 지역 고유의 조형의지가 표출되었으며 지역성을 드러내는 데 한몫 하게 되었다.

고려시대에 들어와서는 성종 14년(995)에 중원도(中原道:충주 · 청주)라 하였다가, 충숙왕 2년(1315)에는 양광도(楊廣道)로, 그리고 공민왕 5년(1356)에 처음으로 충청도라 하였다.

이 시기에는 불교문화가 충북지역에 가층되었지만 중심문화에서 영향을 받아 이루어진 지방문화의 성격을 벗어날 수 없었다. 또한 북방계 문화의 기층에 신라문화를 가층한 새로운 고려의 문화가 등장하면서 충북지역은 남한강 유역의 충주목(忠州牧)을 중심으로 한 지방문화와 금강유역의 청주목(淸州牧)을 중심으로 하는 지방문화가 형성되었으며, 이 두 개의 지방문화권은 조선시대까지 존속되었다.

조선시대에는 태조 4년(1395)에 충주에 관찰사를 두어 도를 관할하는 정치와 군사의 중심지가 되었으며, 이후 청주목과 함께 충청도를 이루는 중요한 장소가 되었다. 선조 31년(1598)에는 삼영이 충주에서 공주로 옮겨지기도 하였다. 또한 행정의 편의상 충청도가 좌도와 우도로 나뉜 적도 있으나 관찰사는 여전히 한 사람으로 임명되었다. 1896년 전국 8도를 13도로 개편할 때 충청좌도가 충청북도로, 그리고 충청우도가 충청남도로 되어 충청도의 양분이 이루어졌다. 1908년에 도청을 청주에 두고 18개군 199면을 관할케 하였다가, 1914년 일제(日帝)의 군면(郡面) 개편시 10개군 114개면으로 되고, 1931년의 읍면제(邑面制) 실시에 따라 10개군 2개읍 104개면으로 조정되었다. 1946년에 청주읍이 부(府)로 승격되고 1956년에 다시 청주부가 시로 되었다. 이후 최근까지 인접한 지역들의 통폐합 등 관할에 있어 숱한 변화를 거친 후 3개시 9개군 15개읍 88개면으로 지금에 이르고 있다.

조선 중기에 이중환은 「택리지」에서 충청도는 "물산(物産)은 영남 · 호남에 미치지 못하나, 산과 강(山川)이 평탄하고 아름다우며 서울의 남쪽 가까이 있어서 사대부(士大夫)가 모여 사는 곳이 되었다"고 지리적인 여건을 말하면서 "서울의 세가(世家)들이 이 도(道)에다 전답(田畓)과 집을 두고 이곳을 생활의 근거지로 삼지 않은 사람이 없다. 또한 그 풍습이 서울과 가까워서 별로 큰 차이가 없으므로 살 곳을 택하기에 가장 적당하다"고 하여 인문적 여건을 덧붙이고 있다.

충청도를 양반의 고장이라고 자랑하는 까닭을 이 글에서 알 수 있으며, 물산은 다른 지역보다 부족하지만 살기가 좋다는 모순처럼 들리는 이 말은 중앙집권제하의 정치적 특성을 말하는 것이며 관료적 성격을 강조한 것이다. 자연적 환경이나 경제적 조건보다도 정치나 문화를 중요시한 이 측면이야말로 충북을 이해하는 출발점이 되어야 한다. 한편 충청도를 일컬어 '청풍명월(淸風明月)'의 고장이라고 비유하기도 하는데 이 또한 이 지역의 자연지리적 특징을 일컫는 말이다.

이처럼 충북은 역사 문화적 조건에서 하나의 독특한 성격을 가지고 있으며 이것을 일컬어 광범위하게 '중원문화(中原文化)'라고 통칭하고 있으나 이에 대한 체계적인 제반 성격 규명은 앞으로의 연구 과제이다.

3. 전통건축문화의 성격

건축문화권은 지리적인 요인을 근저로 수천년 간 형성돼 온 역사의 산물이고 각 지방 간에 상이한 미의식과 건축개념을 가지고 있다.

충북지역의 가장 특징적인 건축적 성격은 여러 지역의 문화가 공존하고 있다는 점이다. 이는 역사적 · 지역적 특성에 연유한 것으로 추정된다. 삼국시대에 이 지방은 그 지리적 위치 때문에 삼국의 주요한 전쟁터였고, 삼국의 문화중심지인 왕도(王都)에서 멀리 떨어진 변방이었으며, 또 잦은 전쟁으로 이 지역에 삼국의 문화가 정착하는 데에는 많은 제약을 받았다. 또한 한반도의 중서부와 남동부를 잇는 중요한 교통로라는 지정학적 특징에 의한 외부와의 빈번한 접촉은 다른 지역의 문화를 수용할 수 있는 기회가 많지만, 독립적인 문화권으로 생성되기에는 어려운 점이 있었다.

또한 충북의 건축문화상은 지리적인 여건으로 볼 때 대략 북쪽의 남한강 유역에 발달한 문화와 남쪽의 금강 상류에서 자라난 문화의 두 범주로 나뉘어 볼 수 있다. 남한강 유역은 고구려의 옛 땅으로 부여의 문화를 기층으로 한 북방문화가, 금강 유역의 신라 땅에는 변진문화를 기층으로 한 남방문화가, 백제 땅에는 마한문화를 기층으로 한 부여문화를 가중한 남북의 혼합문화가 형성되었다. 특히 남한강 유역은 충주지역을 중심으로 한 이른바 중원문화권(中原文化圈)으로 불리는 지역으로, 비록 충주댐 건설로 많은 부분이 수몰되었지만 청풍을 중심으로 한 수많은 지방 관아와 중농주택에서 이 지방 고유의 서민성을 엿볼 수 있다.

이와 같이 충북지방에 흐르는 이 두 강은 자연환경으로써 충북문화의 발생에 계기를 마련하였고 역사적으로는 충북문화의 형성에 일정한 방향을 제시하였다.

충북지방은 삼국시대부터 지리적, 행정적 거점지역으로서 많은 관영건축이 건립되었다. 특히 조선조에 들어 충청도의 행정중심이 충주와 청주에 근거했으므로 타 지역에 비해 많은 관영건축이 건립되어 전해져 온다. 그러나 대부분이 임진왜란 이후에 재건 혹은 복원된 것이며, 그나마 일제시기에 수난으로 학교나 관공서로 전용되어 온전히 남아 있는 경우가 거의 없다. 또한 근대화 과정에서 급속히 파괴되어 원래의 위치에 일곽이 온전히 보존된 모습은 찾기 어려우며, 최근에 복원 정비가 이루어진 것이 대부분이다.

충북지방의 불사건축은 국보 · 보물급의 귀중한 것이 상당히 많아 다른 지역에 비하여 그 두각을 보인다. 예를 들어 법주사는 의신조사(義信祖師)가 개창한 사찰로서 경내에는 팔상전을 비롯하여 대웅보전 · 원통보전 · 일주문 · 사천왕문 · 능인전 등 우리나라의 귀중한 목조건물이 집약된 곳이고, 중원 미륵리사지는 미륵불을 주불로 모신 곳이다. 또 청원의 안심사나 영동 영국사, 괴산 각연사 등은 대웅전을 비롯한 목조건축물이 있다. 충북지방의 불사건축을 중심으로 한 목조건축은 조선 초기에서부터 후기까지의 특징을 갖는 건물들이 풍부하다. 특히 목탑형식의 팔상전이 제일 주목을 끄는 건물인데 오층목탑 건물로서 우리나라에서는 유일하게 남아 있는 것이다. 팔상전은 중국이나 일본의 목조탑과는 확연하게 구분되는 우리나라 고유의 구조형식을 보여주고 있어 더욱 가치가 있다. 또한 안심사 대웅전은 원래는 극히 평범한 건축양식으로 된 건물이었으나 후세의 개조에 따라서 지금과 같은 특색 있는 건물로서 건축사적으로 중시되고 있다. 대웅전 건물이 하나의 표본이 되어 개조된 모습과 같은 구조양식의 새로운 건물이 경내에 건립되었다는 것은 중대한 의의를 갖는다고 하지 않을 수 없다. 그것은 건물의 구조양식이 변화하는 과정을 입증하는 자료가 되는 것이며 개조된 가구양식이 한 완성된 가구양식으로 정착되는 과정을 현물로서 증명하는 자료가 되는 것이다. 이러한 의미에서 이 안심사 대웅전의 중요성을 찾을 수 있는 것이다. 안심사 대웅전에서와 같이 맞배집의 측면에 공포가 구성된 형식은 전국에서 그 예가 많지 않으며 안심사 비로전, 법주사 천왕문, 선희궁 원당 등 한 시대에 이 지역에서 시도되었다는 점에 유의해야 할 것이다.

이상의 불사들은 중요한 목조건축을 보유한 곳이고 비록 목조건물은 남아 있지 않지만 불적으로 중요한 절터와 탑들이 많다. 중원 미륵리사지를 비롯하여 탑평리사지, 청룡사지, 청주 용두사지, 흥덕사지, 단양 향산사지, 제천 장락동사지, 사자빈신사지 등은 대표적인 예이다.

특히 흥덕사지는 최근 금속활자를 주조한 곳으로 알려져 주목되는 사지이다. 10세기에 접어들어, 당시 강력한 호족세력의 지배하에 있던 청주권의 대표적인 사지이며, 청주 교외의 야산에 의지하여 평탄한 지형에 조성된 이 사찰은 소규모지만 전형적인 1탑식 가람배치 모습을 보이고 있어서 산골짜기에 조성되던 사찰과는 또 다른 성격의 모습을 보여준다.

유교건축으로는 고려와 조선시대의 지방 교육기관으로서 향교가 성행하였는데, 여기에는 공자를 비롯한 사성(四聖)과 십철육현(十哲六賢)을 모신 대성전과 그 앞마당 좌우에는 동 · 서 양무가 있어 중국과 우리나라 유현(儒賢)을 모시어 이 구역을 문묘(文廟)라 한다. 그리고 문묘의 앞뜰에는 강학하는 장소인 명륜당이 있고, 그 마당 좌우에는 유학생이 기숙하는 동 · 서 재실이 있다. 따라서 향교는 성균관을 모방하여 남향을 한 배치로 제향을 올리는 대성전

구역과 학문을 배우는 명륜당 구역으로 크게 나뉘는데, 서울 문묘에서는 대성전이 앞쪽에 위치하고 명륜당이 뒤쪽에 위치하나 향교에서는 그 위치가 반대로 대성전을 북쪽에 배치하였다. 충북지역의 향교의 대표적인 것은 청주 · 청안 · 청풍 · 충주 · 문의 · 보은 · 회인 · 옥천 · 청산 · 영동 · 황간 · 진천 · 괴산 · 연풍 · 음성 · 제천 · 영춘 · 단양향교 등이다.

또한 당대의 수많은 서원들이 경영되었으나 대원군의 집중적인 견제로 대부분의 유수한 서원들이 철폐되어 흔적이 뚜렷하지 않다.

충북지역 유교건축의 특성은 소박하고 질박한 가운데 단아한 선비정신이 풍겨나는 건축적 운취를 보여준다. 특히 산골의 서당이나 정사는 자연과 동취되며 향토미 넘치는 은은한 선비의 정신을 엿볼 수 있게 한다.

충북지역은 우리나라에서 바다와 면하지 않은 내륙산간형 지형으로, 기후와 지역에 따라 주거의 형태가 다양하게 나타나고 있다. 특히 인접하는 다른 도(道)가 많았기 때문에 나타난 현상인지, 비록 그 유례는 많지 않으나 전형적인 북부형과 바다로 격리되어 있는 제주도에서 많이 볼 수 있는 제주도형 평면을 제외한 우리나라 주택의 모든 지역에 존재하는 평면형이 충북도 내에 분포하고 있었다. 이와 같은 사실은 뚜렷한 이 지역의 주택상의 특징이라고 할 수 있으며 이 지역 주택이 타 지역에 비하여 더욱 다양한 양상을 지니고 있었음을 증명하고 있는 것이다. 그러나 지역이 평지나 평지형 구릉지이며 기후가 따뜻한 남부지역은 'ㄱ' 자집이 많으며, 기후가 춥고 산간지역인 북부지역은 튼 'ㅁ자' 집이 많다. 특히 'ㄱ자' 형 건물이 마주 보는 형태를 취하는 튼 'ㅁ자' 형은 19세기 충북 북부 산간지역의 중류 농촌주택에 널리 지어졌다. 여기서는 충북의 지역성이 가지는 소박함과 사대부의 세련미가 동시에 조화되어 나타나는 성향을 볼 수가 있다. 조선중기 이후 양반문화의 절제되고 세련된 미의식을 바탕으로 배양되어 온 주택은 19세기 후반에서 20세기 초를 지나면서 다양해진 삶의 기능을 수용한 공간의 다양성과 형태의 세련미를 더 보편화시키면서 전국으로 확산되어 가는데, 충북지역에도 이 시기에 지어진 상류주택이 많이 남아 있다. 대표적인 것으로 영동의 송재문, 송재휘 가옥, 보은의 최태하 가옥, 괴산의 김기응 가옥 등을 들 수 있지만 이밖에도 비슷한 수준의 우수한 주택들이 산재해 있다. 또한 구조양식 중에서 고미집(고미다락, 고미반자집)의 민가들이 축조되어 있는 것도 충북지방에서 나타나는 민가의 구조적 특징요소이다.

주택에서의 세련된 건축술은 별당에서도 나타났으며, 오히려 주택에서보다 자유롭고 융통성 있는 표현으로 발전되었다. 충북지역 주거건축의 특성은 사대부가에서는 공간의 다양성과 형태의 세련미를 보이지만, 일반 서민주거에서는 소박하고 질박한 향토성을 보이고 있다. 충북지역의 지역성으로 인하여 중부, 남부, 산악지역 등 다양한 지역의 주거 특성이 고루 나타나고 있다.

이외에도 이 지역에는 남한강과 금강 유역을 따라 기암절벽이 많고 자연경관이 좋아 아름다운 누각(樓) · 정자(亭) 건물이 많다. 제천 청풍 금남루, 청풍 팔영루 · 한벽루, 영동 가학루, 그리고 괴산 고산정 · 애한정, 옥천 양신정 등이다.

충북지역은 산수의 아름다움과 더불어 사대부와 선비들의 유학적인 풍류로 인하여 다른 지역에 비해 특별히 많은 누정건축이 다양한 형태로 지어졌다. 한벽루와 같은 아름답고 기교가 넘치는 누정이 있는가 하면 소박하고 투박한 가운데 자연과 더불어 동취될 수 있는 작고 고졸한 정사형태의 누각 또한 수없이 많다. 요컨대 자연과 동화되어 선경(仙境)의 경지에서 스스로 연마해 나간 옛 선조들의 흔적을 볼 수 있게 하는 것은 이 지역의 누정건축이 주는 또 다른 운취이다.

끝으로 이 지역의 고건축문화재 조사에서 드러난 것은 역시 여러 문화의 혼재로 인한 다양성이라고 말할 수 있다. 불사건축의 다양한 공포작의 변화는 그 속성을 찾기 힘들다. 또 민가의 서부형 3칸툇집 기본형이 발전하여 중부 'ㄱ'자를 비롯하여 북부 겹집으로 발전하는 등 다양한 예를 들 수 있다.

요컨대 충북건축은 향토적이며 흙냄새 나는 토속적인 건축으로서, 역사적 풍토환경에서 가장 인간본연적이라고 할 수 있는 것이다.

그간 건축적으로 정리되지 못한 충북의 전통건축에 대해 정리하고자 노력하였다. 사진과 도면들을 정리하는 일차적인 작업이 미진하였으므로 본서에서 여기에 충실하고자 노력하였으며, 나아가 문화재의 구조적인 해석을 이룩하고자 하였다. 앞으로 더 깊이 있는 연구가 진행되기를 기대한다.

천학비재(淺學菲才)한 탓으로 인하여 부족한 점이 한둘이 아니다. 충북의 건축문화의 이해를 위해 다소라도 도움이 되길 바라며, 이 책의 출판을 위해 협력해 주신 기문당 여러분에게 충심으로 감사드린다.

2012년 8월

김 경 표

차 례

제1장 관영건축

제2장 불교건축

제 3 장 유교건축

제 4 장 주거건축

제1장

관영건축

관영건축

충북지방은 지역적으로 우리나라의 중앙 남부 내륙에 위치한 독특한 영역을 차지하고 있다. 소백산맥과 차령산맥, 남한강과 금강을 중심으로 지리적 · 지역적인 문화의 특징을 갖추고 있는 지역이다.

삼한시대에는 마한에 속하였고 고구려와 신라, 백제 등이 팽팽히 맞서던 삼국시대에는 줄곧 이들 3개국의 각축장(角逐場)이었으며, 이러한 역사적 배경은 이후 이 지역이 복합문화적 성격 내지는 서로 위상이 다른 다양한 문화상이 나타나는 변방문화(邊方文化)의 편린을 보이게 한다. 따라서 이 당시에 축조된 많은 산성(山城)이 남아 있으며, 이러한 성곽에는 축성 당시에 각루(閣樓)나 문루(門樓)가 세워졌다고 보아야 할 것이다. 그러나 삼국을 통일한 신라가 지방통치조직을 정비하면서 충북에는 중원경(中原京) · 서원경(西原京)이 설치되어 신라의 행정 거점으로 발전하였으며, 이때에 국가적인 공무를 집행하는 건물들을 많이 경영하였다고 추측되지만 현존하는 유규(遺構)가 없어 정확한 고찰(考察)이 어렵다.

고려시대에도 지방 행정제도는 여러 차례 변동을 거듭했지만 이런 변화 속에서도 충주와 청주는 지역의 행정 중심지로서 중요한 기능을 담당하여 왔으며, 이 시기에도 많은 관영건축이 지어졌다고 사료된다.

조선시대에 들어서도 충청도의 행정 중심이 충주와 청주에 근거했으므로 많은 관영건축이 지어졌다. 충주는 1395년에 감영이 설치되어 1598년 공주로 옮겨질 때까지, 청주는 1591년에 충남 해미에서 충청병영이 이전됨으로써 이 지역의 발전가능성은 더욱 높아지게 되었다.

현재 남아 있는 관영건축들도 대부분 조선시대의 것으로서 중심건물과 문, 또는 일부 부속사만이 남겨진 상태이며, 옛 관서(官署)의 전체모습을 찾아보기는 어렵다.

이 지방에서 가장 독특한 문화권을 이룬 것은 청풍지역이다. 충주댐 공사로 인해 많은 부분이 수몰되었지만, 옛 청풍현은 조선시대까지 제천지역의 중심지로서 현종 때는 왕후의 관향이라 하여 충청도에서 유일하게 도호부로 승격되기도 했던 큰 읍성이었다. 마을 안 곳곳에 있던 관아나 그 부속건물들이 지금은 청풍문화재단지 내에 이건되어 있다.

청풍 금병헌
(淸風 錦屛軒)

• 지정번호 : 충북유형문화재 34호(1976. 12. 23)
• 건축유형 : 관아
• 소 재 지 : 충북 제천시 청풍면 물태리 6-20(청풍문화재단지)
• 창건시기 : 조선 숙종 7년(1681)
• 현황 조성시기 : 숙종 31년(1705) 중건, 영조 2년(1726) 이즙, 고종 37년(1900) 전면보수

청풍의 옛 동헌

금병헌은 제원군 청풍면 읍리 203의 1번지에 있었으나 충주댐 수몰로 말미암아 청풍문화재단지로 옮겼다. 일명 청풍관(淸風館)이라고도 하며 조선 숙종 7년(1687)에 부사 오도일(吳道一)이 창건하고 숙종 31년(1705)에 부사 이희조(李喜朝)가 중건하였다. 영조 2년(1726) 부사 박필문(朴弼文)이 이즙(移葺)하고, 고종 37년(1900)에 부사 현인복(玄仁福)이 전면 보수하였다. 옛 청풍부의 동헌(東軒)으로서 집회 및 집무를 처리했다고도 하나 확실하지는 않다.

이 건물은 건평이 40평이며 팔작지붕에 정면 6칸, 측면 3칸으로 된 목조건물이다. 기단은 장대석을 두벌대로 쌓았고 주초석은 자연석으로 평반석을 사용하였다. 기둥은 민흘

전경

대청마루

측면

대청마루 내부

지붕가구

아궁이

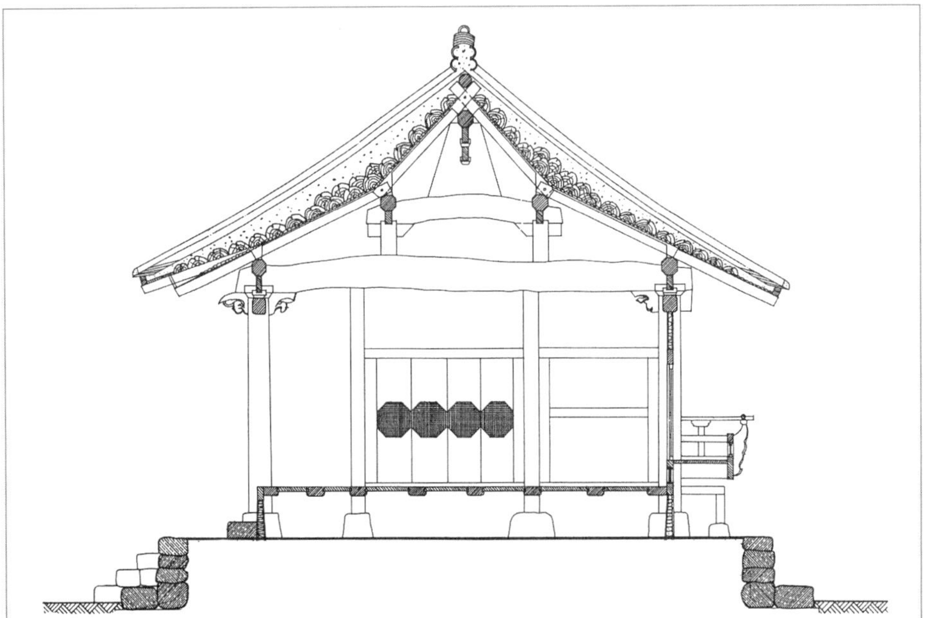

종단면도

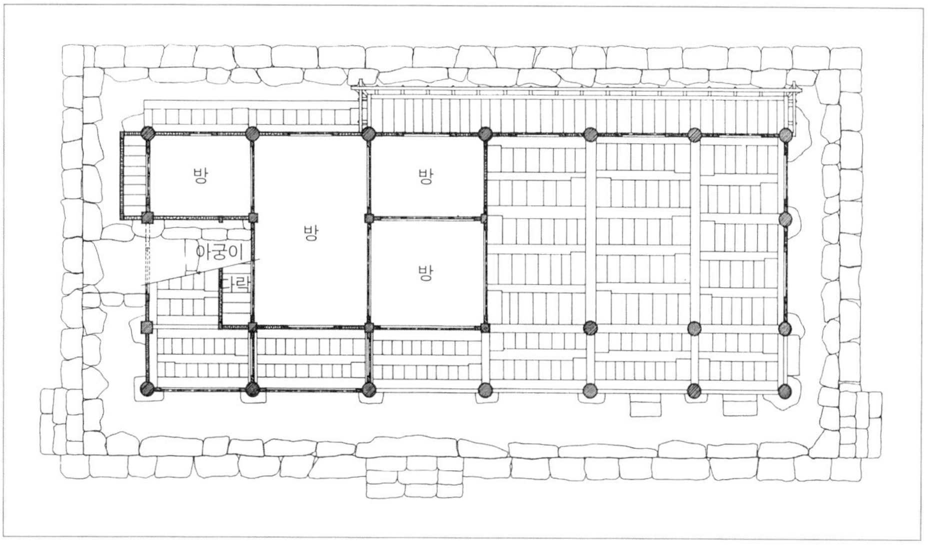

평면도

림 원주로 되어 있으며 두공은 초익공으로 짜여 있는데 익공의 촛가지는 연봉을 초각한 쇠서형이다. 주칸에 창방을 걸고 소로를 배치하여 장여와 주심도리를 받치고 있다. 지붕가구는 전면 툇간에 고주를 세워 대량과 퇴량을 결구하고 종량과 중도리, 종도리를 구성한 1고주 5량가이다.

평면은 좌측 세 칸은 방으로 구성하고 우측 세 칸은 대청마루로 구성하였다. 대청마루 옆의 방 1칸 앞 툇간은 마루로 만들어 대청마루와 연결되어 있으며 대청마루에는 전면과 측면 툇간에서 벽체를 구성하지 않고 개방하였다. 측면 2칸과 배면 벽체는 마루 윗면에 머름을 구성하고 판벽과 당판눈으로 막고 중방과 창방 사이의 벽체는 회벽으로 막았다. 배면의 대청마루와 방 1칸 외부에는 툇마루를 달고 계자난간을 설치하여 방으로 통하도록 되어 있다.

이 건물은 조선후기의 소박하고 단아한 자태를 보여주고 있어 친근감을 느끼게 한다.

청풍 금남루
(淸風 錦南樓)

• 지정번호 : 충북유형문화재 20호
• 건축유형 : 관아
• 소 재 지 : 충북 제천시 청풍면 물태리 6-20
(청풍문화재단지)
• 창건시기 : 조선 순조 25년(1825)
• 현황 조성시기 : 1985년 이건

청풍부의 아문

제천군 청풍면 읍리 203-1번지에 있다가 물태리로 이건했다. 금남루는 청풍부의 아문(衙門)으로 "도호부절제아문(都護府節制衙門)"이란 현판이 걸려 있는데 부사 조길원의 필적이라 한다. 조선 순조 25년(1825)에 청풍부사 조길원이 창건하고 편액하였으며, 고종 7년(1877) 부사 이직현이 중수하였고, 동왕 37년(1900)에 부사 현인복이 전면 보수하였으며 1956년에 다시 일부를 보수하였다.

금남루는 정면 3칸, 측면 2칸의 2층 누각 팔작집이다. 기단은 장대석 초벌대로 낮게 설치되어 있다. 주초석은 판각으로 다듬은 높은 장초석이며 누하주는 민흘림 원기둥으로 세워져 있고 중앙에 횡으로 배치하여 세 칸에 대문을 달았다. 누하주 기둥머리에는 귀틀

전경

처마 및 공포

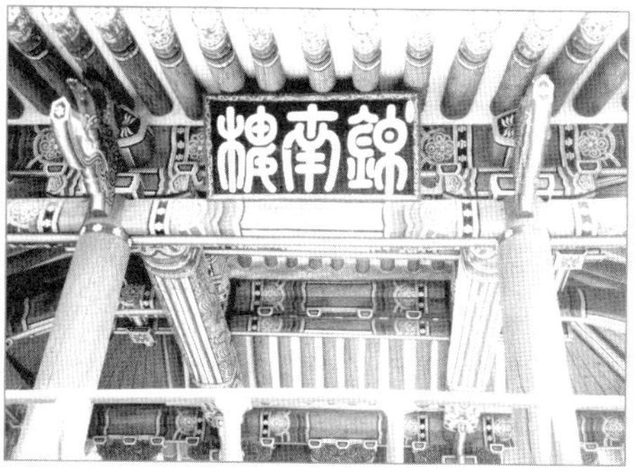

내부가구

지붕가구

을 짜서 2층 마루를 우물마루로 깔고 외부에 계자난간을 둘렀다. 누상주는 민흘림 원기둥으로 구성되어 있다.

두공은 이익공으로 되어 있고 재주두를 구성하지 않았다. 주칸에는 3소로 화반을 1구씩 배치하였다. 익공의 촛가지는 연화를 초각한 앙서와 위 등에 싹을 새긴 수서로 구성하였고 보머리에 봉두를 조각해서 꽂았다. 익공의 뒤뿌리는 운공으로 조각하여 보아지로 구성하였다.

지붕가구는 전후 처마기둥 간에 대량을 장통보로 걸고 종량을 얹고 판대공으로 종도리를 받친 5량가로 구성되어 있다. 측면에는 가운데 기둥에서 충량을 걸어 대량 위에 연결하고 외기도리를 얹어 합각을 구성하였다. 처마는 부연을 달아낸 겹처마이고 귀처마에는 사래와 추녀를 걸고 선자서까래와 부연을 틀어서 꾸몄다. 대량과 종량은 작은 건물임에도 매우 우람한 부재로 구성하여 힘차게 느껴진다. 중도리 밑에는 뜬창방을 대량에 걸쳐대고 소로를 배치하여 장여를 받치고 있다. 화반은 3소로 화반으로 정면과 배면칸에 배치하고 측면에는 원형으로 된 1소로 화반으로 구성하였다.

청풍 팔영루
(淸風 八詠樓)

- 지정번호 : 충북유형문화재 35호
- 건축유형 : 관아
- 소 재 지 : 충북 제천시 청풍면 물태리 산 6-20 (청풍문화재단지)
- 창건시기 : 조선 숙종 28년(1702)
- 현황 조성시기 : 1983년 이건

청풍부의 관문

제원군 청풍면 읍리 286번지에 있던 것을 충주댐 수몰로 말미암아 청풍문화재단지로 옮겼다. "팔영루사적비(八詠樓事蹟碑)"에 의하면 조선 숙종 28년(1702) 부사 이기홍이 창건하고 현덕문(賢德門)이라 한 것을 고종 7년(1870) 부사 이직현이 중수하였는데, 고종때 부사 민치상이 청풍명월의 팔경(八景)을 시제(詩題)로 한 팔영시(八詠詩)가 있어

전경

내부가구

지붕가구

내부가구

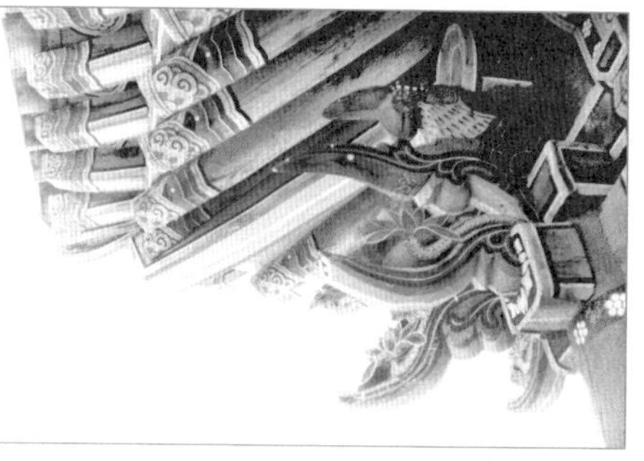

처마 및 공포

팔영루라 통칭하기에 이르렀다. 팔영루의 현판문은 민치상이 썼고 사적비는 층계 입구에 현존하는데 고종 7년에 세운 것이다.

팔영루는 청풍부의 관문이었다. 자연석으로 높이 2.2m의 육축을 쌓고 홍예를 틀어 만든 석문 위에 정면 3칸, 측면 2칸의 팔작집 문루로 되어 있다. 주초석은 자연석으로 큰 돌을 놓아 설치하였다. 기둥은 민흘림 원기둥으로 되어 있다.

두공은 이익공식으로 짜여 있다. 주칸에는 창방 위에 화반을 이익공으로 짜서 배치하였다. 촛가지는 초익공에 연화를 초각한 앙서로 구성하고 연봉을 단 이익공을 올렸다. 2익공 위에는 보머리에 봉두를 조각해서 꽂았다. 지붕가구는 전후 처마기둥 간에 대량을 장통보로 걸고 5량가로 구성하였다. 처마는 부연을 단 겹처마로 되어 있다. 문 천장에는 호화(虎畵)가 그려져 있으나 퇴색하여 겨우 원형을 알아 볼 정도이다. 바닥에는 우물마루를 깔고 평난간을 둘렀다.

청풍 팔영루는 관문으로서의 위용과 누각으로서의 아름다움을 동시에 간직하고 있다.

충주 청령헌
(忠州 淸寧軒)

- 지정번호 : 충북유형문화재 66호(1980. 11. 14)
- 건축유형 : 관아
- 소 재 지 : 충북 충주시 성내동 154-1
- 창건시기 : 조선 고종 7년(1870) 중건
- 현황 조성시기 : 1983년 해체보수

충주목의 중심

이 건물은 조선시대 충주목(忠州牧) 관아의 동헌(東軒)이다. 고종 7년(1870) 8월에 화재로 소실된 것을 같은 해 윤10월에 목사 조병로(趙秉老)가 28칸을 중건하여 관아로 사용하던 곳이다.

평면은 정면 7칸, 측면 4칸으로 우측에 6칸의 온돌방을 드리고 중앙 3칸을 우물마루를 깔아 넓은 대청(大廳)으로 하였으며, 좌측에는 온돌방과 마찬가지로 바닥을 높여 전체적으로 문을 두른 5칸의 ㄱ자형 마루방을 두었다. 약간 낮은 중앙대청을 중심으로 온돌방과 마루방이 들어 올려져 있는 폐쇄형의 방 구성을 보여주고 있다. 우단(右端) 1칸에는 대청보다 조금 높여 전후면에 툇마루가 있는 마루방을 두었다.

이 건물의 구조는 가공된 장대석으로 2단으로 축조한 기단 위에 원형주좌(圓形柱座)를 조출(彫出)한 8각 주초석을 놓고 원형 통주(通柱)를 세웠다. 장대석 기단 위에 1.4m 높이로 온돌방의 상부바닥을 놓았으며, 아궁이의 바닥은 기단면에서 시작되며, 배면의 하단에 배연구형(排煙口型)의 굴뚝을 설치한 고설식(高設式) 온돌(溫突)형식을 취하고 있다. 아궁이의 불주머니는 깊이 0.9m로 넓게 퍼져 있고, 불주머니

전경

동측면

귀처마

내부가구

온돌구조

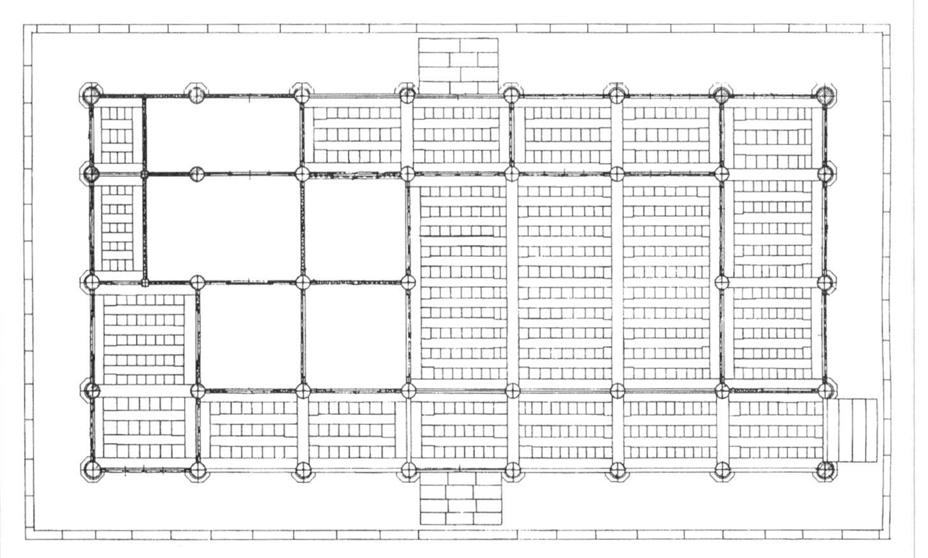
평면도

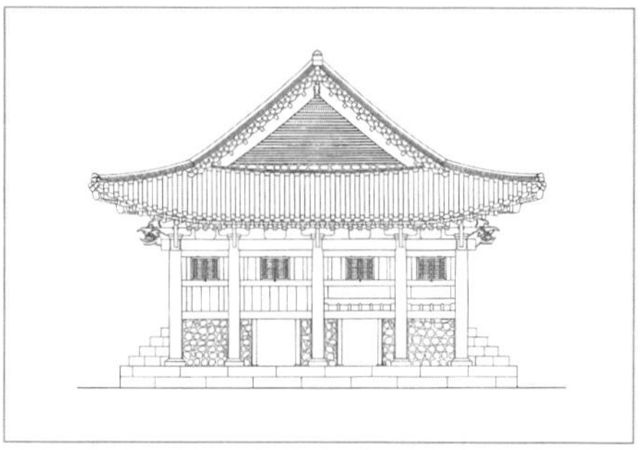

좌측면도

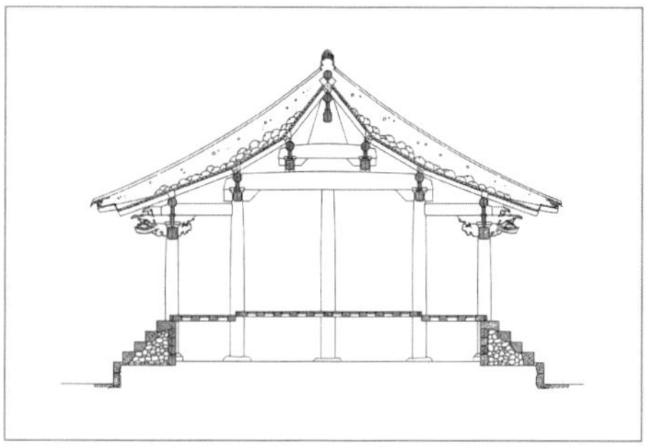

단면도

의 끝에서 시작되는 부넘기는 수직(垂直)에 가까운 급경사를 이루고 있다.

두공은 이익공이고 주칸에 화반 1개씩 배치되어 있다. 익공의 초각은 연화를 머금은 앙서형 초익공과 연봉을 품은 봉두가 조각되어 있다. 지붕가구는 전후 2고주 7량가로 전후 고주칸에는 대량이 연결되어 있고 종량과 대공을 받치고 있으며 고주의 주신 상부에서 전후 퇴량이 처마기둥으로 연결되어 있다. 중도리와 종도리 밑에는 각각 뜬창방이 횡단으로 연결되어서 도리와 장여를 보강하도록 되어 있다. 대공은 사다리꼴 형태로 된 판대공으로 세워져 있다.

처마는 부연을 달아낸 겹처마이고, 네 귀의 주심도리 위에 갈모산방을 놓고 선자 서까래를 배치하여 처마 곡선을 이루고 있다. 처마 끝 기와는 막새로 되어 있고 마루기와는 망와루 마감되어 있다. 벽체는 머름 위에 회벽과 판벽으로 되어 있고 창호는 세살문으로 각 실들에 구성되어 있다. 1983년에 해체 보수하였고 1984년에 정원을 조성하였다.

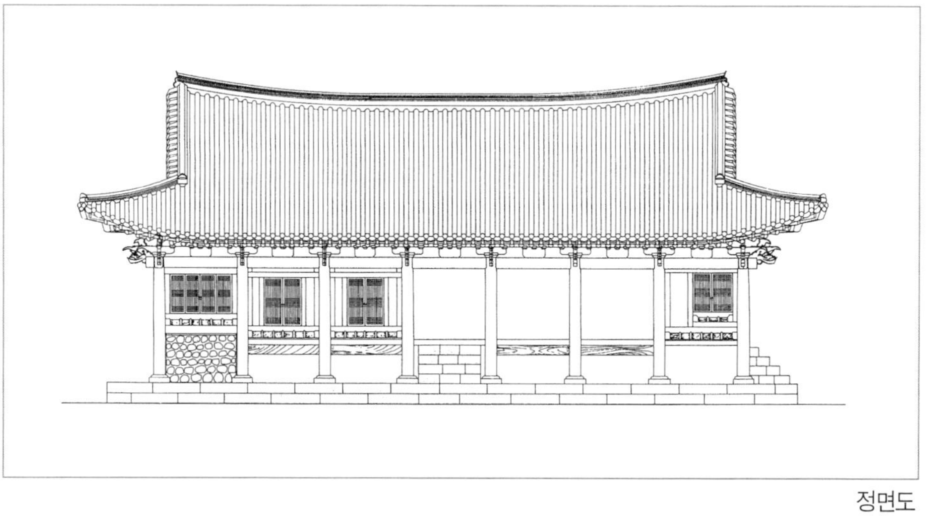

정면도

충주 제금당
(忠州 製錦堂)

- 지정번호 : 충북유형문화재 67호(1980. 11. 14)
- 건축유형 : 관아
- 소 재 지 : 충북 충주시 성내동 154-1
- 창건시기 : 조선초기
- 현황 조성시기 : 조선 고종 7년(1870) 중건, 1983년 해체보수

충주목의 옛 정청

조선 초기 지방행정의 정청(政廳)으로 창건하였으나, 청녕헌(淸寧軒)과 함께 소실되었던 것을 고종 7년(1870) 8월에 충주목사 조병로(趙秉老)가 중건하여 아사(衙舍)로 사용해 왔다. 별관(別館)으로서는 유일한 현존 건물이다.

평면은 정면 7칸, 측면 3칸의 一자 형태로 되어 있다. 중앙 2칸은 대청마루로 되어 있으며 정청으로 사용되었다고 한다. 정면에서 볼 때 우측 2칸은 온돌방과 마루방, 대청마루로 구성되어 있다. 좌측 3칸은 2칸의 온돌방과 1칸의 마루방으로 구성되어 있으며 전면에 반칸의 툇간 마루로 구성되어 있다.

기단은 장대석 초벌대로 낮게 깔려 있다. 주초석은 원형과 4각형으로 다듬어진 것들이 섞여 있다. 기둥은 외부 처마기둥을 원형 민흘림기둥으로 둘러 세우고 있다. 내부 방을 구획하는 벽체 기둥은 각루를 사용하기도 하였다.

전경

기둥 위에는 창방을 걸고 이익공으로 두공을 짜고 화반을 구성한 다음 지붕 가구를 짜 올렸다. 익공은 초익공을 앙서로 만들고 연화를 조각하였다. 이익공은 쇠서 하부에 연봉을 조각하였으며 익공 첨차는 양단부를 둥그스름하게 깎아서 단순한 형태로 만들었다. 보머

동측면

서측면

정면공포(익공)

퇴랑가구

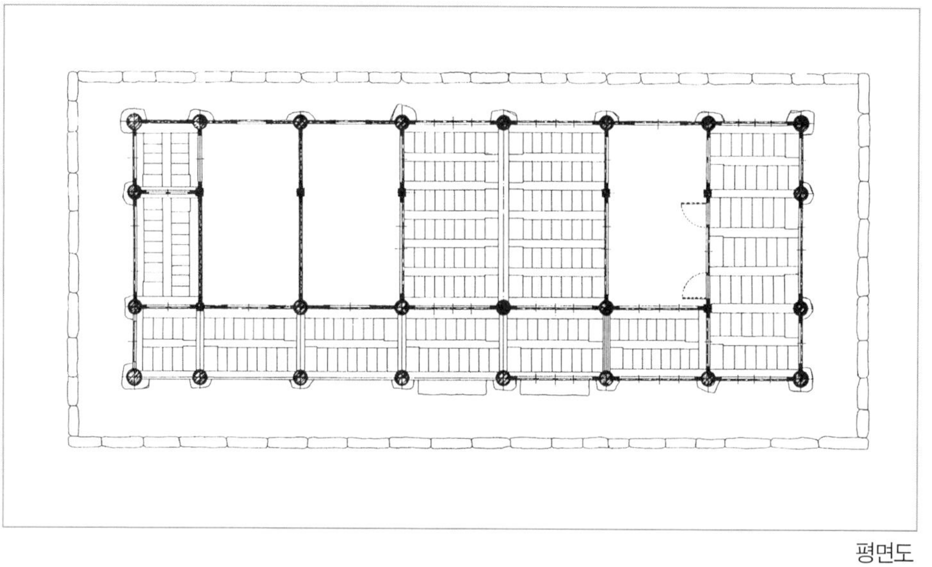

평면도

리는 봉두의 형태로 조각되어 있으며 좌우 측면의 창방 빼목 마구리에도 초익공을 조각하여 붙여 놓았다. 관아 건물임에도 불구하고 익공의 조각형태에서 활짝 핀 연화와 연봉

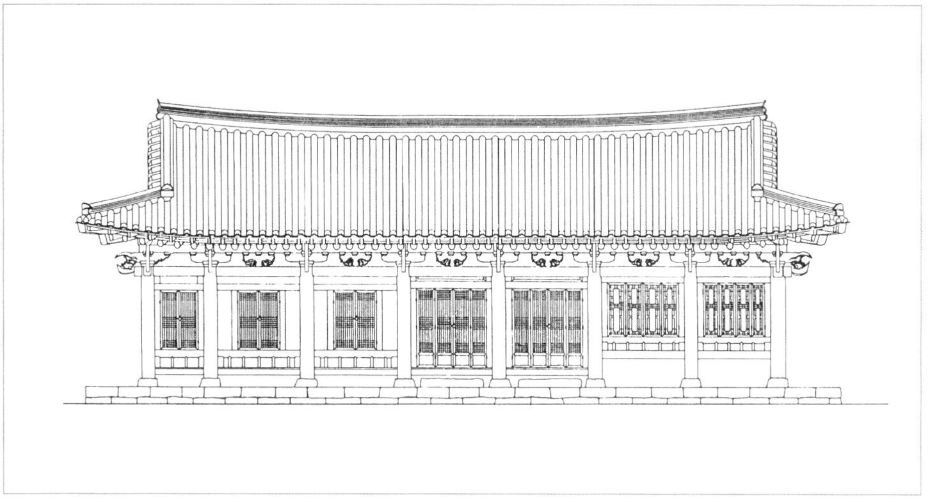

정면도

을 새겨넣은 것으로 조선 말기의 장식적인 건축 경향을 엿볼 수 있다.

지붕가구는 전후 2고주 5량가로 짜여 있다. 도리는 굴도리이며 하부에 장여로 받쳐 보강하고 있다. 종단면으로 볼 때 중앙에 전후로 2고주를 세우고 대량을 걸고 전후 툇간에는 퇴량이 처마기둥으로 각각 연결되어 있다. 대량 중간에는 동자대공을 세워서 종도리를 받치고 있다.

처마는 부연을 단 겹처마로 구성되어 있으며 추녀와 사래로 네 귀가 짜여 있다. 지붕의 네 귀부분 주심도리 위에 갈모산방을 놓고 서까래는 선자를 틀어서 처마곡선을 단아한 모습으로 만들어내고 있다.

단청은 축부 가구에서 석간주 가칠로 주조를 이루고 있으며 그 외 창방 윗부분에서는 먹긋기로 칠해져 있다. 추녀와 창방, 도리, 장여 등의 마구리에는 먹 바탕에 흰색으로 해평화가 그려져 있다. 연목 마구리는 뇌록(회녹색의 안료), 석간주(검붉은 안료)로 찍었고 부연 마구리는 뇌록으로 가장자리를 두르고 먹 바탕 위에 흰색 육매화정을 찍어 그렸다. 추녀와 사래, 부연의 하부에

추녀와 사래

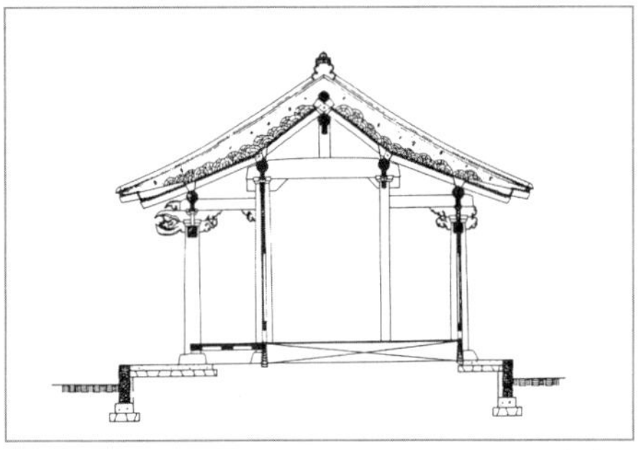

종단면도

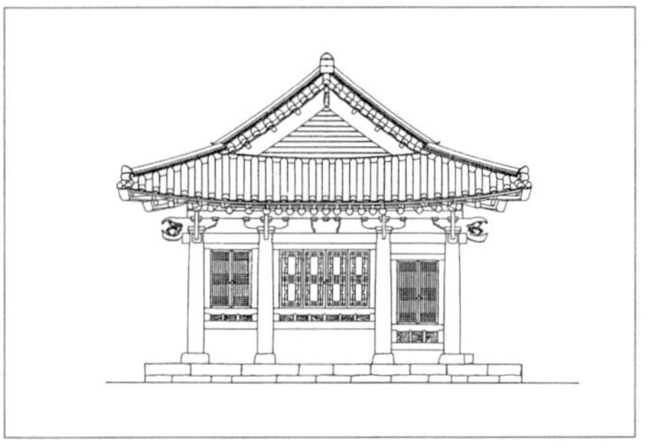

측면도

는 색긋기로 밝게 처리하였다. 부연 착고막이는 곱팽이(渦卷紋)를 먹실 녹화로 그려 넣었다. 부연 개판에는 먹실로 두른 방석둘레 문양이 뇌록 바탕 가운데 그려져 있다.

제금당 익공의 쇠서는 말기적인 화려한 모습을 띠고 있으나 가구와 건물 전체적인 형태는 단아하고 차분하게 느껴진다.

이 건물의 각 실에서는 관아에서의 여러 가지 실제 업무가 수행되었던 것으로 생각되며, 조선시대 선비들의 움직임이 느껴지는 곳이다.

청안동헌(안민헌)
(淸安東軒; 安民軒)

• 지정번호 : 충북유형문화재 93호(1981. 12. 26)
• 건축유형 : 관아
• 소 재 지 : 충북 괴산군 청안면 읍내리 573-5
• 창건시기 : 조선 태종 5년(1405)으로 추정
• 현황 조성시기 : 1913~1915년 중수, 1981년 복원수리

청안현의 관아

이 건물은 조선시대 청안현(淸安縣)의 관아(官衙)로 태종 5년(1405)에 세워졌다고 전해지나 여러 가지 구조기법으로 미뤄 볼 때 19세기 후반의 건물로 추측된다.

북쪽 현재 초등학교 위치에는 어간과 우측 익랑이 있는 객사(客舍)가 있었는데 교실로 사용되다가 1974년경 학교 증축으로 인하여 해체되고 현재는 동헌인 본 건물과 후면에 창고로 사용되었다는 건물만 남아 있다. 당시는 안민헌(安民軒)으로 치죄(治罪)하던 곳이었다고 한다.

청안동헌은 정면 6칸, 측면 3칸의 팔작집이다. 평면은 정면에서 볼 때 좌측 3칸의 대청마루와 우측편의 후면 4칸 방과 툇간 마루로 구성되어 있다. 방을 측면과 정면에서 둘러싸고 있는 툇간 마루에는 외부에 띠살문을 달아 막았나. 방의 우측넌 툇산 마루는 높은 누마루로 구성하여 하부에 불아궁이를 설치하였다. 기단은 장대석으로 지대석을 깔고 초벌대로 구성하여 낮으며 주초석은 4각 주초석으로 높게 되어 있다. 기둥은 원기둥이며 민흘림을 보이고 있다. 원기둥을 비교적 높은 네모꼴 주초로 받치며 소로로 수장한 굴도리를 썼으나, 부연(浮椽)을 달지 않고 보머리에 촛가지 장식이

전경

퇴량가구

내부가구

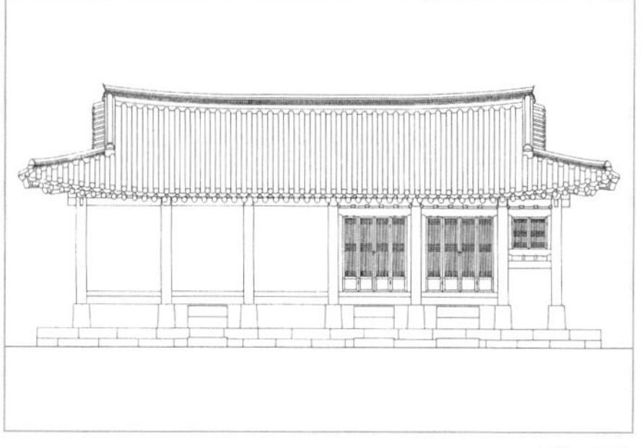
정면도

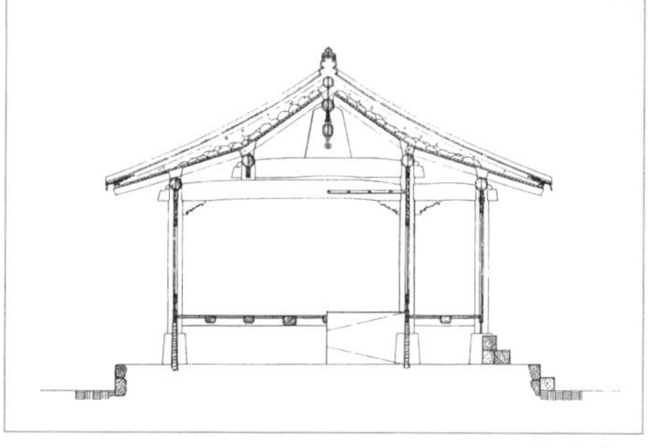
종단면도

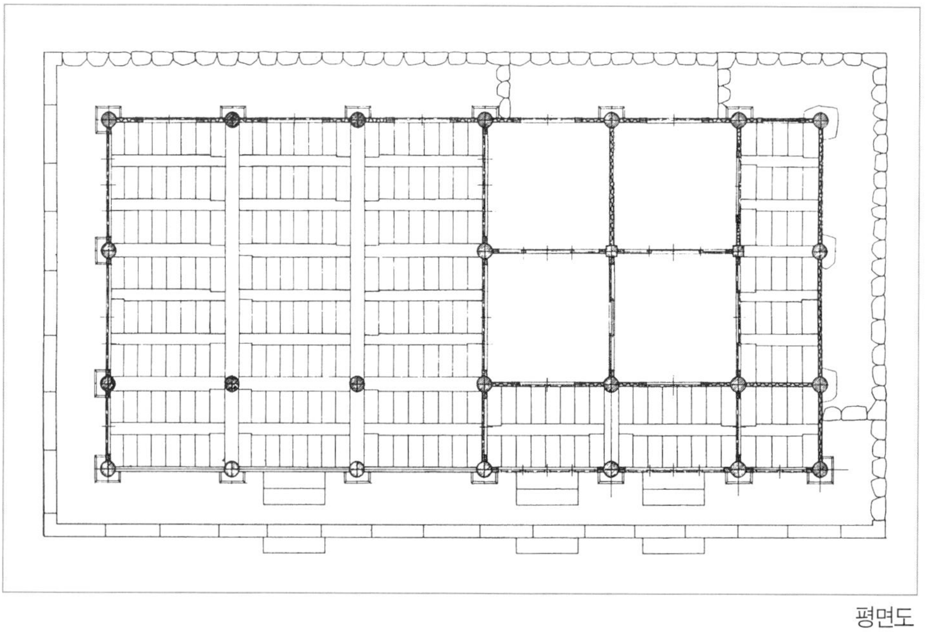
평면도

대공

더잡이된 기둥 및 초석

없는 검소한 집이다.

지붕가구는 대청마루에서 보면 전면에 고주를 1열로 세운 1고주 5량가로 되어 있다. 고주의 몸체 상부에 대량과 퇴량을 같은 높이로 걸었고 고주의 기둥머리는 종량을 받치고 있다. 측면에서는 대량 중간과 고주 몸체에 2개의 충량을 걸어서 도리를 받치는 동자주를 세웠다.

이 건물은 건물 정면의 방 앞쪽 입면에만 소로수장으로 꾸미고 단청을 가하지 않은 백골집으로 동헌 건물로서는 검소한 맛을 지니고 있다. 이런 모양은 관아 건물에서 많이 볼 수 있으며 그다지 오래된 것은 아니지만 현존하는 유구가 드물기 때문에 조선 관아건축 연구에 좋은 자료가 된다. 1913년경 당시 군수 권영수(權永壽)에 의해 중수 착공하여 1915년경까지 3년에 걸쳐 중수하였고, 그 후 1981년에 완전 보수하였다.

연풍동헌
(延豊東軒)

- 지정번호 : 충북유형문화재 162호(1988. 9. 2)
- 건축유형 : 관아
- 소 재 지 : 충북 괴산군 연풍면 삼풍리 162
- 창건시기 : 조선 영조 42년(1766)
- 현황 조성시기 : 1965년 중수, 1972년 이전

연풍현의 정청

연풍동헌은 현감이 정무를 수행하던 공적인 집무처인 정청으로서 현재 연풍초등학교 내에 위치해 있다. 조선 태종 3년 연풍현(延豊縣)이 신설됨에 따라 구 장풍현 송덕리에 있던 장풍현 관아가 폐쇄되고, 연풍현 현내면 허문동에 치소(治所)가 설정되었으며, 동왕(同王) 13년에 현감을 두고 관가의 청사(廳舍)가 건립되었다. 이때의 청사와 부속건물 등의 규모는 알 수 없으나 인조 6년(1628)에 청사를 새로 건축하였으며, 36년 후인 현종 4년(1663)에 현감 성희주(成熙胄)가 조령 아래에 동헌(東軒)을 처음 지어 이은재(吏隱齋)를 설립하였다. 그 후 100여 년이 지나 중수가 어려워 영조 42년(1766)에 현감 이덕부(李德溥)가 동헌의 남쪽에 새로 동헌을 신축하고 풍악헌(豊樂軒)이라 이름하며, 성사익(成士翼)이 옛 동헌에 "이은재(吏隱齋)"라는 현판을 적었으니 이것이 현존하는 동헌이다.

전경

이 터는 1912년에 개교한 연풍공립보통학교에서 1915년 3월부터 무상대여 인가를 받아 직원실로 이용하다가 1920년부터 교사(校舍)로 사용하면서 "홍영관(興英館)"이라 편액을 붙였으며, 1965년 이를 그 자리의 약간 후면에 남향으로 개축하여 중수하고, 1972년 연풍초등학교 내의 현재의 자리

공포

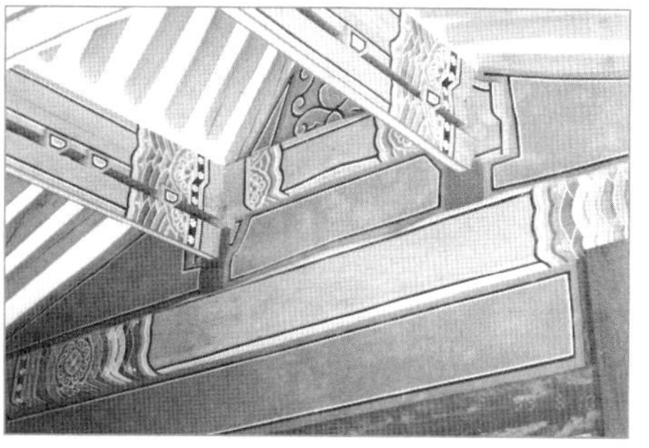

내부가구

인 구 내아 자리에 서향으로 이축(移築)한 후 흥영관(興英館)이라 명명하여 내려오다가 1992년에 이를 중수하여 다시 풍악헌이라는 현판을 걸었고, 현재 1988년 9월 2일 지방 유형문화재 162호로 지정되어 연풍초등학교에서 보호하고 있다.

평면은 정면 5칸, 측면 3칸으로 장방형의 一자형 평면이며 대청과 온돌방으로 구획되어 있다. 즉, 평면의 좌측 2칸과 우측 1칸이 온돌방이고, 그 앞에는 반 칸의 전퇴를 두고 있으며 정면의 2칸을 대청으로 만들었다.

기단형식은 잘 다듬은 장대석 기단을 사용한 바른층 쌓기를 하여 기단의 축조에 있어서도 청사의 권위를 의장적으로 중요하게 다루고 있음을 알 수 있다. 또한 장대석을 2단으로 쌓아 올려 기단을 높게 형성하여 위계성을 높이고 있으며, 치석도 정교하게 다루어

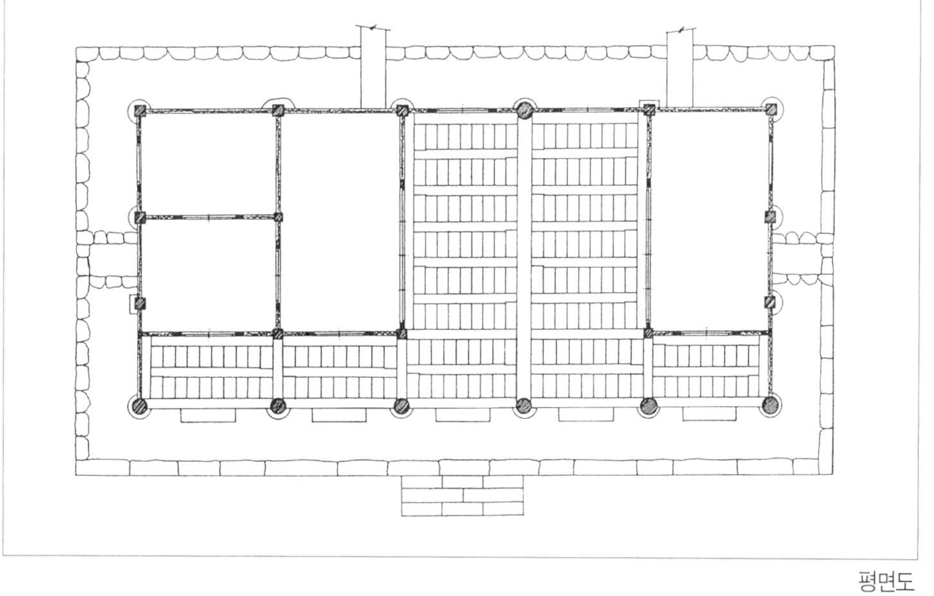

평면도

장대석을 만든 것이 두드러진다. 현재 전면의 2단의 기단과 3단의 계단은 다른 질감의 재료로 보수하였다. 기단을 올라서는 계단은 보수되어 3m 정도의 폭으로 정면의 어간에만 형성되어 있다.

초석은 원형으로 되어 있지만 이는 전면에만 해당되며 측면과 후면은 자연석 기초를 두었다. 기둥은 약간의 배흘림이 있는 원주로서 전면은 원주이지만 나머지는 방주이다. 특이한 사항은 후면의 한 개는 원주로 되어 있는데, 이는 대청을 통해 보이는 부분이므로 시각적 효과를 위하여 원주를 한 것이라 추측도 되며, 한편으로는 현감이 공무를 수행하고 집행하는 대청이 갖는 상징성을 표현한 것으로 보인다.

공포

창호와 벽체형식은 공무를 수행하는 엄숙한 공간으로 화려하지 않으면서도 위엄있고 단아한 건축으로 지어진다는 측면에서 공무집행과 관계된 개방성이 강하게 나타나고 있다. 개방형식은 중앙에 대청을 두고 전면을 개방함으로써 청사로서의 위엄을 이루고 있다. 그리고 대청은 뒤쪽에 판문을 두었고 여름에는 개방할 수 있도록 하였다. 방을 둘러싼 벽체는 심벽구조로 되어 있어 여름에는 개방할 수 있도록 하고 있다. 온돌방의 개구부는 띠살문으로 칸마다 창호를 두었다. 실제적인 개구부는 양측에 있는 4짝으로 된 띠살문을 통하여 출입이 가능한 형식을 취하고 있으며 대청으로의 개방성을 위하여 설치되어 있다. 특징은 좌향이 서향(卯坐酉向)을 하고 있으므로 채광을 위한 양측 벽면에 내밀면 들어 올려지는 들창을 두고 있다는 것이다.

연풍동헌의 구조는 1고주 5량의 가구방식이며, 전면에 반 칸의 툇간을 두고 있다. 대청의 상부구조는 내부공간에 기둥을 갖지 않도록 하기 위하여 전면 고주와 후면 평주 사이를 대량으로 가로지르고 있으며, 대량 위에 동자기둥을 세워 중도리를 받고 종보로 연결되며 종보는 파련대공으로 마루도리를 받고 있다. 특히 대청에는 기둥이 없는 대들보가 지나가게 되므로 대들보의 형태가 중앙이 위로 솟아 힘을 받도록 하는 치밀함이 나타나며, 연등천장으로 서까래와 구조가 노출됨에 따라 파련대공으로 처리한 수법 등이 돋보인다. 다른 칸은 대청과는 달리 내부공간을 형성하는 천장에 의해 가려지므로 개구부를 만들면서 보를 받칠 수 있게 하였고 포대공으로 단순하게 처리하였다.

공포는 장식이 적고 견실한 쇠서를 가진 이익공 형식으로 하였고 들보머리에 봉황의 초각과 단청이 소박하여 관청다운 엄격성과 절제성이 보인다. 정면 외부 기둥칸과 대청

정면도

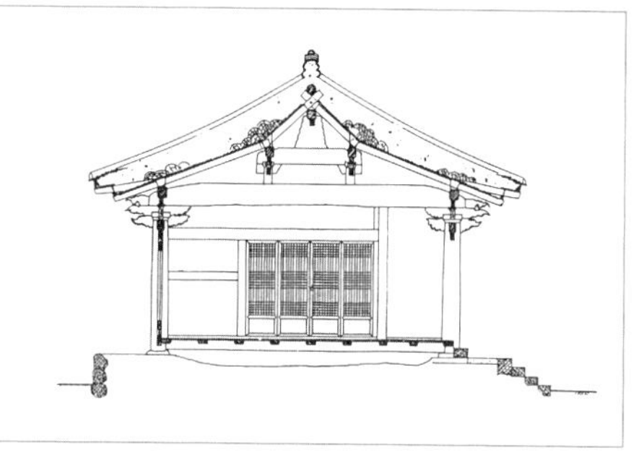

종단면도

마루 배면 기둥칸에는 3소로 화반을 1구씩 배치하였다. 그밖에 측면과 배면의 기둥칸에는 장화반으로 창방과 장여 사이의 벽체를 막고 소로를 배치하였다. 익공의 촛가지는 초익공에서 앙서로 만들고 활짝 핀 연화를 머금고 있다. 이익공 촛가지는 수서로 되어 있고 연봉을 달고 있다. 이익공 위에는 보머리가 빠져나와 있으며 봉두를 조각하여 붙였다. 정면 외부기둥의 창방 밑에 상인방이 첨가되어 있는데 흔히 볼 수 없는 모습이다.

지붕형태는 단층 팔작지붕의 겹처마이다. 그러나 합각이 낮게 형성되어 있어서 위엄있는 모습이기보다는 지붕이 작아 보이므로 화려하지 않으면서도 단아하고 친근한 모습으로 보인다. 온돌방은 양측면에 아궁이가 설치되어 불을 지피고 후면의 굴뚝으로 연기가 빠져나가도록 하고 있다. 굴뚝의 높이는 대략 1.2m 정도로 의장적인 효과와 기능을 보완한 독립굴뚝이다. 의장에서 부재의 치목이나 초각의 수법으로 보아 조선후기의 건물로 추정된다.

괴산동헌
(槐山東軒)

• 지정번호 : 충북유형문화재 163호(1988. 9. 2)
• 건축유형 : 관아
• 소 재 지 : 충북 괴산군 괴산읍 서부리 625
• 창건시기 : 조선초기

괴산의 중심 관청

괴산동헌은 조선 초기에 창건되어 여러 번 중수되었을 것으로 추정하고 있다. 문헌으로는 흥지도서(輿地圖書)에 관청(官廳)이 8칸으로 보이고 있는데, 이 건물을 말한 것으로 여겨진다.

이 건물은 정면 4칸, 측면 2칸으로 8칸 규모이며 구조는 5량집 홑처마 팔작지붕의 목조기와이다. 어간 남쪽으로 마루를 두고 좌측에 1칸, 우측에 2칸의 구분이 있고, 마루 뒤 1칸을 다시 동서로 양분한 구조이다. 기단은 장대석을 초벌대로 깔았으므로 낮게 보인다. 주초석은 원형 주초석과 자연석 주초석들로 혼재되어 있다. 기둥은 기둥머리에서 기둥뿌리보다 가늘어진 민흘림 수법으로 가공하였다.

두공은 초익공 형식으로 구성되어 있다. 정면에서는 창방을 주칸(柱間)에 횡으로 걸고 장여 밑에 소로를 배치하였으며 측면에서는 창방을 생략하고 초익공과 직각으로 첨차형태로 짜맞추고 있다. 일반적인 초익공집 두공부 가구와 다르게 되어 있어 특이하게 보인다. 익공 쇠서는 길게 빠져나와 있으며 촛가지가 위쪽으로 치솟아 올라가고 있다. 보머리는 직절하고 봉두를 조각하여 꽂았다.

전경

지붕가구는 대청마루칸에서

공포

지붕가구

귀공포

후면 우주 상단

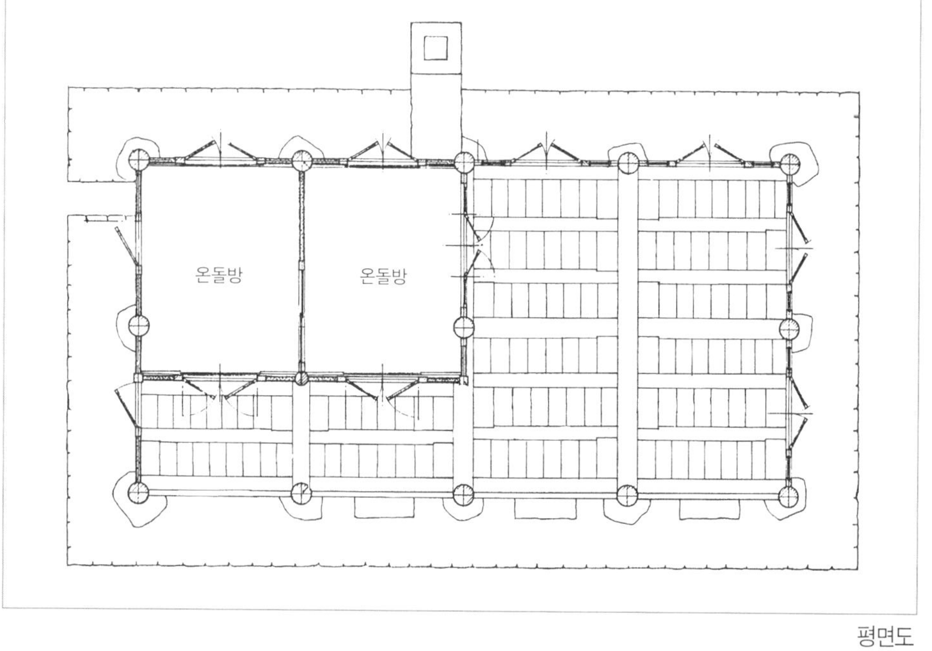

평면도

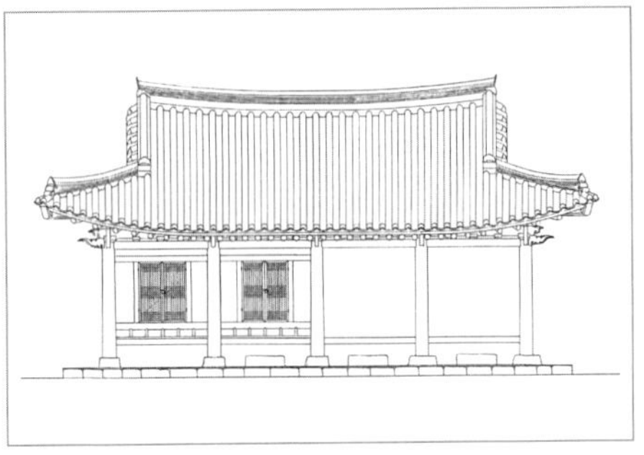

정면도

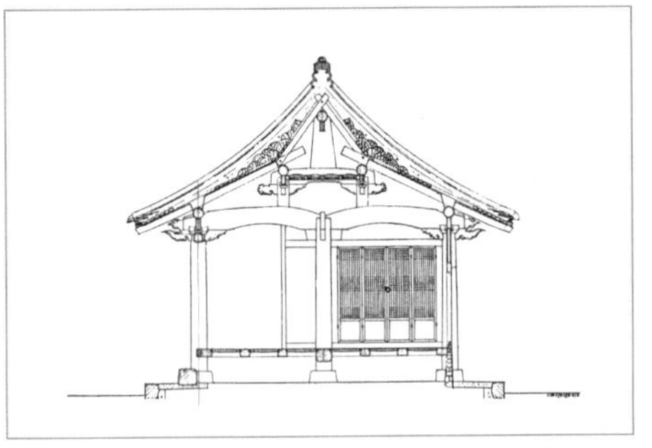

단면도

전후 처마기둥 사이에 대량을 장통보로 걸고 종량과 도리가구를 짜올린 무고주 5량가로 되어 있다. 방이 구성된 부분에서는 종단 전후 칸의 중간에 처마기둥과 같은 높이로 평기둥을 세우고 대량을 앞뒤 칸에 하나씩 걸어서 연결한 맞보형식으로 짜여 있다. 종량은 전후 대량에 각각 동자대공을 세워서 받치고 있다. 대청마루의 외측벽 지붕가구에서 충량을 볼 수 있다. 이 충량은 중간 기둥에서 대량 상부로 걸친 곡선재로서 자연스런 멋을 느끼게 한다. 대청마루 상부에 있는 대량 역시 구부러진 자연재를 생긴대로 다듬어 올린 부재로서 충량과 더불어 마음껏 자연미를 드러내고 있다. 대청마루 상부의 중앙 중도리 칸에는 우물반자가 구성되어 있다. 처마서까래 칸은 연등천장으로 되어 있어서 귀 칸에서 선자서까래가 드러나 있는 모습을 볼 수 있다. 대량 옆면에서 용을 그렸던 흐린 단청 바탕을 볼 수 있으나 현재는 거의 탈색되어 백골집으로 남아 있다. 이 집의 대청마루 지붕가구는 고졸하며 운치가 있다.

연풍향청
(延豊鄕廳)

• 지정번호 : 충북문화재자료 제13호(1994. 6. 24)
• 건축유형 : 관아
• 소 재 지 : 충청북도 괴산군 연풍면 삼풍리 165-1
• 창건시기 : 조선시대
• 현황 조성시기 : 20세기

연풍현의 소리

향청(鄕廳)은 현감의 자문기관으로 지방민 대표의 모임장소가 된다. 연풍향청은 조선시대 연풍현 · 군의 수령을 보좌하는 자문기관으로 좌수(座首)와 좌우별감(左右別監)이 근무하던 건물이다.

연풍향청은 조선 숙종 17년(1681)에 창건되었다. 1910년 한일합방 후에는 친인헌병대 충주관구 연풍분유소, 1914년에는 괴산경찰서 연풍주재소, 1945년 8 · 15해방 후에는 괴산경찰서 연풍지서 등으로 사용되어 왔으며, 1963년 3월부터는 천주교회에서 구입하여 천주교 연풍공소로 사용하다가, 1994년 6월 24일 충청북도 문화재자료 제13호로 지정되어 현재에 이르고 있다. 1995년 보수 시에는 부식된 기둥을 교체하고 창호와 초석을 수리하였으며 고증에 따라 온돌방 2개를 원형 보수하고 홑처마를 겹처마로 보수하였다.

이 건물은 계좌정향(癸坐丁向)의 좌향으로 정면 5칸, 측면 2칸으로 된 겹처마의 팔작집이다. 기단의 전면은 장대석의 기단으로 처리하였으나 측면과 후면은 자연석 기단으로 하고 시멘트모르타르로 마감하였다. 그 위에 놓인 기초는 자연석 기초로서 방형(方形)으로 다듬은 흔적이 보이며, 그 위에 35cm의

전경

지붕가구

공포

대청마루

선자서까래

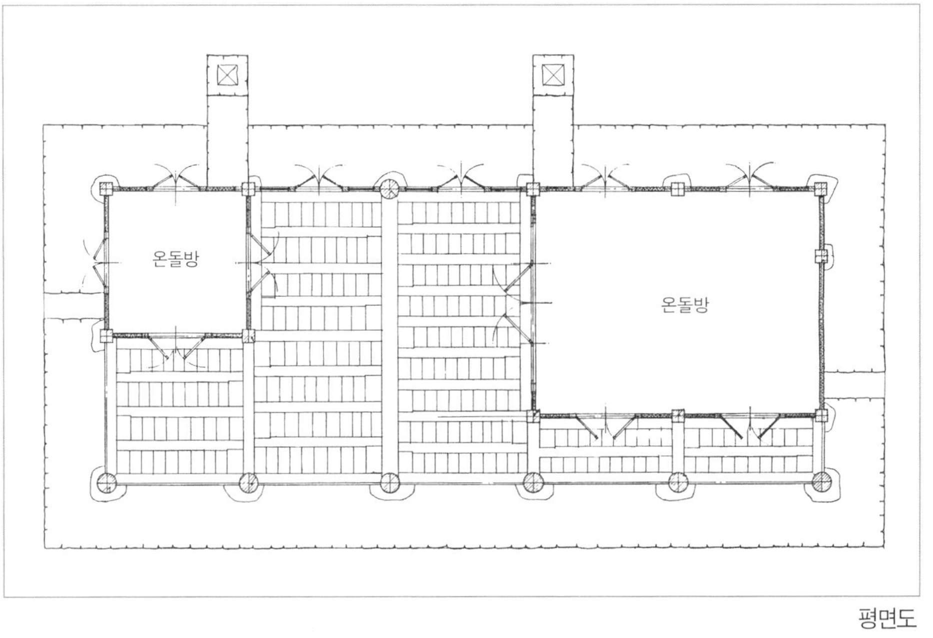

평면도

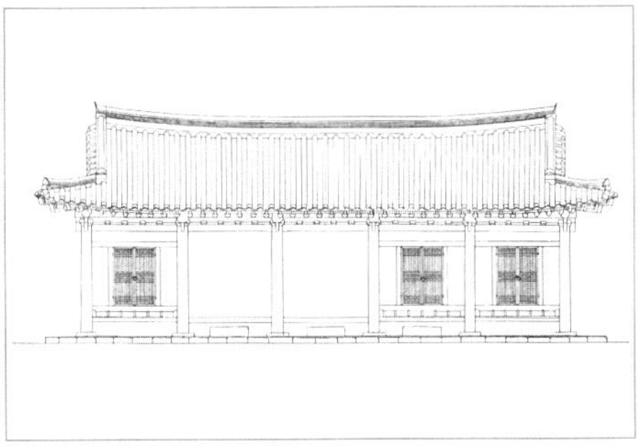

정면도

단면도

원주로 된 기둥이 배치되어 있고 귀솟음이 있다. 기둥은 약간의 민흘림이 보이며 후면기둥은 30cm 정도로 전면기둥과는 차이가 난다.

대청은 우물마루를 깔고, 오른쪽 온돌방 앞에도 1.2m 정도의 퇴를 놓았으며, 왼쪽 온돌방은 넓은 대청과 연결되고 개구부가 사방에 있으며, 오른쪽 온돌방은 2칸을 통간으로 사용하고 오른쪽 측벽만을 제외한 3면이 개구부를 갖는 개방적인 평면을 하고 있으며, 대청의 후면도 머름을 2단으로 올리고 판문을 달아 개방적이다. 창호는 세살문으로 되어 있고 벽체는 심벽이다.

기둥 위에는 창방 위에 소로가 네개씩 배치되고 보 뺄목이 나와 있으며 그 아래로 간결한 초익공이 짜여진 형태를 취하고 있다. 지붕가구는 전후 처마기둥칸에 대량을 장통보로 걸었다. 대량 위에 종량을 올려서 종도리와 중도리를 받친 5량가로 되어 있으며, 대공은 대청마루 한가운데만 판대공으로 세워져 있고, 나머지는 동자주로 구성되어 있다.

처마는 연목 위에 부연을 달아낸 겹처마이며 귀처마에는 추녀를 중심으로 선자서까래를 배치하였다. 아궁이는 오른쪽과 왼쪽의 측면에 위치하고 굴뚝은 후면 2개소에 2m 정도 떨어져 1.2m 높이로 세웠다.

주변에는 정면 3칸, 측면 1칸의 맞배지붕으로 된 문간채가 있으며, 문간채 앞에는 우물이 있고 마당 한가운데에는 전나무가 있다.

이 건물은 오늘날 사례를 보기 어려운 향청건물이다. 최근에 천주교 연풍성당으로 사용되어 오던 건물을 해체 복원하여 옛모습을 찾고 있다. 그리고 연풍공소의 옆에는 연지가 있는데 방지(方池)(29×19m)로서 중간부에 직경 4.3m 정도의 둥근 인공섬을 두고 있어 천원지방(天圓地方)을 상징하는 것으로, 이는 동헌과 관계된 정원으로 추정된다.

충청도 병마절도사영문
(忠淸道 兵馬節度使營門)

- 지정번호 : 충북유형문화재 15호
- 건축유형 : 관아
- 소 재 지 : 충북 청주시 상당구 남문로 2가 92-6
- 창건시기 : 조선 영조 7년(1731)
- 현황 조성시기 : 조선 고종 5년(1868) 중건, 1955, 1984년 보수

충청도 병영의 출입문

청주시 상당구 남문로 2가 중앙공원 내에 있다. 충청도 병마절도사의 본영을 드나들던 출입문의 문루(門樓)이다. 병영의 출입문은 보통 원문(轅門)이라고 부르며 좌우로 담장이 이어져 병영을 에워싸고 있었다.

동향한 이 건물은 조선 영조 7년(1731)에 서원현감 이병정(李秉鼎)이 창건하였다고 전해지는데, 현재의 건물은 1955년에 보수한 목조 2층의 기와집으로 정면 3칸, 측면 2칸의 누각 팔작집이다. 누하부에는 각주로 된 기둥 두 개가 문루로 축조되었을 것으로 보이나, 누하부에 문비시설의 흔적을 보기 어려운 상태다. 다만 누하부 중간에 외부 원기둥과 달리 각주를 나란히 세우고 주초석도 낮게 구성한 상태로 보아 본래 이 부위에 대문을 달았을 것으로 사료된다.

기단은 장대석을 초벌대로 나지막하게 설치하였다. 기둥은 약한 민흘림 형식이며 누상주와 누하주를 하나의 부재로 세운 통주로 구성되어 있다. 두공은 이익공으로 짰으며 주두 위에 재주두를 구성하여 보머리와 장여를 받치고 있다.

익공의 쇠서는 끝을 가늘게 깎은 수서형으로 조각되어 있다. 주칸에는 창방 위에 화반을 배치하고 운공을 조립하여 도리와 장여를 짜맞추었다. 지붕가

전경

하부 초석

누마루 하부구조

공포

내부구조

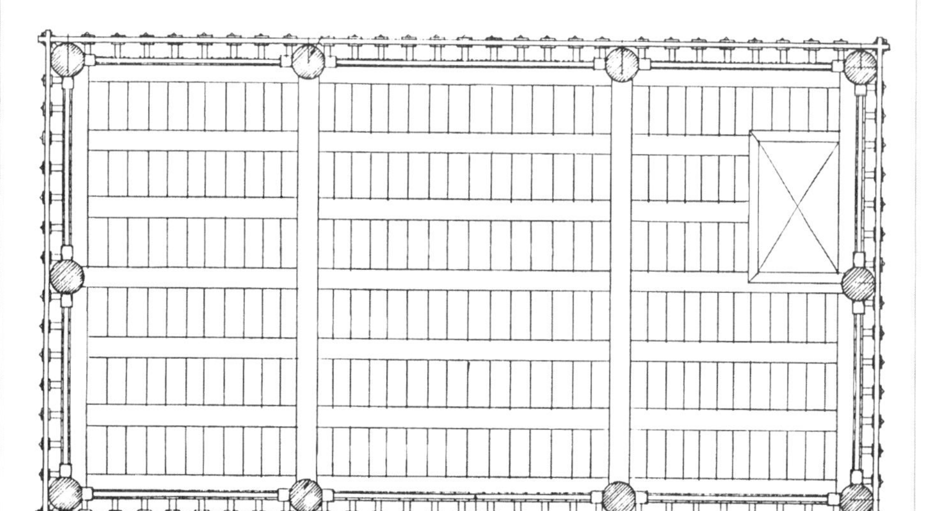

평면도

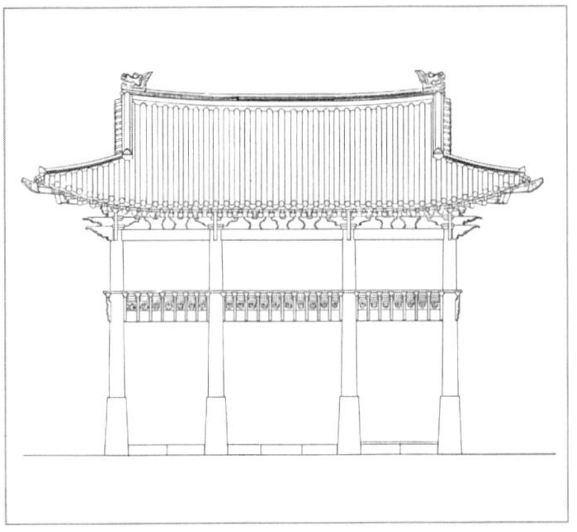

정면도

측면도

구는 전후 처마 기둥 사이에 대량을 장통보로 걸고 종량과 중도리 및 종도리를 올린 5량가로 이루어져 있다.

처마는 연목 위에 평고대를 걸고 부연을 달아낸 겹처마이다. 추녀는 주심도리의 왕지도리 위에 추녀를 괴고 추녀를 올린 다음 사래를 내밀고 있다. 사래 밑에는 토루를 끼우고 막새로 처마끝 기와잇기를 하였으며 용마루와 내림마루 끝은 막새로 마무리하였다. 처마기둥의 주신 중간에 마루귀틀을 짜고 청판을 깔아 누마루를 구성하였고 4면에 계자난간을 둘렀다.

단청은 기둥 이하 축부를 석간주로 하고 창방 이상 상부에 모로단청을 구성하였다. 익공과 화반, 운공, 계자각은 석간주 바탕에 뇌록으로 당초를 그려 넣었다. 창방과 도리 및 장여는 양쪽 끝에 모로문양을 그리고 먹긋기로 중앙부를 메웠고 연목과 부연은 모로문양을 구성하고 뇌록과 먹긋기로 칠하였다. 부연과 추녀, 사래, 익공 등의 배의 바닥에는 색긋기로 구성하였다.

청주동헌
(淸州東軒)

• 지정번호 : 충북유형문화재 109호
• 건축유형 : 관아
• 소 재 지 : 충북 청주시 상당구 북문로 1가 171-3
• 창건시기 : 조선 영조 10년(1734)
• 현황 조성시기 : 조선 순조 25년(1825) 중건

청주목의 중심 정청

동헌(東軒)은 조선시대 지방관아의 정무(政務)가 행해지던 중심건물로서 관찰사, 병사, 수사, 수령들의 정청(政廳)으로서 지방의 일반행정업무와 재판 등이 여기서 행해졌으며, 지방관의 생활처소인 내아(內衙)를 서헌(西軒)이라 하며 보통 그 동편에 위치하기 때문에 동헌(東軒)이라 불리고 있다.

축조연대는 기와의 명문(銘文)에 "도광오년 을유오월 일 청주아전 개전와조작(道光五年 乙酉五月 日 淸州衙全 改建瓦造作)"이라 하였으니 도광 5년(1825, 순조 25)의 조선 후기로 추정하고 있으나, 건물 내부의 가구(架構)와 건축기법으로 비추어 이 당시에 중수하였을 가능성이 높다고 사료된다. 고종 5년(1868)에 청주목사이던 이덕수(李德洙)가 중건하면서 근민헌(近民軒)을 청녕각(淸寧閣)이라 고쳤다. 편액(扁額)은 한때 충청도 병마절도사 영문(忠淸道 兵馬節度使 營門)에 걸렸다가 근래에 제 위치로 돌아왔다.

전경

청주동헌은 현재 청주시 북문로 1가 171-3번지 청원군청 내에 위치하고 있다. 1978년 청원군청이 현재의 위치에 신축되기 전까지 동헌건물을 군청사로 사용하였기 때문에 내부구조가 원형을 알아볼 수 없을 정도로 변형되어 있으며, 건물은 단층

귀공포

마루 하부 석단

목조와가로 정면 7칸, 측면 4칸의 이익공식의 겹처마 팔작지붕이다.

화강석 기단으로 정면은 한벌대이며 나머지 3면은 2벌대로 되어 있다. 초석은 가공된 화강석 장초석과 자연석 덤벙주초를 사용하였다.

기둥은 원기둥과 각기둥을 같이 사용하였으며 내부에 고주를 세웠다. 외부기둥은 페인트로 마감하였는데 벽체는 외엮은 회벽 위에 부분적으로 시멘트모르타르 바름한 부분이 있고 고막이는 블록으로 쌓고, 창호는 군수실로 사용하던 좌측 2칸은 현대식 유리창이며 나머지 부분은 일제시대에 많이 사용되었던 목재 창틀에 유리를 끼운 형태의 창문으로 되어 있던 것을 근년에 원형을 찾아 복원하였다.

지붕은 한식토기와를 사용한 팔작지붕으로 전면만 처마부에 암막새와 숫막새를 사용하였으며 나머지 3면은 암막새만 사용하고 수키와 마구리는 와구토 바름하였다. 와편을 사용하여 합각부를 구성하였는데 합각벽 상부에 "上" 자 문양을 두었다. 용마루는 9단으로 되어있으며 내림마루는 3단에 암막새와 와구토 바름이고 추녀마루는 4단이다. 외부기둥 상부는 익공으로 되어 있으며 귀익공을 포함한 26개 중에서 13개만 제대로 모양을 갖추고 있고 나머지 13개는 전부 또는 부분적으로 절단되어 있어 그 형태를 알아볼 수가 없다.

동헌 평면은 방과 마루로 이루어지며 경우에 따라서 마루에 단차를 두거나 누마루를 두어 위계성을 나타내기도 하였다. 청주동헌은 정면 7칸, 측면 4칸의 규모이며 내부기둥은 원기둥과 사각기둥을 같이 사용하였고 전면 툇간에 전부 고주를 사용하고 배면 툇칸은 평주 6개와 고주가 3개로 되어있다. 내부 고주에는 인방재가 끼워졌던 홈 구멍이 나타나 있어 그동안 내부 공간구성에 많은 변화가 있었음을 보여주고 있다.

내부 기둥은 전면 고주는 일정하게 배열되어 있고 배면에서 좌측 3개는 일정하게 배열되어 있으나 우측 3곳의 기둥은 보방향으로 한 열에 2개씩 놓여 있어 어느 시기에 보수되면서 변형이 있었음을 알 수 있다.

기단은 화강석 장대석 기단으로 되어 있으며 전면은 한벌대, 나머지 3면은 두벌대로 되어 있다. 전면 양 우주 초석면에서 좌측면 기단과 우측면 기단이 전면보다 1단 더 놓여 있다. 전면 기단석은 길이가 2m 내외의 긴 화강석이지만 나머지 부분은 1.2m 정도의 짧은 화강석을 사용하였다.

기둥은 외진주에 사용된 것이 22개이고 내진주에 사용된 것이 15개이다. 외진주에 사용된 22개 초석 중 14개는 화강석을 가공한 8각 장초석이고 나머지 8개는 자연석으로 된 덤벙초석이다. 내진주에는 방형의 화강석 가공 초석과 자연석 덤벙주초를 사용하였다. 전면과 좌측면에는 화강석 장초석을 모두 사용하고 배면 좌측 뒤기둥을 중심으로 우측면과 배면에 자연석 덤벙주초 8개를 배열하였다. 화강석 장초석은 8각으로 가공되어 있으며 표면의 마무리는 고운정 다듬을 하였다. 또한 상부 모서리를 궁글려 턱이 지는 것을 방지하고 있다.

청주동헌의 기둥은 내진주와 외진주가 있으며 외부는 평주, 내부는 고주와 평주를 같이 사용하였으며 단면형태는 내외부 모두 원기둥과 사각기둥을 혼용하였다. 기둥은 외진주는 원기둥 18본과 사각기둥 4본으로 총 22본으로 이루어져 있으며 내진주는 원기둥 4본과 사각기둥 8본, 간주 3본으로 총 15본이 놓여 있다.

동헌의 기둥 사이 각 칸에는 상 · 하인방 혹은 상 · 중 · 하인방이 끼여져 벽체와 창호를 구성하였던 것으로 추측된다.

동헌의 공포는 익공계로 재주두 없는 이익공 양식이다. 아래 초익공은 창방과 직교하여 기둥 상부에 끼워져 위에 주두를 받고, 위의 이익공은 첨차와 직교하여 주두에 끼워 처마도리장여와 보를 받치고 있으며 내부에서는 보아지 역할을 한다. 귀부분에서 초익공은 창방머리에 별도의 부재로 끼워지고 첨차 외단이 이익공으로 조각된다. 그리고 장여

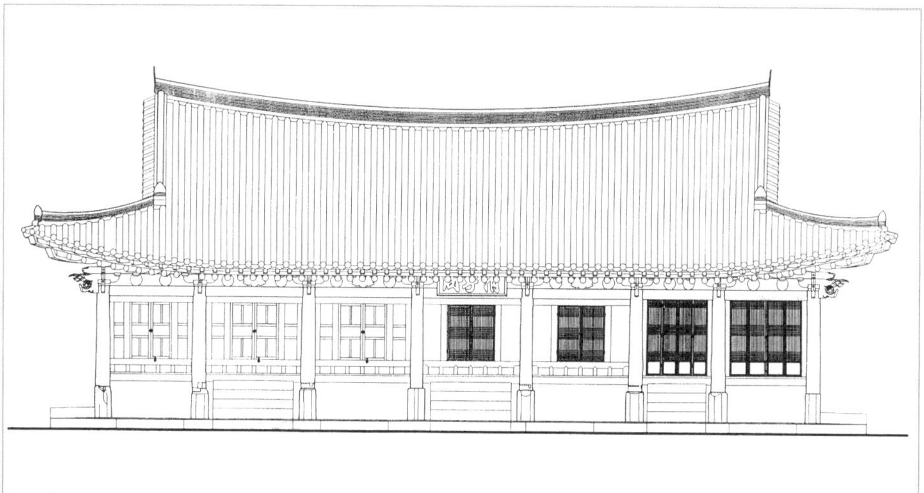

복원 정면도

빼목이 운공으로 조각되어 이익공 위에 놓이며, 간주에서는 이익공 위 보머리에 익공과 같은 두께의 별도의 부재로 운공을 조각하여 끼워놓고 있다.

내부에서는 창방 장여 상부에 소로가 놓여 도리장여를 받치고 있으며 좌측 3칸 종도리 하부에는 조각된 행공첨차가 판대공에 끼워져 뜬장여를 받치고 있다. 초익공은 앙서형이며 우주와 간주에서 그 형태가 다르게 나타난다. 간주에서 초익공은 앙서 상부에 연봉을 조각하였으나 간주에는 연봉 대신에 꽃문양을 조각하였다. 우주에서는 초익공을 별도 부재로 창방빼목에 홈을 파서 끼워 넣었다.

주심도리, 중도리, 중중도리, 종도리로 구성된 2고주 7량가로 구성되어 있다. 이익공 양식에 굴도리와 8각도리가 혼용되어 있으며 외진주 상부에 창방을 설치하여 화반과 첨차를 받치고 있다.

전면 2, 3, 4열에 고주와 고주 사이 상부에 대보가 결구되어 있고 5, 6, 7열에는 전면 고주 상부에서 배면 종중도리 위치까지 보가 걸리고 종중도리에서 배면 평주까지 맞보를 설치하여 종중도리를 받치고 있다. 마룻보(종보)는 대보 위에 주두나 동자주 위의 주두에 지지되어 있으며 마룻보 상부의 동자주나 판대공으로 종도리를 받치고 있다. 내부 도리 하부에는 뜬장여 위에 소로를 놓고 상부에 도리장여를 설치하였다. 또한 2, 3, 4열 판대공 상부에는 행공첨차를 뜬장여 하부에 설치하여 장식적인 요소를 가미하였다. 이를 통해 중건시에는 1~4열 사이의 내부공간은 상부가구와 서까래가 노출되는 연등천장이었다는 것으로 추정할 수 있다.

복원 단면도

문산관
(文山館)

• 지정번호 : 충북유형문화재 49호(1978. 2. 22)
• 건축유형 : 객사
• 소 재 지 : 충북 청원군 문의면 미천리, 문의문화재단지
• 창건시기 : 조선 현종 7년(1666)
• 현황 조성시기 : 영조 4년(1728) 중수, 1979년 이전

문의현의 객사

문산관은 조선시대 문의현(文義縣) 관아의 객사(客舍)이다. 객사란 고려와 조선시대에 각 고을에 있던 관사(館舍)로 조선시대에는 이곳에 전패(殿牌)를 안치하고 초하루와 보름날에 임금이 계신 대궐을 향하여 절을 하는 의식을 거행하는 장소였으며, 한편으로는 중앙에서 내려온 사신(使臣)의 숙소로도 사용되었다. 건물구조는 지붕이 좀 더 높은 정당(政堂)이 중앙에 있고 그 좌우로 익실(翼室)을 두고 전면에 중문(中門), 외문(外門), 측면에 무랑(無廊) 등이 부속되며, 정당은 전돌(塼)을 깔고 좌 · 우 익실은 온돌로 하는 것이 일반적이다.

문산관은 목조기와집 건물로 정면 10칸, 측면 3칸의 이익공집인데 자세히 보면 정면 3칸, 측면 3칸 맞배집의 본 건물에 정면 3칸, 측면 3칸 및 정면 4칸, 측면 3칸인 2동의 건물을 양측에 붙여 익랑을 만든 객사로서 이러한 형태의 건물은 전주객사(全州客舍)에서 그 유례를 볼 수 있으며 전주객사보다는 규모나 양식면에서 뒤지나 충북지역에서 순수한 객사로서는 유일한 예이다.

전경

정확한 창건연대는 알 수 없으나 문의읍지(文義邑誌)에는 현종 7년(1666) 현령 이명하(李鳴夏)가 이건했으며, 이 건물을 덮은 지붕의 암막새에 연대가 양각되어 있는데 "옹정육

가구

측면

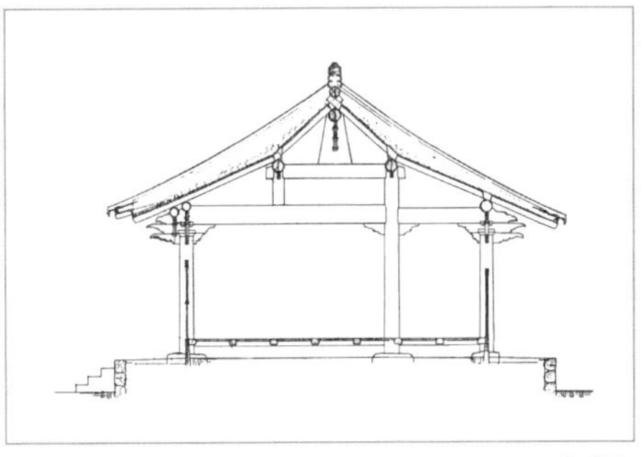

단면도

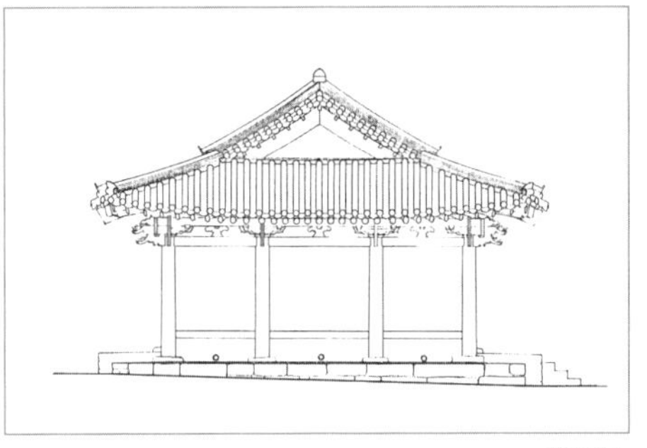

측면도

년 무갑사월일좌사 김기인(雍正六年 戊甲四月日左使 金己仁)"이라는 명문(銘文)이 있어 영조 4년(1728)에 중수가 있었던 것으로 보인다.

객사 건물인 문산관은 정면에서 볼 때 맞배와 솟을지붕으로 된 3칸과 팔작집으로 된 좌측 3칸, 우측 4칸의 익랑으로 구성되어 있다. 측면은 3칸이며 중앙 맞배집과 좌우 익랑의 건물 높이가 다르며 각각의 별동 건물을 붙여 세운 형식으로 구성되어 있다.

기단은 중앙 정당에 장대석을 세벌대로 높게 쌓고 좌우 익랑에서 초벌대로 낮게 되어 있다. 주초석은 평평한 자연석 덤벙주초로 되어 있다. 기둥은 민흘림 원기둥으로 세워져 있다.

두공은 외1출목 2익공으로 구성되어 있다. 익공의 촛가지는 연화를 머금은 앙서형으로 조각되어 있다. 익공 위에는 보머리를 출목 안쪽에서 짜맞추고 운공을 조각하여 끼워서 익공과 연속된 조각으로 구성하였다. 출목첨차는 밑면에 조각하고 끝부분을 경사지게 깎은 형태이다. 주심첨차는 양단부를 직절하고 밑면에서 약간 경사로 깎은 단순한 형태이며 화반은 중앙 정당과 좌우 익랑에서 두 가지 형태로 혼재되어 나타나고 있다.

지붕가구는 중앙 정당의 경우 배면쪽에 고주를 세운 1고주 5량가이며 좌우 익랑에서는 전후 처마 기둥칸에 대량을 장통보로 걸고 종량과 도리가구를 짜올린 5량가로 구성되어 있다. 종도리를 받치고 있는 대공은 판대공으로 사다리꼴의 단순한 형태이다. 정당의 정

귀공포

공포

면에는 살창을 달아 내부를 보호하고 있다. 좌우측 익랑에 각각 1칸씩 온돌방을 배치하고 우물마루로 구성되어 있다.

이곳이 대청댐 수몰지역이 됨으로써 향교 옆으로 1979년에 해체 이전되었다가 문의문화재단지로 다시 이전되었다. 문산관은 조선중기 지방관아의 건축양식 연구를 위한 귀중한 자료이다. 현존하는 객사의 예가 몇 안 되는 가운데 건물의 전체적인 구성과 실의 구성이나 창호의 형태 등에서 참고할 만한 자료들을 잘 간직하고 있다.

보은동헌
(報恩東軒)

- 지정번호 : 충북유형문화재 115호(1982. 12. 17)
- 건축유형 : 관아
- 소 재 지 : 충북 보은군 보은읍 삼산리 119-4
- 창건시기 : 17세기말경 추정
- 현황 조성시기 : 조선 철종 11년(1860) 중수, 1983년 보수

보은현 관아의 중심

동헌은 일명 아헌(衙軒)이라고도 하며, 조선시대에 감사 또는 수령이 공사를 처리하던 곳이다. 따라서 동헌은 관아(官衙)의 중심이 되는 건물이다. 보은동헌의 건립연대는 확실히 알 수 없으나 17세기 말경에 건립된 것으로 추정하고 있으며, 조선시대 후기인 철종 11년(1860)에 중수하였다.

보은동헌은 정면 7칸, 측면 3칸의 팔작집이다. 기단은 장대석을 두벌대로 나지막하게 쌓아 만들었다. 주초석은 4각, 8각으로 가공된 것과 자연석으로 섞여 있다. 기둥은 민흘림 원기둥으로 전후 처마기둥과 후면 고주로 구성되어 있다. 두공은 이익공이며 익공의 촛가지는 촛익공을 연화를 머금은 앙서로 만들고 이익공을 연봉을 품고 있는 수서로 구성하였다. 보머리는 직절하여 자르고 봉두를 조각하여 꽂았으며 화반은 삼소로화반과 일소로화반으로 구성되어 있다.

전경

방의 앞 처마기둥 칸 툇마루에는 머름난간이 구성되어 있다. 대청마루에는 정청이 단으로 구성되어 있고 보아지는 연화문이 초각되어 있는데 매우 사실적으로 표현되어 있다. 정청의 배면과 측벽은 모두 당판문으로 막았다. 익공 촛가지나 보아지는 매우 장식적인 문양으로 조각되어 있는데 종도리 받

공포

내부가구

측면

배면

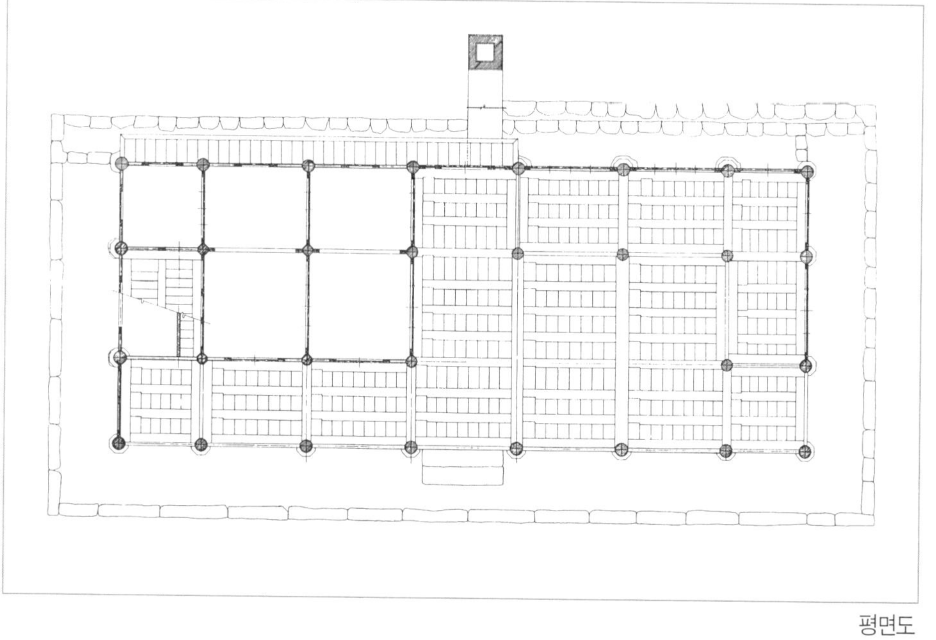

평면도

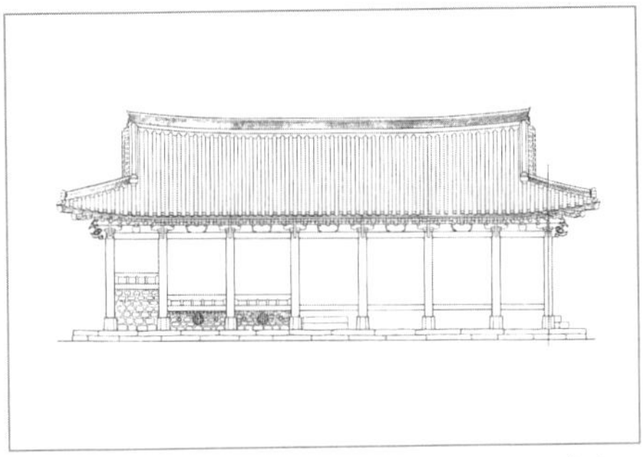

정면도

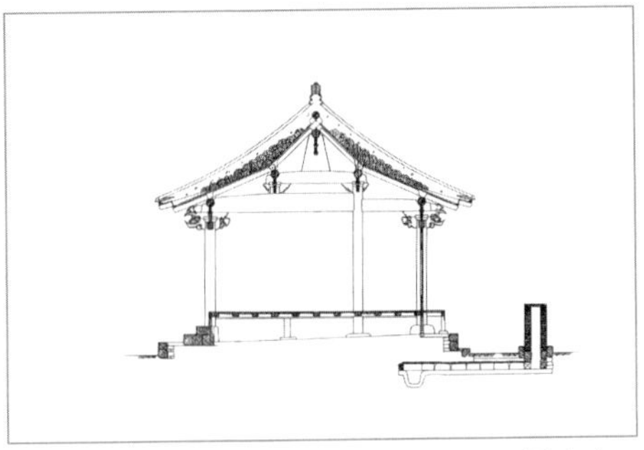

종단면도

침 대공은 제형(梯形)의 판대공으로 단순한 형태이다.

건물 내부는 평면이 특징있게 꾸며졌는데 전면 1칸은 모두 마루로 하고 뒤 우측 4칸은 대청, 좌측 3칸은 온돌방을 두었다. 대청마루 중 동쪽 한 칸과 후면은 약 90cm 정도 높여 누마루를 꾸몄는데 내부공간을 다양하게 꾸미려고 한 조선후기 동헌의 한 특징으로 볼 수 있다. 건물 전면의 벽체는 개방되었고 측면과 후면은 판문(板門)을 여러 가지 크기로 달고 대청과 방 사이에는 불발기문(장지문 가운데에 창호지를 대어 채광을 한 문)을 달아 다양한 창호구성을 하였다.

조선시대 후기의 다양한 공간구성과 창호의 의장(意匠)이 돋보이는 동헌건물의 하나이다. 융희 1년(1907) 보은군에서 일어난 의병활동을 진압하기 위하여 출동한 일본 헌병대가 강점한 후 계속하여 경찰관서로 사용하면서 구조가 많이 변형되기도 하였던 것을 1983년에 완전히 보수하였다.

회인 인산객사
(懷仁 仁山客舍)

• 지정번호 : 충북유형문화재 116호(1982. 12. 17)
• 건축유형 : 객사
• 소 재 지 : 충북 보은군 회북면 중앙동 15
• 창건시기 : 조선 효종 6년(1655) 중건
• 현황 조성시기 : 조선 순조 3년(1803) 중수, 1983년 해체보수

회인현의 객사

이 건물은 회인현(懷仁縣) 객사(客舍) 또는 동헌으로 추정되며, 일제시대부터 보통학교와 면사무소로 사용되었다.

객사는 고려, 조선시대에 걸쳐 각 고을에 있던 관사(館舍)이다. 조선시대에는 궐패(闕牌)를 모시어 삭망(朔望)에는 궁궐을 향해 배례하였고 여행하는 관리들의 숙소로 사용되기도 하였다. 객사의 배치형식은 정당(正堂)을 중심으로 좌우에 익실(翼室)을 두고 전면에는 중문, 외문과 행랑이 있는 것이 보통이나 여기서는 정당과 외문만이 남아 있다. 이 건물은 한때 회인현 동헌으로 전해져 왔으나 1983년 해체 수리할 때 대들보 아래의

전경

내부가구

공포

서측면

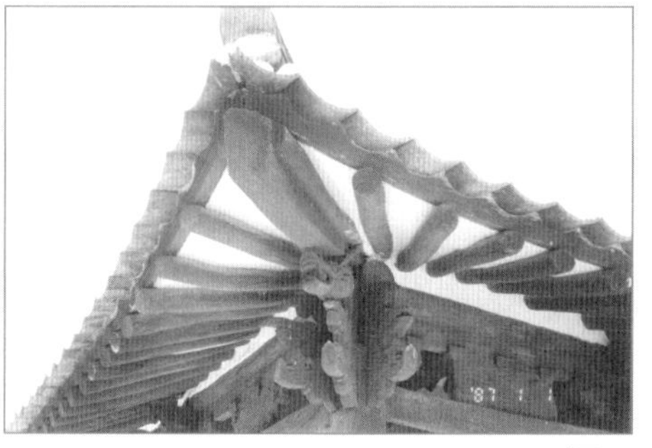
귀공포

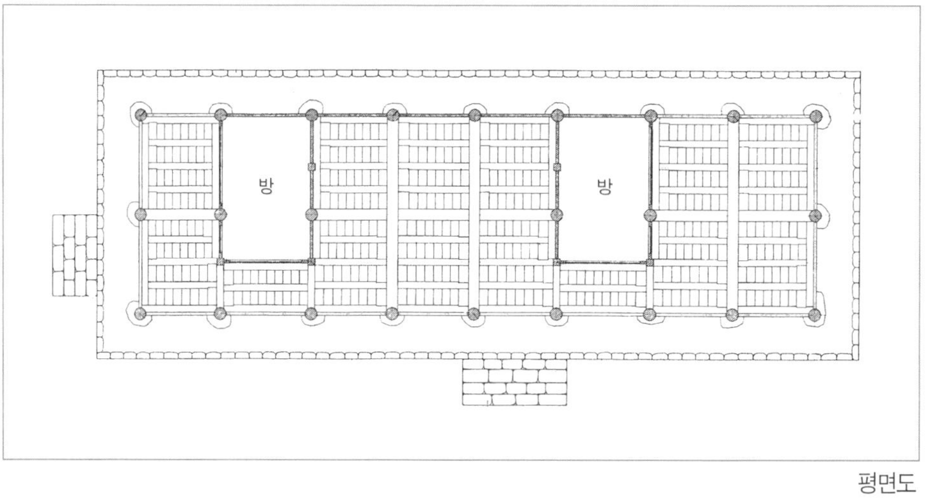

평면도

묵서명에 효종 6년(1655)에 중건하고 순종 3년(1803)에 중수한 기록이 발견되었고 인산객사(仁山客舍)로 기록되어 있어 종래에 동헌으로 잘못 전해진 것이 밝혀졌으나, 건물의 성격은 동헌의 특성을 가지고 있다.

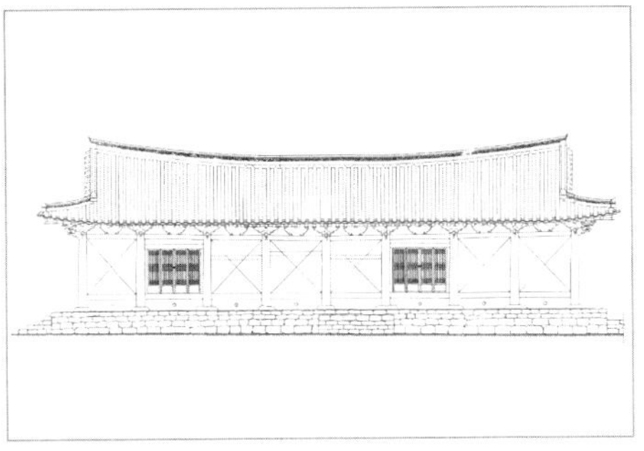

정면도

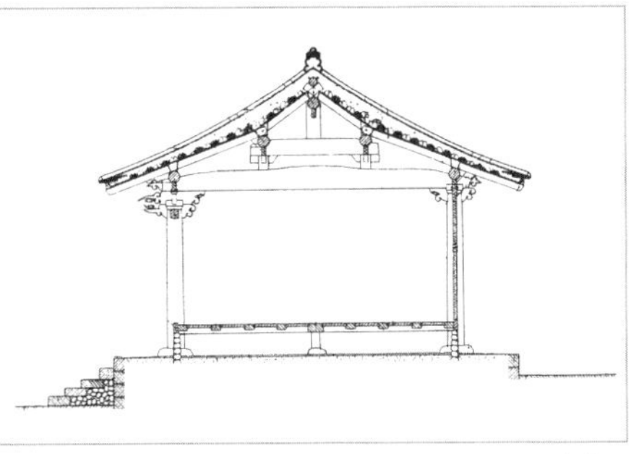

단면도

평면은 정면 8칸, 측면 2칸인데 정면에서 볼 때 좌측 1칸을 전후 2칸통의 마루로 구성하였다. 그 옆 우측에는 전면 반칸을 툇마루로 구성하고 전후 1칸반의 방으로 구성하였다. 방 우측의 3칸은 앞뒤 2칸통의 넓은 대청마루로 만들었다. 대청마루 옆에는 좌측 방과 같은 방을 구성하고 우측면 2칸은 마루로 구성하여 3면을 개방시켜 놓았다.

기단은 자연석으로 축조하여 높게 쌓아 올렸다. 주초석은 자연석으로 가공되지 않은 채로 사용되었다. 기둥은 민흘림 원기둥이고 지붕가구는 5량가로 짜여 있다.

두공은 이익공식으로 되어 있는데 재주두를 구성하지 않았다. 촛가지는 연화를 조각한 초익공 앙서와 연봉을 초각한 이익공이며, 이익공 위에는 보머리에 봉두를 초각해서 꽂아 놓았다. 주간에는 3소로 화반을 배치하였는데 파련각으로 초각되어 있다. 귀기둥의 두공에서는 귀한대를 짰다. 귀한대는 초익공과 이익공을 짜고 그 위에 용두를 조각해서 추녀를 받치고 있다. 처마는 홑처마이나 연목을 외부로 길게 뺐다.

지붕가구는 5량가로 되어 있다. 중앙 대청마루와 우측면 마루칸에서는 전후 처마기둥 칸에 대량을 장통보로 연결하고 종량을 동자주로 받쳤다. 대청마루 좌우측에 있는 방에서는 종단면의 중간에 기둥을 세우고 대량을 앞뒤로 하나씩 맞보형식으로 두 개 걸었다. 대량을 받친 보아지는 전면 처마기둥 옆에서는 파련각으로 초각되어 있고 배면에서는 직절하여 단순하게 만들었다. 이 건물은 전체적인 가구수법에서 조선후기의 특징을 잘 나타내고 있다.

객사 앞에는 솟을삼문이 한 동 있다. 이 건물에서는 자연석 초벌대 기단 위에 자연석 덤벙주초를 놓았고 기둥은 민흘림 원기둥으로 세우고 두공은 구성하지 않았다. 장여를 받친 납도리로 3량가 지붕가구로 짜여 있다. 중앙칸에만 대문을 달고 홍살을 구성하였으며 좌우 측면 칸에서는 회벽으로 막았다. 삼문으로 지어진 건물인데 좌우측 칸이 벽으로 폐쇄되어 있어서 후에 개조된 것이 아닌가 생각된다.

제2장

불교건축

불교건축

문화 전파의 통로지점에 있는 충북지방에 불교가 들어온 것은 불교가 372년에 우리나라에 들어오면서 527년 신라가 불교를 받아들이는 과정에서 수용되었을 것으로 사료된다. 그러나 사찰조영은 진흥왕대 이후(565년 이후) 불교문화가 급속도로 지방으로 확산되면서부터이다. 이는 신라시대에 창건된 도내 사찰들의 창건연대와 삼국시대의 불교 유물 유적을 통해 알 수 있으며 지금 남아 있는 삼국시대의 불교 유물 유적은 불교문화의 전래과정을 파악하는 데 중요한 자료가 된다. 특히, 신라가 삼국을 통일한 뒤에야 비로소 충북지역에 속리산 법주사를 비롯한 여러 사찰이 세워지고 거기에 불교문화가 정착될 수 있었는데, 이 모두는 뒤늦은 신라문화의 수용이었다. 따라서 오늘날 충북지역에 남아 있는 불교문화는 거의가 시대적으로 통일신라를 상한으로 하여, 삼국에서 형성된 문화의 자극과 영향으로 이루어진 것들이다.

또한 곳곳에 신라시대 · 고려시대에 창건한 사찰과 절터(寺址)가 있어 당시의 불교문화의 영향을 알 수 있다.

현재 남아 있는 충북지방의 불사건축은 국보 · 보물급의 귀중한 것이 상당히 많아 다른 지역에 비하여 그 두각을 나타낸다. 법주사는 의신조사(義信祖師)가 개창한 사찰로서 경내에는 팔상전을 비롯하여 대웅보전 · 원통보전 · 일주문 · 사천왕문 · 능인전 등 우리나라의 귀중한 목조건축이 집약되어 있으며, 충주 미륵리사지는 중요한 석굴사원이다. 또 청원의 안심사나 영동 영국사, 괴산 각연사 등은 대웅전을 비롯하여 중요한 목조건축물이 있다.

충북지방의 불사건축을 중심으로 한 목조건축은 조선 초기에서부터 후기까지의 특징을 갖는 건물들이 풍부하다. 특히 목탑형식의 팔상전이 제일 주목을 끄는 건물인데 오층목탑 건물로서 우리나라에서는 유일하게 남아 있는 것이다. 팔상전은 중국이나 일본의 목조탑과는 확연하게 구분되는 우리나라 고유한 목탑구조형식을 보여주고 있어 더욱 가치가 있다. 팔상전은 안정적인 입면을 가진 한국적인 목조탑이며 이러한 형식이 충북지역에 세워져 있다는 것은 의의 있는 일이다.

또한 안심사 대웅전은 원래는 극히 평범한 건축양식으로 된 건물이었으나 후세의 개조에 따라서 지금과 같은 특색 있는 건물로서 건축사적으로 중요시되고 있다. 대웅전 건물이 하나의 표본이 되어 개조된 모습과 같은 구조양식의 새로운 건물이 경내에 건립되었다는 것은 중대한 의의를 갖는 것이라고 하지 않을 수 없다. 그것은 건물의 구조양식이 변화하는 과정을 입증하는 자료가 되는 것이며 개조된 가구양식이 한 완성된 가구양식으로 정착되는 과정을 현물로서 증명하는 자료가 되는 것이다. 이러한 의미에서 이 안심사 대웅전의 중요성을 찾을 수 있는 것이다.

안심사 대웅전에서와 같이 맞배집의 측면에 공포가 구성된 형식은 전국에서 그 예가 많지 않으며 안심사 비로전, 법주사 천왕문, 법주사 선희궁 원당 등에서 볼 수 있는 것으로, 한 시대에 이 지역에서 시도되었다는 점에 유의해야 할 것이다.

이상의 불사들은 중요한 목조건축을 보유한 곳이고 비록 목조건물은 남아 있지 않지만 불적으로 중요한 절터와 탑들이 많다. 충주 미륵리사지를 비롯하여 원평리사지 · 탑평리사지 · 정토사지 · 청룡사지 등과 청주 용두사지 · 흥덕사지, 단양의 향산사지, 제천 장락동사지, 사자빈신사지 등은 대표적인 예이다.

특히 흥덕사지는 최근 금속활자를 주조한 곳으로 알려져 주목되는 사지이다. 10세기에 접어들어, 당시 강력한 호족세력의 지배하에 있던 청주권의 대표적인 사지이며, 청주 교외의 야산에 의지하여 평탄한 지형에 조성된 이 사찰은 발굴결과 소규모지만 전형적인 1탑식 가람배치 모습을 보이고 있어서 산골짜기에 조성되던 사찰과는 또 다른 성격이며, 중문, 탑, 금당, 강당, 종루, 경루, 회랑의 정연한 고대 가람의 배치형식을 보여주고 있는 것이 특이하다.

충북지방에는 비교적 많은 석탑이 있다. 이들 석탑들은 타 지역의 석탑에 비하여 크고 넓은 기단 위에 탑이 세워지는 매우 강하게 안정감을 요구하는 이 지역 특유의 조형감각을 찾아볼 수 있으며, 또한 석탑의 대부분이 통일신라시대에서 고려시대에 걸쳐 조영되었으면서도 고려시대에 나타나기 시작하는 5층 이상의 다층탑이 많다는 사실도 이 지역의 특징이다.

요컨대 충북지역의 불사건축은 타 지역과 다른 특이한 새로운 지역적 양상을 구성하는 측면이 있으며, 장엄한 측면도 있지만 대체로 소박하고 고졸한 기법으로 구성되는 특성을 가진다.

향산리 삼층석탑
(香山里 三層石塔)

- 지정번호 : 보물 405호
- 건축유형 : 탑파
- 소 재 지 : 충북 단양군 가곡면 향산리 401
- 창건시기 : 통일신라시대(9세기)

단양의 통일신라 석탑

이 탑은 단양읍에서 약 16km 되는 깊은 산곡(山谷)에 위치하며 성기(盛期)에 비해 전체적으로 축소화되는 경향이 있으나 단정한 수법을 보여주는 가작(佳作)이다. 이 부근에는 와편(瓦片)이 산재하여 사지(寺址)임을 알 수 있으나 이에 관한 기록이 없어 사명(寺名) 등은 알 수 없다. 이 석탑은 일제시(1935년경) 탑 내의 보물 도취(盜取)로 도괴(倒壞)되었던 것을 약 5년 후 동민들이 재건하였다 한다.

전경

향산리 삼층석탑은 이중기단의 3층 방형석탑으로 신라석탑의 전형적 양식을 잘 계승하고 있다. 지면에는 수매의 장대석으로 지대석을 삼고, 5매(枚)의 장대석으로 하대를 놓은 위에 4매로 된 중대석을 얹었다. 중대석 각 면에는 넓은 우주(隅柱)와 탱주(撑柱) 일주(一柱)가 모각되어 1면(一面)을 2구(二區)로 구분하였다.

갑석(甲石)도 4매 판석(板石)으로 덮였으며, 윗면에는 현저히 경사가 있어 우동형(隅棟形)이 뚜렷하고, 중심에는 호형(弧形)과 각형(角形)의 몰딩이 있어 일반적인 형식을 따르고 있다. 위 기단 중석(中石)은 각면 2매씩의 판석을 세워 조성하고 각면에 우주와 탱주, 일주가 있다. 갑석은 2매석으로 밑에는 부연

기단부

탑신

(副椽)이 있고 상면에는 경미한 경사가 있다. 중앙의 몰딩이 하층기단 갑석에서와 같이 각호형(角弧形)임은 특별한 예이다.

탑신부(塔身部)는 옥신과 옥개석이 각각 하나로, 각층 옥신에는 우주형(隅柱形)이 있고 초층 옥신 남쪽면의 하부 중앙에는 2중으로 방광을 조각하여 호형을 모각하고 중앙에 종선(縱線) 음각선(陰刻線)을 그어서 2매 문비(門扉)임을 표시했다. 옥개석은 층급받침이 각층 4단이고 추녀 밑은 수평이어서 신라 석탑양식을 따랐다.

지붕의 경사는 우아하여 귀마루의 형상이 뚜렷한데 전각(轉角)에 이르러 아름다운 반전(反轉)을 보였고, 지붕의 정상부에는 각형 2단의 괴임이 있다. 옥신(屋身)이나 옥개(屋蓋)의 체감도 좋은 비율을 보여 난아하다. 상륜부(上輪部)에는 노반, 복발, 앙화, 보주가 남아 있어 비교적 상태가 좋은 편인데, 노반은 위에 1단의 갑석형이 있는 일반적인 형식이며, 복발도 편구형(扁球形) 표면에 횡대(橫帶)가 있는 일반형이다. 앙화에는 형식적인 8엽(葉) 앙화형이 있고 보주에는 화염문(火焰文)이 있는 듯하다.

석재 결구에 있어 규율성을 보였으며 조각수법도 우아하다. 충실히 신라석탑의 양식을 따라 대작은 아니지만 단정한 조형을 보여주는 가작의 하나로서 신라후기의 조성으로 추정된다.

한편 전하는 바에 의하면, 신라 눌지왕 19년(435)에 묵호자가 불지득몽(佛地得夢)하여 이곳에 향산사(香山寺)를 창건했는데, 묵호자 열반 후 그 제자들이 탑을 건립하여 그의 사리를 봉안하였다 전한다. 향산사는 임진왜란 때 소실되고 보탑만 유존한다.

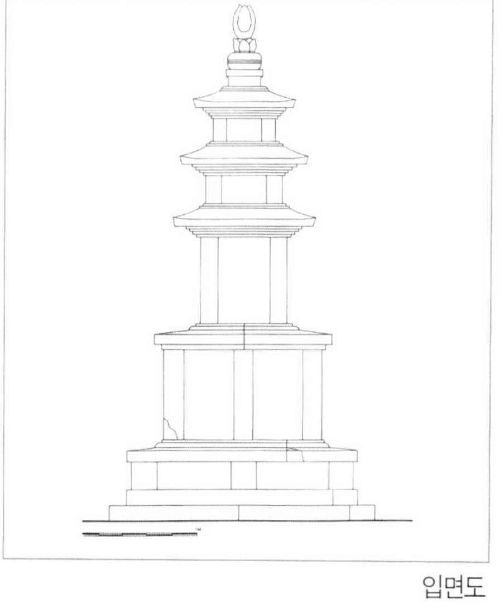

입면도

사자빈신사지석탑
(獅子頻迅寺址石塔)

• 지정번호 : 보물 94호
• 건축유형 : 탑파
• 소 재 지 : 충북 제천군 한수면 송계리 1002
• 창건시기 : 고려 현종 13년(1022)

고려시대의 사사자석탑

이 석탑은 일반형의 석탑 의장에서 벗어난 특수양식의 탑으로서 기단부에 네 마리의 사자를 원각 배치하여 주목을 끈다. 석탑의 구성은 기단부와 탑신부로 되었는데 방형의 하대(下臺)는 상부에 두꺼운 테를 돌려서 부연(副緣)을 삼았고 그 밑에 각면 3구씩의 안상(眼象)을 조각하였다.

안상은 양측선이 연장되어 안상 내에 큼직한 꽃문양이 솟아 고려시대 특유의 수법을 보이고 있다. 그리고 상면에는 낮은 괴임이 있어 하층기단 면석을 받았고 각 면석에는 우주(隅柱)가 표시되었으며, 한 장의 판석으로 만들어진 갑석에는 밑에 부연 대신 완만한 곡선을 이용하여 표현되었다. 이 위의 상층기단 면석은 이 석탑에서 가장 특색있는 부분으로 네 모퉁이에 사자 1좌씩 도합 4좌의 사자를 앉혀서 갑석을 받게 하고 중심에는 지권인의 비로사나불좌상을 안치한 특수한 구조이다.

전경

이러한 양식은 이미 신라시대 석탑인 화엄사 사사삼층석탑에서 그 선례를 볼 수 있고 그 모방품이 여러 기 전해지고 있으니 이 석탑도 그중 하나이다. 상층기단 갑석은

상층 기단부 사자상

기단

평박(平薄)한 일석(一石)으로 만들어졌는데 밑에는 하층기단 갑석서와 같으나 더욱 얕게 부연이 표시되어 있다. 상면에는 방형으로 16개의 연꽃문양이 조각되어 탑신부를 받게 되었으니 이것도 고려시대 석탑의 특색이라고 할 것이다.

탑신부도 옥신(屋身)과 옥개석(屋蓋石)이 각각 일장석(一枚石)으로 되었고 현재는 5층 옥신까지만 남아 있다. 초층 옥신은 특별히 크며 2층부터는 급격히 체감되었다. 옥개석은 4층까지 남아 있는데 매우 평박(平薄)하여 각층 밑부분에 표현된 3단식의 옥개받침도 매우 낮다. 추녀는 우각(隅角)에 이르러 크게 반전(反戰)되었고, 따라서 낙수면의 경사는 극히 완만하여 귀마루에서는 거의 수평을 이루었다.

원래 9층이던 이 탑은 현재 5층 이상은 상실되었으나 고려시대 석탑의 특색을 여실히 보여주고 있다. 명문에 의해 고려 현종 13년(1022)에 조성되었음을 알 수 있는 건실한 탑이다. 이 탑은 신라시대 사사자석탑의 양식을 계승한 고려시대 사사자석탑이다. 그러나 신라적인 이형 석탑이 극히 한정되고 개별적인 예에 그치는 것에 비해 고려시대에 나타난 양식은 새로운 유형을 이루는 데까지 진전되고 있음을 볼 수 있다. 그리고 고려시대에 이르러서도 사사자석탑의 양식을 계승한 사자빈신사지석탑이나 강원도 홍천군 홍천읍내에 옮겨 세운 괘석리 4사자 3층석탑(보물 제450호)의 유례에서 볼 수 있듯이 신라시대 이형석탑의 양식을 계승하는 면이 있다. 그러나 이러한 신라적인 이형 석탑의 예는 사실상 극히 한정되고 대개는 개별적인 것에 그쳤으나 고려시대 양식은 새로운 유형을 이루는 데까지 진전되고 있음을 볼 수 있다(정영호, 석탑, p.45, p.105 참조).

탑신부

제천 장락리 칠층모전석탑
(堤川 長樂里 七層模塼石塔)

• 지정번호 : 보물 459호
• 건축유형 : 탑파
• 소 재 지 : 충북 제천시 장락동
• 창건시기 : 통일신라시대(9세기말)

장락리 점판암 모전석탑

제천시에서 동으로 약 2km 낮은 구릉을 등지고 있는 일대를 배문동(培門洞) 속칭 '창팍사터' 라고 부르고 있다. 사역(寺域)은 전답의 경작으로 규모는 알 수 없으나 7층 거구의 모전석탑 1기가 존재한다. 석재는 회흑색(灰黑色) 점판암(粘板岩)을 절단하여 쌓아 올렸는데 이 석재는 이곳에서 약 8km 지점 용두산(龍頭山)에서 채석한 듯하다.

이 석탑의 기단은 단층으로 여러 개의 자연석으로 하고 탑신부를 올렸는데 초층 네 모서리에는 높이 1.37m, 폭 21cm의 화강석재를 세웠다. 이러한 수법은 다른 전탑이나 모전탑에서 볼 수 없었던 특이한 수법이다. 또 남북 양면에는 화강석으로 문주(門柱) 2주를 세우고 미석(楣石)을 얹어 방광을 만들고 문비(門扉)를 달았는데 남면의 것은 소실되었다. 초층 옥신의 높이는 네 모서리의 화강석주와 같고 폭은 2.8m인 바, 동서 양면은 전체를 모전재로 쌓고 남북 양면은 방주(方柱)와 방광의 사이에만 쌓았다.

전경

옥개는 상하 모두 층단을 가진 전탑 특유의 형태를 하였고 추녀도 단촉(短促)되었다. 추녀는 수평으로 평박(平薄)하고 각 우각에는 상하로 풍령공(風鈴孔)이 뚫려 있고 일부에는

남측 탑신부

옥개부

옥개부

원경

풍령을 달았던 철제 고리가 남아 있다. 옥개받침은 9단 내지 7단으로 되었고, 상면의 층단도 이에 준하였고 옥개는 15단 내외로 구성되었다. 상륜은 모두 없어졌으나 7층 옥개석 정상에 1변 70cm의 낮은 노반만이 남아 있다. 그 중심에 직경 17cm의 원공(圓孔)이 있고 이를 중심으로 연판(蓮瓣)이 조각되어 있다. 이 원공은 찰주공(擦柱孔)으로 해석되는 바, 6층 옥신에까지 미치고 있다. 또한 주목되는 것은 탑신 전면을 회(灰)로 도장했던 흔적이 여러 곳에 남아 있어, 이는 상주 석심회피탑(石心灰皮塔)과 같은 수법에 속하는 탑이 아니었던가 추정된다.

이 석탑은 해마다 약간씩 기울어져 1967년말에 해체하였는데 5층 옥신부에서 장광(長廣) 50~54cm, 높이 31cm의 부등변 방형 화강석재가 있었고, 그 중심에 방공(方孔)이 있어서 이는 사리공(舍利孔)으로 해석되었으나 내용물은 없었으며, 7층 옥개 상면에서 화형(花形)이 투각(透刻)된 청동편이 발견되어 원래는 정상에 청동제의 상륜이 있지 않았나 추측되었다.

이 탑의 조성연대는 조탑형식이나 가공수법으로 보아 신라말기 혹은 고려초기로 추정된다. 6.25 동란으로 도괴(倒壞) 직전에 있었는데 1967년 해체복원하였고 1968년에 배수로 공사, 1973년에 보호책을 설치하였다.

제천 신륵사 극락전
(堤川 神勒寺 極樂殿)

- 지정번호 : 충북유형문화재 132호(1982. 12. 17)
- 건축유형 : 사찰
- 소 재 지 : 충북 제천군 덕산면 월악리 803-5
- 창건시기 : 신라 진평왕 4년(582)
- 현황 조성시기 : 조선 선조대

탱화가 가득한 불전

제천군 덕산면 월악리 803의 5번지에 있는 신륵사는 월악산 동록(東麓)에 위치하며, 사전(寺傳)에 의하면 신라 진평왕 4년(582)에 창건되고, 그후 문무왕때 원효대사가 중수하였다고 전해오고 있으며, 조선초에 무학화상과 선조 때 사명대사에 의해 중건되었다고 한다.

극락전은 장대석 기단 위에 정면 3칸, 측면 3칸으로 지어진 맞배집이다. 주초석은 자연석과 석탑의 옥개받침 등 탑편으로 구성되어 있다. 기둥은 민흘림 원기둥이며 지붕가구는 1고주 5량가로 되어 있다.

공포는 다포계로 기둥 상부에 창방과 평방을 걸고 간포는 어간에 3구, 좌우 측면 칸에 2구씩 배치하였다. 포작은 외2출목, 내3출목으로 짜여 있다. 촛가지는 외부에서 연봉을 초각한 앙서로 1,2제공을 구성하고 3제공을 수서로 조각했다. 보머리는 봉두로, 내부 살미는 연봉으로 조각하였다.

전경

이 건물은 고색창연한 금단청을 볼 수 있다. 단청의 솜씨도 뛰어나 보는 이로 하여금 감탄을 자아내게 한다. 또한 내외 벽면과 반자에는 수많은 탱

공포

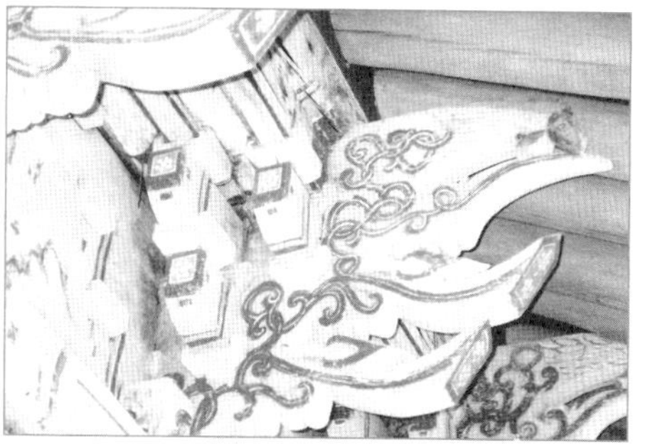
공포

화들로 가득 메워져 있다. 탱화의 내용은 신선도와 사명대사 행일본도, 달마수행도 등 여러 가지 불교 설화를 담고 있다. 내부에는 벽체에 금강역사상과 반자에 보살도, 백호도 등으로 가득 메워져 있는데 그 솜씨가 뛰어난 작품이다.

측면

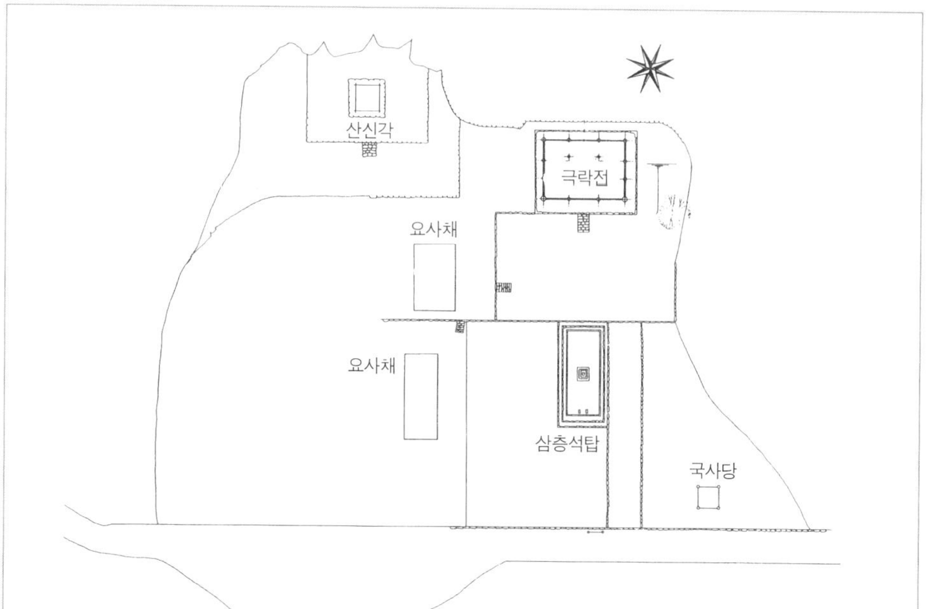

배치도

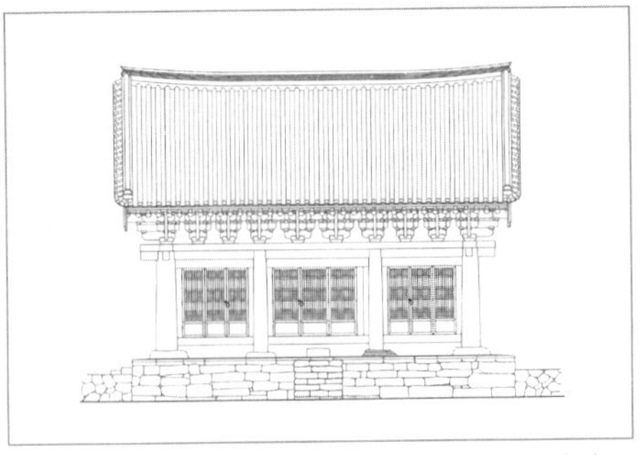

정면도

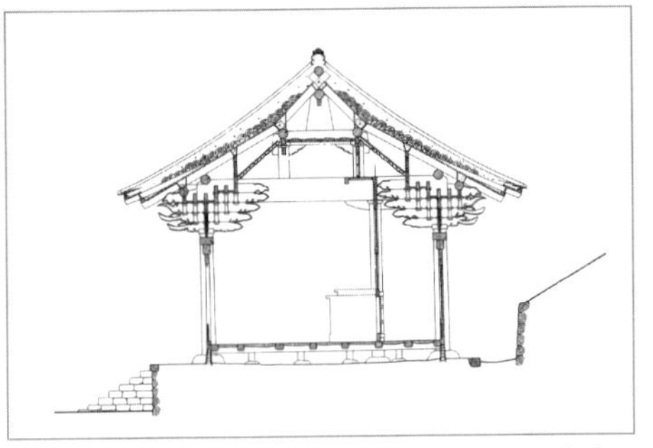

단면도

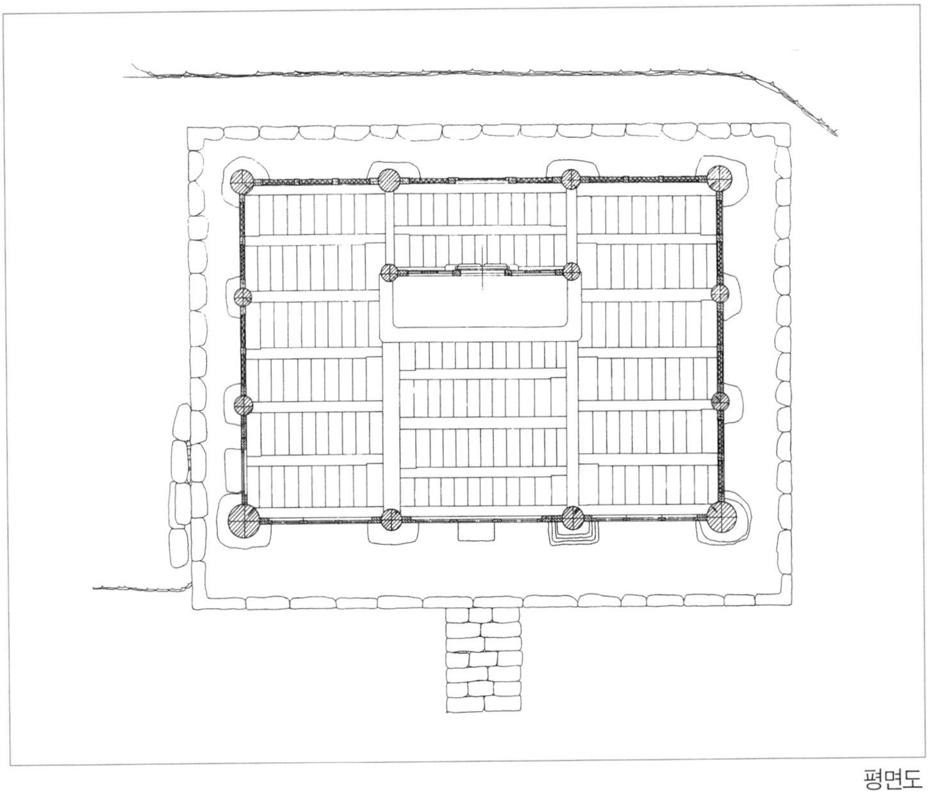

평면도

중원 탑평리 칠층석탑
(中原 塔坪里 七層石塔)

- 지정번호 : 국보 6호
- 건축유형 : 탑파
- 소 재 지 : 충북 중원군 가금면 탑평리 11
- 창건시기 : 통일신라시대(8세기경)

중원문화의 중심탑

이 탑은 통일신라시대 석탑 가운데 유일한 7층석탑이며 높이도 14.5m로 가장 높다. 10여 매의 크고 긴 돌로 지대석을 이룬 위에 2층의 기단을 쌓고 탑을 올렸다. 2층 기단의 면석과 갑석은 모두 여러 장의 편편한 돌로 짜맞추어졌고 네 모서리와 그 사이 면에도 각각 3개와 2개씩 기둥이 새겨졌다. 아래층 기단 갑석이 윗면에 각진 괴과 둥근 괴이 두 단을 이루었고 위층 기단 갑석의 윗면에 각진 괴 두 단이 놓여 탑신부를 받는 점, 그리고 위층 기단의 갑석 아랫면에 부연(附椽)이 표현된 점 등은 통일신라 석탑의 일반적인 보습이다. 한편, 아래 위 기단 갑석의 윗면이 마치 옥개석 윗면처럼 물매져 있는 점은 다른데서 보기 드문 모습이다.

전경

이 석탑의 구조는 2층 기단 위에 7층 탑신을 형성하고 그 정상에 상륜부를 구성한 방형 중층의 일반형이다. 기단부는 10여 매의 장대석으로 구축한 지대석 위에 놓였는데 상하층의 면석과 갑석이 모두 여러 장의 판석으로 짜여진 것은 이 석탑의 규모가 크기 때문인 것이다. 하층기단의 면석은 양 우주와 탱주가 정연하고 상층기단의 면석에는 양 우주와 두 탱주가 모각되었으며, 갑석 위에는 별석의 2단 각형 괴임대로 탑신부를 받고 있다.

거탑(巨塔)이므로 탑신부도 하층부에서는 여러 장의 석재로 구성하였고 상층부에 이르면서 단석으로 되었는 바, 6, 7층 옥신이 1석(石)으로 조성되었으며 각층 층신에는 양 우주가 마련되었다. 옥개석은 초층이 낙수면부와 처마 밑의 옥개받침부가 도합 8석으로 조립되었으며 상층부로 올라감에 따라 양 부면(部面)이 1석으로 되어 전체가 2석으로 조립되었고 6, 7층은 1석이다. 옥개받침은 각층 5단씩이고 옥개석 상면에는 각형 2단의 괴임대를 각출(刻出)하여 그 위에 옥신을 받고 있다.

기단부

입면도

상륜부는 노반석을 이중으로 놓고 그 위에 복발과 앙화를 구성하였다.

이 석탑은 규모가 커서 웅장하기는 하나 기단부와 탑신부의 세부수법에 있어서 약식(略式)과 생략으로 흐르는 경향을 보이며, 전체적인 형태도 높이에 비해 폭의 비례가 적어서 고준(高峻)한 감을 준다. 1917년 이 석탑에 대한 전면해체 복원이 진행되었던 바, 이때 사리장치(舍利藏置)가 발견 조사되었다. 유물 중 동경(銅鏡) 2점은 고려시대의 조성품으로 추정되는데 이러한 점에서 이 석탑은 창건 이후 고려시대에 이르러 재차 사리 장치의 봉안이 있었음을 알 수 있다.

중원 미륵리 사지
(中原 彌勒里 寺址)

• 지정번호 : 사적 317호
• 건축유형 : 사지
• 소 재 지 : 충북 충주시 상모면 미륵리 58일대
• 창건시기 : 고려초기

고려시대 석굴사원

삼국시대 이래 조선시대 이전까지 남북간의 주교통로로서 남한강과 낙동강을 잇던 계립령 길을 따라 형성된 문화회랑은 중원문화권의 핵심으로 꼽히고 미륵리 절터는 그 중에서 중심을 차지한다. 1970년대 말부터 이루어진 발국조사에서 수습된 유물 가운데 미륵당, 원주(院主), "명창3년 대원사주지 승원명(明昌三年 大院辭住持 僧元明)"이라고 적힌 기와 등이 나왔고 지금도 이곳의 지명이 미륵리여서 이 절 이름은 미륵대원이었을 것으로 추측된다. 미륵대원터는 다른 절들과 달리 남쪽을 등지고 북쪽을 향하여 펼쳐져 있다. 맨 안쪽에 본존불이 있고 그 앞으로 석등과 오층석탑이 일직선상에 놓인 단탑식 배치형식이다.

석불은 10m가 넘는 규모이지만 간략하게 표현되어 소탈해 보인다. 석불 주위는 입구쪽만 트여 있을 뿐 동 · 남 · 서면이 석불의 팔꿈치쯤 되는 높이까지 거대한 석축으로 에워싸여 있다. 본래 여기에는 석굴 사원이 있었던 곳으로, 자연암반을 파고 들어간 중국의 석굴이나 천장까지 둥글게 돌을 쌓아 올린 경주 석굴암과 달리, 이곳의 석굴은 중간 정도까지만 돌로 쌓고 그 위에 목조법당을 지어올린 형태였다. 그러나 주실 내부에서 본존불이 약간 뒤로 물러서 있고

석굴 전경

석굴에서 본 미륵리 사지

석굴 동벽

석굴 주실 앞에 배례와 의식의 공간으로서 전실을 달아낸 점 등이 근본적으로는 석굴암을 모방하고 계승한 것으로 해석된다. 한편, 석굴암에서는 주실이 둥글며 주실과 전실이 비도(扉道)로써 이어지지만 여기에서는 주실이 네모지고 목조전실과 바로 잇대어 있었다.

남아 있는 석굴 내부의 벽을 살펴 보면 아랫부분에 길다란 돌덩이를 눕혀 3단을 쌓은 위에 띄엄띄엄 기둥을 세워 감실을 만들었으며, 그 위로 긴 돌을 가로 놓은 후 다시 작은 감실들을 만들고 또 긴 돌을 가로놓아 마무리하였다. 아래위 감실에는 두터운 판석에 불좌상이나 보살상 등을 두 구나 세 구씩 조각하여 나란히 끼워 넣었으나 지금은 서너 군데에만 흐트러진 채 남아 있다. 석굴 안의 본존불 네 귀퉁이와 석벽 위쪽에 목조법당을 올릴 때 쓰인 주춧돌이 남아 있고 바닥에는 네모진 박석이 깔려 있다. 주실과 전실의 경

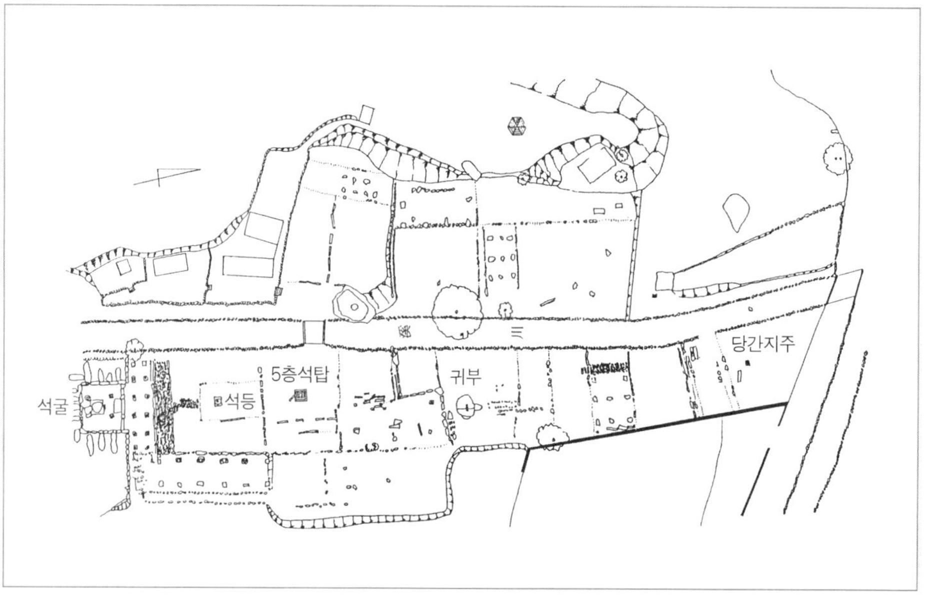

배치도

계에서는 높다란 초석과 돌쩌귀 구멍이 파인 문지방 돌로 여겨지는 석재도 볼 수 있다.

불상 뒤편에는 큼지막한 돌덩이가 한 개 있다. 근처 노인들에 따르면 그 돌을 들어내면 물줄기가 보인다고 한다. 절터 뒤편에서 흘러오는 계곡물 한 줄기가 석굴 아래로 흐른다는 것이다. 이렇게 한 것은 미륵과 물의 밀접한 관계라는 신앙적인 측면과 더불어 자연적인 습도조절 장치가 아니었을까 추정된다.

석굴 앞에는 판석에 새긴 여래좌상, 용머리, 사자상 등 석조물들이 한데 모여 있다. 그중 여래좌상은 석굴 뒤편의 바위 위에 있던 것이 병자년(1936) 홍수 때 쓸려 내려왔다고 하며 용머리와 사자상은 입구 쪽 당간지주 근처에서 발굴되었다. 용머리는 돌당간 꼭대기에 달렸던 것으로 추정되며 사자상의 본래 용도는 알 수 없다.

본존불의 시선은 멀리 북쪽으로 트인 송계계곡을 향하였고, 정면 5칸, 측면 1칸이던 전실은 주춧돌과 기단만이 남았다. 그 동쪽에 정면 5칸, 측면 1칸의 서향 건물 자리가 있고, 또 북쪽 돌거북이 있는 쪽으로 내려가면서 두 채 정도가 더 있던 흔적이 있다. 절터를 가르고 흐르는 계곡 건너편의 거북바위라 불리는 암반 위에 얹힌 지름 1m 가량의 둥근 돌은 '온달 장군의 공깃돌'이라는 전설을 담고 있는데 절터를 지키는 세계사 측에서는 보주탑이라 부른다. 그 보주탑 옆에도 건물 자리가 있다. 다시 말해 미륵석불과 석등, 오층석탑으로 이어지는 선을 중심축으로 하고 그 좌우로 건물들이 마주보며 자리잡았던 셈인데 지금은 주로 동쪽의 흔적들이 잘 드러나 있다.

석굴 전실 바로 앞에는 팔각석등이 놓여 있다. 중판 복련을 새긴 하대석과 아무 장식이 없는 간주석, 앙련을 새긴 상대석, 사면에 화창이 뚫린 화사석과 옥개석이 모두 팔각이며, 옥개석 위에 팔각받침을 두고 연꽃 봉오리 모양의 보주를 얹었다. 하대석과 같은 돌로 이루어진 지대석만이 사각인데 본래 이 자리에 있던 자연석을 다듬어 사용하였으며 한

정면 실측도

귀퉁이에 돌을 자를 때 생긴 쐐기구멍이 아직도 남아 있다. 고려 초기에 조성된 이석등은 윗면이 시원스레 퍼져내리다가 모서리가 살짝 들린 옥개석을 비롯하여, 전체적으로 균형 잡히고 세련된 편이다. 높이 2.3m로 충청북도 유형문화재 제18호로 지정되어 있다.

본존불에서 석등, 오층석탑으로 이어진 일직선 축에서 동쪽으로 벗어난 곳에도 석등이 한 기 있으니 하대석과 간주석, 상대석, 네 귀퉁이에 둥근 기둥을 세워 구성한 화사석, 옥개석으로 이루어진 사각석 등이다. 하대석에는 복련이, 간주석의 한 면에는 불꽃모양이, 상대석에는 앙련이 새겨져 있다.

오층석탑에서 입구 쪽으로 더 나온 곳에 자리잡은 돌거북은 크기가 우리 나라에서 가장 큰 것으로 꼽힐 만하다. 이 또한 본디 그 자리에 있던 거대한 바위를 썩썩 다듬어 이룬 것으로, 머리부분을 점차 용의 모습처럼 표현해가던 나말여초의 돌거북 유형과 달리 세모진 머리에 동그란 눈, 너부죽하게 다문 입, 조그맣게 뚫린 콧구멍 등이 사실적으로 표현되어 있다. 귀갑문 등 세부적인 묘사는 생략하였고 등 가운데에 네모지게 비좌를 파 놓았으나 비신은 간데 없다.

절터의 가장 북쪽인 입구에는 바깥면에 연꽃이 새겨진 당간지주와 둥근 받침이 새겨진 당간 좌대 등 부러지고 해체된 당간지주의 부분들이 한데 모아져 있다. 이 돌들은 한때 절터를 밀고 들어섰던 민가의 뒤안 장독대로 쓰였다고 한다. 지금 석굴 앞으로 옮겨져

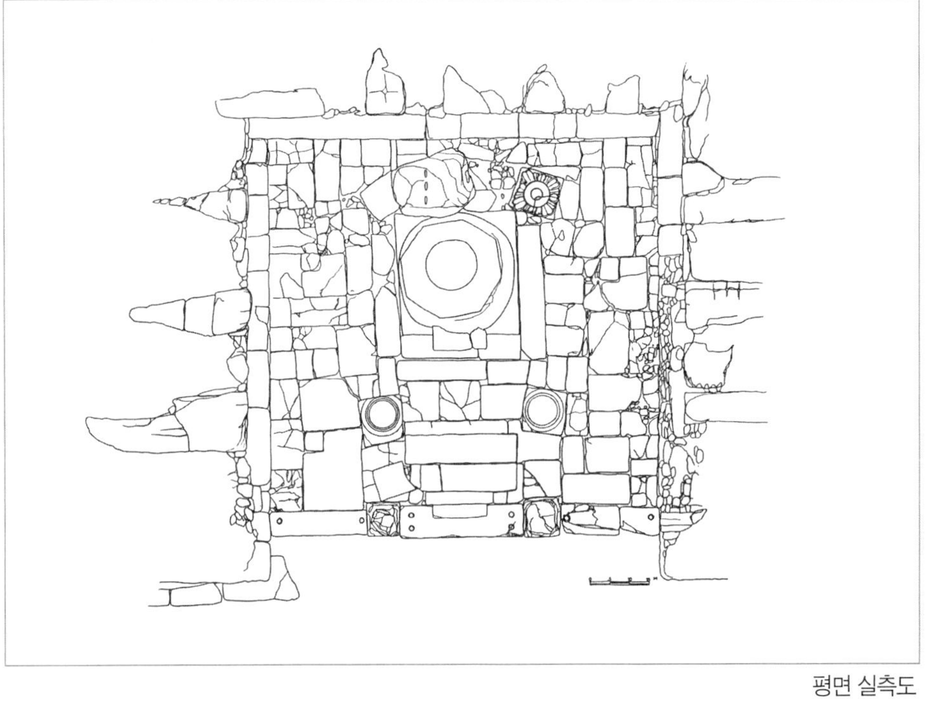

평면 실측도

있는 용머리와 돌사자도 당간지주 석재들과 함께 이 부근에서 발굴된 것이다.

절터에서 나와 동쪽의 하늘재 방향으로 걸음을 옮겨보면 절터를 조금 벗어난 곳에 널찍한 장방형 건물터가 남아 있다. 이 건물 자리는 절에 딸린 부대시설이나 병영으로 추정된다. 삼국시대 이래 계립령 길을 누가 장악하는가는 나라의 판도를 가름할 정도로 중요했으므로, 그 요지에 자리잡은 이 절은 사찰로서뿐 아니라 군사적으로도 중요한 기능을 했을 것이다. 보통 큰 고개 아래에는 이처럼 복합적인 성격의 사찰이 경영되었고 거기에는 절 건물 외에 여관이나 역관, 시장, 병영 등이 있었다.

하늘재를 향해 조금 더 올라가면 높이 3.3m의 삼층석탑(충청북도 유형문화재 제33호) 한 기가 서 있다. 둔탁하고 수직적인 경내의 오층석탑과 달리 전형적인 통일신라 석탑 양식을 따른 소박하고 단아한 삼층석탑이다. 석탑은 동쪽으로 하늘재가, 서쪽으로 지릅재가 한눈에 보이는 길가에 자리잡았다. 탑에서 조금 떨어진 곳에서는 작은 암자나 군사시설의 흔적으로 여겨지는 기와조각이 많이 발견되었다.

다시 하늘재 쪽으로 더 올라가면 길가 오른쪽에 커다란 불두(佛頭) 하나가 드러나 있다. 머리 위가 평평한 역삼각형 얼굴에 눈썹과 눈, 코가 길쭉길쭉하게 표현된 이색적인 불두인데 땅 속에서 엎어져 묻혀 있던 것을 발견하여 세워놓았다고 한다. 근처에서는 목에서 어깨에 이르는 부분과 두 손을 맞잡은 배부분도 발견되었으며, 이 부근을 비롯하여 석굴 뒤편 계곡에는 떼어낸 자국이 있거나 다듬다 만 돌덩어리들이 많이 흩어져 있다.

계립령 주변은 신라와 고구려의 다툼의 표적이었으며 후삼국기와 고려 초까지 후고구려와 후백제, 고려가 서로 각축한 전략상 요충지였다. 이로 인해 계립령 일대에는 일찍부터 엄중한 방비를 위한 요새지 시설들이 세워졌고 그 일환으로서 미륵대원과 같은 대규모 사원도 조영되었을 것이다. 13세기 중반 몽고군이 침입했을 때 충주지역에서 몇 차례 격렬한 전투가 있었던 사실로 미루어 볼 때, 미륵대원은 당시 화재를 입어 폐허가 되었으리라 추정된다.

중원 미륵리 오층석탑
(中原 彌勒里 五層石塔)

• 지정번호 : 보물 95호
• 건축유형 : 탑파
• 소 재 지 : 충북 중원군 상모면 미륵리 56
• 창건시기 : 고려시대

미륵사 석굴사원의 중심탑

중원군 상모면 미륵리에 위치한 이 석탑은 보물 제 95호로 지정된 고려시대의 석탑이다. 이곳 미륵리에는 고려시대의 석불입상이 있을 뿐만 아니라 이 석불을 위한 석굴이 경영되었던 흔적이 있어 주목되거니와 그 전면에는 석탑과 석등이 남아 있다.

미륵리 오층석탑은 높이 6m의 석탑이며 보물 제95호로 지정되어 있다. 절터 앞의 돌거북과 마찬가지로 원래 그 자리에 있던 바위로 지대석과 단층기단을 만든 후 탑신부를 올려놓았다. 원래 있던 바위를 그대로 이용하다보니 석불로부터 이어지는 남북 일직선 축에서 서쪽으로 조금 비켜나 있다. 바위의 모양이 원래 그랬는지, 그 바위 안쪽을 파내어 만든 기단 면석 한 면이 직각을 이루지 못하고 이그러져 있어 흥미롭다.

전경

좁은 판석 2매로 이루어진 기단 갑석부터는 층층이 다른 돌로 만들어 올렸다. 갑석의 아랫면에 부연이 표현되었고 윗면은 경사졌으며 굄이 두 단 있어 1층 탑신을 받는다. 탑신부에서는 1층의 옥개석만 2매의 돌로 이루어졌고 나머지 탑신이나 옥개석은 모두 한 돌이다. 각 층 탑신에는 좁다란 모

오층석탑 및 석등

기단부

서리 기둥을 새겼고 옥개석 층급받침은 모두 다섯 단씩이다.

옥개석은 추녀 밑이 수평이고 윗면의 경사가 매우 급하며 모서리의 들림도 거의 없다. 일반적인 탑의 모습에 비할 때 옥개석의 너비가 탑신에 비해 아주 좁다. 옥개석 윗면에는 나지막한 굄을 한 단씩 만들어 그 위층의 탑신을 받게 하였다. 상륜부에는 큼직한 노반과 반구형 복발, 찰주가 남아 있다.

각 부분의 조성기법이 형식적이며 옥개석의 너비가 매우 좁고 각 층의 체감률도 약하므로 날렵한 상승감보다는 투박하고 둔중한 감이 두드러지는 탑이다. 미륵사 석굴사원이 조성된 것은 고려초기이지만 이 탑은 고려 중기에 세워졌을 것으로 여겨진다.

보개산 각연사
(寶蓋山 覺淵寺)

- 지정번호 : 보물 제433호
- 건축유형 : 사찰
- 소 재 지 : 충북 괴산군 칠성면 태성리 38
- 창건시기 : 조선후기

깨달음이 있는 연못과 절

각연사는 신라 법흥왕 2년(515)에 유일 스님이 창건했다고 전해진다. 유일 스님은 쌍곡에 짓던 절을 못 있는 데로 옮겨 짓고 못에서 나온 석불을 모신 후 '깨달음이 연못 속의 부처님으로부터 비롯되었다(覺有佛於淵)' 라는 뜻에서 절이름을 각연사(覺淵寺)로 지었으며, 지금 비로전에 모셔진 석조비로자나불좌상이 못에 있던 그 석불이라고 한다.

그 후 고려초기 통일대사가 중창하여 대찰이 되었고, 고려 혜종 때 불전들을 중수했으며 조선시대에도 1684년과 1655년의 중수를 거쳐 1899년 비로자나불 개금불사(改金佛事)를 하였다고 한다. 근래에 들어서도 여러 차례 중수를 했다. 그러나 절의 내력을 상세히 전해줄 기록자료는 매우 빈약하다.

신라시대에 창건된 유서깊은 절이지만 지금 각연사의 규모는 그리 크지 않다. 불전으로 대웅전과 비로전이 있고 요사채와 삼성각, 산신각이 있을 뿐이다. 그러나 대웅전 앞 층계를 오르노라면 옛 건물의 기단 등으로 쓰였을 길다란 석재들이 계단돌로 끼어 있음을 볼 수 있다. 절에서 이런 저런 공사를 하는 중에 발견된 맷돌이나 기름틀, 석등 또는 부도의 옥개석 등도 입구의 새로 쌓은 축대가에 쌓여 있고, 주춧돌 같은 것은 이곳저곳에 무수히 나온다고 한다.

대웅전

돌계단

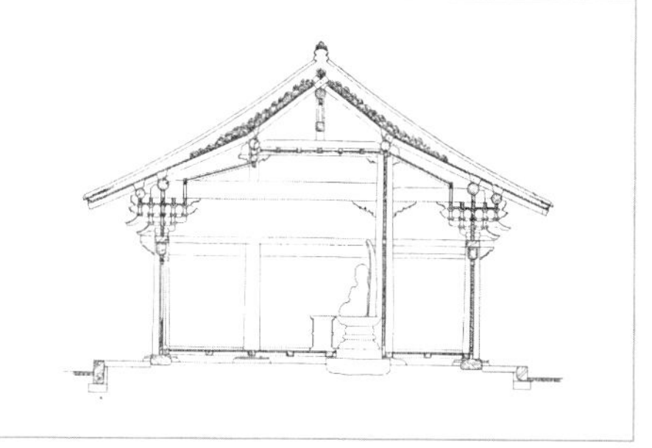
종단면도

각연사 대웅전은 조선시대 후기의 건축이며 정면 3칸, 측면 2칸의 맞배지붕 다포집이다. 다듬지 않은 덤벙초석을 놓고 가볍게 배흘림된 기둥을 썼다. 건물 안쪽에도 곳곳에 코끼리나 용의 얼굴, 꽃판 등이 끼어 있고 쇠서 끝에 층층이 봉황이나 물고기, 연꽃 봉오리 연잎 모양 등이 조각되어 매우 화사하다. 불단에는 석가 여래좌상과 아미타여래좌상, 약사여래좌상 등이 봉안되어 있고 법당 안 동쪽에는 높이 1.3m의 흙으로 빚은 승려상이 한 분 있다.

대웅전 동쪽으로 조금 높게 돋워진 마당에 보물 제433호인 석조비로자나불좌상을 봉안한 비로전이 있다. 역시 조선후기의 건물이며 낮은 기단 위에 정면 3칸, 측면 3칸으로 선 다포식 팔작집이다. 1975년에 보수했는데 기단과 주춧돌의 석재는 신라시대부터 있던 본래의 것이라 한다. 비로전은 충청북도 유형문화재 제125호이다.

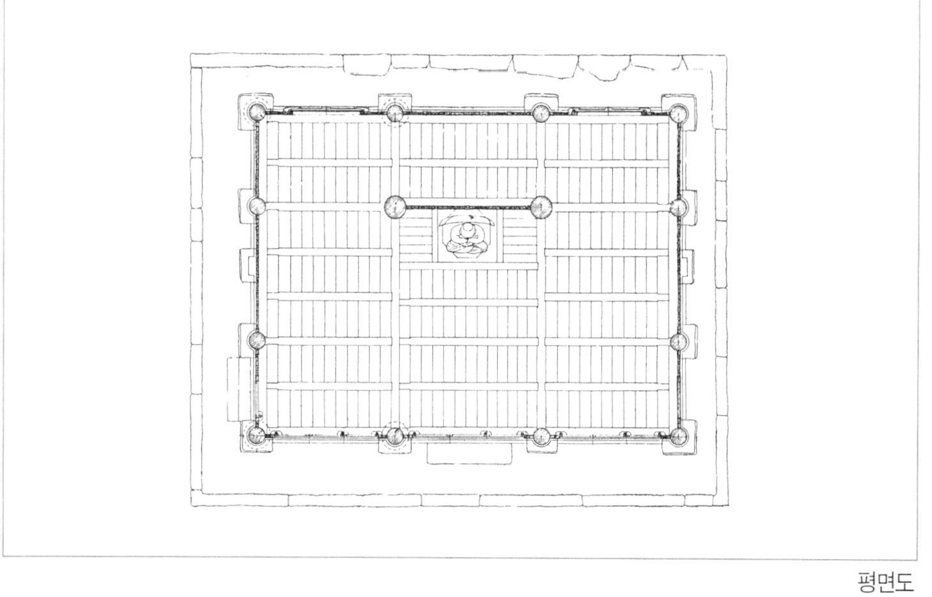
평면도

개울을 건너 조금 올라가면 오른쪽에 석종형 부도 두 기가 있고 거기서 또 얼마간 올라가면 통일대사 부도비가 나온다. 통일대사 부도비는 충청북도 유형문화재 제2호로 지정되어 있는데 돌거북과 비석머리가 온전하지만 비면이 심하게 풍화되어 거의 읽을 수가 없다. 비신은 높이 2.58m 너비 1.28m이다.

통일대사는 고려 태조 때의 큰스님으로 속성은 김씨이고 신라 말에 당나라에 유학했으며 귀국한 후 각연사에 머물렀다. 부도비의 돌거북과 비좌, 비석머리는 신라 하대로부터 고려 초기의 양식을 보이며, 건립연대는 고려 광종 9년(958) 8월부터 11년(960) 3월 사이로 추정된다. 부도비에서 뒤쪽 산기슭으로 30분가량 올라간 곳에 통일대사의 사리를 모신 것으로 알려진 석조부도가 있다.

석조비로자나불좌상은 각연사를 창건한 유일 스님이 못 안에서 건져 모셨다고 전해지는 석불이다. 그러나 각 부분의 조각수법과 양식으로 보아 신라 하대인 9세기에 조성된 것으로 보인다. 지금은 광배와 몸 전체를 호분으로 하얗게 바르고 머리와 눈썹, 눈, 입, 수염 등을 그려 넣어 원형이 가려져 있다. 본디 화강암으로 조성되었으며 높이는 3.02m이다. 머리 위의 육계가 낮고 널찍하여 두드러지지 않으며 얼굴은 둥그스름하고 코가 낮다. 작은 입술에 부드러운 미소를 띠었고 얼굴에 비해 귓불이 두텁고 길며 목에 삼도가 표현되었다. 얼굴형과 더불어 체구가 단아한데 어깨와 팔뚝, 왼손 검지를 오른손으로 감아쥐어 지권인을 맺은 손등이 꼭꼭 쥐어보고 싶을 만큼 아담한 부피로 부드럽고 곱게 표현되었다. 오른쪽 어깨는 드러나 있으며 왼쪽 어깨를 덮고 흘러내린 얇은 법의가 유려하게 주름지으며 왼팔에 걸쳐지고 비스듬히 몸 앞으로 흘러내려 결가부좌한 무릎을 덮었다.

한 장의 큰 돌로 이루어진 광배(光背)는 위쪽이 뾰족한 보주(寶珠)형이며 매우 화려하다. 그 안에 각각 두 줄의 양각선을 새겨 두광(頭光)과 신광(身光)을 구분하였고 선 안쪽에는 풍성한 구름무늬를, 바깥에는 화려한 불꽃무늬를 놓았다. 두광 중심부분에는 단엽 8판 연꽃 모양이 장식되었다.

두신광을 표현한 선 위에 화불을 새겼는데 불상의 머리 윗부분에 나란히 앉은 세 분, 머리 양옆에 한 분씩, 그리고 어깨와 팔꿈치 양옆으로 한 분씩 해서 모두 아홉 구이다. 화불은 무두 둥근 두광과 신광을 갖추었고 구름 위에 뜬 연화좌에 앉아 합장한 모습이다. 이 비로자나불좌상의 광배는 뒷면에도 화려한 가마(輦)가 새겨져서 눈길을 끈다. 가마는 꼭대기에 불꽃 모양 보주가 있고 네 귀퉁이에 귀꽃과 영락이 장식되었으며 보주로부터 내려진 장막이 겹겹이 위를 덮은 모습으로 연꽃받침 위에 올려져 있다. 경주 보리사의 통일신라시대 석불좌상과 같이 광배 뒷면에 불상을 새긴 경우는 가끔 있지만 가마 모양을 새긴 것은 이 광배가 유일하다.

각연사 대웅전
(覺淵寺 大雄殿)

- 지정번호 : 충북유형문화재 126호
- 건축유형 : 사찰
- 소 재 지 : 충북 괴산군 칠성면 태성리 38
- 창건시기 : 조선후기

다포계 맞배집

대웅전은 각연사 경내의 북쪽에 위치하고 있으며 남향한 건물이다. 규모는 정면 3칸, 측면 1칸 전후 각 1퇴이다.

대웅전 상량문에 의하면 융경(隆慶, 1567~1572), 순치(順治, 1644~1661), 강희(康熙, 1662~1722)연간에 중수한 기록이 있고, 지금의 대웅전은 조선 영조 44년(1768)에 중건된 건물임을 알 수 있다. 그리고 "연풍군장풍면태성동독점원보개산각연사삼세여래급관음개금기(延豊郡長豊面台城洞獨店員寶盖山覺淵寺三世如來及觀音改金記)"에는 1771년에 삼세여래와 관음보살상을 개금한 내용이 있다. 상량문에 따르면 원래 대웅전 안에는 석가불, 아미타불, 약사불 등 삼세불이 모셔졌던 것으로 기록되어 있으나, 지금은 석가불을 본존으로 하고 좌우 협시로 관음보살과 지장보살이 배치된 삼존불이 모셔져 있다. 삼세불이 언제 삼존불로 대치되었는지는 알 수 없다. 이 삼존불 우측에는 달마대사상으로 전하는 상이 놓여 있고, 정면에 석가모니 후불탱화와 오른쪽에 신중탱화, 왼쪽에 아미타불화가 봉안되어 있다. 이들 불화는 모두 최근에 조성하여 봉안한 것이다. 대웅전은 1979년에 보수하였고, 1993년 6월에는

전경(대웅전)

전면공포

귀공포(박공부)

대웅전 측면

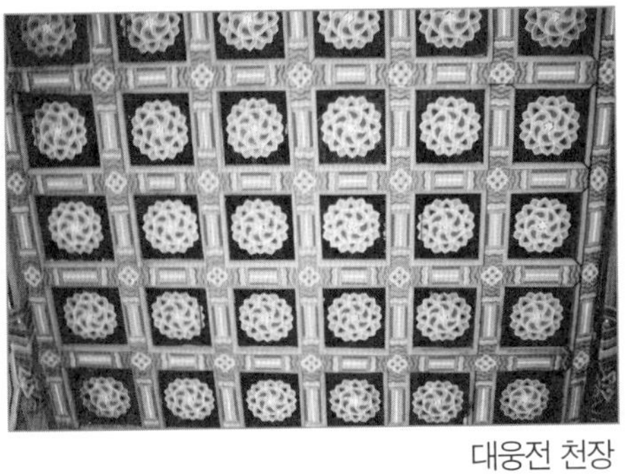
대웅전 천장

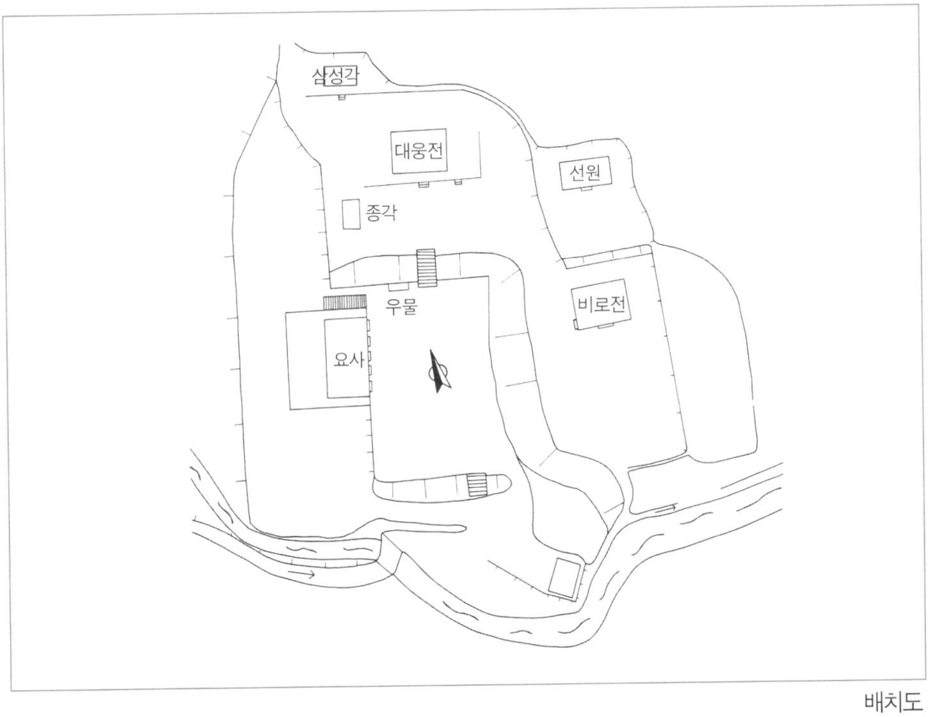

배치도

우주

지붕가구

기와 해체보수를 하였다.

대웅전은 정면 3칸, 측면 2칸의 다포계 맞배집이다. 대웅전은 전면에 장대석 기단을 높게 쌓아 지반 축대를 만들고 목조 가구를 세웠으며 주초석은 윗면이 평평하게 다듬어진 부정형의 다듬어진 석재들로 설치되어 있다. 이 주초석들은 본래 주초석으로 가공된 부재로 보기 어려운 형태로 나타나 있다. 각연사 경내에는 계단 등에서 석조탑에 사용되었던 탑편들도 눈에 띄고 있다. 현재의 상태로 미루어볼 때 대웅전의 주초석도 다른 석조 유구로 사용되었을 가능성을 생각해 볼 수 있다.

기둥은 원기둥을 사용하였으며 귀기둥을 특별히 굵은 부재로 구성하였다. 기둥의 형태는 기둥머리가 기둥 뿌리보다 가늘어진 민흘림 형식을 취하고 있다. 공포 배치는 창방과 평방을 기둥 상부에 가로로 걸고 주심포와 간포를 배치한 다포식으로 구성되어 있다. 포작은 외3출목 내4출목으로 짜여 있고 쇠서는 정면과 배면에서 각각 다른 형태로 조각되어 있다. 정면의 쇠서는 앙서 윗면에 활짝 핀 연화를 올려 놓은 형태이다. 배면의 쇠서는 운공으로 조각되어 있으며 살미의 내단부는 연화와 운공을 섞어서 구성하였다. 또한 중도리와 뜬창방 사이의 화반이 코끼리, 귀면, 나비 등의 문양으로 번잡하게 장식되어 있다.

각연사 대웅전은 다포계 맞배집으로 조선후기 다양한 정식화의 경향을 건물의 각부에서 흥미롭게 연출해 낸 건물이다.

정면도

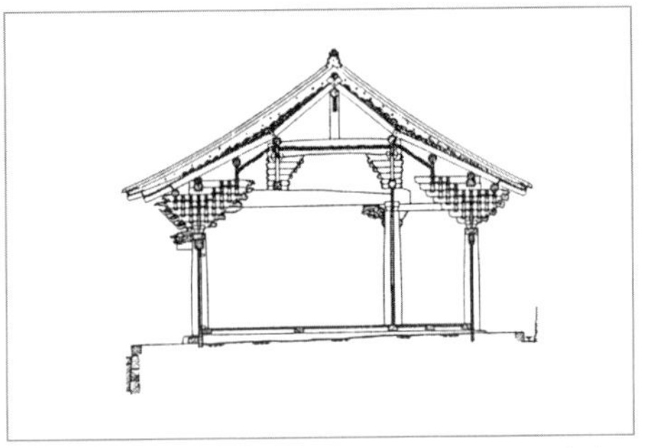

단면도

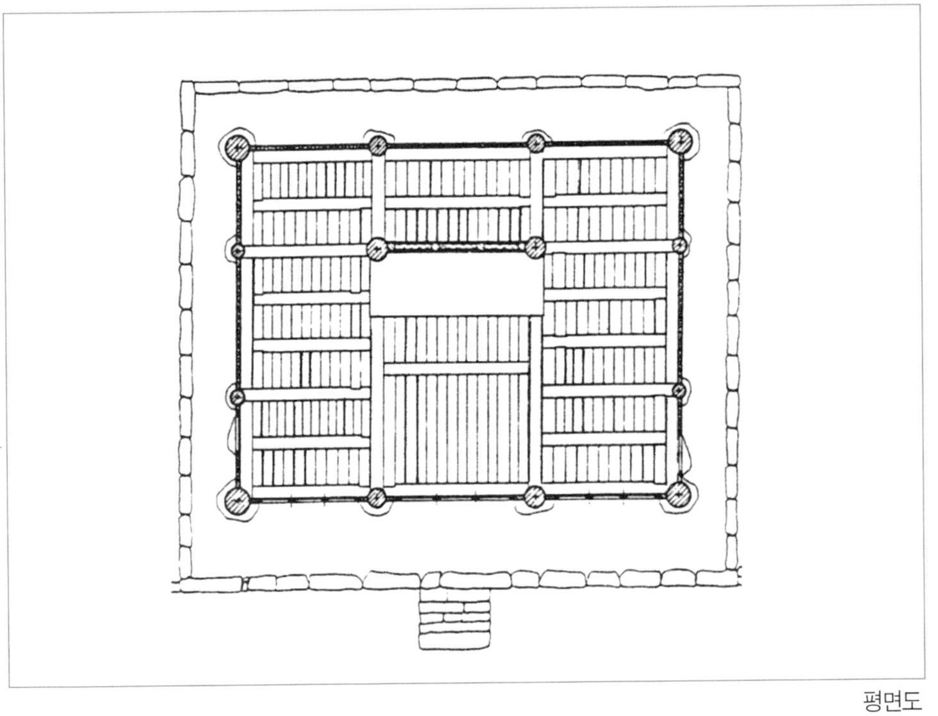

평면도

각연사 비로전
(覺淵寺 毘盧殿)

• 지정번호 : 충북유형문화재 125호
• 건축유형 : 사찰
• 소 재 지 : 충북 괴산군 칠성면 태성리 38
• 창건시기 : 조선후기

통일신라시대 초석

각연사는 신라시대에 창건된 명찰로 거대한 규모였다고 전해지는데, 당대의 유물은 석물뿐이고 현재 목조건물로는 조선시대의 대웅전 및 비로전이 남아 있다.

《각연사 창건유래기(覺淵寺 創建由來記)》의 기록에 의하면 신라시대의 창건으로 고려 혜종(943~945) 때 제1차 중수가 있었고, 광무 3년(1899)에 비로전 개분불사(改粉佛事)가 있었으며, 1930년에 제2차로 중수하였다 한다. 비로전은 보물 제433호인 석조비로자나불좌상을 봉안하고 있는 건물로 낮은 기단 위에 정남향하였다.

비로전은 다포의 건물로 정면 3칸, 측면 3칸의 팔작집이다. 기단은 장대석을 초벌대로 깔아서 나지막하게 구성되어 있다. 주초석은 평평한 4각형으로 다듬어져 있는데 주좌와 고막이가 나타나 있다. 또한 하인방 하부에도 가공된 고막이석이 구성되어 있다. 주초석의 형태와 고막이석은 이 건물이 다포식의 후기 건물로 밝혀져 있고 내부에 우물마루가 구성되어 있으므로 목조부분과 시대적으로 서로 다르게 구성되어 있는게 아닌가 생각된다. 주초석의 형태와 고막이석으로 보면 본래 이 건물도 내부 바닥이 방전(方塼)으로 마무리되어 있었을 것으로 보인다. 또한 주초석은 4각 주초석에 주

전경

전면

초석

후면 판문

귀공포

좌를 낮게 새겨 넣은 것으로 보아 적어도 조선말기의 원형주초석보다는 훨씬 앞서는 시대에 만들어졌을 것으로 사료된다.

기둥은 약간의 배흘림을 보이고 있다. 정면의 하인방과 창방 사이에 벽부는 주선과 상하 문인방으로 크게 틀을 짜고 빗살문으로 가득 메워서 구성하였다. 기둥 상부에는 창방과 평방이 짜여 있다. 주심포 아래 안초공은 구성되지 않았으며 창방 뺄목은 보아지 형태로 초각하여 평방 뺄목을 받치고 있다.

공포는 내외 2출목으로 짜여 있다. 쇠선은 약간 아래쪽을 향해서 뻗쳐 있어 대웅전보다 힘찬 형태로 느껴진다. 주두는 굽받침을 놓고 올려 놓았고 첨차는 윗면에 얕은 공안을 따 내었다. 3제공의 외부머리는 삼분두로 조각되어 있고 그 위에 재승두를 놓았는데 재승두의 외부 머리는 삼분두로 조각되어 있고 그 위에 재승두를 놓았다. 재승두의 외부 머리는 운공으로 조각 되었으며 내부에서 3제공과 함께 보아지로 짜여 있다. 봉오리는 외부에서 보이지 않는 것으로 보아 출목도리 안쪽까지만 내밀고 있을 것으로 보인다. 귀포에는 하부에 이방을 놓아 받치고 있다. 귀포의 쇠서는 1제공에서 운공형태로 깎아 2제공 앙서를 받치고 있으므로 한 개의 쇠서만 나타나 있다. 귀한대와 살미 사이로 빠져나오는 첨차의 외단부는 쇠서로 조각하지 않고 직절함으로써 간결한 맛을 느끼게 한다. 장여 뺄목은 첨차 하부 모양과 같이 끝부분에서 밑면을 곡선으로 다듬었다.

비로전 내부에는 정면에 석조비로좌나불상과 석가모니 후불탱화를 모셨고, 왼쪽 벽에 신중탱화가 봉안되어 있다. 또 오른쪽 후면에는 "연풍보개산각연사비로전개분불사기(延豊寶盖山覺淵寺毘盧殿改粉佛事記)"라는 현판이 걸려 있다. 불신, 대좌, 광배의 3부작을 모두 갖춘 석조비로좌나불상은 통일신라 후기의 작품으로 당시의 양식을 잘 보여주고 있으나, 후불탱화와 신중화는 최근에 봉안한 것이다.

지붕가구는 배면 쪽에 고주를 하나 세우고 5량가로 구성한 1고주 5량가로 짜여 있다. 좌우 측면에는 후면 고주와 전면 대량으로 걸쳐지는 충량을 두 개 걸고 동자주를 세워서 외기도리의 왕찌짜임을 받치고 있다. 보는 고주의 기둥 몸채 상부에서 후면 퇴량과 대량을 같은 높이로 결구하고 고주 상단에서 주두 없이 바로 종량을 짜맞추었다.

처마는 부연을 단 겹처마로 구성되어 있다. 귀처마는 추녀와 사래를 구성하였으며 선자서까래를 틀었다. 내부 천장은 중도리 높이에서 중앙부에만 우물반자를 설치하였고 툇간부분이 연등천장으로 구성되어 있다. 툇간 천장에서는 연등천장으로 되어 있으므로 귀부분에서 선자서까래를 볼 수 있다.

비로전은 19세기에 건축되었다고 알려져 있는데 공포와 기둥의 형태 등에서 보다 앞선 시기의 양식을 보이고 있으므로 자세한 조사를 필요로 하는 건물이라고 생각된다. 비로전은 초석과 신방석 등의 부재로 보아 통일신라시대에 지어졌던 건물로 추정된다. 이후 어느 시기에 건물이 없어진 것을 조선후기에 중수하면서 초석과 신방석을 그대로 재사용한 것임을 알 수 있다. 또한 중수 당시 대들보에 넣은 것으로 보이는 종이에 "숭정기원후삼술자춘 순치십이년기미 광무삼년기해 대정십오년병인 중수(崇禎紀元後三戌子春 順治十二年己未 光武三年己亥 大正十五年丙寅 重修)"라 쓰여 있었다고 한다. 이 기록에 의하면, 비로전은 조선 인조 26년(1648) 봄과 효종 6년(1655), 그리고 광무 3년(1899)과 대정 15년(1927)에 각각 중수하였음을 알 수 있다. 이후 비로전은 1979년과 1981년에 각각 보수하였고, 1983년 2월에는 지붕 해체보수와 목공사를 하였다. 또 1993년 6월에는 기와 해체보수 후 오늘에 이르고 있다.

청주 흥덕사지
(淸州 興德寺址)

- 지정번호 : 사적 315호
- 건축유형 : 사지
- 소 재 지 : 충북 청주시 흥덕구 운천동
- 창건시기 : 신라시대
- 현황 조성시기 : 20세기

인쇄문화의 요람

양병산(梁兵山) 동남쪽 기슭의 옛 연당리 마을에 있는 흥덕사지는 1985년에 청주대학교 박물관에 의하여 발굴 조사된 고사지(古寺址)이다. 흥덕사지의 사적(史蹟)을 밝혀주는 문헌 기록은 없으나 현존하는 세계 최고의 주자본(鑄字本)으로 공인된《자운화향초록불조직지심체요절(自雲和向抄錄佛祖直指心體要節)》권하(劵下)의 간기(刊記)에 "선광칠년정사칠월 일 청주목외흥덕사 주자인시(宣光七年丁巳七月 日 淸州牧外興德寺 鑄字印施)"라고 하여 청주에 흥덕사라는 사찰이 있었고, 이곳에서 금속활자로 책을 인쇄한 사실을 명기(明記)하였다. 그러나 흥덕사지의 위치를 확인할 수 없던 중 연당리 사지(蓮塘里 寺址)의 발굴조사로 흥덕사지가 확인되었다. 1985년 10월 8일에 사지의 동쪽 훼손부분에서 발견된 "흥덕사 명 청동금구편(興德寺 銘 靑銅禁口片)"이 발견 수습됨으로써 청주목(淸州牧) 흥덕사지로 밝혀진 것이다. 또한 1986년 5월 17일에 이 사지에서 흙을 파다가 조성한 택지에서 발굴 수습된 청동불발(靑銅佛鉢) 뚜껑에서 "흥덕사"라는 명문(銘文)이 판독됨으로써 흥덕사지로서 재확인되었다.

전경

발굴을 통하여 남북 일직선상에 중문, 탑, 금당, 강당이 배치되고 주위에 회랑이 돌아

벽돌 깔은 집터

출토 석물

귀공포

내부가구

간 신라의 전통양식인 단탑가람식(單塔伽藍式)으로 밝혀졌으며 "대중삼년(大中三年)" 명와(名瓦)가 출토되어 신라 문성왕 11년(849)에 이미 이곳에 불사가 이루어지고 있었음을 시사하고 있다. 또한 "계향지사(桂香之寺)" 명와편(銘瓦片)과 연화문, 연화당초문, 귀면문, 귀목문 등의 숫막새, 그리고 당초문, 파상문, 귀목문, 연화문 등의 암막새 기와가 다량으로 출토되었다. 그런데 같은 종류의 문양도 다양하게 양식이 변화되고 있어 중수와 번와(燔瓦)가 수없이 있었음을 보여준다.

조사 중 서회랑지에서 '大中 三年' (849) 명 기와가 출토되어 이곳에는 적어도 통일신라 말에도 절이 있었던 것으로 추측된다. 이 절터의 가람은 반 이상이 유실되어 그 성격을 확인할 수 없지만, 현 유구를 근거로 하여 남북축선상에 주요 건물을 배치한 일탑식 가람으로 추정되며 석탑재가 출토되는 것으로 보아 석탑이 있는 가람으로 생각된다. 현재 비교적 잘 남아 있는 유구로는 금당지와 강당지가 있고 회랑터 일부가 노출되었다. 남쪽에서부터 중문과 석탑 및 금당과 강당들이 축에 맞추어 배치되었고 그 주위에는 회랑이 있는 가람으로 추정된다. 금당지는 정면 5칸, 측면 3칸이며 기단의 규모는 동서 53자, 남북 39자이다. 강당지는 유실이 많이 되어 확실하지는 않지만 정면 4칸, 측면 2칸으로 추정되고 있다.

이웃한 운천동사지에서는 이미 1970년에 동종, 기축명(1209년) 금고(金鼓) 등 일괄

치미

측면

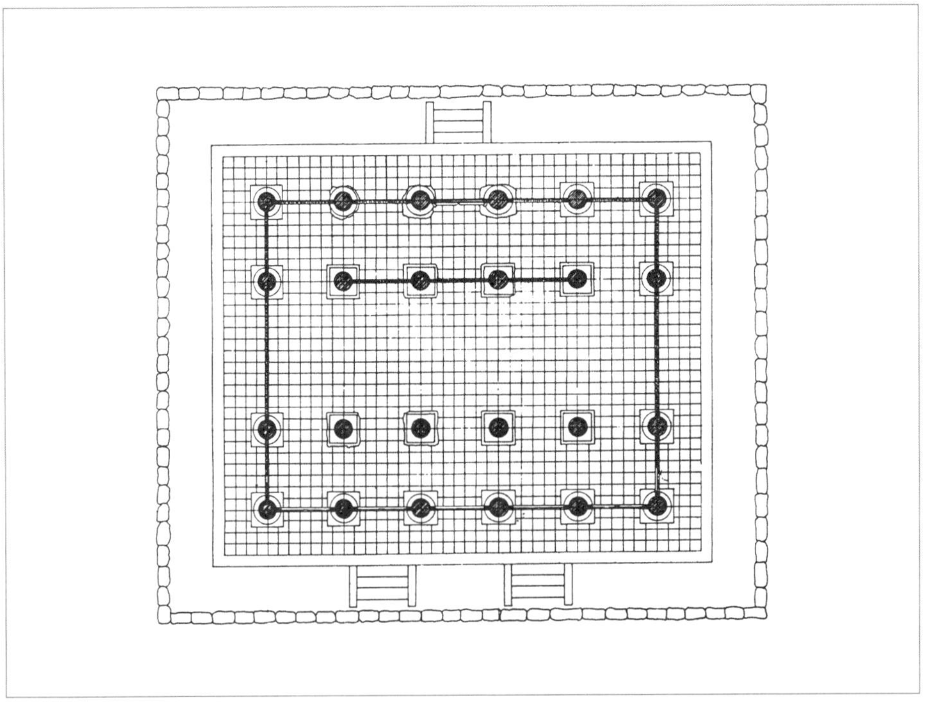

평면도

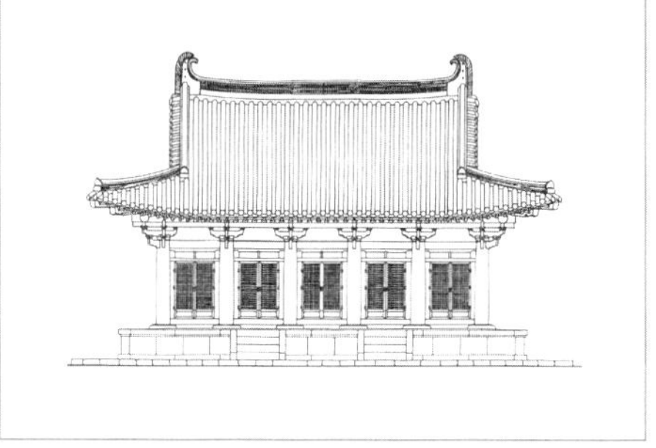

정면도

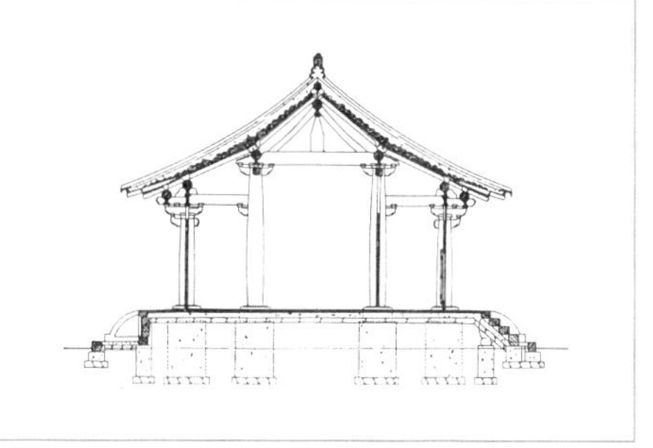

단면도

유물이 발견되어 공주박물관에 소장된 바 있고, 또 1984년 발굴에서는 고려시대로 추정되는 사자형 청동향로다리 등이 출토되는 등, 이 일대가 고려시대의 중요한 절터임이 그동안 주목되어 왔다. 흥덕사지 출토 금속유물 중에서 특히 주목되는 것은 철제나발편이다. 금당지 중심부 불상대좌의 지대석이 놓였던 자리에서 8편이 수습되었는데, 이로써 금당에 모셔졌던 불상이 철불이었음을 알 수 있다. 나발 1개의 크기가 3.6cm 정도의 대형으로 소라형으로 머리카락이 정교하게 표현되어 있다. 이로 짐작컨대 불상의 본체는 대형이었던 것으로 생각되고, 특히 고려시대의 사찰에서 주존으로 많이 모셔졌던 철불이 이곳 흥덕사에도 봉안되어 있었음을 알 수 있다.

치미는 금당지(金堂址)에서 1쌍이 출토되어 그중에 1점이 완전 복원되어 국립청주박물관에 전시되어 있는데, 고려시대의 치미로서는 국내에서 유일한 예이며 높이가 135cm나 되어 금당 건물의 웅건하였던 당시 모습을 상상케 한다. 이 밖에 많은 금속류, 석조, 자기류 등의 유물이 출토되어 나말~여대에 이르는 기간 동안에 불교문화가 융성하였으며, 특히 인쇄문화가 발달하였던 사실을 일러준다. 발굴 종료 후 사적지로 가지정되었다가 1986년 5월에 사적 제315호로 지정되어 가구식 기단 위에 정면 5칸, 측면 3칸, 고려시대 주심포식으로 된 겹처마 팔작지붕의 금당과 삼층석탑을 복원하였다.

용두사지 철당간
(龍頭寺址 鐵幢竿)

- 지정번호 : 국보 41호
- 건축유형 : 당간
- 소 재 지 : 충북 청주시 상당구 남문로 2가 48-19
- 창건시기 : 고려 광종 13년(962)

민족 주체성의 표식 철당간

용두사지 철당간은 두 개의 화강암 지주와 20개의 철통으로 이루어져 있다. 당간의 밑에서 3번째 단에 당기(幢記)가 양각되어 있어 그 조성연도(고려 광종 13년, 962)를 명확히 알 수 있으며, 당시 '준풍(峻豊)' 이라는 고려 독자의 연호를 널리 사용하였다는 점에서 민족의 주체성을 알려주는 귀중한 유물이다. 그러나 본 당간이 소재했던 용두사(龍頭寺)의 규모 및 창건과 폐사연대는 정확하지 않다.

전경

당간은 당을 다는 장대이다. 당이란 절의 입구나 법당 앞에 내다거는 일종의 깃발로서 부처와 보살의 위덕을 나타내고 부처가 모든 번뇌를 타파함을 드러내는 상징적 의미로 사용된 장엄구를 말한다. 당간은 보통 돌로 된 지주를 맞세우고 그 사이에 끼워 세우며 재료는 돌이나 쇠, 나무 등이 사용되었다. 신라와 고려시대를 통해 수많은 절이 건립되고 당간이 설치되었지만 지금은 대개 돌로 된 지주만 남아 있고 당간은 보기 드물다.

용두사지 철당간은 널찍한 기단 위에서 화강암 지주 사이에 세워져 있다. 지름이

철당간 명문

당간지주

40cm쯤 되고 높이가 63cm인 철제 원통 20개를 맞물려 쌓아 올려서 높이가 12.7m에 이른다. 원래는 철통 30개가 중첩되어 높이가 60척이었는데 흥선대원군 시절에 경복궁 중건에 쓰느라고 10개를 헐어갔다는 말이 전해온다. 이 당간의 건립연대와 내력을 밝혀 주는 명문은 아래에서 세 번째 철통 둘레에 393자 가량의 해서로 양각되어 있다. 내용은 청주의 호족인 김예종이라는 사람이 유행병에 걸리자 철당을 바쳐 사찰을 장엄할 것을 맹세하고 사촌형인 희일 등과 함께 철통 30단을 주조하여 높이 60철의 철당을 세우게 했다는 것이다. 조성연대는 준풍(峻豐) 3년, 즉 고려 광종 13년(962) 임술 3월 29일이라 적혀 있다.

동서로 마주선 당간지주는 신라시대 이래의 전형적인 양식으로 아래쪽 폭이 넓고 위로 갈수록 좁아진 모양이다. 꼭대기 바깥쪽은 둥글게 궁글리면서 약간의 굴곡을 주었고 안쪽에는 당간을 끼우기 위한 빗장형식이 마련되어 있다. 지주 바깥면은 가장자리에 가느다란 선이 음각되었고 한가운데 굵은 세로선이 두드러져 있으며, 앞뒷면에도 장식선이 돌려져 있다.

용두사 철당간을 직접 언급한 것은 아니지만, '흥국사 마당에 구리당간이 있는데 아랫도리 지름이 3척이고 높이 10여 길이며 마디마디 쌓아 올렸다. 표면에 황금색을 발랐고 꼭대기에 봉수(鳳首)를 달았으며 여기에 비단으로 된 당을 달았다' 는 중국 사신 서긍의 《고려도경》 홍국사조의 한 대목은 절이 홍성하던 시기의 당간의 모습을 상상하게 한다.

한편, 청주는 지형이 무심천 위에 뜬 배(舟)의 형상이라 하여 오래 전부터 주성(舟城)이라 불려왔다. 이것이 용두사 철당간에 대한 신비감과 결합하여 몇 갈래의 전설을 낳았다.

고려초 혜원이라는 스님이 전국의 이름난 절과 경승지를 순례하던 중 청주 고을 울양에서 쉬어가게 되었다. 보름달이 떠 있었는데 한밤중에 갑자기 먹장구름이 몰려와 세찬 비가 내리고 천둥번개가 치므로 혜원은 합장하고 부처께 빌었다. 얼마 후 비가 멎고 서쪽 하늘에 무지개가 서더니 부처님이 나타나 "곧 용두사에 가서 배가 떠내려가지 않도록 돛대를 세우라"고 하였다. 혜원은 날이 밝자 용두사로 갔는데 용두사 주지도 간밤에 같은 소리를 들었다고 했다. 두 스님이 사흘 동안 고심했지만 부처의 말뜻을 알 수 없었다. 나흘째 되는 날 한 초립동이 절 마당에서 "소금배가 들어올 텐데 돛대가 없구나" 하고 중얼거리는 소리를 듣고 달려나가 자초지종을 물으니 "목암산(지금의 우암산)에 올라 사방을 살피면 알 수 있다."고 대답했다. 목암산에 올라가 가만히 보니 청주 고을이 천천히 북쪽으로 떠가고 있었다. 이것을 본 두 스님은 용두사에 돛대를 상징하는 철당간을 세웠으며 그후로 청주를 주성으로 부르게 되었다고 한다. 다른 전설로는 청주는 예로부터 수재를 면한다고 해서 여기에 돛대를 세웠다고 한다.

철당간의 규모로 보아 용두사는 청주지역의 중심 사찰이었을 것으로 추정된다. 그러나 창건과 폐사의 연원을 알 만한 기록이 없고 절터는 도심지로 변하여 흔적도 찾을 수 없

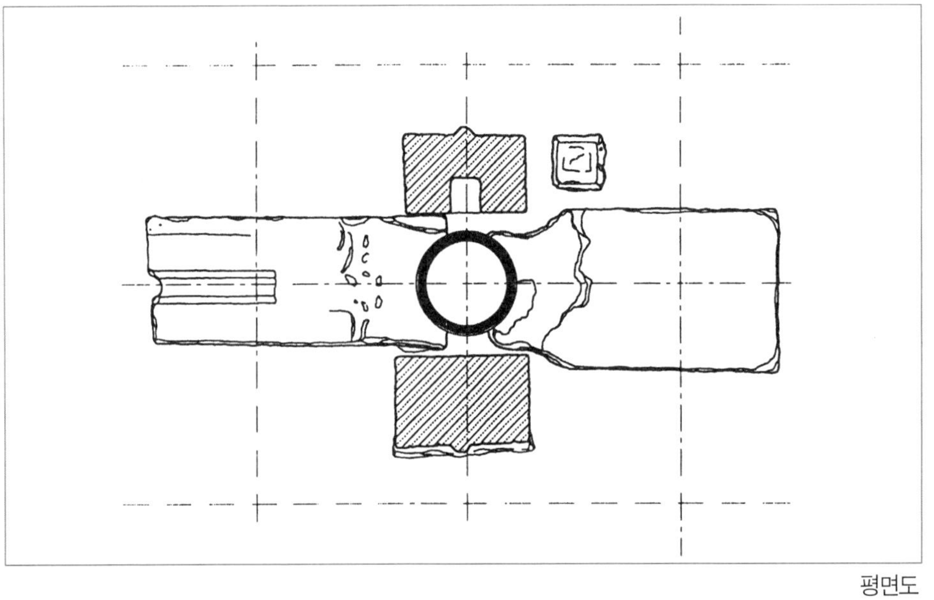

평면도

다. 당간의 건립연대로 보아 용두사는 적어도 광종 13년 이전에 개창되었을 것으로 보이며 청주지방의 호족세력과 고려 초의 숭불정책에서도 영향을 받았을 것으로 여겨진다. 《청주 구읍지》 고려조에는 "청주사람이 땅을 파다가 고종(古鍾)을 얻었는데 거기에 대안(大安) 6년 용두사 금구라 적혀 있었다. 그 소리가 몇 리 밖까지 들린다"는 기록이 있다. 대안 6년은 고려 고종 원년(1213)이다. 그때까지 용두사가 있어서 금구 불사를 했음을 알 수 있다. 또 《신증 동국여지승람》에 "용두사는 이미 폐사되었고 높이 10여 장 되는 돛대만 남았다. 사람들이 말하기를, 처음 청주가 생길 때 술자들이 이것을 세워 행주지세(行舟之勢)를 나타냈다고 한다."는 내용이 있어 조선 성종(1457~1494년) 이전에 폐사되었음을 말해준다. 고려말 공민왕 때는 절 자리가 이미 청주 감영이 되어 있었으므로 용두사는 그전에 거란과 몽고의 침입이 거듭될 때 폐사되었으리라 짐작된다.

현재 전국에는 청주의 용두사지 철당간, 공주 갑사의 철당간, 나주 동문밖 석당간, 담양 읍내리 석당간 등이 남아 있으나 본 철당간만이 조성연대가 명확하다.

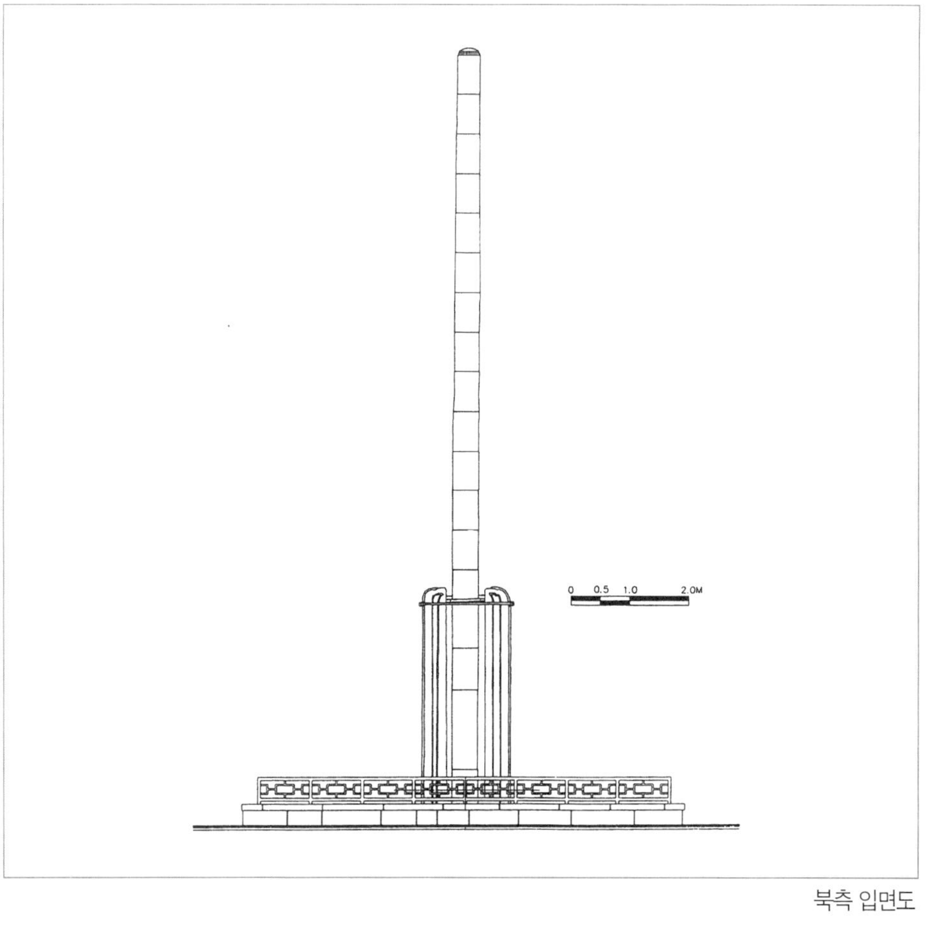

북측 입면도

청주 보살사 극락보전
(淸州 菩薩寺 極樂寶殿)

• 지정번호 : 충북유형문화재 56호
• 건축유형 : 사찰
• 소 재 지 : 충북 청주시 상당구 용암동 7
• 창건시기 : 신라 진흥왕 28년(567)
• 현황 조성시기 : 조선후기

다포계 맞배집

보살사는 낙가산 아래에 현존하는 고찰(古刹)로서 사전(寺傳)에 의하면 신라 진흥왕 28년(567)에 창건하였다고 한다. 숙종 9년(1683)에 세운 보살사 중수비(重修碑)에 의하면 이 절은 고려 공민왕대에 이미 있었던 것으로 전한다.

극락보전은 중수비가 세워진 숙종 9년(1683)에 중건된 후 수차례 중수되어 오늘에 이른 것으로 추정된다. 극락보전은 정면 3칸, 측면 3칸의 다포계 맞배집 건물이다.

기단은 자연석으로 쌓고 정면과 측면의 계단을 장대석으로 구성하였다. 주초석은 큰 반석으로 된 자연석으로 설치하였다. 기둥은 건물 규모에 비해 우람하게 느껴지는 굵은 부재로 세워져 있으며 배흘림 기법을 보이고 있어서 주목된다.

공포는 기둥 상부에 창방과 평방을 구성하고 공포를 주칸에 배치한 다포계이다. 공포의 짜임새로 외3출목, 내3출목으로 내외 출목수를 같게 하였다. 외부 촛가지는 앙서형으로 만들고 상부 네 번째 제공을 3분두로 깎아 올렸다. 내부 살미는 파련각으로 조각하여 보밑까지 연속된 문양으로 만들었으며 첨차는 공안을 파지 않고 양단부를 교두형의 단순한 형태로 만들었다. 내외 출목칸에는 순각 반자를 대서 앙벽

전경

공포

내부가구

을 가렸다. 배면의 공포는 외2출목, 내3출목으로 외부에서 출목수를 하나 축소하여 구성하고 있다. 보머리로 정면에서는 직절하였으나 배면에서는 삼분두로 조각하였다.

지붕가구는 전후 기둥칸에 대량을 장통보로 걸고 동자주 대공을 세워서 종량을 올렸다. 종도리를 받치고 있는 대공은 판대공으로 사다리꼴 형태로 세워져 있으며 공포의 내출목 상부에는 화반을 배치하여 내목도리를 받치고 있다. 지붕 가구형식은 내부에 고주를 세우지 않은 5량가이고 처마는 정면에서 부연을 단 겹처마로 되어 있으나 배면에서 홑처마로 구성되어 있다.

공포양식과 처마형식이 정면과 배면에서 각각 다르게 나타나고 있으며, 기둥의 배흘림 등에서 고식의 기법이 느껴지고 있다. 내부 가구에서 자연재를 생긴대로 깎아서 올린 대량과 연목 등의 부재에서 단청과 함께 한결 운치를 더하고 있다.

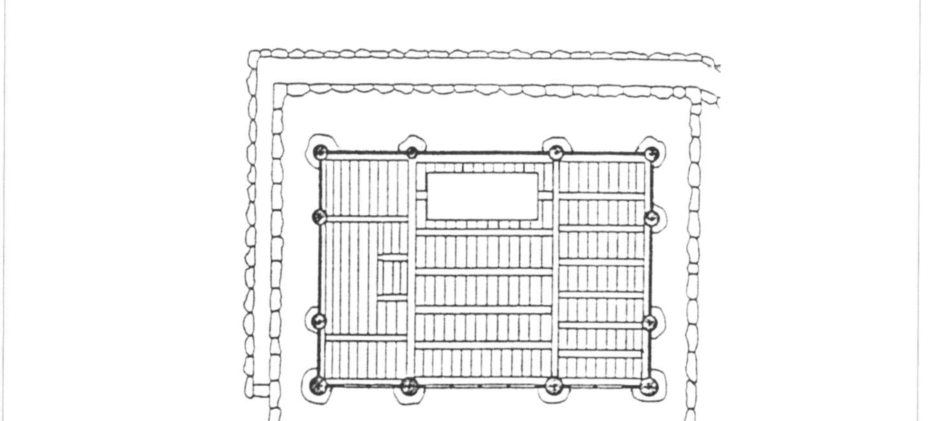
평면도

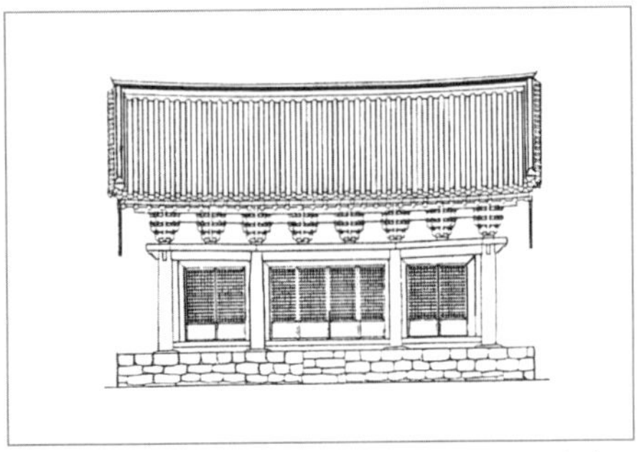

정면도

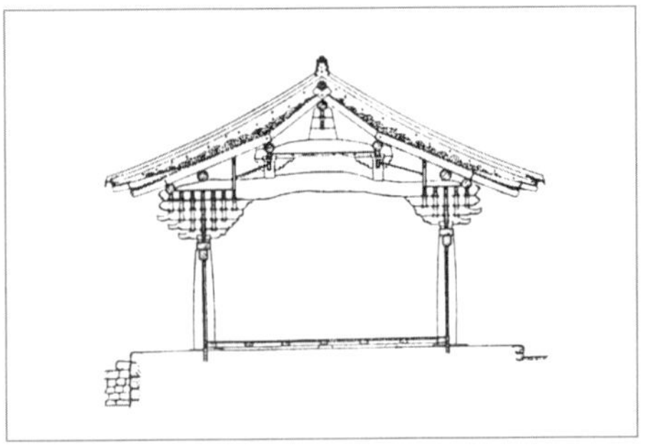

단면도

단청은 기둥과 인방 부재에 석간주를 칠하고 상부에 모로를 입혔다. 기둥 상단에는 주의를 넣었으며 창방과 평방에는 양쪽 끝 부위에 모로를 넣고 중간에 금단청하였다. 측면과 배면의 기둥과 창방 평방은 정면보다 간략한 단청으로 구성하였다. 기둥에는 주의를 생략하고 창방과 평방 중간에는 먹긋기로 하였다. 공포는 전면의 경우 소로와 주두에 모로를 넣었으나 측면과 배면에서 먹긋기로 하였다. 쇠서와 살미는 석간주 바탕에 뇌록으로 당초문양을 그렸고 연목과 부연의 일부에는 모로를 넣고 뇌록과 먹긋기로 각각 마무리하였다. 보살사 극락보전은 조선 중기 숙종 9년(1683)에 중건된 건물로 알려져 있는데, 다포계 건물로서는 보기 드문 고식의 기법을 간직하고 있으므로 주목된다.

명부전은 극락보전 좌측 후면에 위치하고 있으며, 정면 3칸, 측면 2칸의 겹처마, 맞배집으로 자연석 기단 위에 덤벙주초를 놓고 그 위에 원형기둥을 세웠다. 공포는 이익공 형식이며, 가구형식은 무고주 5량가로서 현재 신축 중에 있다.

삼성각은 명부전 좌측 후면에 위치하고 있다. 건물은 정면 3칸, 측면 1칸의 초익공, 겹처마, 맞배지붕이다. 자연석으로 쌓은 기단 위에 막돌초석을 놓고 그 위에 원기둥을 세웠다. 가구형식은 3량가이며, 단청은 금단청을 하고 내부 천장은 연등천장이며 바닥은 우물마루를 깔았다. 1997년에 신축되었다. 요사채는 대웅전 좌측에 있는 선방으로서 홑처마, 팔작지붕으로 된 도리집이고 1987년에 세워졌다.

귀기둥(우주)

청원 계산리 오층석탑
(清原 桂山里 五層石塔)

- 지정번호 : 보물 511호
- 건축유형 : 탑파
- 소 재 지 : 충북 청원군 가덕면 계산리 48
- 창건시기 : 고려시대

계산리사지 오층석탑

이 탑은 피반령(皮盤嶺)을 배경으로 자리잡은 계산리사지(桂山里寺址)에 남아 있는 유일한 석조물이다. 사지는 모두 폐허가 되어 논밭으로 변하고 5층석탑만이 중심부에서 옛 자리를 지키고 있다.

단층 기단의 5층석탑으로 상륜부는 남아 있지 않다. 기단 중석 일부와 지대석은 사토에 매몰되어 있으나 3층으로 중첩된 지대석은 땅 속에 완전히 보존되어 있다.

전경

옥개석은 1 · 2층만이 2석이고 그 이상은 1석이다. 그리고 옥개석의 층급 받침은 1 · 2층이 5단, 3 · 4층이 4단, 5층이 3단으로 통일성이 없으나 상하의 체감률은 매우 정연하여 안정감을 주며, 전각을 곡선으로 처리하지 않고 낙수면이 짧은 것은 전탑양식(塼塔樣式)을 모방한 특이한 모습으로 중후한 인상을 주고 있다. 그리고 각 층의 옥개석 상단에는 위 층의 탑신석을 받기 위한 1단의 괴임대가 마련되어 있어 결구상(結構上)의 특색을 나타내고 있다.

주목되는 것은 기단이나 탑신에 탱주 또는 우주가 생략되고 옥개석의 반전이 없이

탑신부

기단부

낙수면이 짧은 것 등인데, 탑의 조영수법은 지역적 특색으로 보인다. 조성시기는 고려 초기로 추정되고 있으며, 탑의 높이 약 7m로 나타나고 있다.

구룡산 안심사
(九龍山 安心寺)

• 건축유형 : 사찰
• 소 재 지 : 충북 청원군 남이면 사동리 271
• 창건시기 : 통일신라시대
• 현황 조성시기 : 20세기

마음이 편안한 절

마음이 평안한 절, 안심사 들어가는 길은 산도 순하고 길도 순하다. 그리 넓지 않은 논배비를 좌우로 거느리며 이리 굽고 저리 굽은 시멘트포장 농로를 따라 끝까지 가면 안심마을을 지나 안심사에 닿는다.

새로 지은 큰 요사건물을 스쳐 절마당으로 들어서면 아담한 소나무 동산으로 둘린 대웅전이 괘불지주를 앞세우고 서 있다. 그 오른쪽 높직한 곳에 영산전이 있고 대웅전과 영산전 사이 둔덕이나 영산전 앞으로는 매화나무 등 꽃나무들이 잘 가꾸어져 있다. 대웅전 왼쪽 좀 떨어진 곳에 산신각이, 더 왼쪽으로는 세존사리탑과 탑비가 보인다.

안심사는 작은 규모의 산지사찰이다. 한때 태고종(太古宗)에 속했었다고 하나 현재는 대한불교 조계종 법주사의 말사로 비구니 스님들이 수도하는 도량이다. 사찰 내에 전해내려오는 사적기(事蹟記)가 남아있지 않기 때문에 자세한 내력은 알 수 없으나 대웅전 안에 1982년경까지 걸려 있었다는 "안심사고적연대표(安心寺古蹟年代表)"에 의하면 안심사는 신라 혜공왕 11년(775)에 진표율사(眞表律師)가 창건하였고 그의 제자 수십여 명의 마음을 편안하게 한다는 의미에서 '안심사(安心寺)'라 이름

진입로

대웅전

비로전

하였다고 한다. '안심사고적연대표'에 의하면 안심사의 중창은 고려 충숙왕 12년(1325)에 원명국사(元明國師)에 의하여 이루어졌다고 한다. 이 시기의 중창설을 뒷받침할 수 있는 자료로는 사역 내의 파불(破佛) 1구와 탑의 기단으로 사용되었던 방형 석재 등을 들 수 있다. 파불은 두부(頭部)가 결실되었으나 당당한 체구, 섬세한 조각, 선정인(禪定印) 등으로 볼 때 고려중기에 조성된 아미타불로 볼 수 있다. 방형 석재는 화강암을 네모지게 다듬고 그 윗면에 한 단의 괴임을 조출한 것은 탑의 하대석(下臺石)으로 추정된다. 탑재의 조성시기는 고려시대로 추정되며 그 크기로 보아 석탑의 크기는 큰 규모는 아니었던 것으로 추정된다. 따라서 안심사의 실제적인 창건은 고려 충숙왕 때로 추정된다.

조선초에 이 사찰은 매우 작은 규모로 축소되었던 듯하다. 조선 성종조에 간행된 《新增東國輿地勝覽》 청주목(淸州牧) 산천조(山川條)에는 구룡산(九龍山)이 나타나 있지 않으며 불자조(佛字條)에도 안심사가 기록되어 있지 않기 때문이다. 그러나 이 시기에 대웅전 건물이 중건되었을 가능성이 있다. 이를 입증할 만한 자료로 대웅전 전면 어간 좌우에 있는 주상포 삼제공은 쇠서 길이가 짧으며 쇠서가 힘있게 아래로 뻗은 느낌을 주어 조선전기 공포의 쇠서 곡선과 유사하고, 귀공포에서 각 출목이 교차되는 부분을 생략한 형태 등은 이 건물이 조선전기에 중건되었을 가능성을 시사하고 있다.

안심사의 실제적인 중창은 임진왜란이 끝난 직후에 이루어졌다. 1979년 대웅전 해체수리공사 중에 발견된 "충청좌도청주남령구룡산안심사중수기(忠淸左道淸州南嶺九龍山安心寺重修記)"에 따르면 대웅전은 조선 선조 39년(1606)에 중수되었다고 한다. 현재 남아있는 공포의 대부분과 축부는 이때 만들어진 것으로 판단되는데 임진왜란 중에 사찰이 불탔거나 큰 피해를 입어 대부분의 부재를 새로 교체한 것으로 추정된다. 이후 대웅전은 인조 27년(1649)에 재중수되었고 3년 후인 효종2년(1652)에는 괘불을 새로 조성하였다. 위의 기록에는 나와 있지 않으나 안심사의 4중창은 조선 현종 때를 전후한 시기에 있었다. 현종13년(1672)에는 대웅전 번와 보수와 함께 비로전이 창건되어 매우 큰 역사가 있었으리라 짐작된다. 대웅전의 번와 보수는 중수된 지 66년만의 일로 현재 용마루 끝에 남아 있는 "康熙十一年" 명문(銘文)의 망와로 보아 이를 알 수 있다. "안심사비로전중창서(安心寺毘盧殿重創序)"에 비로전이 숭정41년, 즉 현종13년에 창건되었다는 기록이 있으며, 현재는 영산전으로 불리는 비로전 건물 지붕 뒤쪽에 남아있는 암막새에 "康熙十一年壬子"라는 명문이 있으므로 비로전이 주불전의 하나로 창건된 것을 알 수 있다.

영조37년(1761) 이전에도 안심사 중요건물의 중수가 있었던 것 같다. 대웅전 옆 사리탑비의 "석가여래성도응화사리사적기실(釋迦如來成道應化舍利事蹟記實)" 추기(追記) 부분에 "始覺於寶殿修樑之時…辛巳寶氣南還於九水洞"이라고 기록되어 있기 때문이다. 이 기록 가운데 보전(寶殿)은 대웅전인지 비로전인지 확실하지 않으나 주불전의 하나임은 확실하며, '修樑之時'는 대들보를 보수한 시기로 당시 보 상부를 해체할 정도의 큰 공사가 있었던 것으로 판단된다. 앞서 언급한 《忠淸左道淸州南嶺九龍山安心寺重修記》에 따르면 대웅전은 순조 16년(1816)에 중창되었다고 하는데, 순조연간을 전후하여 대웅전 지붕이 팔작에서 맞배로 바뀌어지고 측면이 3칸에서 2칸으로 줄어든 것으로 판단되므로 이 기록은 상당한 의미를 가진다.

대웅전은 인조 때 중건된 건물로 추정되며 보물 제664호로 지정되어 있다. 1979년에 해제 수리하면서, 본디 정면 3칸, 측면 3칸의 팔작지붕 다포집이었으나 어느 때인가 뒤쪽 한 칸이 줄고 지붕도 맞배지붕으로 바뀌었음이 밝혀졌다.

충청북도 유형문화재 제112호인 현재의 영산전은 광해군 5년 건립 당시 비로자나불을 주존으로 모신 비로전으로 지어졌으나 근래에 나한들을 모시고 있다 하여 영산전이 되었다. 벽을 둘러 나란히 앉은 나한상들은 모두 50cm 정도의 높이이며 만든 솜씨가 소박하여 정감 있다. 영산전은 변형된 대웅전 건물의 형식을 그대로 본떠 지었으므로 정면 3칸, 측면 2칸의 다포식 맞배지붕에 측면의 풍판이 달린 쪽에도 공포가 배치되었다. 헌종 8년(1842)에 중수했고 근래 들어 1980년과 1989년에 기와를 갈고 단청을 새로 올렸다. 자연석을 다듬지 않고 그대로 쓴 덤벙주초에 두리기둥을 세웠으며 정면 3칸에 정자살문이, 네 기둥에는 해서로 쓴 주련이 걸려 있다.

영산전 안 불단 앞에 가로놓인 길다란 나무함에는 이 절의 괘불이 보관되어 있다. 괘불은 기도나 법회 등 큰 행사가 있을 때 불전 바깥에 걸어놓고 의식을 행하던 불화이다. 안심사 괘불은 석가여래불을 주존으로 하고 그 주위에 불보살과 제자들인 교화성중과 사천왕의 호법신들을 좌우대칭으로 배치한 영산회상도이다. 주존은 나발의 머리에 높고 뾰족한 육계가 있으며 육계 중간에 계주가 있고 눈이나 코, 입, 수염이 장식화되어 조선 중기 불화의 수법을 보인다. 불화 아래쪽에 순치 9년(조선 효종 3년, 1652) 임진사월에 안심사 괘불로 봉인한다는 화기가 적혀 있는데 윗부분만 조금 손상되었을 뿐 전체적으로 보존상태가 좋으며 밝고 화려한 색조도 거의 그대로 살아 있다. 충청북도 유형문화재 제51호로 지정된 이 불화의 크기는 가로 4.62m 세로 6.27m이며 배접한 삼베 바탕의 크기는 가로 4.86m 세로 7.41m이다.

산신각 옆에 모셔진 세존사리탑은 충청북도 유형문화재 제27호이며 진표율사가 안심사를 창건할 때 석가모니의 사리를 봉안한 곳이라고 전해진다. 그러나 형태는 지대석 위에 8각 대석을 놓고 그 위에 높이 1.13m의 석종형 탑신을 올리고 보주형 상륜부를 얹은 전형적인 조선후기 사리탑이다. 옆에 선 사리탑의 비문에 따르면 오랫동안 사리탑의 행방을 모르다가 구룡산에서 찾아내어 고종 18년(1881)에 구천동으로 옮겨갔으나 1900년에 광우 스님과 등원 스님이 다시 절로 옮겨 왔다고 한다. 사리탑은 대석 위에 높이 1.5m의 비신을 세우고 팔작지붕 모양의 지붕 돌을 얹은 조선 후기의 일반형 비이며 1901년에 세워졌다. 이밖에도 안심사에는 머리를 잃은 신라시대의 석조여래좌상이 세존사리탑 옆에 안치되어 있고 대웅전 앞에는 고려시대 것으로 보이는 석탑의 부재 등이 남아 있다.

안심사 대웅전
(安心寺 大雄殿)

- 지정번호 : 보물 664호
- 건축유형 : 사찰
- 소 재 지 : 충북 청원군 남이면 사동리 271
- 창건시기 : 조선 인조 4년(1626)
- 현황 조성시기 : 20세기

측면에 공포가 있는 조선중기 맞배집

대웅전은 안심사의 주불전으로 건축형식상 다포계 맞배집에 속한다. 다포계 맞배집은 여러 가지의 유형이 있는데 그중에서도 다포계 팔작집의 지붕부분을 개수하여 다포계 맞배집이 된 특수한 유형이다. 현재의 안심사 대웅전은 정면 3칸, 측면 2칸 규모이며 남향으로 자리하고 있다.

"충청좌도청주남령구룡산안심사중수기(忠淸左道淸州南嶺九龍山安心寺重修記)"에 따르면 대웅전은 순조 16년(1816)에 중창되었다고 하는데, 순조연간을 전후하여 대웅전 지붕이 팔작에서 맞배로 바뀌어지고 측면이 3칸에서 2칸으로 줄어든 것으로 판단되므로 이 기록은 상당한 의미를 가진다. 기록 가운데 대웅전의 수리에 관련된 부분만을 살펴보면 조선 선조 때와 인조 때의 수리는 보두 '중수(重修)'로 기록된 반면 순조연간의 수리는 '중창(重創)'으로 기록되었음을 발견할 수 있다. 따라서 이 시기의 수리가 매우 큰 규모의 것으로 추정되며 이는 지붕과 평면의 변형이라는 사실과 연관된다.

전경

1979년 대웅전 보수를 위한 해체공사에 팔작지붕의 건물이었던 흔적으로 보아 원래는 정면 3칸, 측면 3칸의 다포계 팔작집이었던 것을 정면 3칸,

측면 공포

후면 판벽

측면 2칸의 다포계 맞배집으로 개수한 것으로 판단된다. 이러한 사실은 조선후기, 즉 18~19세기에 다포계 팔작집에서 지붕부분만을 개수하여 다포계 맞배집으로 만든 유형이 급증하는 현상과 일치하고 있어 주목된다.

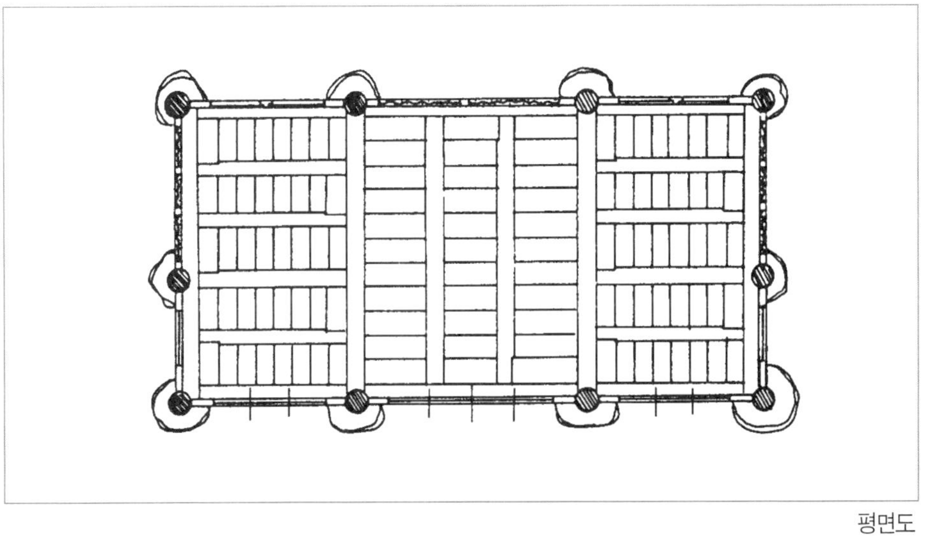

평면도

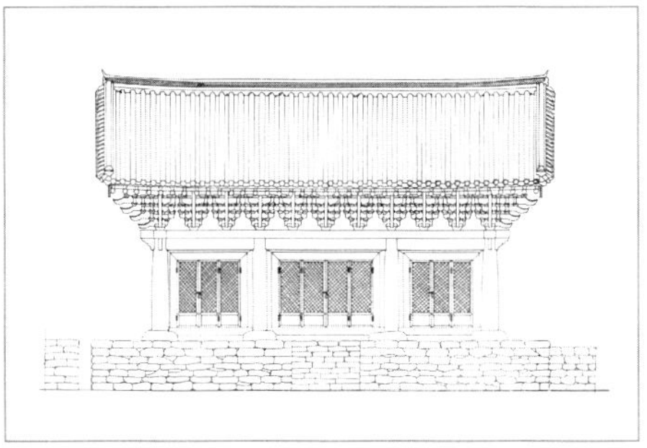

정면도

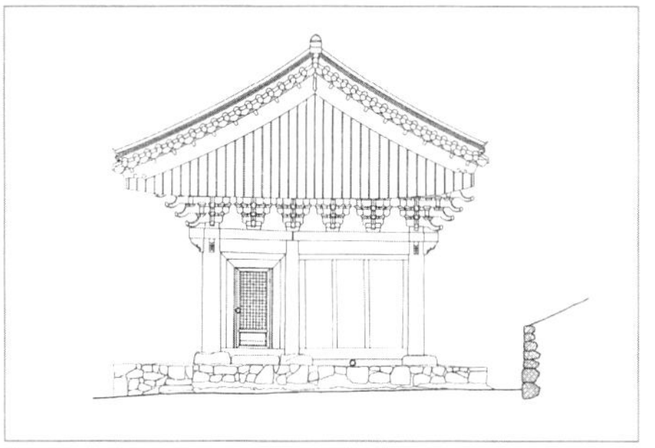

우측면도

기단은 주변 지형을 따라 전면은 높고 양측면과 후면은 낮게 조성되어 있다. 기단 석축은 자연석을 이용하여 허튼층으로 쌓았는데 전면에 사용된 돌들은 다른 쪽에 사용된 것보다 약간 큰 편이다. 초석은 자연석으로 그 크기와 형태가 일정하지 않으나 대체로 윗면이 평평한 것을 골라 사용하였다. 그러나 귀기둥의 초석은 대략 정방형에 가깝고 나머지 변주(邊柱)의 것은 장방형에 가깝다. 기둥은 모두 민흘림을 가진 원주(圓柱)인데 부분적으로 자연상태 대로 사용한 것도 있다. 우주(隅柱)의 직경이 평주보다 약간 굵으며 고주는 평주와 우주의 중간 정도 굵기이다.

공포의 출목은 내외 3출목인데 주상포(柱上包)에서는 4제공 위에 대들보를 놓아 보머리가 외부까지 돌출되도록 결구하였으며 주간포(柱間包)에는 대들보 위치에 5제공이 놓인다. 창호는 현재 전면과 후면 양협간, 양측면 협간에 설치되어 있으며 창호의 종류는 꽂살문, 정자(井)살문, 판문이 있다. 꽂살문은 전면의 어간에 4분합문, 양협간에 3분합문, 동측 협간에 외짝문이 있고 정자살문은 서측면에 외짝문이 설치되어 있으며 판문은 후면의 양협간에 영쌍창(欞雙窓)으로 설치되어 있다. 내부에는 귀틀을 짜고 청판을 끼운 우물마루를 깔았으며 후면벽에 붙여서 불단을 꾸몄는데 그 위에는 석가모니삼세불(釋迦牟尼三世佛)을 봉안하였다. 불단은 전면과 좌측면 모두 상판과 하대 사이에 중대목을 가로지르고 그 사이를 동자주로 구획하여 풍혈을 조각한 청판을 끼운 일반적인 형식이다. 내부 천장은 층급(層級)을 가진 우물천장을 가설하였는데, 일반적인 다포계 팔작집과는 달리 중앙부의 우물천장을 중심으로 전후측에만 낮은 층급의 우물천장을 가설하여 전형(典型) 다포계 맞배집과 같이 처리한 점으로 보아 지붕부분을 크게 수리한 것으로 판단된다.

이상과 같은 여러 가지 형식적 특성으로 미루어 볼 때 안심사 대웅전은 연혁에서 살펴본 바와 같이 개수 이전의 원형이 적어도 조선초기 말 또는 중기 초에는 건립되었을 것이며, 조선후기에 후면 툇간의 축소와 맞배지붕으로의 변경 등 대대적인 개수를 거쳐 현재와 같은 모습을 보이는 것이라 판단된다.

안심사 비로전
(安心寺 毘盧殿)

• 지정번호 : 충북유형문화재 112호
• 건축유형 : 사찰
• 소 재 지 : 충북 청원군 남이면 사동리 217
• 창건시기 : 조선 광해군 5년(1613)
• 현황 조성시기 : 조선후기

측면에 공포가 있는 조선후기 맞배집

1982년 12월 17일에 지방문화재 제112호로 지정되었다. 안심사 대웅전 앞마당의 왼쪽에 있는 건물로 높은 언덕 위에 서향하여 있다. 이 건물의 창건연대는 비로전 안에 걸렸던 목판(木板)의 중수기에 따르면 광해군 5년(1613)에 초창되었다가 그후 세월이 2백여 년 지나면서 지붕과 서까래가 퇴락하고 불상이 비바람을 맞을 지경이 되어 여러 사람이 뜻을 합해 헌종 8년(1842)에 중수하였다는 사실을 알 수 있으나 10여 년 전에 중수기가 없어져 행방을 알 수 없다.

평면은 정면 3칸, 측면 2칸의 맞배지붕 다포집이다. 자연석을 다듬지 않고 그대로 둔 덤벙주초 위에 원형기둥을 세우고 공포는 내외2출목으로 어간에 2구, 협간에 1구씩 올렸다. 건물 정면 3칸에는 정자살문을 달았다. 전체적으로 조선 후기 건축양식의 특징을 고루 갖추고 있으며, 조선 중기 건축인 경내의 대웅전과 좋은 대비를 이루고 있다.

전경

원래 이 건물은 비로사나불(毘盧舍那佛)을 주존으로 모신 비로전이었으나 영산전(靈山殿) 혹은 나한전(羅漢殿)으로 불리고 있다. 현재 건물 안에는 부처의 16대 제자상인 목조의 16나한상이 봉안되어 있다. 건물의 특징은 맞배식 건물인

비로전 측면

박공부 공포

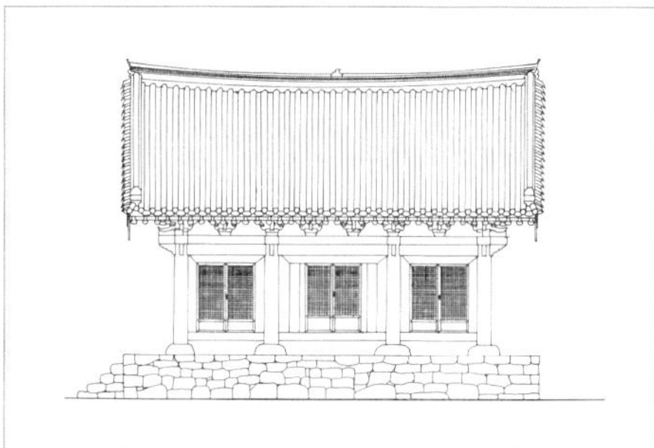

정면도

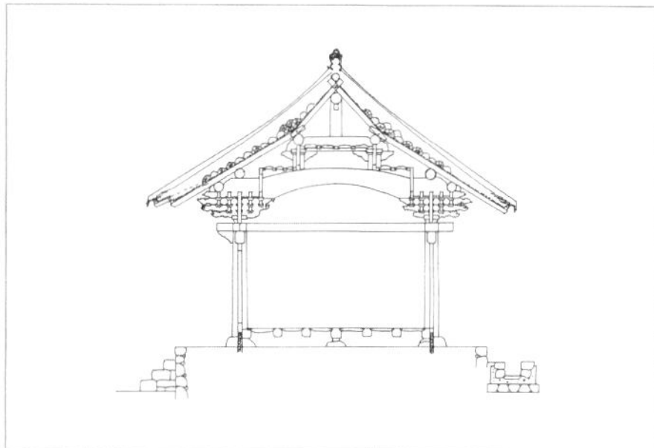

단면도

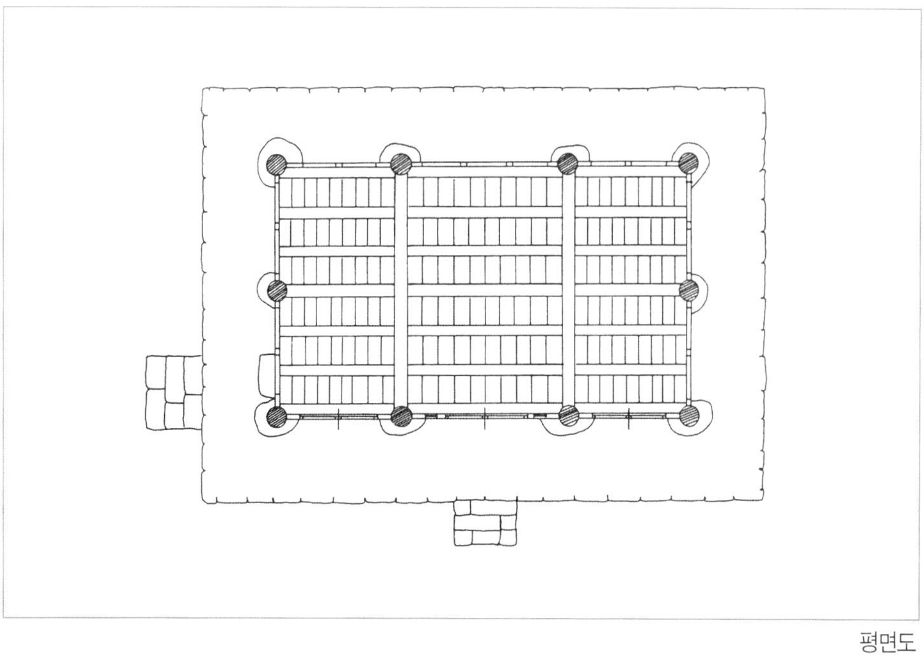

평면도

데도 양측면에 공포를 설치한 점인데, 이것도 대웅전 건물을 중수하면서 팔작지붕이 맞배지붕으로 변형된 것을 비로전 건축 시에 모방하여 건립한 것으로 보는 견해도 있다.

그러나 최근의 조사에 의하면 비로전으로 건립되었을 당시에는 또다른 주불전인 대웅전과 같이 팔작집이었던 것으로 추정되며, 평면에서 측면 주칸이 포간 거리의 정수배가 될 뿐 아니라 내부에서 충량(衝樑)을 사용하고 있고 공포가 4면에 배열되어 있는 점, 귀공포에 전각포(轉角包)를 사용하였고 천장의 형식도 2축성(二軸性) 천장을 사용하는 등 다포계 팔작집의 특징을 들어 모작(模作)으로 건립된 것이 아니고 조선중기의 다포계 팔작집을 후기에 다시 공포 일부와 지붕만 개수한 것으로 보는 견해도 있다.

청원 월리사 대웅전
(淸原 月裡寺 大雄殿)

- 지정번호 : 충북유형문화재 58호
- 건축유형 : 사찰
- 소 재 지 : 충북 청원군 문의면 문덕리 5
- 창건시기 : 조선 효종 8년(1657)

조선중기 다포식 건물

월리사는 신라시대에 의상대사가 창건하였다고 전해지나 명확한 사서(史書)의 기록은 없으며 《동국여지승람(東國與地勝覽)》에도 월리사에 대한 언급이 없다. 따라서 월리사의 초창시기는 자세히 알 수 없으나, 월리사 입구의 왼쪽 언덕에 사적비(事蹟碑)가 있어서 조선중기에 중건된 사실을 알 수 있다. 사적비(事蹟碑)에 따르면 형강(荊江)의 동쪽 구룡산(九龍山)에 월리사가 있는데 월리사라 한 것은 절이 높아 달에 가까운 때문이라고 하기도 하고, 또는 이 절 아래에 월동사(月洞寺)라는 절이 있어서 이름지었다고 하는데 분명치는 않다고 하였다. 월리사는 본래 현위치보다 더 위쪽의 산 중턱에 있었으며, 절 이름은 "신흥사(新興寺)"였다고 한다. 신흥사의 옛터에는 현재 와편(瓦片)이 산재하여 있다.

대웅전은 조선 효종 8년(1657)에 원학대사가 이웃에 있던 신흥사(新興寺)를 옮겨 지은 것으로 기록되어 있어 이 시기에 이건한 것으로 보이며, 처마끝의 암막새기와에 '옹정경술(雍正庚戌)' 이라는 글씨가 있어 영조 6년(1730)에 한차례 중수를 하였던 것으로 보인다. 그리고 건축 양식으로 보아 조선중기에 건립된 것으로 보이는데 정면 3칸, 측면 3칸의 팔작지붕 건물로 다포식이다.

전경

기단은 자연석을 쌓아올린 높은

대웅전 귀공포

내부가구

축대 위에 두벌대로 쌓은 자연석 기단으로 축조되어 있다. 주초석은 자연석 덤벙주초이고 일부 원형주좌를 조각한 것도 보인다. 기둥은 민흘림 원기둥이며 공포는 창방과 평방을 기둥 상부에 짜고 주심과 주칸에 내외 2출목으로 짜여진 다포로 구성되어 있다.

창방은 뺄목을 다소 길게 내었으며 끝부분이 직절되어 있다. 평방은 창방과 비슷하게 보이는 높은 춤으로 되어 있고 공포의 촛가지는 상하로 연꽃을 달고 있는 앙서형 1, 2제공 위에 수서형 3제공으로 구성되어 있다. 보머리는 봉두로 조각되어 외목도리 밖으로 내밀고 있으며 귀포 상부의 추녀 밑에는 용두가 조각되어 꽂혀 있다.

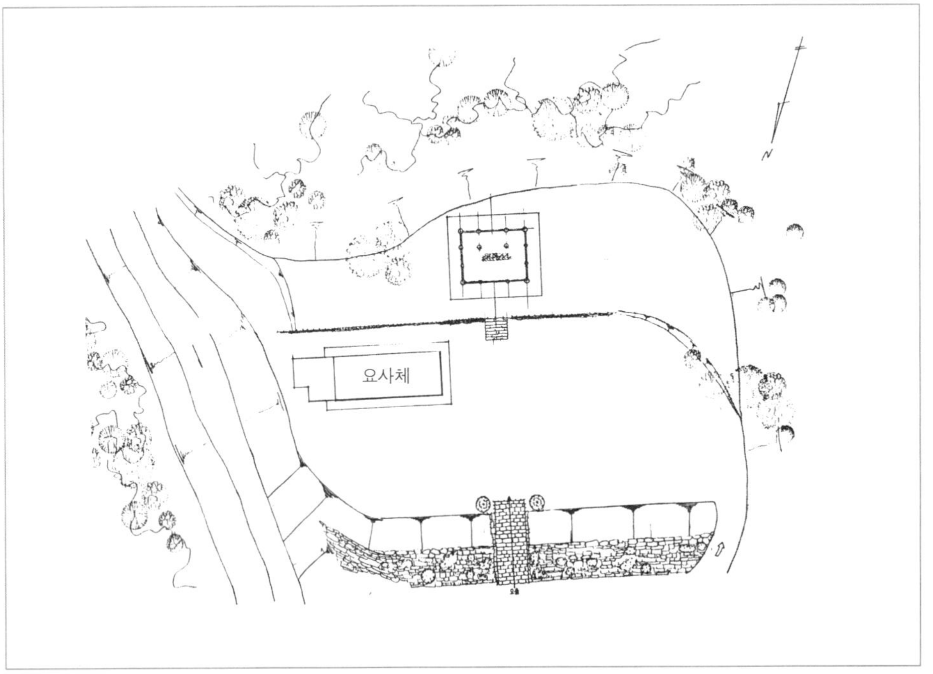

배치도

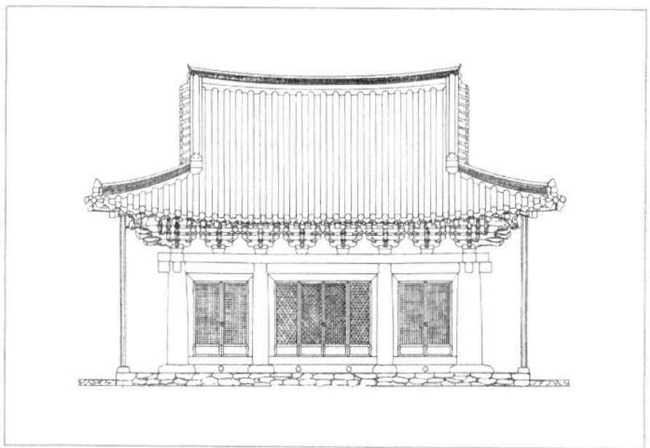

정면도

공포

외부 단청은 근래 개칠되어 밝은 색상을 띠고 있으며 지붕가구는 전후 처마기둥 사이에 대량을 장통보로 연결한 5량가이다. 측면에는 충량은 전후 2개 배치하여 대량으로 연결하고 상부 합각부 가구를 짜올렸다.

내부 천장은 우물반자이며 단청으로 마감되어 있다. 창호는 궁판을 단 정자(井)살문

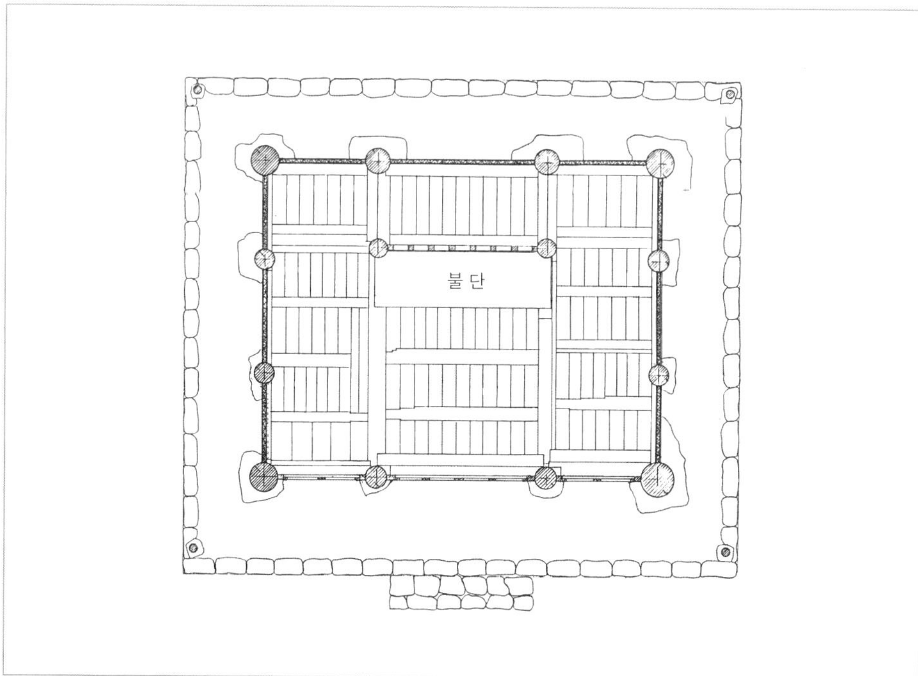

평면도

으로 구성되어 있다.

기둥은 석간주로 칠해져 있다. 창방과 평방에는 양단에 연화머리초를 입히고 주심에 금단청을 넣었다. 창방과 평방 중앙부에는 먹긋기로 상하단에 띠를 넣고 물고기, 복숭아 등 여러 가지 그림을 그려 넣었다. 포벽에는 여러 가지 수인의 석가모니 불화가 그려져 있다. 전면 공포의 첨차는 모로로 칠해져 있으나 배면 첨차와 살미에는 당골문양이 그려져 있다. 처마는 겹처마로 앞면의 양쪽 끝에는 활주를 세워 하늘을 향해 날아갈 듯이 돌출한 추녀끝을 받치고 있어서 팔작지붕 건물에서 보이는 한국건축의 아름다움을 보여주고 있다. 처마끝 기와는 암 · 수막새와 망와(望瓦)를 나란히 배치하였으며 기와는 여러 종류의 문양이 보여 몇 차례 보수한 것으로 짐작된다.

이 건물은 공포에서 조선 후기의 화려한 양식을 보이고 있으나 견실한 가구구조와 지붕과 공포대, 기둥 및 벽체에서 단아한 비례감을 느끼게 한다. 안심사 대웅전과 함께 청원지역의 대표적인 조선시대 건축물로 1980년 1월 9일에 유형문화재 제58호로 지정되었다.

속리산 법주사 일원
(俗離山 法住寺 一圓)

- 지정번호 : 사적 및 명승 4호
- 건축유형 : 사찰
- 소 재 지 : 충북 보은군 내속리면 사내리
- 창건시기 : 신라시대
- 현황조성시기 : 21세기

법이 머무는 절

중국 유학승들이 귀국하면서 석가모니불의 진신사리와 옷자락이라는 것을 가져와서는 이것을 신라의 신령한 산에 모시고 절을 짓는 것도 성행했다. 자장이 창건한 통도사, 진표가 창건을 주도한 금산사와 법주사가 이런 대표적인 예이다. 이 사찰들이 처음부터 후대에 보듯 큰 절로 조성되지는 않았겠지만 큰 산을 의지해서 신앙의 도장을 연 공통점을 찾아 볼 수 있다. 지금도 통도사의 금강계단, 법주사의 쌍사자석등과 석연지, 금산사의 당간지주와 같은 8세기경의 석조물을 통해서 당시 이런 깊은 산간에 사찰 조성이 활발히 전개된 사실을 확인할 수 있다.

화엄사상의 성행은 사찰이 산간에 확산된 가장 큰 계기가 되었다. 특히 화엄 계통의 사찰에서는 종래의 쌍탑식 가람과는 개념을 달리 하는 가람구성을 하였으며, 지형조건에 따라 건물들을 적절히 배치하게 되었다.

속리산은 소백산맥 줄기로서 보은군과 경북 상주군 사이에 양도의 경계를 이루고 있다. 예로부터 제2금강 또는 소금강이라 불려왔으며, 해발 1,057m의 주봉인 천황봉을 비롯하여 동남으로부터 서북쪽으로 경업대, 비로봉, 입석대, 문장대, 신선대, 관음봉 등 해발 1,000m 내외의 외연(巍然)한 영봉과 은폭동, 목욕소 등 유수한 계곡은 산 전체를 뒤덮은 울창한 산림과 더불어 그 풍치와 경개가 절승할 뿐 아니라 금강, 한강, 낙동강의 근원이 여기 이 산에서 비롯하므로 더욱 유명하다.

법주사는 신라 진흥왕 14년(553) 의신조사가 창건한 이래 임진왜란 때 불타버려 조선 인조 4년(1626) 벽암대사에 의해 중창되어 오늘에 이른 명찰이다. 천축으로 구법여행을 갔다 돌아온 의신조사는 흰 나귀에 불경을 싣고 절 지을 터를 찾아다녔는데 지금의 법주사터에 이르자 나귀가 더 가지 않고 제자리를 맴돌았다고 한다. 의신조사가 주변을 살펴

전경

보니 절을 지을 만했으므로 이곳에 절을 짓고 부처님의 법이 머문다는 뜻에서 사명을 법주사(法住寺)라 했다. 그 후 성덕왕 19년(720)에 절을 중수했고 혜공왕 12년(776)에 진표율사가 중창하고부터 대찰의 규모를 갖추었다. 이것은 사적기 등에 적힌 초창기 법주사의 내력이다.

그런데 진표율사의 행적이 가장 자세히 적힌《삼국유사》의 관동풍악산 발연수(발연사)에 관한 기록에는 다음과 같은 내용이 있다.

진표율사는 변산 선계산의 불사의방(不思議房)에서 온몸을 바위에 내던져 깨뜨리는 참회고행 끝에 지장보살과 미륵보살로부터 법을 받은 후 금산사에 미륵장륙상을 모시고 점찰법회(占察法會)를 열었다. 이후 속리산으로 오다가 달구지를 타고 노는 사람을 만났다. 달구지를 끌던 소들이 진표율사 앞에 무릎을 꿇고 울자 달구지 주인이 소들은 왜 울며 스님은 어딘지를 물었다. 진표율사는 자신이 금산사 승려이며 미륵보살과 지장보살에게서 계법을 받아 절을 짓고 오래 수도할 곳을 찾아오는 중인데 소들이 꿇어 앉아 우는 것은 자신이 계법을 받은 것을 알고 불법에 경배하는 것이라고 대답했다. 달구지 주인은 "축생도 그러한데 하물며 사람에게 어찌 신심이 없겠습니까" 하면서 곧 낫으로 자기 머리카락을 잘랐다. 진표율사는 그를 삭발해주고 제자로 삼았다. 그들은 속리산 골짜기에 길상초가 난 곳에 표시를 해두고 강원도 명주를 거쳐 금강산으로 들어가 발연사라는 절을 세웠다. 진표율사는 발연사에서 점찰법회를 열고 7년 동안 머물며 대중을 교화하다가

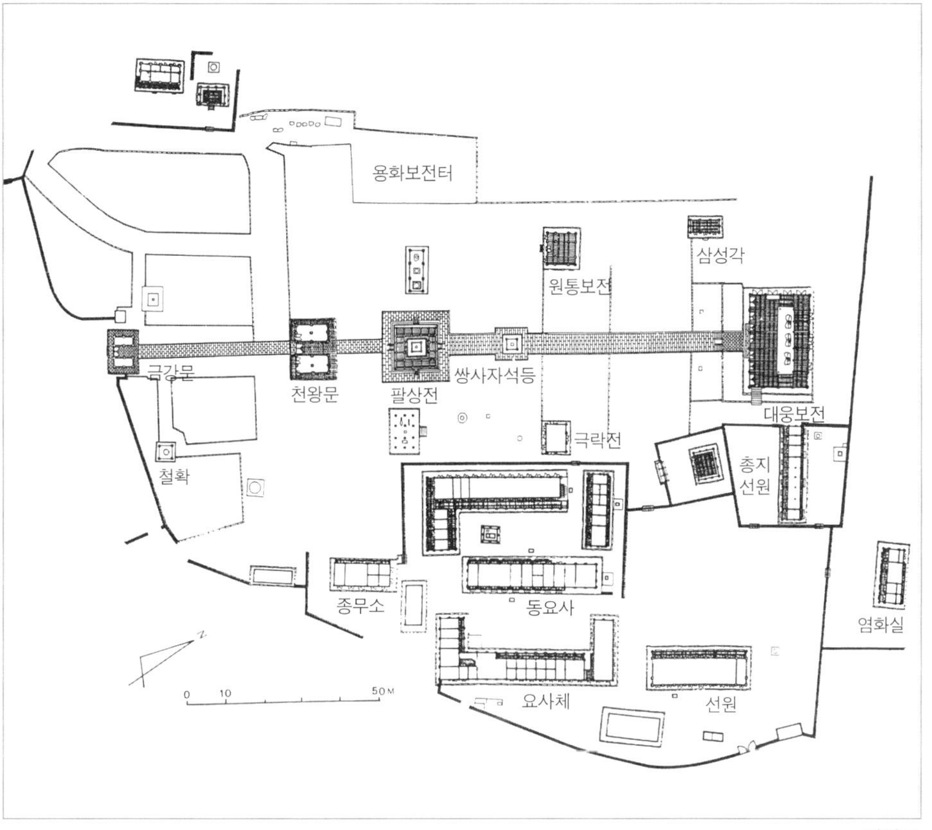

배치도

다시 돌아왔다.

그 즈음 속리산 대덕인 영심, 융종, 불타 세 사람이 찾아와서 복숭아나무에 올라가 거꾸로 떨어지는 등 용맹참회를 하며 계법을 구했다. 진표율사는 지장보살과 미륵보살에게서 직접 받은 의발과 경전, 법구를 그들에게 주며 속리산으로 돌아가서 길상초 있는 곳에 절을 짓고 길상사라 하라고 했다. 영심은 그 말대로 길상초 난 곳을 찾아 절을 짓고 점찰법회를 크게 열었다.

위의 기록과 법상종 근본도량으로 내려온 법주사의 역사를 대조해보면 영심이 창건한 길상사가 지금의 법주사임을 알 수 있다. 진표율사가 개창한 김제 금산사와 금강산 발연사, 신라 헌덕왕의 왕자였던 심지가 영심으로부터 다시 진표율사의 의발과 법구를 전수받고 개창한 팔공산 동화사 등 진표율사의 법맥을 이은 절들은 모두 고려시대를 통해 법상종의 중심 도량이었다. 법주사 또한 대표적인 법상종 절이었으니, 길상사와 법주사가 서로 다른 절이라면 진표율사의 법제자 영심이 창건한 길상사를 젖히고 법주사가 법상종의 중심 도량 구실을 할 수 가 없었을 것이기 때문이다.

천왕문

법주사 진입축

그 후 어느 때인가 길상사는 법주사로 이름이 바뀌었을 터인데, 김부식이 쓴 〈속리사 점찰법회소〉와 《동문선》에 실린 고려 문신 박효수의 시, 조선전기 지리지의 집대성인 《신증동국여지승람》, 또 조선 철종 2년(1851)의 기록 등에 '속리사'라는 이름이 나오는 것으로 보아 고려 이후에는 속리사와 법주사라는 이름이 함께 쓰였던 듯하다. 그렇다면 사적기의 의신조사 창건설과 사명 유래 등은 오히려 후대에 덧붙여진 것일 수 있다. 의신조사는 신라 고승이라고 정해질 뿐, 생애나 신앙의 성격에 대해서는 알려진 것이 없다.

영심이 주석한 이래 법주사는 여러 차례 중수를 거치며 많은 건물과 암자를 거느린 큰 절로 성장했다. 고려 태조 1년(918)에는 왕사인 증통국사가 중건했고 숙종(1095~1105년) 때는 문종(1046~1038년)의 아들이며 대각국사 의천의 이복아우인 도생 승통이 법주사에 주석했다. 도생대사는 금산사 역사상 최고의 전성기를 이룩한 혜덕왕사의 수제자이다. 인종(1123~1146년) 때는 왕이 이자겸 일파에게 죽은 사람들의 원혼을 달래고 병을 낫게 하기 위해 이 절에서 점찰법회를 열었다고 한다. 이처럼 왕이 점찰법회를 열었다는 것은 법주사가 당시 법상종 절 가운데 중심적인 위치를 차지하고 있었음을 알 수 있다. 원종(1259~1274년) 때는 자정국존이 이 절에서 유식학을 강의했다. 지금 법주사 경내에는 고려 충혜왕 복위 3년(1342)에 세운 자정국존비가 있는데 지금까지 확인된 자료 가운데 가장 먼저 이 비문에 법주사라는 명칭이 등장한다.

공민왕 11년(1362)에는 홍건적의 침입으로 임금이 경상북도 안동까지 피난했다가 환궁하던 중 법주사에 들렀다. 이때 공민왕은 양산 통도사로 칙사를 보내 석가모니의 사리 한 알을 가지고 오게 하여 법주사에 모시게 했다. 지금 금강문 서쪽의 사리각에 있는 팔각원당형 사리탑이 그때 불사리를 봉인한 사리탑이라 전해온다.

조선 태조는 즉위하기 전 상환암에서 백일기도를 했고, 병에 걸린 세조는 법주사를 찾아 복천암에서 사흘 동안 기도를 올리기도 했다. 선조 30년(1597) 정유재란 때 충청도 지방 승병의 본거지였던 이 절은 왜군의 계획적인 방화로 모조리 불에 타버렸다. 그 후 사명대사 유정이 법주사의 중건을 주도하여 선조 35년(1626)까지 주요 전각과 요사를

요사체

일주문

복원하는 등 중창이 일단 마무리되었고 이후에도 여러 차례 중수를 거쳐 지금에 이른다.

법상종 사찰에서는 미륵불을 주존으로 모시는 것이 일반적이다. 본래 법주사에는 미륵장륙상을 봉인한 용화보전이 있었다. 이 법당은 뒤쪽에 산호대라 불리는 바위가 있어서 산호전 · 사호보전으로도 불렸으며, 사적기에 따르면 정면 7칸, 측면 5칸의 2층 건물로 대웅보전보다 더 크고 웅장한 법주사의 중심 법당이었다. 진표율사가 금산사에 미륵불을 조성하고 점찰법회를 열었듯이 그의 법을 받은 영심도 처음부터 미륵불을 조성했을 것이다. 이 최초의 미륵장륙상은 정유재란 때 사라지고 이후 중창하면서 다시 금동 미륵장륙삼존상을 지어 산호전에 봉안했다. 그 미륵삼존상도 고종 9년(1872) 흥선대원군이 경복궁 중건을 위해 당백전을 만들려고 헐어갔고, 용화보전도 무너져 초석과 미륵삼존의 연화대석 3개만이 남았다. 1964년 용화보전 자리에 시멘트로 만든 미륵불입상이 세워졌는데 1986년에 이를 헐고 1990년에 청동미륵대불과 지하의 용화전을 완성하였다.

지금 있는 청동미륵대불은 옛 용화보전 자리에서 남쪽으로 10m쯤 옮겨져 세워졌다. 또 그 불사과정에서 예전 용화보전과 팔상전을 잇는 축 위에 한 줄로 늘어서 있던 석연지, 석등, 희견보살상도 이곳저곳에 흩어져 놓이게 되었다. 이로 인해 법주사의 가람구조에 큰 변화가 생겼다. 고려시대에 완성된 예전의 법주사의 가람배치에서는 대웅보전을 중심으로 하는 화엄 신앙축과 용화보전을 중심으로 하는 미륵 신앙축이 팔상전에서 직각으로 교차하고 있었다. 그러나 이제 그 구성요소들이 마당 곳곳에 점점이 해체됨으로써 미륵신앙축은 사라져버렸다. 법주사 경내에 들어섰을 때 얼핏 건물들이나 여러 유물이 맥락없이 하나하나 따로 던져진 듯한 느낌이 드는 것은 마당이 넓어서만이 아니고 이런 전체적인 질서와 정연함이 흩어진 까닭이다.

팔상전과 대웅보전, 원통보전 그리고 쌍사자석등과 사천왕석등, 석연지, 마애여래의상 같이 국보나 보물로 지정된 유물들 외에도 법주사에는 여러 건물과 유물이 있다.

우선 천왕문은 임진왜란 이후에 중창되어 여러 차례 중수된 다포계 맞배지붕 건물이다. 다른 절의 것보다 규모가 매우 크며 정면 5칸, 측면 2칸인데 가운데 세 칸에 판문을 달아 출입문으로 쓰고 좌우의 한 칸씩에는 작은 판창을 달았다.

대웅보전 앞 동쪽에 솟을삼문이 달린 담장을 두른 자그마한 건물은 선희궁 원당이다. 담장과 솟을삼문을 갖춘 것은 사당 등에 흔히 쓰이는 유교적 건축형식인데, 이 건물이 조선 영조(1725~1776년)의 후궁이자 사도세자의 어머니인 영빈 이씨의 위패를 서울로 옮겨간 후에는 법주사를 거쳐간 큰스님들의 초상을 모신 조사각으로 쓰였지만, 1990년 대웅보전 서쪽에 진영각이 따로 마련됨으로써 지금은 비어 있다. 왕실과 관련된 건물이므로 기단과 주춧돌이 반듯하고 말끔히 다듬어져 있고, 둥근 돌과 구운 점토로 무늬를 넣어 민화풍으로 장식한 담장이 눈길을 끈다.

금강문 서쪽 단 위에 있는 능인전 역시 임진왜란 이후에 중창된 건물이다. '능인(能仁)' 이란 모든 중생을 교화하여 널리 이로움을 주는 분이라는 뜻으로 부처님을 가리키는 말인데 능인전 안에는 석가모니불과 미륵보살, 갈라보살, 16나한상을 모셔서 영산전이나 나한전 구실을 하고 있다. 본래는 뒤쪽의 사리탑을 예배하는 적멸보궁 역할을 하던 건물이다.

희견보살상은 법주사 초창기에 조성된 것으로 여겨지며 석연지, 사천왕석등과 함께 옛 용화보전을 향해 한 줄로 놓여 있었는데 지금은 원통 보전 옆 마당가로 옮겨져 있다. 희견보살은 1200년 동안 향과 기름을 먹고 마시며 몸에 바른 후 다시 1200년 동안 자기 몸을 태워서 부처님께 공양하여 약왕보살이 되었다. 보살상은 뜨거운 향로를 머리에 인 모습이다. 절벽에서 뛰어내리거나 바위에 몸을 내던지며 법을 구한 진표율사나 나무에 올라가 거꾸로 떨어지는 참회행을 했던 영심 등의 극한적인 고행을 통한 수행과 희견보살의 고행이 서로 통하므로 초창기에 이러한 석상이 조성되었을 것으로 여겨진다. 또한 한 공양은 부처께 드리는 공양 가운데 으뜸이기도 하다. 한편, 희견보살상을 가섭존자상으로 보는 견해도 있는데, 석가모니의 제자 가섭은 미륵불을 기다리는 가섭의 모습으로 볼 수도 있다.

이밖에 능인전 앞쪽과 금강문 동쪽에는 각각 쌀 90가마와 40가마가 너끈히 들어가는 커다란 석조와 쇠솥이 있다. 법주사에 3,000명의 승도가 모여 수행할 때 물통과 밥솥·국솥으로 쓰던 물건들이라는데 석조는 통일신라시대 것이고 쇠솥도 그때 것이라 전해진다. 금강문 바로 옆에 선 당간은 1927년에 다시 세운 것이다. 맨 처음 고려 목종 10년(1007)에 주철로 만들어 세웠고 이후 여러 차례 무너지고 다시 세우기를 거듭했다.

쌍사자석등은 신라 석등의 전형 양식인 팔각석등에서 팔각기둥이 들어갈 부분을 사자 두 마리로 바꾸어 놓은 석등이다. 삼국시대 이래 우리나라 석조물 가운데는 사자를 조각해 넣은 것이 많이 만들어졌다. 통일신라시대의 쌍사자석등으로는 이것 이외에 경남 합천의 영암사터 쌍자자석등, 국립광주박물관에 소장된 중흥사 쌍사자석등이 있다. 그중 법주사 쌍사자석등은 높이 3.3m로 규모도 가장 크며 조각수법도 가장 뛰어난 유물로 꼽힌다. 두툼한 팔각지대석 위에 연화하대석과 쌍사자 기둥, 연화상대석은 모두 한 돌에 조각되었고 화사석과 옥개석은 각각 만들어져 조합되었다. 지대석은 옆면에 각 면마다 테두리가 있고, 윗면에는 두 단의 굄이 있어 하대석을 받는다. 하대석 굄은 팔각으로 돌려져 있지만 하대석은 둥글며 조금 작아보이다. 하대석 옆면에는 연꽃잎 여덟 장을 엎어 새겼고 연꽃잎 안에는 다시 꽃 모양이 장식되었다. 윗면에는 넓은 팔각 굄이 조각되어 쌍사자를 받쳤다. 팔각기둥을 대신한 사자 두 마리는 가슴을 대고 머리를 젖힌 채 마주서서 앞발과 주둥이로 상대석을 받들었다. 두 마리 중 한 마리는 입을 벌렸고 한 마리는 다물었다. 갈기털과 몸의 근육이 표현되었고 하대석을 딛고 선 뒷발이 굵고 탄탄하다. 둥그런 상대석 아래 둘레에는 두 단의 팔각받침이 조각되었고 그 위로 연꽃잎 16장이 두 겹으로 피어올랐다. 아래 연꽃잎 속에는 반원이 두 줄 새겨졌으며 위 연꽃잎 안에는 구슬무늬가 세 개씩 장식되어 있다. 윗면에는 둥그런 굄이 한 단 있다. 화사석 또한 팔각인데 화창이 앞뒤와 양옆 네 군데에 맞뚫렸고 화창 둘레의 창틀에는 군데군데 못 구멍이 나 있다. 일반적인 석등의 화사석과 비교할 때 이 화사석은 매우 높기 때문에 불안정한 느낌을 준다. 화사석뿐만 아니라 옥개석도 전체 규모에 비해 큼지막하다. 옥개석의 처마는 수평이지만 낙수면이 활처럼 휘어 여덟 모서리가 들려 올라갔다. 옥개석 아랫면에는 화사석 위쪽을 둘러 받침 두 단이 있고 처에서 흘러내린 빗물이 아랫면으로 스며들지 않도록 해주는 작은 홈이 돌려졌다. 옥개석 꼭대기에는 연꽃 문양이 희미하게 남아 있고 그 위에 연꽃 봉오리 모양의 보주가 얹혀져 있다. 이 쌍사자석등은 국보 제5호이다.

사천왕석등은 팔각 화사석 둘레에 사천왕상을 조각한 석등이다. 하대석, 기둥돌, 상대석, 화사석 그리고 옥개석이 모두 팔각을 이룬, 통일신라시대에 가장 널리 조성된 팔각석등 양식의 대표작이라 할 수 있다. 높이 3.9m의 장중한 규모이며 각 부분과 전체의 균형이 잘 잡혔는데 화사석에 조금 금이 가고 꼭대기의 보주가 없어졌지만 나머지 보존상태는 좋다. 보물 제15호이다. 조성양식과 수법으로 보아 법주사 초창기인 통일신라 혜공왕(765~780년) 때 만들어진 것으로 추정된다. 지금은 대웅보전 앞으로 옮겨져 있으나 예전에는 용화보전 앞에 있었고 사천왕석등 앞에는 향로를 머리에 인 희견보살상이, 뒤에는 석연지가 있었다. 이것은 최상의 공양인 향과 등, 차를 용화보전의 미륵불 앞에 드린다는 뜻을 표현했던 것으로 보인다.

넓적한 돌 넉 장을 맞춰서 네모진 지대석을 만들고 그 위에 팔각기대석을 놓았다. 기대석 옆면은 위쪽에 넓은 때가 둘리고 각 면마다 안상이 얕게 새겨진다. 위에 올려진 연화하대석에는 8장의 연꽃잎이 엎어 새겨졌고 꽃잎 안에 보상화무늬가 장식되었으며 아래쪽에 두 단, 위쪽에 석단의 받침이 각각 둘레를 줄여가면서 설치되었다. 팔각기둥 돌 뒤에 놓인 상대석에도 연화하대석과 같은 모양의 연꽃잎이 새겨졌고 아래쪽에 석단, 위쪽에 두 단의 받침이 이번에는 조금씩 둘레를 넓혀가며 설치되었다. 화사석은 8면 가운데 앞뒤 양옆의 네 면에 화창(火窓)이 뚫렸고 나머지 네면에 사천왕상이 새겨졌다. 각기 갑옷을 입고 무기를 든 채 악귀를 밟고 선 사천왕은 매우 사실적이고 생동감 있게 표현되어 통일신라 전성기의 활기를 느끼게 한다. 화창을 두른 문틀에는 문을 다는 데 쓰였던 못 구멍이 뚫려 있다. 옥개석 아랫면에 받침 두 단과 낙수홈이 파였으며 윗면 꼭대기에 보주받침 두 단이 있으나 원래의 보주는 잃어버렸다. 지금의 보주는 새로 얹은 것이다. 옥개석 윗면이 완만하며 처마는 얇은 편인데 거의 수평을 이루다가 모서리에 이르러 조금씩 들려서 야무지고 날렵한 느낌을 준다.

법주사 대웅보전
(法住寺 大雄寶殿)

- 지정번호 : 보물 915호
- 건축유형 : 사찰
- 소 재 지 : 충북 보은군 내속리면 사내리 209
- 창건시기 : 조선 인조 2년(1624)
- 현황 조성시기 : 21세기

삼대불전의 하나 대웅보전

신라 진흥왕 14년(553)에 의신조사(義信組師)가 창건하고, 혜공왕 12년(776) 진표율사(眞表律師)가 중창하였고, 다시 조선 인조 2년(1624) 벽암대사(碧巖大師)가 중창한 대웅보전은 총 120칸, 건평 170평에 높이가 약 19m에 달하는 대규모의 건물이다. 다포계의 중층건물형식을 취하고 있다. 특히 법주사 대웅전은 우리 나라 사찰의 중층건물 중에서 홍성 무량사 극락전, 구례 화엄사 각황전 등과 더불어 삼대불전의 하나로 꼽히고 있다.

법주사 대웅보전은 정면 7칸, 측면 4칸의 중층건물이다. 2층 지붕은 팔작지붕으로 구성되어 있다. 기단은 장대석을 세벌대로 쌓고 그 위에 다시 초벌대로 이중 기단을 이루고 있다. 하층 기단 중앙에는 계단이 삼도로 되어 있으며 중앙 계단은 면석을 깔아서 답도로 구성하였다. 좌우 계단의 소맷돌은 통돌 면석으로 크고 작은 반원으로 조각하여 세웠다. 소매석 옆면에는 태극과 연화가 조각되어 있고 기단석은 바닥에 지대석을 깔고 큰 장대석을 두 단 면으로 쌓고 갑석을 깔아 3단으로 쌓았다. 모서리에는 우갑석 밑에 탱주석 모양으로 우석을 세우고 세로로 홈을 파서 마감하였다.

전경

전면

측면

석계

석계 위의 석원

주초석은 큰 자연석을 평평하게 주초로 다듬어서 설치하고 기둥 하단에 그랭이질하여 기둥을 세웠다. 기둥은 민흘림기둥으로 볼 수 있으나 자연목의 형태를 생긴 그대로 깎아서 세웠다. 기둥의 구성은 내진고주를 전후면에 2층 중도리까지 받치도록 통주로 높게 세우고 외부 기둥을 층별로 평주로 세워 구성하였다.

공포는 다포계로 1층에서 내외 2출목으로 짜고 2층에서 내외 3출목으로 짜서 층별로 출목수를 달리하였다. 쇠서의 조각을 보면 1층에서는 1제공과 2제공을 약간 아래로 뻗친 직선형으로 길게 조각하여 힘차게 만들었다. 2층에서는 앙서형으로 느린 곡선을 이루는 쇠서로 1층과 양식을 달리 구성하였으며 1층 공포에서 2제공 위에 촛가지 두 개는 퇴량머리를 깎아 구성하였는데 정면과 측면, 배면에서 다른 모양으로 나타나고 있다. 정면에서는 1단의 퇴량머리를 연화문양으로 초각하고 그 위에 보머리를 직절하게 구성하였다. 측면과 배면에서는 2개의 퇴량머리를 모두 3분두로 깎아 구성한 것을 볼 수 있다. 이러한 양식의 혼재는 그동안 이 건물이 여러 시대에 걸쳐 중수되면서 나타나게 되었을 것으로 생각된다. 2층의 공포에서도 1층과 같은 쇠서양식이 혼재되어 있다.

지붕가구는 1층의 경우 통주로 되어 있는 내진고주에 퇴량을 3중으로 겹쳐서 연결하고 2층 외부 평주를 세웠다. 주심도리와 외목도리를 올렸으나 내목도리를 생략하고 대신 2층 평주몸체에 횡으로 결구된 멍에창방으로 처마서까래를 받치고 있다. 귀칸에서는 정면

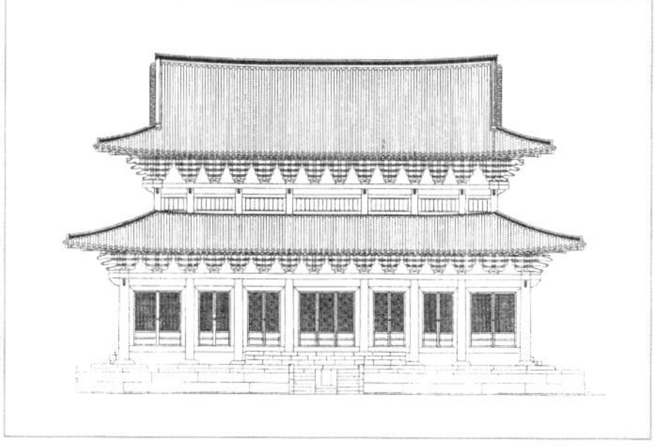

정면도

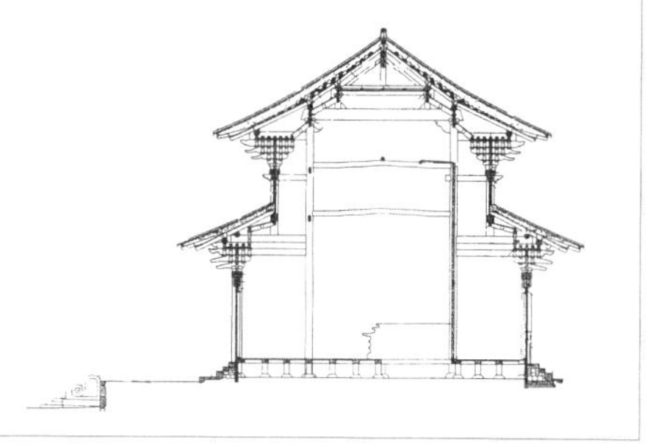

종단면도

과 측면 툇간 평주에 귀잡이 보를 귀기둥에 대하여 대각으로 걸고 그 위에 귀고주 몸체에 45° 방향으로 귓보를 겹쳐 올리고 귓보 위에 2층 귀기둥을 평주로 세웠다. 2층의 지붕 가구는 전후 고주로 하중도리를 받치고 있는 2고주 7량가로 짜여 있는데 주심도리를 구성하지 않고 있다. 전후 고주칸에 대량을 걸고 동자주를 세워서 종량을 받치고 있다. 대량은 좌우 측면의 전후 고주칸에서 두 개를 겹쳐 구성하였다. 대공은 반자 속에 있어서 그런지 동자주를 단순한 형태로 세웠고 동자주 앞뒤로 종도리와 상중도리 사이에 솟을합장을 구성하였는데 직선재로 되어 있다. 전후 툇간에는 내진고주의 기둥몸체 상부에 퇴량을 결구하고 창방과 직교로 창방보를 걸어서 축부 가구를 보강하였으며 창방보 빼목은

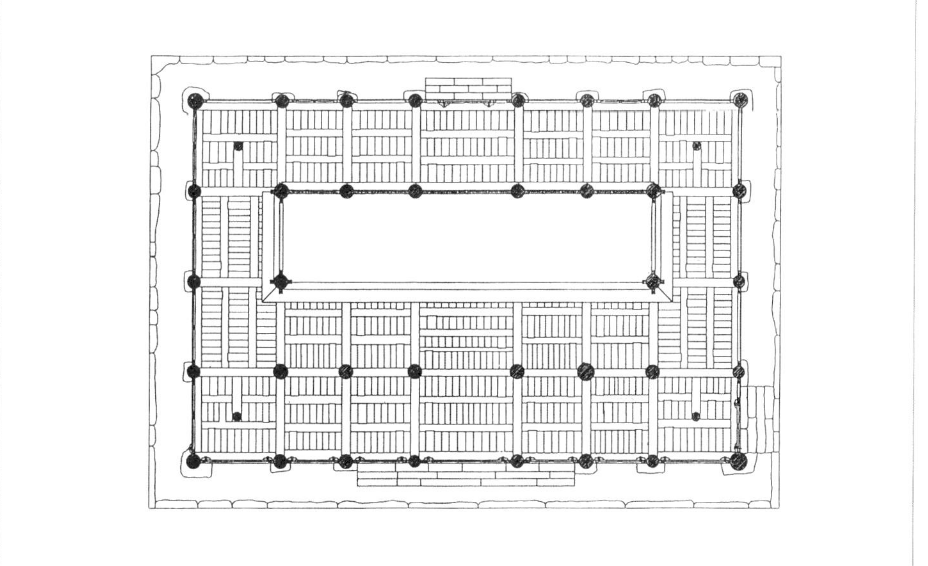

평면도

공포

전면

연화를 초각하여 모양을 내었다. 이 건물에는 1, 2층에 모두 안초공이 구성되어 있지 않고 2층의 내진 고주 칸에는 뜬창방을 종횡으로 연결하여 축부 가구를 보강하고 있다.

이러한 고주칸의 축부가구는 1, 2층 가구구조의 코어를 형성하고 있다고 볼 수 있다.

안쪽 불단에는 비로자나삼존불, 즉 비로자나불을 중심으로 오른쪽에 노사나불, 왼쪽에 석가모니불이 모셔져 있다. 흙으로 빚어진 이 불상들은 대웅보전이 중창될 때 조성된 것으로 보인다. 높이가 5.5m에 이르러 좌불 중에서는 우리나라에서 가장 크다. 이 삼존불은 각각 법신불, 보신불, 화신불을 나타낸다. 불신(佛身)을 세 종류로 표현하는 삼신설에

우주 및 귀공포

내부가구

따르면 법신불은 오랜 수행의 과보로 얻어지는 완전하고 이상적인 부처이다. 화신불은 특정한 시대와 지역과 상대에 따라 특정한 중생을 구제하기 위해 나타나는 부처이다. 이 법·보·화 삼산불은 화엄경에서 비로자나삼존불로 나타난다. 이처럼 법당에 청정법신 비로자나불, 원만보신노사나불, 천백억화신 석가모니불을 삼신불로 모시는 것은 고려중기 이후, 특히 조선시대에 보편화되었다. 이 불전은 대웅보전으로 되어 있다. 그러나 안에 모셔진 불상으로 볼 때는 대적광전이라 해야 옳다. 대웅전은 대웅세조(석가모니의 다른 이름)와 좌우협시보살을 모신 집인데 여기에는 비로자나불이 주존이기 때문이다. 바이로차나(비로자나)에는 빛이 두루 비친다는 뜻이 있으므로, 비로자나불을 모신 불전에는 대적광전, 대광명전 등 주로 빛 광(光)자가 들어가게 된다. 옛 기록에는 이 건물이 대웅대광명전이라고 되어 있으나 흥선대원군 시절 당백전을 주조하기 위해 미륵장륙존상을 헐어갈 무렵 대웅보전으로 이름이 바뀌었다.

벽체는 1, 2층에 모두 판벽으로 되어 있는데 중층건물에서 흙벽일 경우 보수에 대한 어려움을 감안하여 이루어진 것이 아닐까하는 계획의도를 생각해 볼 수 있다. 창호는 1층 정면과 전면 툇간에 모두 정자(井)살 출입문을 달았다. 출입문은 육중하게 큰 문으로 내부 마루와 윗인방에 둔데목을 설치하여 개폐하도록 되어 있으며 좌측면에는 궁판이 구성되지 않은 큰 정자살 창문을 중방 위에 구성하였으며 두짝 중간에 영을 구성한 영쌍창으로 되어 있다. 2층 창호는 좌측면 후면 툇간에 판문을 달았으며 그 외에는 판벽으로 막았다. 법주사 대웅보전은 현재 우리나라에 남아 있는 중층건물 가운데 고식(古式)의 면모를 비교적 많이 남기고 있는 중요한 건물이라고 생각된다.

법주사 팔상전
(法住寺 捌相殿)

• 지정번호 : 국보 55호
• 건축유형 : 사찰
• 소 재 지 : 충북 보은군 내속리면 사내리 209
• 창건시기 : 조선 인조 2년(1624)

우리나라 유일의 목조탑파

팔상전은 법주사 창건 당시에 세워졌으며, 정유재란 때 불타 없어진 후 선조 38년(1605)부터 시작하여 인조 4년(1626) 벽암대사(碧岩大師)에 의해 중창되었는데, 우리나라에 남아 있는 유일한 5층목조탑(五層木造塔)의 형식을 보여주는 귀중한 건축이다.

각 면마다 한가운데 계단을 둔 정사각형 월대를 두 단으로 쌓고 그 위에 목탑을 올렸는데 아래층 월대는 땅 속에 묻혀 있다. 월대와 계단은 건물을 초창한 통일신라 때의 것이다. 1층은 사방 5칸이며 한 층 올라갈 때마다 양끝이 반 칸씩 줄어서 5층은 사방 한 칸이 된다. 지붕은 사모지붕이며 위에 올려진 상륜부는 조선시대의 것으로 가장 완벽하게 남아 있다. 1층의 한 변이 11m이며 상륜을 포함한 전체 높이는 22.7m인데 올라갈수록 너비가 급격히 줄어들어 전체적으로 매우 안정감 있는 모습이다. 평면은 정방형으로 1, 2층은 정면, 측면 5칸, 3, 4층은 3칸, 5층은 2칸으로 되었다.

전면

건물은 각 면에 돌계단을

가진 비교적 낮은 석조기단 위에 있으며 기둥머리에 창방(昌枋)을 돌리고 공포의 헛첨차는 기둥머리에 꽂혀있다. 1층의 공포는 주심포식 이출목(二出目)으로 출목의 끝은 외목도리를 받치나 첨차 형태는 조선후기의 매우 장식적인 파련각(波蓮刻)을 가졌다. 2, 3, 4층의 공포는 모두가 주심포형식이며, 5층은 기둥머리와 창방 위에 평방(平枋)을 돌려 완전한 다포식으로 되어 있다.

전경

팔상전은 통일신라기에 조성되었을 기단을 그대로 두고 그 위에 사방 5칸의 건물을 기단이 꽉 차도록 앉혔다. 그리고 그 위로 5층의 목조탑을 올렸는데 각 층의 처마 밑 공포는 층에 따라 조금씩 형상을 달리한다.

내부가구는 평면 가운데에 심주(心柱)가 있고 모서리 안쪽에 귀고주(隅高柱)를 세웠으며 2층의 모서리기둥(隅柱)은 1층 변주와 귀고주를 연결한 툇보 위에 세워졌다. 3층 역시 귀고주와 2층 변주를 연결한 툇보 위에 그 기둥을 세우고 4층 변주는 귀고주가 바로 4층 변주가 된다. 이 귀고주는 심주와 대량(大樑)으로 연결되며 5층 변주는 이 대들보 위에 서게 되었다. 심주는 기단 윗면 심초(心礎) 위에서 5층 옥개밑 중도리까지 이른다.

팔상전에는 1층에서부터 중앙에 심주(心柱) 부분이 형성되어 있으며, 지붕 정상부에는 상륜부(相輪部)를 완비한 한국의 현존하는 유일한 5층 목조탑파 건축이다. 석조기단(石造基壇) 위에 한 변의 길이 37.5척의 5칸 사방의 제1층 탑신(塔身)이 놓여 있으며, 1~2층은 사방 5칸으로 되어 있다. 3~4층의 탑신은 사방 3칸이고, 제5층은 탑신이 없으며, 평방(平枋) 위에 공포(栱包)를 놓고 네모지붕을 만들었다. 정상에는 노반(露盤)을 두고, 복발(覆鉢) 위에 오륜(五輪)이 있으며, 찰간보주(刹竿寶珠) 끝에는 결색(結索)을 사방으로 걸어, 그 단부가 제5층 지붕 네 모서리의 추녀 끝에 연결되었고, 각층 추녀 끝에는 보탁(寶鐸)이 달렸던 것이다.

내부는 3층 천장까지 공간이 트여 있으며, 그 이상은 통하지 못하게 되어 있다. 심주(心柱)를 중심으로 5층 바닥까지 올라가는 사천주(四天柱)가 둘러 서 있다. 사천주로 형성되는 4면의 벽에는 석가 팔상도(釋迦 八相圖)가 각 면에 2개씩 걸려 있었고, 벽의 아랫부분에 있는 단 위에는 불상이 놓여 있다. 팔상탱화 전면에 있는 작은 불상을 일반적으로 나한상(羅漢像)이라고 하나 법주사에 전하는 구전(口傳)으로는 옛 용화보전(龍華

1층 추녀

귀공포

寶典)에 안치했던 천불중에 용화보전이 화재로 소실된 후 남은 오백불을 3열로 배치하였다고 한다.

팔상전의 핵심 구조형식은 심주를 중심으로 하고 5층 바닥까지 올라가는 사천주가 둘러서 있으며 사천주 사이에 1층에서 3층까지 설치된 벽체와 5층 바닥에서 중도리까지 목조 귀틀로 짜여진 준 코어 시스템으로 구조가 형성되어 있다. 1층부터 3층까지의 사천주 벽면은 수평외력에 저항하는 역할을 하며 5층의 귀틀 구조는 수평력에 대하여 보다 많은 역할을 하게 만들었다. 한편으로 사천주 주위에는 3층까지 12개의 고주들이 둘러 서 있으며, 이것은 다시 1층과 2층의 평주들과 퇴량에 의해 결구가 되어서 넓은 저면을 형성하여 수직하중을 적절히 분배할 뿐만 아니라 수평력에 잘 저항하는 구조로 만들었다.

처마는 부연(副緣)이 없는 홑처마이고 지붕 물매는 급한 편이다. 탑 위에는 석조노반(石造露盤)이 놓이고 그 위에 철제(鐵製) 5륜이 높이 솟아 있다. 상륜(相輪)의 높이 약 13척, 탑의 총 높이 80여 척으로, 전체적으로 건물 높이에 비하여 폭이 넓어서 안정감을 갖고 있다. 1968년 해체 중수공사 때 중심기둥 밑의 심초석에서 사리구(舍利具)와 명각동판(銘刻銅板)이 발견되어 건립연대를 알게 되었으며 목탑에서의 사리봉안내용(舍利奉安內容)도 파악할 수 있게 되었다.

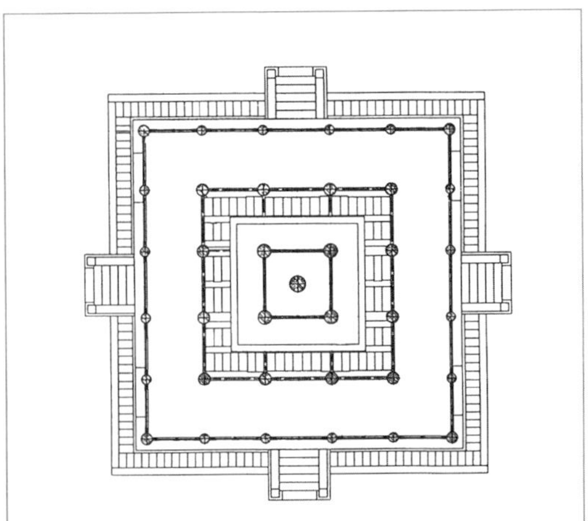

평면도

팔상전은 체감비가 많은 외관을 갖고 있어 중국과 일본의 일반적인 목조탑형식과 다른 점이 있으나 구조적으로 수평력에 대응하기 위해 훌륭하게 고안된 것이며, 건물 외관이 오히려 안정감을 갖고 있으며 인간

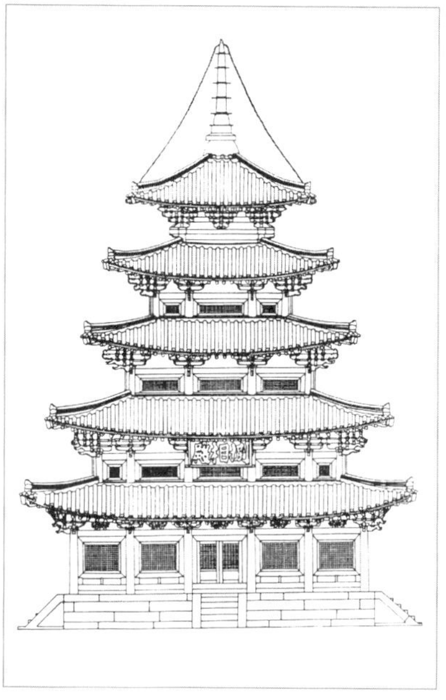

정면도

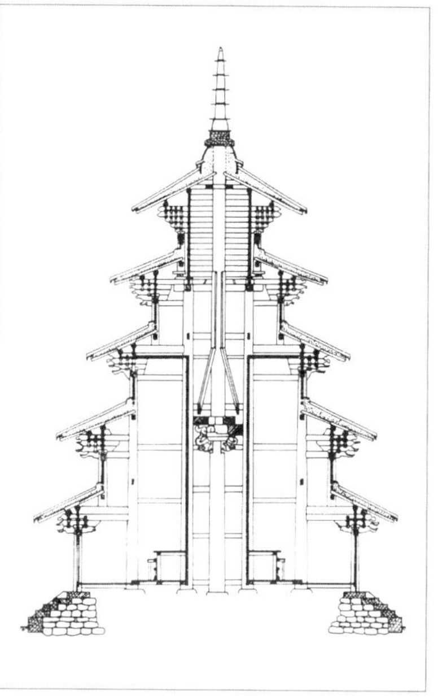

단면도

적 척도개념을 찾아볼 수 있는 건물이다. 팔상전은 직관적으로 구조원리에 순응한 해결 방법에 의해 평면과 입면을 고안하여 안정감을 느끼는 건물 외관을 형성하고 있다.

특히 선율적으로 휘어 올라간 각층의 처마 곡선은 한국의 건축미를 잘 나타내고 있다. 팔상전은 목조탑으로 구조적인 요구를 합리적으로 해결하면서 동시에 종교적인 목적 및 기능적인 용도를 유기적으로 융합시키고 인간적인 척도 개념을 느끼게 하는 훌륭한 건축이다.

팔상전은 중국이나 일본의 목조탑과는 확연하게 구분되는 우리나라 고유한 목탑 구조 형식을 보여주고 있어 더욱 가치가 있다. 팔상전은 안정적인 입면을 가진 한국적인 목조탑이며 이러한 형식이 충북지역에 세워져 있다는 것은 의미 있는 일이다.

팔상전의 탑신은 체감비가 큰 입면형식으로 목조탑의 일반적인 형식에서 벗어나 있는 것으로 생각되었다. 구조적 측면에서의 검토 결과 팔상전이 저면(底面)이 넓고 체감비가 큰 것은 고층탑에서 문제시 되는 수평외력에 대한 대응구조로서 훌륭한 처리를 한 것이며 이러한 안정적 형태는 일본탑이 수직적이며 중국탑이 과대고준한 감을 주는데 비해 시각적으로 안정된 감각적인 인간척도로서의 한국적인 입면형식인 것으로 볼 수 있다. 팔상전은 시각적으로 안정감을 주며 인간척도의 친밀감을 주고 있다. 팔상전의 포작형식을 보건데 1층에서 4층까지는 주심포식으로 처리되어 있으며 1층에서는 주간에 화반이 있고, 5층에는 4개의 귀포 이외에 4개의 보간포가 보인다. 그리하여 이 5층의 보간포로

사천주

툇보

고주

천장

추녀

귓보

인해 전체적 통일성의 결여로 오인된 경우가 있었다. 그러나 입면형태를 자세히 살피건대 1층의 한 면에서는 양단의 귀포 두개 외에 4개의 주심포와 5개의 화반이 있고 2층 역시 4개의 주심포가 있으며 3층, 4층에서는 각각 2개의 주심포가 있어 균형을 이루고 있으나 5층에서 귀포는 있고 보간포가 없다면 입면구성이 허전해질 것이다. 더구나 5층 귀포는 사천주열 위에 있는 것으로 그 주간은 아래층 최대 주간보다 더 크기 때문에 이 보간포는 필수적이었다고 생각된다. 따라서 이는 통일성의 결여가 아니라 입면구성에 있어서 온당한 해결 방법이라고 생각된다.

팔상전 공포 외부의 살미단은 운공으로 처리되어 있다. 이러한 측면을 두고 팔상전을 바로크화 현상 혹은 장식적 기법이라고 하였다. 이것은 조선 중기, 후기의 건축양식 변천과정에서 나타나는 성격이며 이 점은 구조적으로 가장 자유로운 부위에서의 장식이었다. 그러나 팔상전은 구조적 부재가 아닌 부위에서 자유로운 장식을 이루고 있다. 팔상전에서의 외부 살미단(端)의 기법은 구조적 측면이 아닌 의장적 측면으로서 사용된 것이다. 2층 네 모서리 추녀 아래의 귀면은 추녀를 받치는 구조적 역할과 의장적, 종교적 역할을 겸비하고 있다.

팔상전은 평면형태가 정사각형이기 때문에 4면 모두가 처마곡선 잡기가 유리하며, 전체적으로 처마곡선으로서는 비교적 풍만한 곡선을 보여고 있다. 즉 팔상전의 의장은 탑신이 평면적, 입면적 체감비로 안정적 입면을 형성하면서 동시에 처마곡선의 미를 잘 활용하고 있다. 팔상전의 내부는 심주를 기준으로 하여 사천주 벽이 형성되어 구조적인 중심이 되며 이것은 동시에 팔상도(八相圖)를 설치시킨 탑 내부의 종교적인 중심 벽면이 된다. 또한 그 주위로는 내진간, 외진간이 구성되어 불단 및 퇴랑이 설치되어 있다. 팔상도는 동에서부터 남, 서, 북으로 돌아가며 그려져 있다. 동에서는 도솔래의상(兜率來儀相), 비람강생상(毘藍降生相), 남에서는 사문유관상(四門遊觀相), 유성출가상(踰城出家相), 서에서는 설산수도상(雪山修道相), 수하항마상(樹下降魔相), 북에서는 녹원전법상(鹿苑轉法相), 쌍림열반상(雙林涅槃相)으로 되어 있다. 이것은 부처님의 일대기를 그린 종교적 의미를 갖이면서 동시에 탑 내부의 퇴랑에서 탑돌이를 할 수 있는 평면형식을 취하게 한다.

이렇게 볼 때 팔상전은 합리적 구조와 종교적인 기능, 친근한 외관미를 합치시킨 훌륭한 건축이라고 할 수 있다. 팔상전은 탑으로서의 기능적 측면을 고층 목조건축으로서의 구조적 요구와 적절히 합치시키고 있다. 탑 본래의 개념을 망각한 것이 아니라 오히려 그 구조형식상 중국, 일본보다 더욱 발전된 기법의 목조탑이라 할 수 있다. 팔상전은 고층 목조건물로서의 구조적 요구를 합리적으로 해결하면서 동시에 종교적인 목적 및 기능적인 필요용도를 유기적으로 융합시키고 인간척도로 형성시킨 한국 목조건축 결구의 걸작이라고 할 수 있다.(김경표, 팔상전의 구조형식에 관한 연구, 동국대 박사학위논문, 1988)

법주사 원통보전
(法住寺 圓通寶殿)

- 지정번호 : 보물 916호
- 건축유형 : 사찰
- 소 재 지 : 충북 보은군 내속리면 사내리 209
- 창건시기 : 조선 인조 2년(1624)
- 현황 조성시기 : 1974년

법주사 원통보전

법주사 원통보전은 신라 진흥왕 14년(553)에 의신조사(義信祖師)가 창건하고 혜공왕 12년(776) 진표율사(眞表律師)가 중창하였으며, 지금의 원통보전은 조선 인조 2년(1624)에 벽암대사(碧岩大師)가 중건한 것으로 그 뒤 여러 번의 중수를 거쳐 1974년에 완전 해체복원한 것이다.

원통보전은 정면 3칸, 측면 3칸의 다포계 주심포식이며 사각모임지붕으로 된 건물이다. 불전으로는 희귀한 사각모임지붕과 정방형의 평면은 정자건축을 연상하게 한다. 장대석 기단을 두벌대로 나지막하게 쌓고 4각 주초석 위에 원형 주좌와 고맥이를 낮게 새겨 넣었다. 주칸 하인방 아래 기단 바닥에는 고맥이석이 아직도 남아 있다. 고맥이석이 있는 것으로 보아 당초 이 건물의 바닥은 지금의 우물마루가 아닌 방전(方塼)으로 되어 있었을 것으로 보인다. 주좌의 형태는 아주 낮게 새겨져 있는데 창건 당초의 것이 아닐까하는 생각이 든다.

전경

기둥은 민흘림 원기둥으로 되어 있고 기둥머리에 창방과 평방을 걸었다. 공포는 주심에만 배치하고 주칸이 넓은 어간에 포간을 화반으로 구성하였다. 포작은 외3출목, 내3출목으로 내외 각 7포로 짜여 있

남면

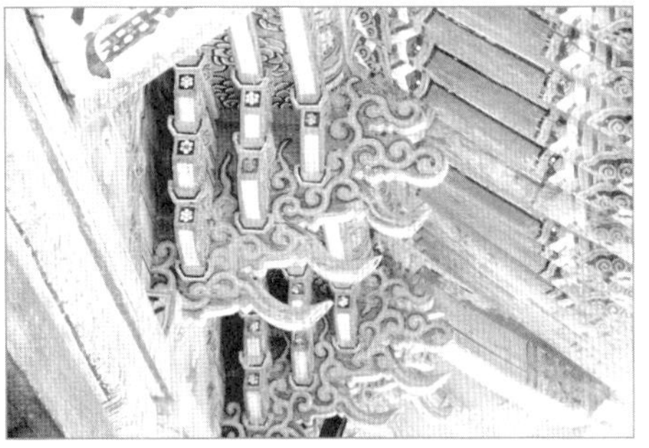

공포

다. 촛가지는 1, 2, 3제공에서 아래로 처진 곡선의 앙서로 되어 있으며 그 위에 촛가지 두 개는 운공으로 조각되어 있다. 귀포에서는 상부의 장여 뺄목들이 삼분두로 조각되어 있고 귀포 하부에는 평방 뺄목 위에 이방을 깔아 포를 받치고 있다.

건물 안 중심에 높은 기둥 네 개를 세워 넓은 칸을 만들고 그 둘레에 낮은 기둥 열두 개를 세워 연결했으므로 건물의 중심칸이 양옆 칸보다 두 배 이상 넓다. 높은 기둥 위에 대들보를 걸고 사각모임지붕을 위한 구조를 짜기 위해 대들보가 열십(十)자로 교차하는 부분에 짧은 기둥을 세웠다. 이 기둥의 위쪽은 절병통 바로 아래까지 이른다.

뒤쪽의 높은 기둥 사이에 후불벽을 치고 탱화를 걸었으며 그 아래 불단에는 가운데 목

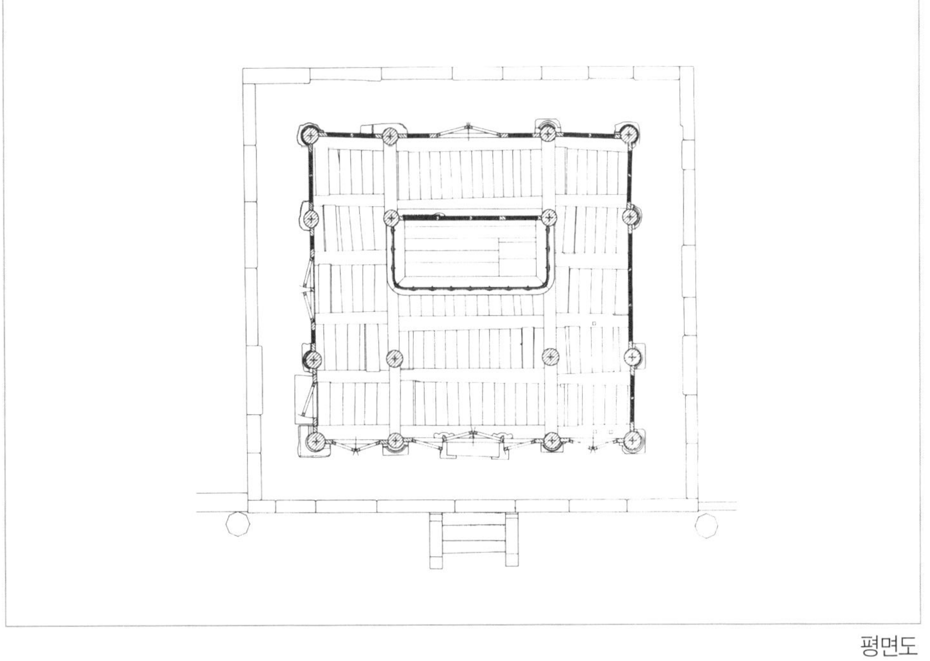

평면도

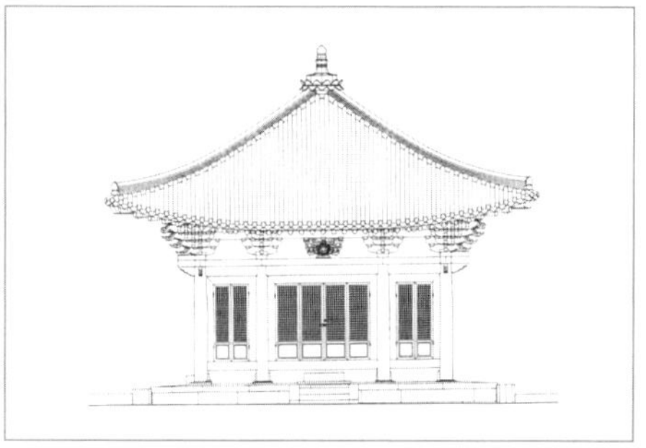

정면도

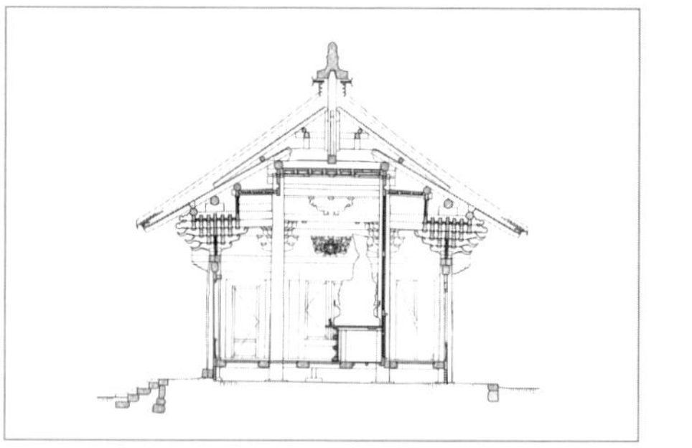

단면도

조관세음보살좌상을 모시고 좌우로 해상용황상과 남순동자상을 모셨다. 원통전이라는 이름은 관세음보살을 모신 집을 뜻한다. 관세음보살이 주원용통(周圓融通)하게 중생의 고뇌를 씻어주는 분이기 때문이다.

천장은 우물정자(井)인데 관세음보살의 머리 위에 닫집을 따로 두지 않고 우물 네 개를 터서 반지를 크게 하여 특별한 자리임을 나타냈다. 지붕가구는 반자로 가려져 있어서 전모를 볼 수 없는데 홑처마집인데도 불구하고 추녀가 2단으로 구성되어 있다. 귀포 상부 외목도리 위에는 갈모산방이 있고 귀서까래에는 선자로 틀어 올렸다.

귀공포

법주사 사천왕문
(法住寺 四天王門)

• 지정번호 : 충북유형문화재 46호
• 건축유형 : 사찰
• 소 재 지 : 충북 보은군 내속리면 사내리 209
• 창건시기 : 조선 인조 2년(1624)
• 현황 조성시기 : 1974년

측면에 공포가 설치된 맞배집

사천왕문은 법주사 경내 금강문과 팔상전 사이에 있는 조선후기의 산문(山門)이다. 임진왜란 때 불타버린 것을 조선 인조 2년(1624) 벽암대사(碧岩大師)가 중건하였는데, 사천왕문도 이때 재건되었다. 1974년 해체 복원되고 사천왕상도 보수하였다.

건물의 평면은 정면 5칸, 측면 2칸의 맞배집으로 중앙 1칸은 통로이고, 양쪽 2칸마다 높이 5.7m, 둘레 1.8m의 입체 천왕상(天王像)을 2구씩 배치하였는데 이 사천왕상은 국내 최대의 걸작품이다.

사천왕은 원래 인도 신화시대의 호세신(護世神)인데 불교에 흡수된 호법선신(護法善神)으로, 위로는 재석천(宰釋天)을 섬기고 아래로 8부상(八部象)을 지배하며 극락세계에 수미단(須彌壇)의 4방을 수호하고 있다고 하는데, 동방지국천왕은 수미산의 동쪽인 승신주(勝神州)를 수호하며 손에 비파를 들고 있으며 서방광목천왕은 수미산 서쪽 우화주(牛貨州)를 지키며 손에 여의주를 들고 있다. 남방증장천왕은 수미산 남쪽 담부주(膽部州)를 수호하며 손에 칼을 들고 있다. 북방다문천왕은 수미산 구노주(瞿盧州)를 지키며 손에 보탑을 들고 있다.

전경

선문(禪門)으로는 특이하게 다포계에 맞배지붕을 결합한 예이며, 사방에 모두 공포를

측면

측면공포

배열했다. 즉 맞배집에서는 구조적으로 측면에 공포가 필요 없으나 여기서는 설치되어 있다. 이러한 예는 법주사 선희궁원당, 안심사 대웅전, 안심사 비로전 등에서 볼 수 있다. 맞배집의 측면에 공포가 설치되는 이러한 형식은 한때 일정 지역에서 유행하다가 곧 사라져버린다.

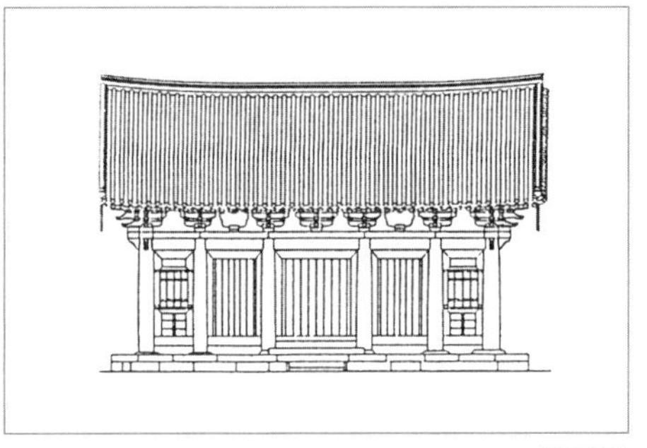

정면도

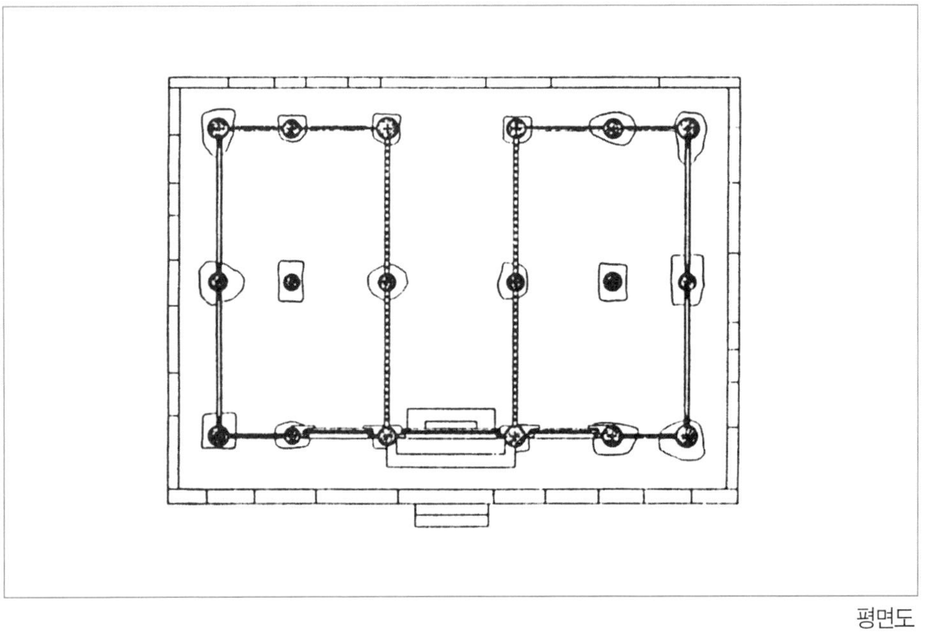

평면도

천태산 영국사
(天台山 寧國寺)

- 건축유형 : 사찰
- 소 재 지 : 충북 영동군 양산면 누교리 산 1397
- 창건시기 : 신라시대
- 현황 조성시기 : 20세기

나라의 평안을 빌었던 절

충청남도 금산군과 충청북도 영동군의 경계에 자리잡은 양산면 누교리 천태산(일명 지륵산) 동쪽 기슭에 있다. 법주사의 말사이며, 양산면 일대의 산지와 금강 줄기가 뒤섞여 엮어내는 양산팔경 가운데 하나로 꼽히는 풍광 좋은 절이다.

절터 위쪽에서 흘러온 물줄기는 앞쪽의 좁다란 논들을 적시고 삼단폭포 쪽으로 내려가는데 그 위로는 어마어마하게 큰 은행나무가 한 그루 서 있다. 천연기념물 제223호이며 수령이 5000년쯤 된 이 은행나무의 높이는 자그마치 20m에 이른다. 은행나무 너머로 자그마한 대웅전이 보이고 뒤편으로는 천태산 자락이 병풍처럼 주욱 둘러쳐졌다.

영국사가 언제 창건되었는지에 대해서는 신라 문무왕 때 혹은 진평왕 때라는 설이 있지만 분명하지 않다. 그 후 고려 문종(1046~1038)의 넷째 아들로서 승려가 되어 송나라에 가서 천태교학을 익힌 후 돌아와 고려 천태종을 연 대각국사 의천이 이 절을 크게 중창하고 동·서·북암을 지었다. 이때 대각국사는 절을 국청사라 부르고 지륵산이던 산 이름을 천태산이라 했다고 한다. 이후 고려 고종 20년(1233)에 감역 안종필이 왕명을 받아 탑과 부도, 금당을 중건하였다.

전경

영국사로 불리게 된 것은 공민왕 때부터라고 전해진다. 공민왕 10년(1361)에 고려 땅으로 쳐들어온 홍건적이 개경을 함락시킬 지경에 이르자 공민왕은 신하들과 함께 남쪽으로 피난을 떠났다. 이원면 마니산성에 머물던 공민왕은 가까운 국청사에 들러 나라가 평안하기를 비는 기도를 했고, 그후 왕이 나라의 평안을 빈 절이라고 영국사(寧國寺)로 고쳐 불렀다는 것이다. 이때 절 아래 마을 사람들은 왕이 다니기 편하도록 산 위의 절까지 칡넝쿨로 엮은 다리를 매달아주었는데, 누교리라는 마을 이름은 거기에서 유래했다고 한다.

전경

본래 절터는 지금 대웅전이 있는 곳에서 천태산 주봉 쪽으로 100m쯤 올라간 곳에 있었다고 한다. 그 터는 지금 밭으로 변했는데 부근에서 기와조각이나 청자, 백자 조각들이 자주 발견되며 오래된 석축들을 볼 수 있다.

지금 영국산에 있는 동쪽을 바라보고 앉은 대웅전이 자그마한 대숲으로 둘러싸여 있고 그 앞에 아담한 통일신라 말의 삼층석탑이 있다. 영국사 대웅전은 정면 3칸, 측면 2칸의 다포계 맞배지붕으로 조선중기 이후의 건물이다. 안에는 삼존불이 모셔졌고 신장탱화와 삼장보살도 등이 걸려 있으며 1980년에 해체 복원되었다.

은행나무

요사채를 지나 남쪽으로 조금 간 곳에는 고려 원각국사비가 있고 또 조금 더 가면 절터를 감싸인 듯 나지막히 뻗어내린 소나무 둔덕에서 작고 단정한 팔각원당형 부도를 볼 수 있다. 절 앞쪽으로 뚝 떨어져 우뚝한 바위 봉우리(망탑봉)에는 자연암반을 기단 삼아 올려진 삼층석탑이 있어 영국사의 명물로 꼽힌다.

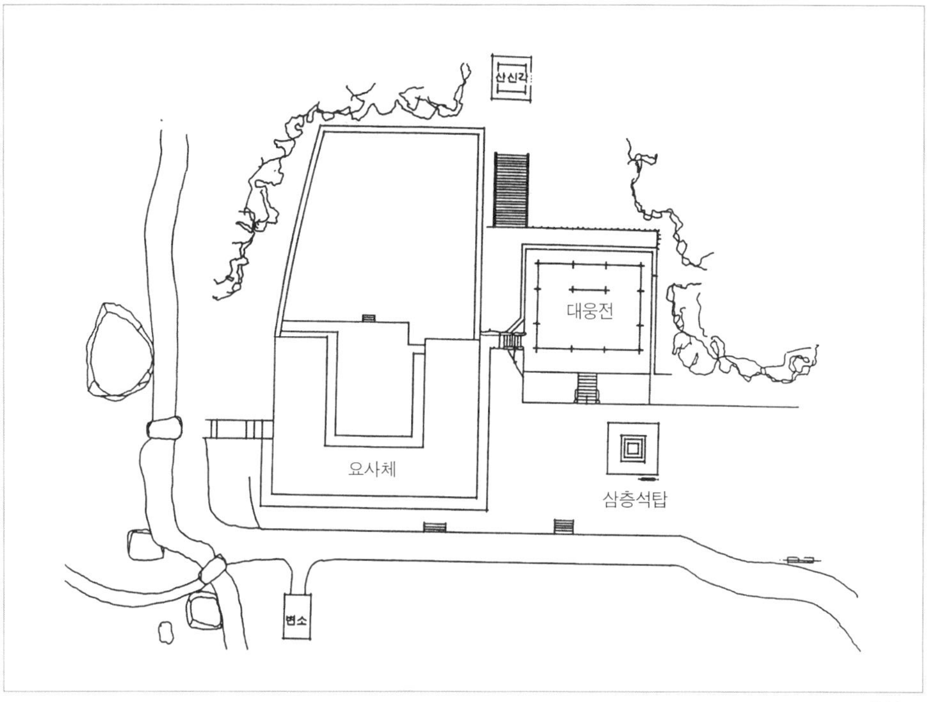

배치도

영국사 삼층석탑 입면도

망탑봉 삼층석탑 입면도

영국사 대웅전
(寧國寺 大雄殿)

• 지정번호 : 충북유형문화재 61호
• 건축유형 : 사찰
• 소 재 지 : 충북 영동군 양산면 누교리 1397
• 창건시기 : 신라 문무왕 8년(668)
• 현황 조성시기 : 1980년 해체복원

다포계 맞배집

영동군 양산면 누교리 지륵산 또는 천태산 동쪽 기슭에 자리잡은 영국사는 신라 문무왕 8년(668)에 원각대사(圓覺大師)가 창건하고, 그 후 효소왕이 육궁백관을 인솔하고 피난했다는 전설이 있다. 그 후 고려 문종(1046~1038)의 넷째 아들로서 천태종을 연 대각국사 의천이 이 절을 크게 중창하고 동 · 서 · 북암을 지었다. 이때 대각국사는 절을 국청사라 부르고 지륵산이던 산 이름을 천태산이라 했다고 한다. 이후 고려 고종 20년(1233)에 감역 안종필이 왕명을 받아 탑과 부도, 금당을 중건하였다. 영국사로 불리게 된 것은 공민왕 때부터라고 전해진다. 공민왕 10년(1361)에 고려땅으로 쳐들어온 홍건적이 개경을 함락시킬 지경에 이르자 공민왕은 신하들과 함께 남쪽으로 피난을 떠났다. 이원면 마니산성에 머물던 공민왕은 가까운 국청사에 들러 나라가 평안하기를 비는 기도를 했고, 그 후 왕이 나라의 평안을 빈 절이라고 영국사로 고쳐 불렀다는 것이다.

전경

대웅전은 정면 3칸, 측면 3칸의 다포계 맞배집이다. 기단은 축대를 겸하여 2중단으로 구성되어 있다. 초층 기단은 지반에 지대석을 깔고 큰 사괴석 모양으로 거칠게 다듬은 돌을 3단 쌓고 장대석으로 된 갑석을 덮어서 만들었다. 계단

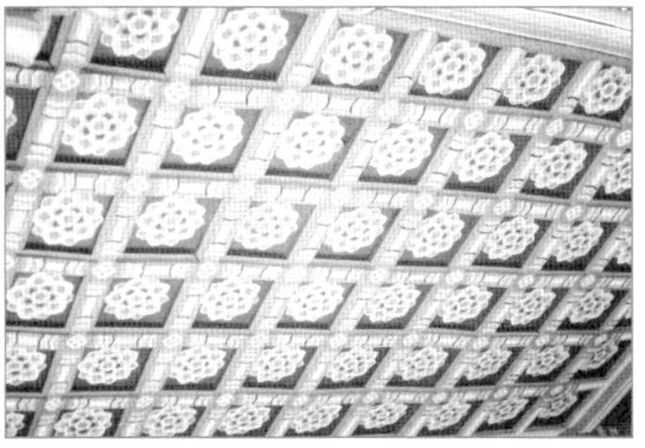

천장

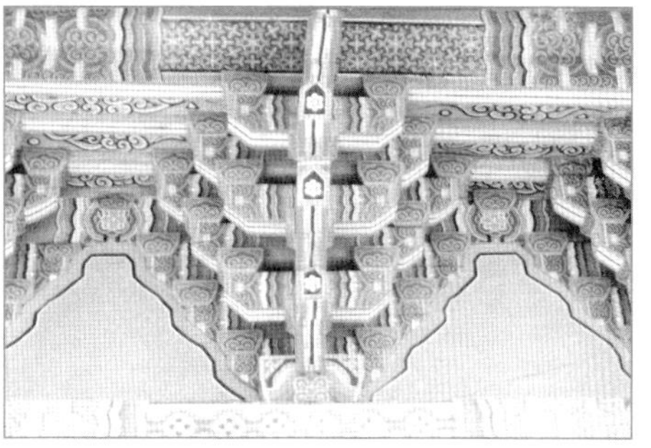

공포

양쪽 소매석은 장대석을 기둥형태로 세워 석축면을 막고 측벽으로 장대석을 쌓아 올렸다. 계단 디딤석은 정다듬으로 된 장대석을 놓았다. 상층 기단은 장대석으로 두벌대 정도 높이로 쌓았다. 주초석은 자연석으로 평반석을 골라 설치하였다. 기둥은 민흘림 기둥으로 후면 고주와 전후 처마기둥으로 구성되어 있다.

공포는 다포식으로 내외 3출목으로 짜여 있다. 촛가지는 앙서형으로 연화를 초각하였다. 보머리는 외목도리 밖에서 직절하고 네 모서리를 접어서 마름모꼴로 다듬었다. 첨차는 끝부분을 직절하고 밑면까지 경사로 직선으로 꺾어지도록 만들었다. 포의 배치는 주간에 간포를 각 칸마다 1구씩 구성하였고 살미의 내부는 봉두로 조각하였다. 창방과 평방의 뺄목이 길게 빠져나와 있는데 창방 뺄목은 장여 두께 정도로 깎고 초각을 하여 모

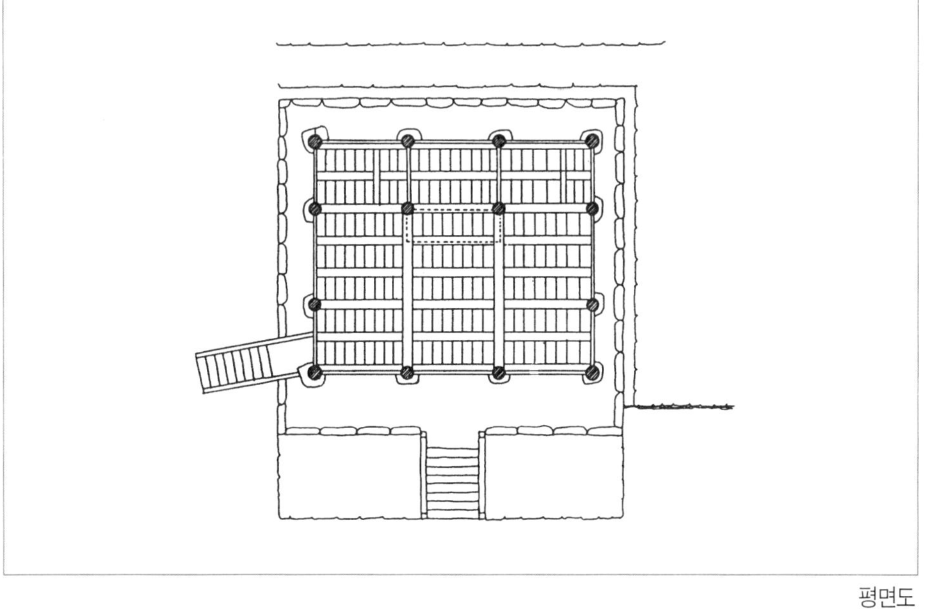

평면도

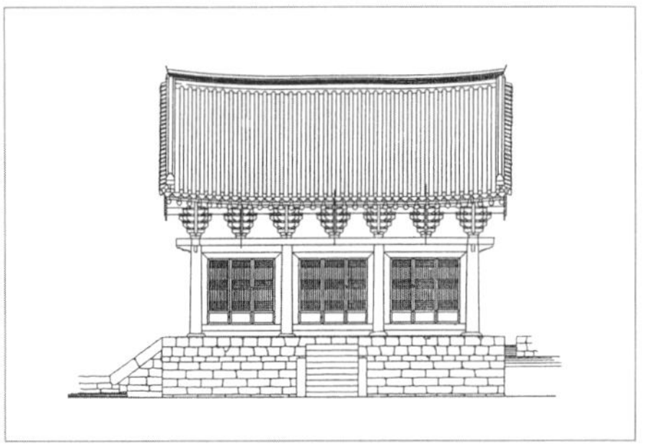

정면도

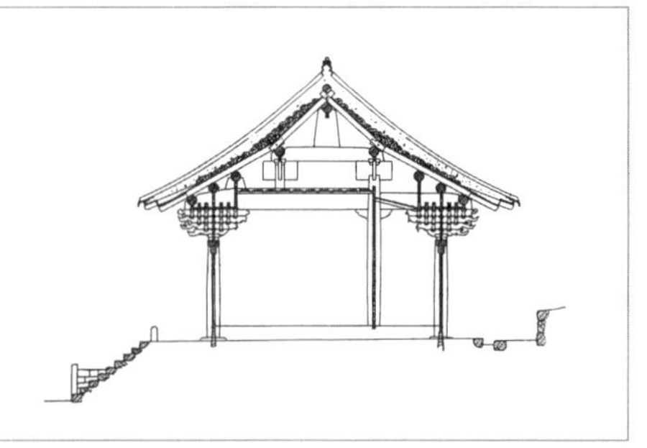

단면도

양을 냈다. 측면 벽에서 창방과 평방을 툇간에서만 구성하고 있다.

창호는 정면에 띠살문을 달았다. 좌측면 출입문은 띠살문 한짝이며 바로 옆의 귀기둥에 등을 놓았던 것 같은 작은 대가 꽂혀 있다. 천장은 정면 대량칸에 우물반자로 구성되어 있고 불벽 뒤 툇간은 빗반자로 간결하게 처리하였다.

지붕가구는 1고주 5량가로 고주를 중심으로 대량과 후면 퇴량을 맞보로 짜여있고 종량은 대량 위에 동자주와 고주로 받치고 종량 밑의 보아지는 장방형의 부재를 사괘로 짜서 받치고 있다. 고주의 상단에는 주두를 놓지 않고 보아지 위에 재주두를 놓아서 중도리 장여를 받치고 있으며 대공은 사다리꼴의 단순한 형태이다.

귀공포

귀기둥과 등잔받이

영국사 삼층석탑
(寧國寺 三層石塔)

• 지정번호 : 보물 533호
• 건축유형 : 탑파
• 소 재 지 : 충북 영동군 양산면 누교리 1397
• 창건시기 : 통일신라시대

통일신라 삼층석탑

대웅전 앞에 놓여 있으나 정면이 아니고 오른쪽(북쪽)으로 조금 치우쳐 있다. 지금의 절터에서 100m쯤 떨어진 옛 절터에 쓰러져 있던 것을 1942년에 주봉선사가 이곳으로 옮겨놓았다고 한다. 통일신라 석탑의 전형 양식을 따른 삼층석탑이다.

지대석은 따로 없다. 이중기단 가운데 하층기단의 면석과 갑석, 상층기단의 면석은 각각 4장의 돌로 짜맞추었고 상층기단 갑석은 널찍한 돌 한 장으로 이루어졌다. 하층기단 면석에는 각 면마다 안상이 3개씩 조각되었고 하단에 굽을 둘러 기단받침을 나타내었다. 상하기단 갑석의 윗면은 약간 경사졌으며 네 귀퉁이에 합각이 있고 끝부분이 조금씩 들려 있다. 각각 윗면 가운데 각진 굄과 둥근 굄을 두어 윗부분을 받게 하였고 상층기단 갑석의 아랫면에는 부연이 표현되었다. 상층기단 면석에는 다른 데서 볼 수 없는 독특한 모양의 안상이 거의 모서리까지 꽉 차도록 하나씩 조각되어 있다.

전경

탑신부는 탑신과 옥개석이 각각 한 개의 돌로 이루어졌으며 탑신마다 모서리에 기둥이 조각되었다. 1층 탑신의 한 면에만 직사

탑신부

기단부

각형 문이 표현되었는데 두드러진 선을 두 겹 둘러 문틀을 만들고 가운데에 세로 선을 그어 양쪽 문짝을 나타냈다. 문에는 큼직한 자물쇠가 하나 있고 그 아래에는 양쪽에 한 개씩 둥근 문고리가 달렸다. 옥개석 윗면의 경사는 완만한 편이며 네 모서리마다 곡선이 있어서 귀퉁이가 뾰족하게 들렸다. 모서리마다 풍경을 달았던 구멍이 3개씩 남아 있다. 옥개석 아랫면에는 가장자리를 따라 낙수홈이 음각되었고 층급받침은 모두 4단이며 윗면에는 각진 굄이 한 단씩 있다.

3층 옥개석 윗면에는 한가운데 찰주를 꽂았던 둥근 구멍이 지름 7.5cm 깊이 8cm로 남아 있다. 노반은 없어졌고 상륜부의 앙화, 보륜, 보개, 수연 등 각 부분이 온전히 남아 있지만 따로 보관되어 있다. 지금 탑 위에는 원래의 상륜부 대신 보주 모양의 돌이 올려져 있다.

이 탑은 양식으로 보아 통일신라 말기인 9세기말에 세워진 것으로 추정된다. 높이는 3.15m이고 보물 제533호이다.

영국사 망탑봉 삼층석탑
(寧國寺 望塔峯 三層石塔)

- 지정번호 : 보물 535호
- 건축유형 : 탑파
- 소 재 지 : 충북 영동군 양산면 누교리 산 139-1
- 창건시기 : 고려시대 중기

고려중기 삼층석탑

영국사 대웅전에서 동쪽, 즉 앞쪽으로 500m쯤 떨어진 곳에 망탑봉이라는 봉우리가 있다. 위에 올라 사바를 둘러보면 절 입구 주차장 쪽만이 틔어 있을 뿐 나머지는 먼 산자락으로 빙 둘러져 마치 꽃잎 한가운데 솟은 꽃술처럼 느껴지는 봉우리다. 꼭대기에는 큼직한 바위들이 드러나 있고, 그중에서 가장 높은 바위 위에 삼층석탑이 한 기 서 있다. 평지 어디 쯤에 있다면 별다른 느낌이 없을 수도 있는 평범한 삼층석탑이지만, 사방이 탁 트인 봉우리 위에 자연석을 기단으로 삼아 조성된 점이 독특한 감흥을 준다.

전경

이 탑은 거대한 화강암반 위에 건립한 일반형 석탑인데 자연석 화강암반을 그대로 살리면서 윗부분을 평평하게 다듬고 가운데에 네모진 둔덕을 한 단 만들어 기단으로 삼고 있다. 기단 아랫부분에 각진 받침 2단을 두었고 위에는 갑석을 표현하였으며 면석은 모서리마다 기둥을 새기고 그 사이에 또 하나의 기둥을 새겨 양쪽으로 나뉜 구간에 안상을 하나씩 조각하였다.

그러나 풍화가 심해서 알아보기 힘들다.

탑신은 몸돌과 옥개석이 각각 한 개의 돌로 이루어졌다. 탑신은 윗부분이 아래보다 좁은 사다리꼴이어서 치솟은 느낌을 준다. 각 층 탑신의 모서리마다 기둥이, 1층과 2층 몸돌 아래쪽에는 굄이 한 단씩 조각되었다. 1층 탑신에는 각 면마다 문짝이 새겨졌는데 일반적인 모양과 달리 아래위 양끝이 튀어나온 액자 모양이고 자물쇠 등은 없다.

기단부

옥개석의 층급받침은 1층이 5단이고 2층과 3층이 4단인데, 1층의 경우 아래쪽 2단을 다른 돌로 조각해 끼워 넣었다. 낙수면의 경사는 완만하며 추녀는 직선이고 모서리가 약간 들려 있다. 각 층 지붕돌 윗면에는 네모진 받침이 한 단씩 있어서 위쪽의 몸돌과 노반을 받게 되었다. 상륜부는 모두 없어졌고 3층 지붕돌 가운데에 찰주를 꽂았던 구멍이 지름 4.5cm 깊이 3cm의 크기로 남아 있는데, 노반석도 없으며 다만 1석(石)으로 조성된 연봉형(蓮峰形)의 보주(寶珠)가 놓여 있을 뿐이다. 전체 높이는 2.43m이며 양식이나 수법으로 보아 고려중기에 건립된 것으로 보인다.

제3장

유교건축

유교건축

조선중기에 이중환은 《택리지》에서 충청도는 "물산(物産)은 영남 · 호남에 미치지 못하나, 산과 강(山川)이 평탄하고 아름다우며 서울의 남쪽 가까이 있어서 사대부(士大夫)가 모여 사는 곳이 되었다"고 지리적인 여건을 말하면서 "서울의 세가(世家)들이 이 도(道)에다 전답(田畓)과 집을 두고 이곳을 생활의 근거지로 삼지 않은 사람이 없다. 또한 그 풍습이 서울과 가까워서 별로 큰 차이가 없으므로 살 곳을 택하기에 가장 적당하다"고 하여 인문적 여건을 덧붙이고 있다.

이와 같은 자연적 환경이나 경제적 조건으로 인하여 서울에서 낙향하여 생활하던 선비들이 많았으니 사대부 문화가 강하게 작용하면서 다른 지역에 비해 명문 거족이 집중적으로 거주하는 지역이 되었다. 따라서 이 지역은 이들을 중심으로 정부의 숭유억불, 유학진흥책과도 관련하여 유교사회로의 확고한 기반을 형성하였으며, 그러한 과정 속에서 제도적 안정을 기하기 위해 새로이 학교를 설립하고 《주자가례》에 입각한 가묘의 설치, 서원과 사우, 재실, 정사, 정려각, 묘표, 신도비 등 다양한 유교적인 시설물이 도처에 설치되었다.

그중에서도 공자나 선현에게 제사지내고 유교사상을 교육하는 학교시설로서 향교와 서원이 설치되었다. 관학인 향교에는 공자를 비롯한 사성(四聖)과 십철육현(十哲六賢)을 모신 대성전과 그 앞마당 좌우에는 동 · 서 양무가 있어 중국과 우리나라 유현(儒賢)을 모시어 이 구역을 문묘(文廟)라 한다. 그리고 문묘의 앞뜰에는 강학하는 장소인 명륜당이 있고, 그 마당 좌우에는 유학생이 기숙하는 동 · 서 재실이 있다. 따라서 향교는 성균관을 모방하여 남향을 한 배치로 제향을 올리는 대성전 구역과 학문을 배우는 명륜당 구역으로 크게 나뉘는데, 서울 문묘에서는 대성전이 앞쪽에 위치하고 명륜당이 뒤쪽에 위치하나 향교에서는 그 위치가 반대로 대성전을 북쪽에 배치하였다.

충북지역 향교의 대표적인 것은 청주 · 청안 · 청풍 · 충주 · 문의 · 보은 · 회인 · 옥천 · 청산 · 영동 · 황간 · 진천 · 괴산 · 연풍 · 음성 · 제천 · 영춘 · 단양향교 등이다.

충북지역 향교의 배치형식은 전당후묘 배치법이 일반형이며, 평면형식은 정면 3칸, 측면 3칸의 대성전 전면에 전퇴를 두고 있는 개방형이 일반형이다. 공포형식은 대부분 이익공 계통으로 장식이 번잡해지는 경향을 보이는 조선후기의 특성을 갖고 있다.

반면 서원은 선현을 봉축하는 사(祠)와 제자를 교육하는 재(齋)의 결합형식으로 사학의 성격을 갖는데, 충북지방에도 당대의 수많은 서원들이 경영되었으나 대원군의 집중적인 견제로 대부분의 유수한 서원들이 철폐되어 흔적이 뚜렷하지 않다. 현재의 서원들은 해방 이후 옛터 내지 새로운 자리에 복원되어진 것들이 대다수이다.

충북지역 유교건축의 특성은 소박하고 질박한 가운데 단아한 선비정신이 풍겨나는 건축적 운취를 보여준다. 특히 산골의 서당이나 정사는 자연과 동취되며 향토미 넘치는 은은한 선비의 정신을 엿볼 수 있게 한다.

영춘향교
(永春鄕校)

• 지정번호 : 충북유형문화재 106호
• 건축유형 : 향교
• 소 재 지 : 충북 단양군 영춘면 상리 461
• 창건시기 : 조선 정종 1년(1399)
• 현황 조성시기 : 조선 정조 15년(1791) 이건

단양 교육의 길잡이

이 향교는 본래 조선 정종 원년(1399)에 북쪽 1리에 창건하였는데 지형이 협소해서 광해군 6년(1614)에 지금의 남천리로 이전하였으나, 다시 불이 나서 정조 15년(1791)에 지금의 자리로 옮기고, 순조 11년(1811) 이래 여러 차례 중수하였다.

건물의 배치는 전학후묘(前學後廟)로 강학공간인 명륜당이 문묘공간인 대성전의 오른쪽 앞쪽에 위치한 특이한 형태를 보여준다. 문묘는 대성전만 있는데 정면 3칸, 측면 3칸의 맞배지붕 단층목조이다. 여기에는 공자(孔子)를 주향(主享)하고 그 양편에 사성을 배향하고 동벽에는 주돈이(周敦頤), 정이(程頤), 설총(薛聰), 안유(安裕), 김굉필(金宏弼), 조광조(趙光祖), 이황(李滉), 성혼(成渾), 조헌(趙憲), 송시열(宋時烈), 박세채(朴世采)를 서벽에는 정호(程顥), 주희(朱熹), 최치원(崔致遠), 정몽주(鄭夢周), 정여창(鄭汝昌), 이언적(李彦迪), 김인후(金麟厚), 이이(李珥), 김장생(金長生), 송준길(宋浚吉), 김집(金集)을 종향(從享)하고 있으며 매년 춘추로 석전제(釋奠祭)를 지내고 있다. 종향(從享)하고 있으며 춘추로 석전제(釋奠祭)를 지내고 있다. 강당인 명륜당은 정면 4칸, 측면 2칸의 맞배지붕 단층목조이며 동제(東齊)와 기물고(器物庫), 고직사 등 부속건물이 있다.

전경

대성전은 정면 3칸, 측면 2

홍살문

대성전 전경

칸의 맞배집이다. 대성전은 대개 전면에 개방된 툇간을 구성하나 이 향교에서는 전퇴를 두지 않은 특징을 보이고 있다. 기단은 자연석 초벌대로 낮게 되어 있으며 주초석은 사각형의 평반석이었다. 기둥은 민흘림 원주로 세웠다.

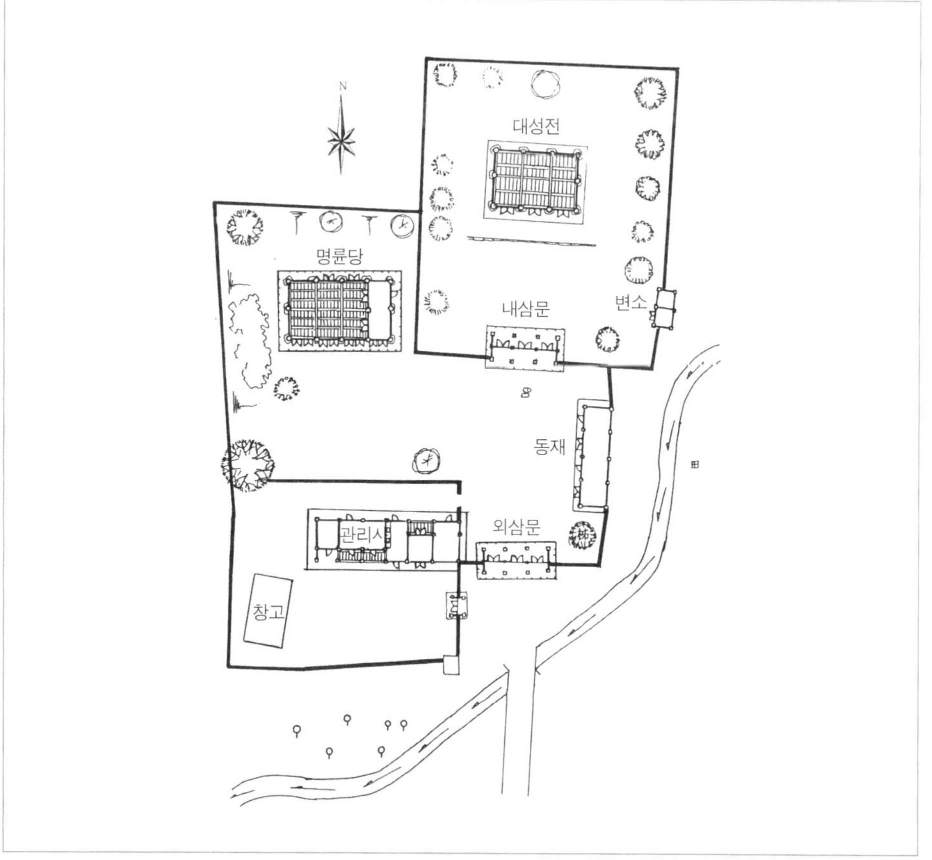

정면도

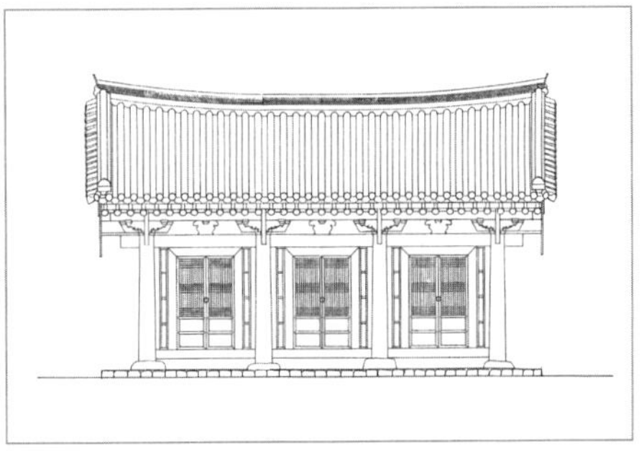

정면도

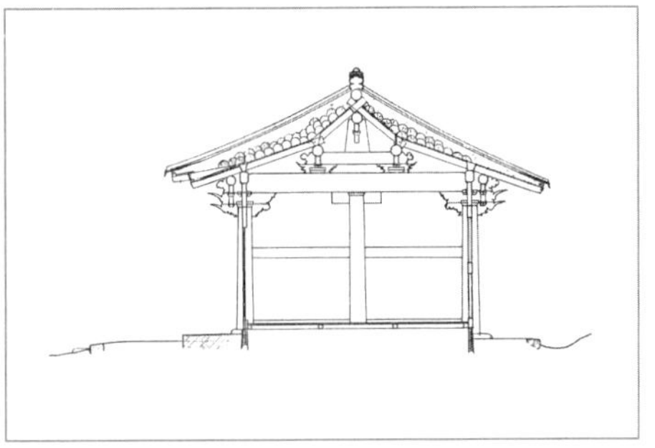

종단면도

두공은 1출목 이익공으로 짜여 있는데 재주두가 보이지 않고 있다. 익공 촛가지는 초익공 이익공 모두 상향 쇠서로 아래 경사면에 연봉을 조출한 당초문으로 초각하였다. 이익공 위에 싹이 나있는 운공초각의 보머리 뺄목이 구성되어 있다. 주심 첨차는 양단부를 경사면으로 직절하여 단순화시켰고 출목 첨차는 파련각으로 당초문을 초각한 화려한 형태로 되어 있다. 익공의 형태는 적당한 길이의 쇠서로 구성된 단아한 느낌을 준다. 주칸에 화반은 1소로 화반으로 파련각 화반으로 당초문을 새겼다. 지붕가구는 전후 처마기둥 사이에 대량을 장통보로 걸고 종량을 올려서 중도리와 중도리를 가구한 5량가이며, 처마는 부연을 단 겹처마이다.

대성전 앞의 내삼문은 정면 3칸, 측면 1칸의 맞배집이며 어간 지붕을 한 단 높게 구성한 솟을삼문으로 세워져 있다. 처마는 홑처마이고 3량가의 지붕가구에 전후 처마서까래를 걸었다.

명륜당은 정면 3칸, 측면 2칸의 맞배집이다. 기단은 자연석 두벌대 기단으로 축조되어 있다. 주초석은 자연석으로 넓직한 평반석을 설치하였으며 기둥은 민흘림 원기둥으로 세워져 있다. 두공은 초익공이고 가구는 종단 2칸에 대량을 장통보로 걸고 종량을 구성한 5량가로 되어 있다.

외삼문은 정면 3칸, 측면 1칸의 솟을삼문으로 자연석 초벌대 기단 위에 4각으로 거칠게 다듬은 주초석을 놓았다. 기둥은 각주를 세우고 종단면 중간에 문설주를 세워 대문을 달았다. 지붕가구는 3량가로 전후 처마서까래로 지붕을 이었다.

대성전 공포

단양향교
(丹陽鄕校)

- 지정번호 : 충북유형문화재 107호
- 건축유형 : 향교
- 소 재 지 : 충북 단양군 단양읍 상방리 137-1
- 창건시기 : 조선 태종 15년(1415)
- 현황 조성시기 : 조선 명종(1545~1567)때 이건

단양 교육의 길잡이

단양향교는 상방리에 있었는데 조선 태종 15년(1415)에 군수 이작(李作)이 창건하였다가 명종(1545~1567) 때 군수 이황(李滉)이 지금의 자리로 이건하였다고 한다. 그리고 명종 때 군수 황준량(黃俊良)이 명륜당을 영건하고, 영조 때 군수 박필부(朴弼溥)가 중수한 이래 여러 차례 중수하였다.

건물의 배치는 전학후묘(前學後廟)로 안담장에 내삼문을 두어 구획하고 있는데 문묘에는 대성전과 동서양무를 두었다. 대성전은 정면 3칸, 측면 3칸의 맞배지붕 단층목조이다. 여기에는 공자(孔子)를 주향(主享)하고 그 양편에 4성(四聖)을 배향하고 있으며 동서양무는 정면 3칸, 측면 1칸의 맞배지붕 단층목조로 되어 있다. 동무(東廡)에는 정호, 실총, 안유, 김굉필, 소광소, 이황, 이이, 김장생, 김집, 송준길을 서무(西廡)에는 주희, 최치원, 정몽주, 정여창, 이언적, 김인후, 성혼, 조헌, 송시열, 박세채를 종향(從享)하고 있는데 매년 춘추로 석전제(釋奠祭)를 지내고 있다.

전경

강당인 명륜당은 정면 3칸, 측면 2칸 팔작지붕의 단층목조이며 이밖에 동재와 수복사(守僕舍), 고직사 등 부속건물이 있으며 담장에 외삼문을 세우고 있다. 그리고 향교 앞에 조

대성전 공포

대성전

풍화루 전경

풍화루 지붕가구

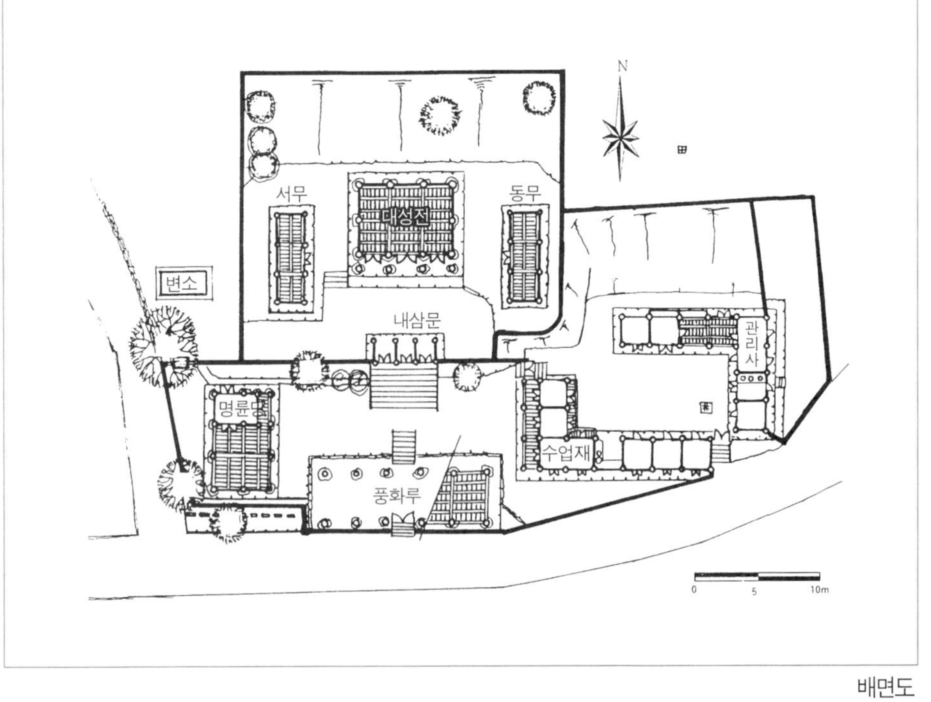

배면도

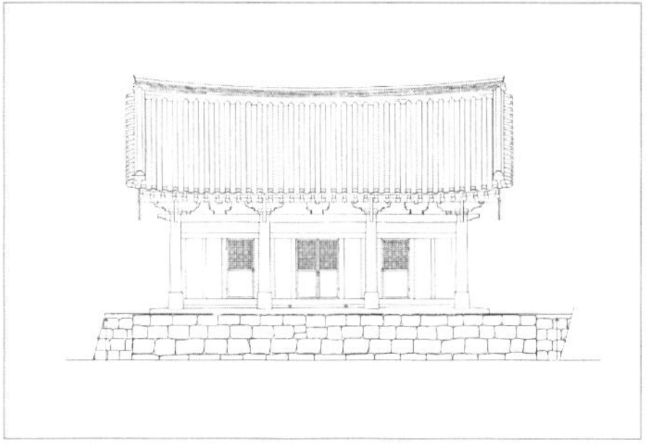

정면도

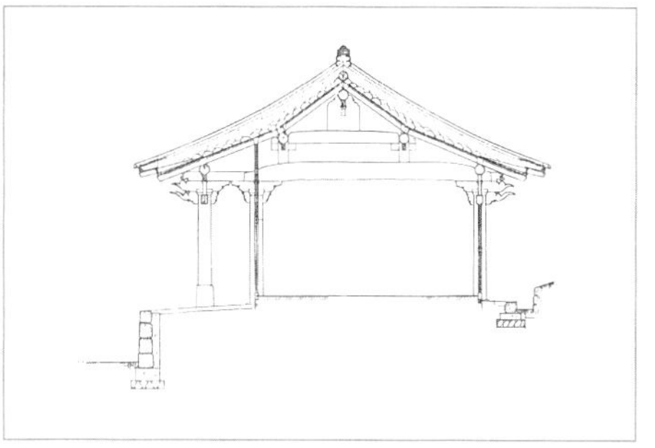

종단면도

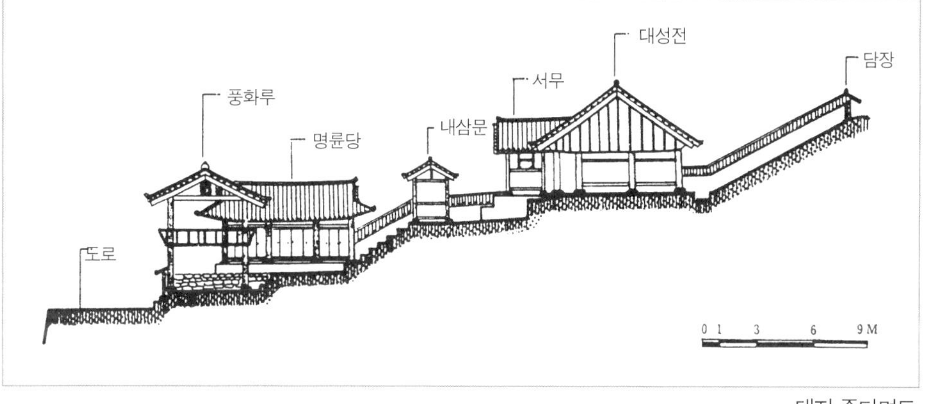

대지 종단면도

선 태종 16년(1416)에 세웠다는 풍화루(風化樓)가 있다.

대성전은 정면 3칸, 측면 3칸의 맞배집이다. 전면 툇간은 외부로 개방되어 있으며 기단은 전면에 장대석을 세벌대로 쌓아 만들었다. 주초석은 전면 기둥에 높은 원형주초석을 놓고 다른 기둥들에서는 자연석으로 설치하였다. 기둥은 민흘림 원주로 되어 있다.

두공은 이익공식으로 짜여 있다. 촛가지는 쇠서형으로 위로 솟아 있는데 초익공의 윗등에는 연봉을 초각하였다. 이익공의 윗등(쇠서의 상부)에는 연화가 초각되어 있다. 보머리는 운공형태로 조각되어 있으며 화반은 1소로 화반으로 주간에 하나씩 배치되어 있다. 화반은 연봉이 초각되어 있는 파련각 화반이고 지붕가구는 툇간 내진주를 평주로 구성하고 대량과 전면 퇴량을 맞보로 결구한 5량가이다.

명륜당은 정면 3칸, 측면 2칸의 팔작집이다. 기단은 자연석으로 쌓았으며 주초석은 4각 주초석이고 기둥은 민흘림 원기둥으로 세웠다.

두공은 초익공으로 짜여 있다. 촛가지는 윗면을 수평으로 만들어서 외부로 내밀고 하부를 경사로 깎고 초각하였다. 주칸에는 소로를 두 개씩 배치하여 장여와 도리를 받치고 있다. 지붕가구는 전후 처마기둥 칸에 대량을 장통보로 걸고 종량을 올리고 중도리와 종도리를 받친 무고주 5량가로 되어 있다.

풍화루는 외삼문을 생략한 대신 누하부 어간에 대문을 달아 통로로 구성하였다. 풍화루는 정면 5칸, 측면 2칸의 맞배집에 주초석은 4각주초로 되어 있다. 1층에 누하주를 세우고 누마루 귀틀을 짜 마루를 깔았으며 2층 기둥은 누마루 상부에 누상주로 세웠다.

풍화루의 지붕가구는 전후 처마기둥 칸에 대량을 장통보로 걸고 종량을 올려서 중도리와 종도리를 받친 5량가이다. 익공은 초익공식으로 짜여 있는데 익공의 촛가지는 직선으로 뻗쳐 있고 하부 경사면을 초각하였다. 처마는 부연을 달지 않은 홑처마이며 2층 누마루는 벽체를 막지 않고 모두 개방시키고 4면에는 계자난간을 둘렀다.

청풍향교
(淸風鄕校)

- 지정번호 : 충북유형문화재 64호
- 건축유형 : 향교
- 소 재 지 : 충북 제천시 청풍면 물태리 6-5
- 창건시기 : 고려 충숙왕 때 창건,
  조선 정조 3년(1779) 이건
- 현황 조성시기 : 1985년 현위치 이건

청풍 교육의 길잡이

남숙관이 쓴 명륜당 중수기(정조 3년)에 의하면 청풍향교는 본래 옛날 청풍군에서 남쪽 1리인 지금의 청풍면 물태리에 고려 충숙왕(1332~1339) 때에 창건하였다가 조선 정조 3년(1779)에 군의 남쪽 2리인 지금의 청풍면 교리로 이건하였다 한다. 고종 19년(1882)에 부사 유제홍이 중수하고, 1926년 직원 김진하, 면장 유재승이 중건하였으며 1949년에 보수하였고, 1954년 전교 김연조가 문묘를 중수하였다. 1974년 전교 유홍철이 다시 중수했었고 충주댐 건설로 인하여 1985년 말 현재의 위치로 이건하였다.

건물의 배치는 전학후묘(前學後廟)의 형식으로 안담장에 내삼문을 두어 구획하고 있는데 전학구역에는 강당인 명륜당을 중심으로 좌우에 부속건물을 배치하였다. 명륜당은 정면 4칸, 측면 2칸의 팔작지붕 단층목조이나. 후묘구역에는 대성전을 후편 중앙에 놓고 그 앞 좌우에 동서양무(東西兩廡)를 배치하였다.

대성전

대성전은 정면 3칸, 측면 4칸으로 정방형에 가까운 특이한 평면을 이루고 있다. 정면 1칸은 퇴를 기단과 함께 흙바닥으로 구성하고 내부에 우물마루를 깔았다.

기단은 장대석과 자연석을 혼용해서 전면에서 높게 쌓고 측면과 배면에서 초벌대로 낮게 구성하였다. 주초석은 정면 처마기둥 열에서 팔각으로 높게 다듬어서 설치

명륜당

서재

하였으며 중앙 출입문 양측의 기둥을 받치고 있는 주초석은 4각으로 다듬어져 있다. 그 밖의 주초석들은 자연석 덤벙주초석으로 구성되어 있다. 단일 건물임에도 불구하고 여러 가지 형식의 주초석들이 혼재되어 있음을 볼 때 건축 당시에 다양한 종류의 건물들에 사

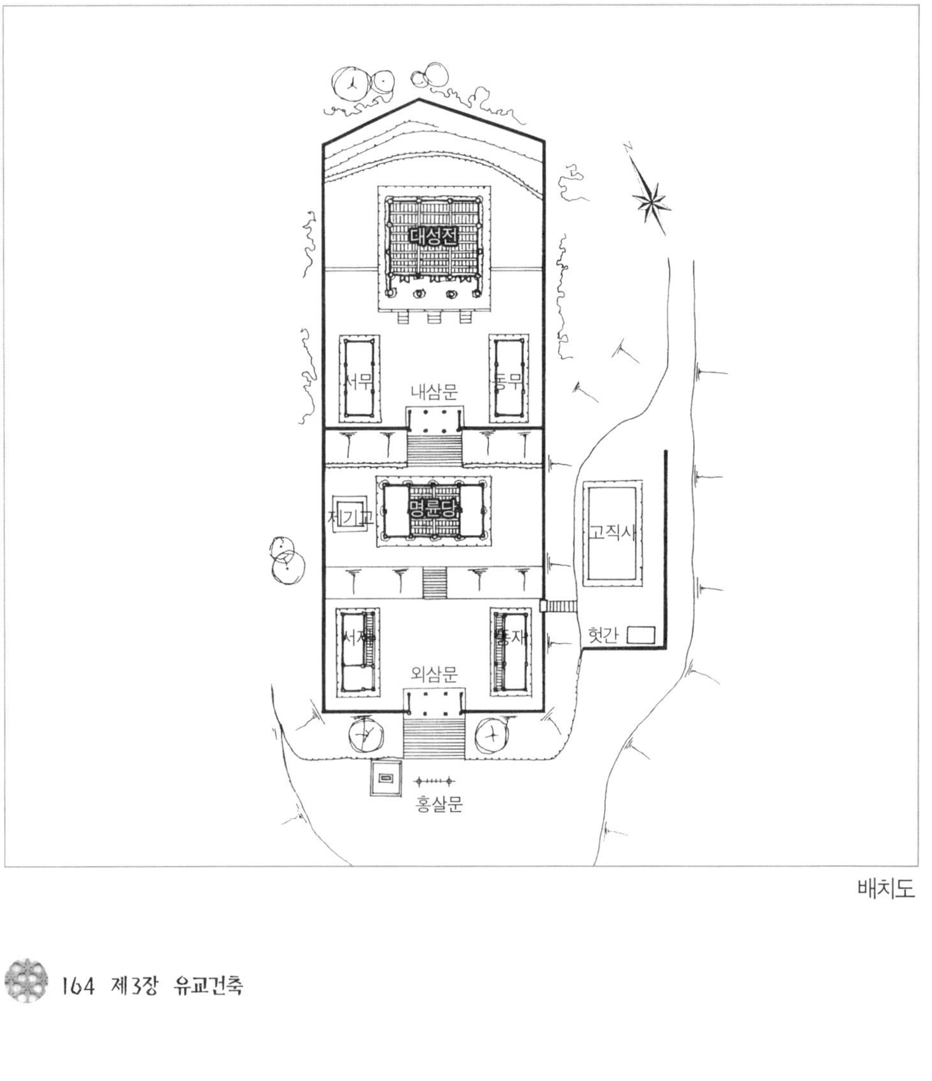

배치도

대성전 지붕가구

대성전 공포

대성전 석계

환기공

용되었던 구재를 활용하지 않았을까 하는 추측을 해 볼 수 있다.

기둥은 원기둥이며 상부 기둥머리에서 가늘어지는 민흘림 형식이다. 기둥 상부에는 창방을 걸고 주두와 첨차로 구성된 1출목 이익공의 두공이 구성되어 있다.

익공의 쇠서는 초익공에서 연봉이 새겨져 있고 이익공에서는 당초문이 새겨져 있다. 이익공 위에 보머리는 봉두로 화려하며 익공 첨차 또한 운형으로 화려하게 조각되어 있다. 기둥과 기둥 사이의 창방 위 화반은 중앙에 구성하였다.

지붕가구는 전면에 1고주를 세운 7량가로 짜여 있다. 도리는 굴도리이고 전후 중도리와 종도리 아래에는 뜬창방과 장여로 구성되어 있다. 좌우 측면에는 전후 2고주와 중앙 고주로 구성되어 있으나 내부 중앙 어간에서는 전면 1고주만을 세우고 7m 가까이 되는 큰 칸 사이에 대량을 길게 걸어서 상부가구를 짜올렸다. 처마는 서까래 위에 부연을 구성한 겹처마이다.

창호는 정면 3칸에 각각 2짝씩 하부에 궁판이 구성된 띠살문이다. 좌우 측면과 배면의 벽체는 중방 하부에 막돌화방벽으로 둘러싸여 있는데 하방벽은 네 귀의 귀기둥에만 달아 마감하고 칸 사이의 기둥들을 감싸고 있다.

지붕은 맞배지붕이고 용마루는 착고 부고와 5단 마루기와 잇기로 구성되어 있다. 내림마루로 착고 위에 3단으로 적새기와를 올린 3단 마루기와 잇기로 되어 있는데 미루기와

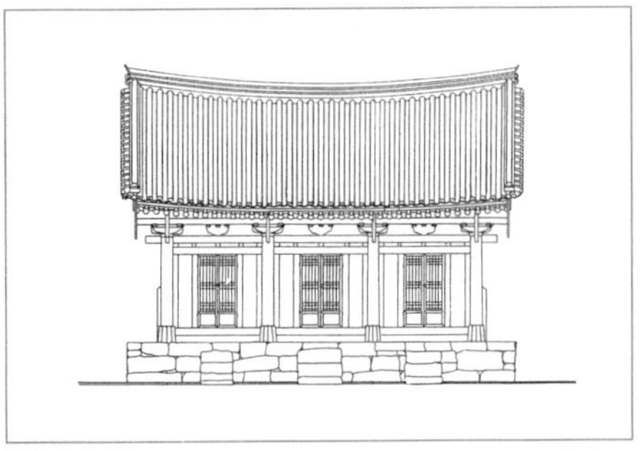

정면도

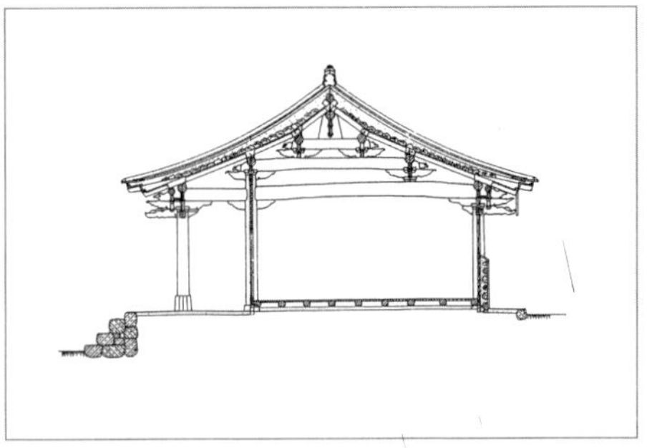

종단면도

끝에는 각각 망와를 올려서 마감해 놓았다. 처마기와는 막새를 잇지 않았으며 와구를 바름으로 마무리하였다.

단청은 기둥과 주선, 인방재들에 붉은색의 석간주 가칠을 하였다. 창방에는 양쪽 기둥 쪽으로 모로문양을 구성하고 중앙부 사이에 먹긋기로 연결하였다. 익공 쇠서는 당초무늬와 연봉을 그렸으며 보머리로 나온 봉두는 주홍 벼슬과 청색 부리 등으로 화려하게 단청하였다. 서까래의 마구리에는 연꽃문양으로 연꽃부리를 그렸다. 서까래의 처마부에는 녹화 머리초를 그리고 안쪽 출목도리까지는 뇌록으로 덮었다. 부연은 마구리에서 갓둘레를 뇌록띠로 감고 가운데서 먹 바탕에 흰색으로 육매화 점을 찍어서 그렸다. 부연의 일부에서는 서까래와 마찬가지로 머리초를 치고 옆면에 먹긋기로 초맥이 평고대까지 이었다. 부연 뱃바닥에는 적, 백, 흑의 삼색 색긋기로 연목 상부의 초맥이 평고대까지 그었다. 출목도리와 장여에는 창방과 마찬가지로 기둥 양측에 반연화 머리초를 새기고 휘로 마감한 모로단청을 그리고 중앙부에서 먹긋기로 이었다. 주두와 소로는 뇌록 바탕에 흰색과 뱃바닥은 가장자리에 진홍색 띠를 긋고 분홍 바탕에 중앙선을 흰색으로 그은 색긋기로 구성되어 있다. 청풍향교 대성전은 익공 쇠서의 조각형태와 단청문양 등으로 볼 때 향교 건물로서는 매우 화려한 모습을 띠고 있다고 생각된다.

대성전 앞에 있는 동무와 서무는 정면 3칸, 측면 1칸의 맞배집이다. 기단은 자연석 초벌대로 나지막하게 멀리 되어 있다. 주초석은 평평한 자연석이고 기둥은 각주로 되어 있으며 자연석 주초석 면에 그랭이질하여 세웠다. 지붕가구는 납도리로 3량가를 구성하고 보를 걸었다. 보머리와 짜여진 기둥머리의 사개통 밑에는 보아지가 간결한 베개목 형태로 받치고 있다.

동무와 서무의 문은 정면 3칸에 2짝씩 띠살문으로 구성하였다. 내부 바닥은 우물마루이며 배후 벽쪽에 성현들의 위패가 모셔져 있다.

내삼문은 대성전 중앙의 정면에 위치되어 있다. 내삼문은 어간의 지붕을 한 단 높게 구성한 솟을삼문으로 단아한 모습을 띠고 있다.

명륜당은 정면 4칸 측면 2칸의 팔작지붕 건물로 정면 4칸 중 중앙 2칸은 넓은 대청 마루로 구성되어 있다. 마루 양측편에 각각 온돌방을 구성하였으며 마루와 방 사이의 벽체는 창문만으로 구성하여 필요시 마루와 방을 터서 넓게 쓰고자 하는 융통성 있는 기능을 볼 수 있다.

명륜당의 기단은 자연석으로 쌓았고 주초석은 자연석 덤벙주초를 놓았다. 기둥은 대청마루의 정면 중앙 기둥만을 원기둥으로 세우고 나머지는 각주로 구성하였다. 지붕가구는 납도리를 사용하였으며 5량가로 되어 있다. 대청마루의 정면 주심도리 밑에는 장여를 걸었으나 다른 곳에서는 도리만으로 짜여 있다. 처마는 홑처마로 구성되어 있다.

창호는 방문의 경우 띠살문을 달고 대청마루 뒤편에는 판문으로 하였다. 벽체는 회벽바르기로 마무리되어 있다. 명륜당은 팔작집이지만 단청을 하지 않은 백골집으로 대성전에 비해 검소하고 질박한 맛을 느낄 수 있다.

명륜당 앞쪽의 좌우 양편으로는 동재와 서재가 마주보고 있다. 동 · 서재에는 자연석 초벌대 기단이 낮게 깔려 있는데 기단 위의 주초석은 자연석이고 기둥 굵기에 비해 크게 보이며 높게 설치되어 있다. 기둥은 각주로 세워져 있고 전면에 퇴를 두면서 고주를 세우고 배면 평주로 구성되어 있다.

외삼문은 내삼문과 같이 솟을삼문형식으로 세워져 있다. 내삼문과 함께 외삼문의 단청은 석간주 가칠 기둥 및 벽체와 지붕가구의 먹긋기로 간결하게 처리하였다. 외삼문의 대문에는 큰 원으로 태극문양이 그려져 있다.

외삼문의 바로 앞에 있는 계단 끝에는 홍살문이 세워져 있는데 높은 계단 축대 밑에 있으며 가는 기둥과 홍살, 태극, 삼지창으로 구성되어 있다. 계단 축대가 높게 바로 뒤편에 있어서 그런지 홍살문은 다소 어줍고 왜소한 느낌을 들게 한다. 혹시 이전되면서 지형상 위치가 변경되지 않았나 하는 생각이 든다. 다른 향교들에서 보면 홍살문은 외삼문에서 멀리 떨어진 앞쪽에 세워져 있음을 흔히 볼 수 있다.

제천향교
(堤川鄕校)

- 지정번호 : 충북유형문화재 105호
- 건축유형 : 향교
- 소 재 지 : 충북 제천시 교동 86
- 창건시기 : 고려 공민왕 1년(1389)
- 현황 조성시기 : 조선 선조 22년(1590) 현위치 이건

제천 교육의 길잡이

제천 구읍지에 양촌(陽村) 권근(權近)이 쓴 《황토기》에 의하면 고려 공양왕 1년(1389)에 마산(馬山)의 서쪽에 김수전(金綏田)이 창건하였는데, 조선 선조 23년(1590)에 현 위치인 제천시 교동 87번지로 이전했다고 한다.

순종 1년(1907) 왜병과 의병들이 교전할 때 대성전과 제실이 소실되었는데, 교생 김의경(金義卿), 염도순(廉道淳)이 위패(位牌)를 두학리 박의재(博義齊)에 옮겨 봉안하였다가 대성전을 재건한 후에 다시 봉안하였다. 그리고 명륜당은 1922년에 중건하고 1969년에 향교의 보수가 있었다.

건물의 배치는 전학후묘(前學後廟)로 문묘에는 대성전만 있다. 대성전은 정면 3칸, 측면 2칸의 맞배지붕 단층목조로 여기에는 공자를 주향(主享)하고 그 양편에 사성(四聖)을 배향하였다. 동재에 주돈이, 정이, 설총, 안유, 김굉필, 조광조, 이황, 이이, 김장생, 김집, 송준길을 종향하고 있으며, 서재에는 주희, 정호, 최치원, 정몽주, 정여창,이언적, 김인후, 성혼, 조헌, 송시열, 박세채를 종향하고 있으며 매년 춘추로 석전제(釋奠祭)를 지내고 있다. 이밖에 직사(直舍)와 제기고(祭器庫) 등 부속건물이 있다.

전경

대성전은 정면 3칸, 측면 3

서재

동재

전경

대성전

칸의 맞배집이다. 기단은 장대석으로 초벌대쌓기하여 낮게 되어 있다. 주초석은 자연석으로 평평한 반석을 사용하였으며 기둥은 민흘림 원기둥으로 세웠다. 두공은 초익공으로 간결하며 보머리도 경사로 잘라 단순한 형태로 처리하였다. 지붕가구는 대량을 전후 처마기둥 사이에 장통보로 걸고 종량과 중도리, 종도리를 올린 5량가이다. 창호는 전면에만 구성되어 있는데 어간에 세 짝을 달고 좌우 측면 칸에 두짝씩 달았다.

대성전 앞에 내삼문이 있는데 정면 3칸, 측면 1칸의 맞배집으로 평삼문으로 되어 있다. 자연석 기단과 주초석 위에 기둥은 각주로 세워져 있다. 지붕가구는 3량가로 종도리를 중심으로 앞뒤 처마서까래를 이

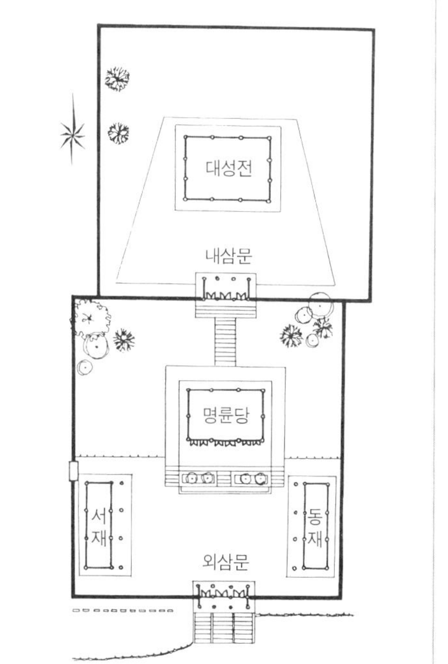

배치도

명륜당

명륜당 공포

었으며 평삼문이지만 대문을 어간에서 높게 설치하고 좌우 측면 칸에서 낮게 구성하였다.

명륜당은 정면 3칸, 측면 2칸의 팔작집이다. 기단은 장대석을 두벌대로 쌓았고 주초석은 원형주초석으로 주좌를 높게 가공하였다. 기둥은 민흘림 원기둥을 세우고 두공은 이익공이며 주칸에 3소로 화반을 1구씩 배치하였다. 익공의 촛가지는 연화를 조각한 앙서형이며 이익공 위에는 봉두를 초각하여 보머리에 꽂았다. 지붕가구는 5량가이다.

동재와 서재는 정면 3칸, 측면 2칸의 팔작집이다. 동재는 좌측면 칸에 전후 2칸을 큰방으로 만들고 우측 2칸에 툇간마루와 방으로 구성하였다. 서재는 좌측 1칸을 부엌으로 만들고 동재와 마찬가지로 우측 2칸에 전면 툇간마루와 방으로 구성하였다. 기단은 자연석으로 두벌대를 쌓은 자연석 덤벙주초이다. 기둥도 각주로 되어 있고 툇간 내부기둥을 고주로 세웠다. 지붕가구는 1고주 5량가로 되어 있다.

외삼문은 정면 3칸, 측면 1칸의 맞배지붕 솟을삼문이다. 기단은 자연석을 초벌대로 낮게 쌓았으며 주초석은 자연석 덤벙주초이고 기둥은 각주로 되어 있다. 전후 종단칸 중간에 문선주를 세우고 대문을 달았다. 어간 기둥은 측면 칸보다 높고 지붕을 한 단 올려서 솟을삼문으로 구성하였다. 지붕가구는 종도리를 중심으로 전후 처마서까래를 이은 3량가로 되어 있다. 문인방 상부에는 홍살을 꽂아 꾸몄다.

충주향교
(忠州鄕校)

• 지정번호 : 충북유형문화재 57호
• 건축유형 : 향교
• 소 재 지 : 충북 충주시 교현동 179-1
• 창건시기 : 조선 태조 7년(1398),
  조선 인조 7년(1629) 현 위치로 이건
• 현황 조성시기 : 조선 고종 광무 원년(1897) 중건

충주 교육의 길잡이

충주향교는 조선 태조 7년(1398)에 창건되어 계명산(鷄鳴山) 아래에 소재하고 있었으나, 임진왜란의 병화로 소실되어 인조 7년(1629)에 지금의 위치로 이건되었는데, 그 후 병화로 다시 불에 타 광무 1년(1897)에 중건되었다.

배치형식은 전학후묘식으로 명륜당이 대성전 앞쪽에 배치되어 있다. 현재 향교는 홍살문을 지나서 솟을삼문으로 되어 있는 외삼문에 이르게 된다. 외삼문을 들어서면 좌우측에 서재와 동재가 마주보고 있으며 정면으로 명륜당이 위치하고 있다. 명륜당 우측으로 동재 앞에는 비각이 한 동 있다. 명륜당의 뒤편 중앙에 계단을 오르면 평삼문으로 되어 있는 내삼문이 있다.

대성전에는 공사를 주향하고 그 양측에 4성(四聖)과 4현(四賢)을 배향하고 있으며, 동무에는 동방 9현을, 서무에는 18현의 위패를 봉안하고 매년 춘추로 석전제를 봉행하고 있다. 대성전은 정면 5칸, 측면 3칸의 평면으로 전면에 퇴를 둔 맞배집으로 되어 있다.

대성전

기단은 육중한 장대석을 높게 쌓아서 축조하였다. 주초석은 평평한 자연석이며 기둥은 자연석 주초석 위에 그랭이질하여 원기둥을 세웠다. 기둥의

명륜당 전면

명륜당 후면

대성전 공포

외삼문

입면형태는 기둥머리에서 기둥뿌리보다 가늘어지는 민흘림형식으로 나타나 있다.

기둥 상부에는 두공은 주두를 놓고 초익공을 앙서형태로 깎고 퇴량머리를 수서형태로 만든 초익공양식이다. 창방과 주심도리 사이에는 소로로 수장되어 있다.

가구는 1고주 7량가로 짜여 있다. 전면 고주의 주신과 정면 평주 사이에는 퇴량으로 연결하였고, 이 고주와 배면 평주 사이의 칸에는 대량을 길게 연결하고 그 위에 중량과 종량을 짜올려서 3중의 보 가구를 이루고 있다. 종도리와 상중도리 밑에는 횡방향으로 뜬창방 걸고 소로를 배치하여 장여와 도리를 받치고 있다.

단청은 기둥과 인방재들에 석간주를 칠하고 기둥 상부의 초익공 밑에는 주의를 입혔다. 창방에는 기둥과 접해 있는 양단부에 모로문양으로 단청되어 있고 모로와 보문문양 사이의 중간부는 먹긋기로 연결되어 있다. 익공 쇠서들에는 당초문으로 초각하였고 연목과 부연의 처마끝부분에는 모로 단청되어 있다. 연목의 내측부분은 뇌록으로 칠해져 있으며 부연의 내측부분은 옆면에서 먹긋기하고 밑면에서도 먹긋기로 칠해져 있다. 부연과 연목의 마구리에는 매화점 문양으로 단청되어 있다.

명륜당은 정면 5칸, 측면 2칸으로 구획하여 중앙 3칸 통간은 우물마루를 깔아 넓은 대청으로 하고 양쪽으로는 온돌방을 만들었는데, 대청 후면에는 쌍여닫이 판장문을 달았고 온돌방에는 모두 쌍여닫이 띠살문을 달았다.

명륜당 귀공포

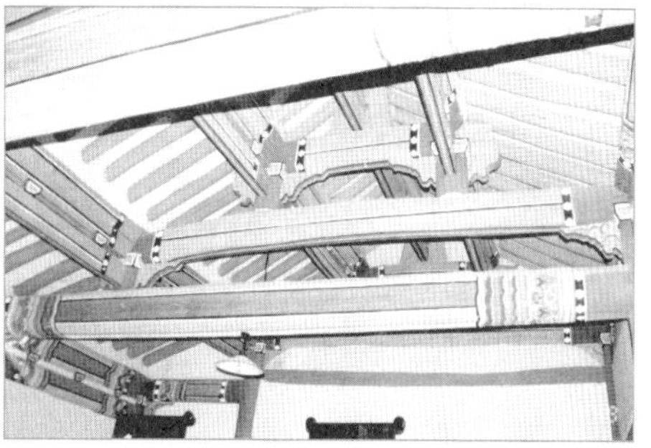

대성전 지붕가구

명륜당 공포

대성전 공포

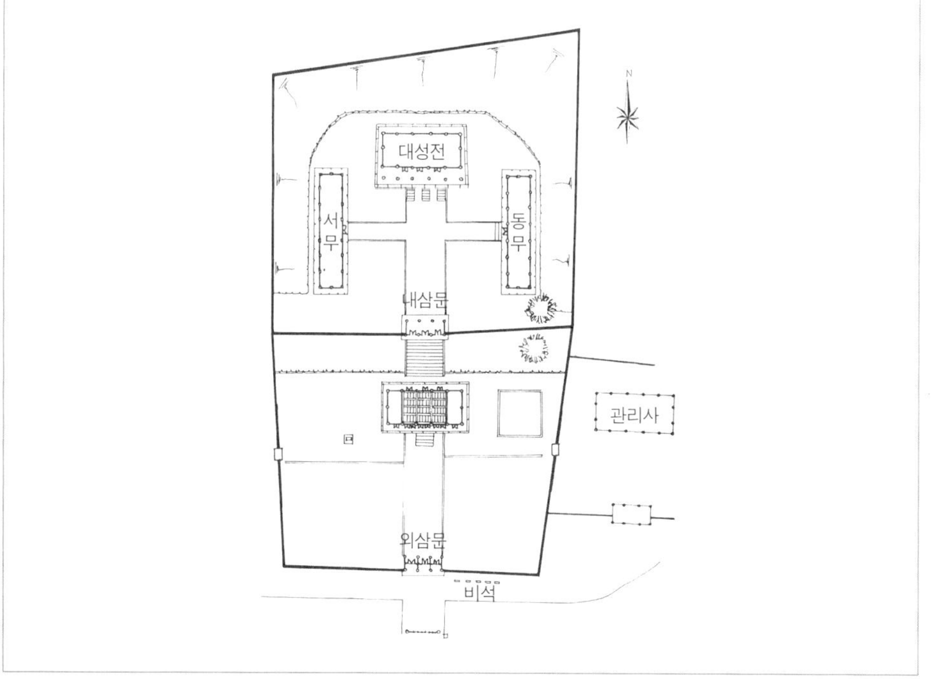

배치도

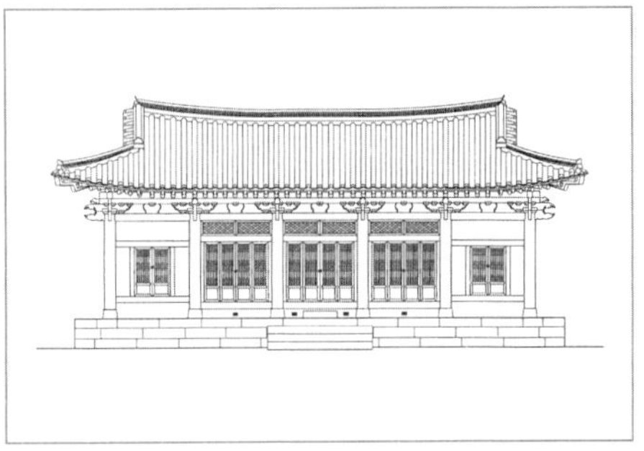

정면도

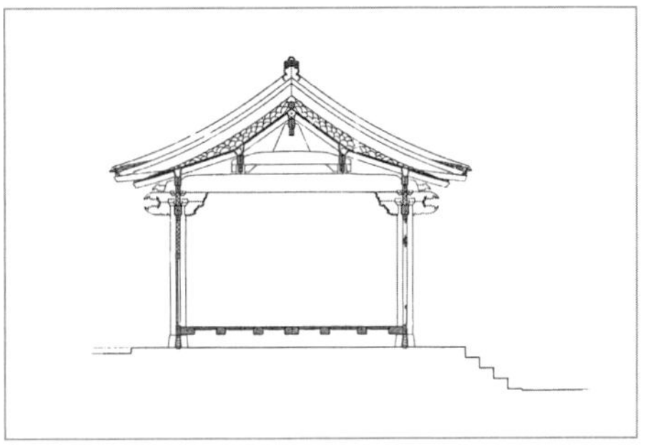

종단면도

명륜당의 구조는 가공된 장대석으로 3단 축조한 기단 위에 원뿔형 주초석을 놓고 그 위에 원주를 세웠으며, 이익공 계통의 공포를 구성하였다. 앙서형상으로 돌출된 익공의 선단(先端)에는 화려한 연봉이 조각되었고 건물 내부로는 좌우면에 초각을 한 보아지가 돌출되어 대량을 받치고 있다. 또한 창방으로 결구되어 있는 주칸에는 화반형의 초각반을 각 칸에 1구씩 배치하여 주심도리 장여를 받쳐주고 있다.

가구형식은 전후 평주 위에 대량을 걸치고 동자주를 세워 종량을 결구하였는데, 종량 상부 중앙부분에 제형대공을 설치하여 옥개부분의 하중을 받쳐주고 있는 오량가로 짜올렸으며 겹처마 팔작지붕을 이루고 있다.

동서양무는 정면 7칸, 측면 1칸의 평면에 덤벙주초석을 놓고 방형기둥을 세운 삼량집으로 되어 있으며, 홑처마 맞배지붕을 이루고 있다.

음성향교
(陰城鄕校)

- 지정번호 : 충북유형문화재 104호
- 건축유형 : 향교
- 소 재 지 : 충북 음성군 음성읍 읍내리 156-1
- 창건시기 : 조선 명종 15년(1560)
- 현황 조성시기 : 조선 고종 24년(1887)

음성 교육의 본거지

이 향교는 조선 명종 15년(1560)에 창건되었으며, 효종 2년(1651) 명륜당 중수 이래 고종 7년(1870)과 동왕 24년(1887)에 걸쳐 여러 번의 중수와 보수가 있었다.

건물의 배치는 전학후묘(前學後廟)로 안담장에 내삼문을 두어 구획하고 있으며 문묘에는 대성전만 있다. 대성전은 정면 3칸, 측면 3칸의 맞배지붕 단층목조로 여기에는 공자를 주향하고 그 양편에 사성을 배향하고 동벽에는 주돈이, 정호, 설총, 안유, 김굉필, 조광조, 이황, 이이, 김장생, 김집, 송준길을, 서벽으로 주희, 정이, 최치원, 정몽주, 정여창, 이언적, 김인후, 성혼, 조헌, 송시열, 박세채를 종향하고 있으며 매년 춘추로 석전제를 지내고 있다.

강당인 명륜당은 정면 5칸, 측면 2칸의 맞배집이며, 동서양재가 명륜당의 뒤뜰 양편에 있고 고직사 등 부속건물이 있다. 1980년에 명륜당을 보수하였고 막돌담장을 신설하였다.

전경

대성전은 자연석 기단 위에 방전을 깔아 두겁대로 덮었다. 주초석은 넓은 평반석 위에 원형으로 주좌를 새겨 기둥을 세웠다. 기둥은 민흘림 원주인데 자연재를 생긴대로 깎아 세운 것도 있어 운치를 이루고 있다. 전면 툇간은 외부로 개방되어

명륜당 전면

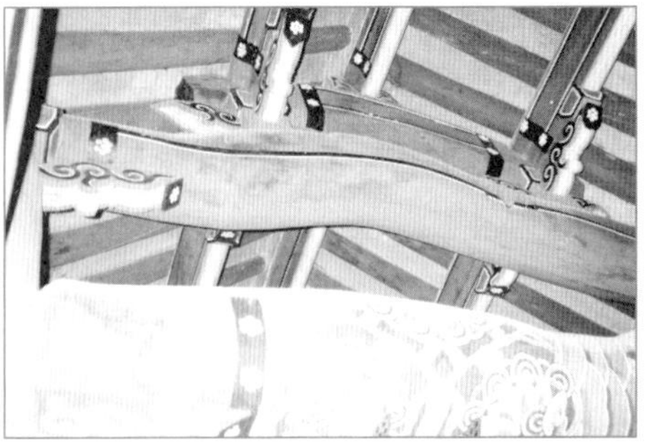
대성전 지붕가구

명륜당 지붕가구

명륜당 내부가구

있고 내린 고주를 구성하였다.

대성전은 정면 3칸, 측면 3칸 맞배집이다. 두공은 1출목 이익공으로 짜여있고 재주두가 보이지 않는다. 촛가지는 초익공 앙서와 이익공 쇠서이고 보머리를 봉두로 조각하였다. 창방 뺄목은 직절하였고 측면으로 연결하지 않고 정면 주칸에만 구성하였다. 화반은 1소로 화반으로 파련각하였다.

지붕가구는 1고주 7량가이며 처마는 부연을 달아낸 겹처마이다. 처마 기와는 다른 향교에서 보통 와구토로 마감되어 있는데 여기서는 연화문 막새로 되어 있다. 양측면 벽체의 중방 아래까지는 막돌화방벽으로 부축되어 있다.

동재와 서재는 자연석 기단 위에 자연석 주초석을 놓았다. 정면 4칸, 측면 2칸이며 맞배집이다. 기둥은 각주이며 전면 툇간에 고주를 구성하였다.

명륜당은 정면 5칸, 측면 2칸의 맞배집이다. 주초석은 자연석 덤벙주초이며 기둥은 민흘림 원기둥으로 세워져 있다. 양쪽 측면에는 반칸 퇴를 달아내고 부섭지붕으로 덮었다. 두공은 초익공인데 촛가지를 운공형으로 조각하였으며 처마는 겹처마이다.

지붕가구는 전후 처마기둥칸에 대량을 장통보로 길게 걸고 종량과 중도리 종도리를 올린 5량가다. 종량 받침 보아지는 외단에서 쇠서형태로 초각되어 있으며 대공은 종량 위에 큰 주두를 놓고 짜서 세운 파련대공이다.

대성전

대성전 전면 공포

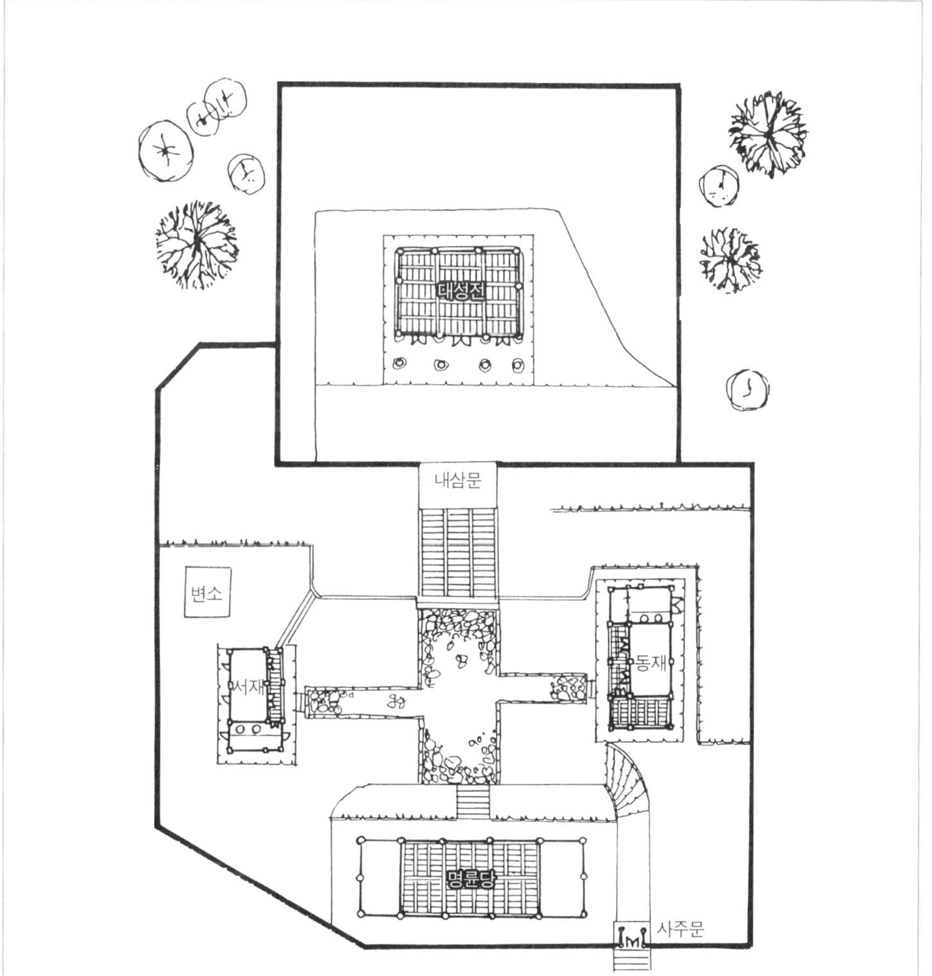

배치도

진천향교
(鎭川鄕校)

- 지정번호 : 충북유형문화재 101호
- 건축유형 : 향교
- 소 재 지 : 충북 진천군 진천읍 교성리 416
- 창건시기 : 조선 태조
- 현황 조성시기 : 1981년

진천 교육의 본거지

이 향교는 조선 태조 때 창건되었다고 전해진다. 순조 4년(1804) 명륜당을 보수하고, 순조 16년(1816)에는 대성전을 중수하였으며, 그 후 고종 10년(1873)에 중수한 이래 여러 차례의 보수가 있었다고 한다.

건물의 배치는 전학후묘(前學後廟)로 안담장과 내삼문을 두어 구획하였는데 문묘에는 대성전과 동서양무를 갖추고 있다. 정면 3칸, 측면 3칸의 겹처마 맞배집으로 대성전은 공자와 4성(四聖)을 배향하고 있다. 대성전 좌우에는 동무와 서무를, 전면으로는 내삼문을 두었다. 동무, 서무는 정면 3칸, 측면 1칸의 홑처마, 맞배집으로 우리나라 성현(聖賢)을 모시고 매년 춘추로 석전제(釋奠祭)를 지내고 있다. 동무 뒤편에 있는 강당인 명륜당은 정면 3칸, 측면 2칸의 겹처마, 팔작집이다. 그 밖에 조선 순조 4년(1804)에 세운 풍화루(風化樓)와 부속건물들이 있다. 1980년에서 1981년에 걸쳐 대성전, 내삼문, 동무, 서무, 풍화루를 해체 보수하고 막돌담장을 설치하였다.

대성전

대성전은 정면 3칸, 측면 3칸의 맞배집이다. 전면의 반칸퇴를 외부로 개방하고 고주열에 벽체를 쌓고 측면과 배면에 자연석으로 쌓아 마무리하였다. 주초석은 4각으로 다듬

명륜당

명륜당 공포

풍화루

풍화루 외관

어진 면 위에 원형 주좌를 낮게 새긴 형태이고 기둥은 민흘림 원기둥을 세웠다.

두공은 이익공이고 재주두가 구성되어 있는데 초익공과 이익공 쇠서는 모두 상향으로 치솟은 단아한 형태로 놓여 있다. 지붕가구는 전면 고주 상부에 퇴량과 대량을 맞보형식으로 짜고 종량을 올려서 전후 중도리와 종도리를 받친 5량가로 구성되어 있다. 대공은 사다리꼴로 반듯하게 만들어진 판대공으로 종도리를 받치고 있으며 중도리 밑에는 뜬창방을 횡단으로 결구하였다. 처마는 연목 위에 부연을 달아낸 겹처마이고 와구토 바름으로 기와잇기를 마감하였다.

좌우 측면의 박공부에는 풍판을 대서 도리 뺄목가구를 보호하고 있다. 측면과 배면의 중방 아래 벽체는 막돌화방벽으로 보강되어 있고 창호는 정면 고주열 3칸에 띠살문을 두 짝씩 달았다. 기둥과 인방재 및 박공, 풍판에는 석간주로 칠해져 있다.

창방과 도리, 보 등의 부재는 양쪽 단부에 모로문양으로 구성하고 중앙부에 먹긋기로 단청하였다. 서까래는 모로단청으로 하고 뇌록으로 가칠하였으며 부연은 모로단청하고 먹긋기로 옆면을 구성하고 색긋기로 밑면을 마감하였다.

명륜당은 정면 3칸, 측면 2칸의 팔작집이다. 정면에서 볼 때 좌측 1칸이 온돌방으로 되어 있고 어간과 우측 1칸을 마루로 구성하였다. 기단은 자연석을 세벌대 높이로 쌓아 올렸다. 주초석은 자연석을 쓰고 기둥은 하단을 그랭이질하여 주초석 위에 세웠는데 약간

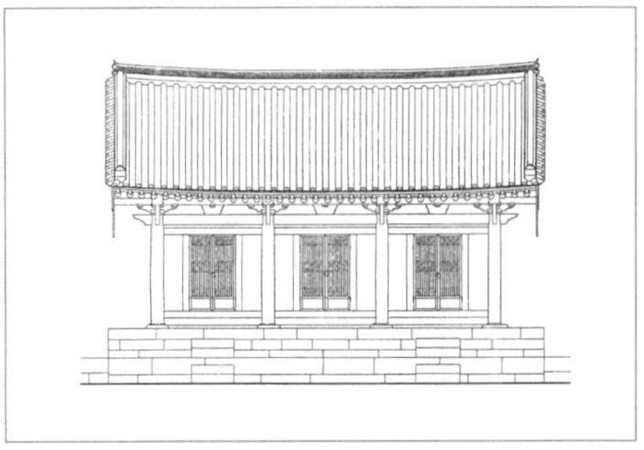

정면도

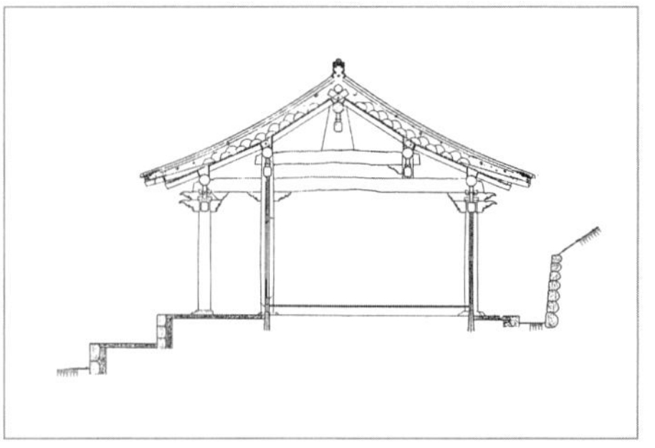

단면도

의 민흘림을 보이고 있는 원기둥으로 되어 있다.

두공은 초익공으로 구성되어 있다. 익공의 촛가지는 연화를 머금은 앙서형으로 조각되어 있으며 기둥 상부에는 창방을 걸고 소로를 배치하여 주심도리와 장여를 받치고 있다.

지붕가구는 전후 처마기둥 사이에 대량을 장통보로 걸고 동자 대공을 세워서 종량을 구성하여 도리들을 받치고 있다. 도리는 처마도리와 중도리, 종도리로 구성된 5량가로 이루어져 있으며 종도리를 받치고 있는 대공은 판대공으로 사다리꼴의 간결한 형태로 구

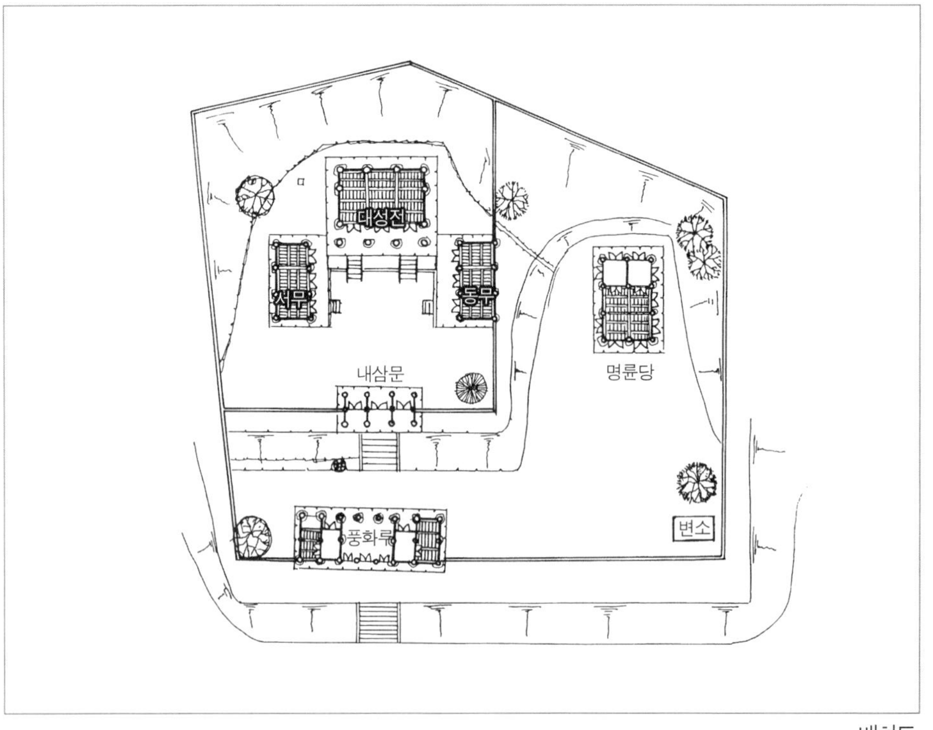

배치도

성되어 있다. 처마는 서까래 위에 부연을 달아낸 겹처마이다.

기둥과 벽체 가구는 석간주로 단청되어 있다. 창방과 기둥 상부 가구재들은 먹긋기로 단청하고 연목과 부연 마구리에 각각 매화점을 찍어 넣었다. 보머리에는 먹바탕에 회색으로 태평화를 그려 넣었고 익공의 촛가지에는 뇌록 바탕에 먹으로 당초와 연화를 그렸다.

대성전 앞의 좌우측에는 정면 3칸, 측면 1칸의 맞배집으로 된 동·서무가 있다. 동무와 서무의 건물형태는 똑같은 형식으로 대칭의 배치를 이루고 있다. 동·서무의 기단은 정면을 장대석 두벌대로 쌓고 측면과 배면을 자연석으로 마무리하였으며 주초석은 자연석 덤벙주초로하였다. 기둥은 민흘림 원기둥으로 주초석 위에 하단부를 그랭이질하여 세웠다.

두공은 초익공으로 구성되어 있는데 명륜당과 같은 앙서형태이다. 기둥머리에는 주두를 구성하지 않고 장여와 보머리를 사래로 짰다. 익공은 보아지의 외단부를 조각하고 지붕 가구는 대량을 걸고 종도리 대공을 세워서 도리들을 올린 3량가로 하였다. 처마는 홑처마로 간결하게 구성하고 박공부에도 풍판을 달지 않았다.

내삼문은 정면 3칸, 측면 1칸의 맞배집으로 평삼문 형태이다. 기단은 장대석으로 초벌대로 놓아 낮게 만들었다. 주초석은 자연석 덤벙주초이고 기둥은 민흘림 원기둥으로 세워져 있고 보칸의 중간에 각주로 문설주를 세워 대문을 달았다. 지붕가구는 3량가로 짜여 있고 처마도 홑처마로 간결한 구조를 이루고 있다.

풍화루는 중앙 3칸을 누각으로 세운 다음 양옆에 각각 온돌방과 마루를 1칸씩 구성한 정면 7칸, 측면 2칸집으로 되어 있다. 중앙의 누각은 솟을지붕의 맞배지붕이고 양측 채는 팔작지붕으로 구성되어 있다.

기단은 자연석 초벌대로 높은 둔덕 위에 낮게 구성하고 주초석은 자연석 덤벙주를 두었다. 중앙 3칸의 누하부에는 대문을 달아 출입하도록 되어 있다. 누각의 기둥은 원기둥이며 누하주와 노상주가 통주로 구성되어 있다.

기둥 몸의 중간에 인방과 마루귀틀을 짜서 누마루를 깔았다. 기둥머리에 사매로 보와 도리를 짜 맞추었으며 익공을 구성하지 않았다. 지붕가구는 전후 처마 기둥 칸에 대량을 장통보로 걸고 종량을 올려서 종도리와 중도리를 받친 무고주 5량가이다.

풍화루 좌우에 연결된 익랑은 기둥이 각주로 구성되어 있으며 추녀를 걸고 팔작지붕의 가구를 이루고 있다. 처마는 누각 몸체와 마찬가지로 홑처마이다.

청안향교
(淸安鄕校)

• 지정번호 : 충북유형문화재 40호
• 건축유형 : 향교
• 소 재 지 : 충북 괴산군 청안면 읍내리 278
• 창건시기 : 조선초기
• 현황 조성시기 : 1981년

괴산 교육의 길잡이

이 향교는 조선초기에 창건된 향교로 추정되고 있으며, 그 후 여러 차례에 걸쳐 중수와 보수가 이루어져 오늘에 이른 것이다. 건물의 배치는 전학후묘(前學後廟)의 형식을 따르고 있으며, 전학구역은 명륜당이, 후묘구역은 대성전이 중심건물로 되어 있다.

대성전은 정면 3칸, 측면 2칸의 맞배지붕 단층목조이다. 여기에는 공자를 주향(主享)하고 그 양편에 사성을 배향(配享)하고, 동벽에는 최치원, 정이, 정호, 안유, 김굉필, 조광조, 이황, 이이, 김장생, 김집, 송준길을, 서벽에는 설총, 주돈이, 주희, 정몽주, 정여창, 이언적, 김인후, 성혼, 조헌, 송시열, 박세채를 종향(從享)하고 있으며, 매년 춘추로 석전제를 지내고 있다.

그리고 강당인 명륜당은 정면 5칸, 측면 3칸의 팔작지붕 단층목조인데, "명륜당"이란 편액(扁額)은 영조 9년(1733)에 쓰여진 것으로 알려지고 있어, 지금의 건물들도 이때 이후로 보수된 것이 남아 있다고 생각되고 있다. 이밖에 고직사 등 부속건물이 있다. 1979~1981년에 걸쳐 대성전, 내삼문, 명륜당을 해체 보수하였고, 외삼문은 기존 건물을 해체하고 익공 맞배집으로 신축하였으며 막돌담장을 설치하

전경

외삼문

대성전

명륜당 내부가구

홍살문 및 외삼문

였다.

대성전은 정면 3칸, 측면 2칸의 맞배집이다. 기단은 장대석을 초벌대로 설치하고 주초석은 원형으로 주좌를 가공하였는데 세련된 기법은 볼 수 없다. 기둥은 원기둥으로 자연재를 사용하여 민흘림이나 배흘림의 기법을 따르지 않고 있다.

두공은 창방과 직교하여 초익공 쇠서를 조출하고 보머리를 운공형태로 깎았다. 주칸의 창방 위에는 소로를 배치하여 처마도리와 장여를 받치고 있다. 지붕가구는 고주를 구성하지 않고 전후 처마기둥 사이에 대량을 장통보로 걸고 종량을 올려서 중도리와 종도리를 가구한 무고주 5량가로 짜여 있다. 좌우 측면에서는 전후 귀기둥 사이에 중간기둥을 세우고 대량을 맞보형식으로 연결하였다.

지붕의 처마는 부연을 단 겹처마이고 창호는 중앙 어간에 2단으로 궁판을 구성한 정자(井)살문이다. 측면 칸에는 좌측에 정자살문이 가로로 길게 창문으로 달려 있고 우측에 살창으로 되어 있다.

대성전에서는 통상 중앙 어간의 문을 신문(神門)으로 하여 출입을 삼가하고 제례시 좌우측 문을 사용하여 출입한다. 이 대성전의 창호는 법식을 따르지 않고 있는데, 좌측 정자살로 된 창문이 본래 출입이었을 것인데 변형되지 않았나 추측된다.

단청은 기둥과 벽체 인방재 및 주선을 석간주로 입혔다. 기둥머리에는 모로문양으로

명륜당 공포

대성전 지붕가구

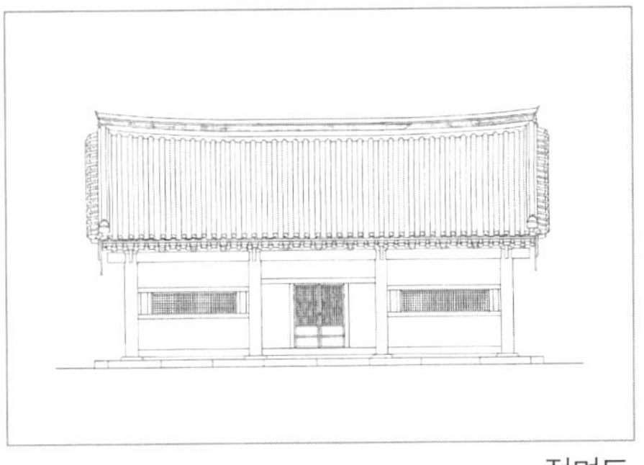
정면도

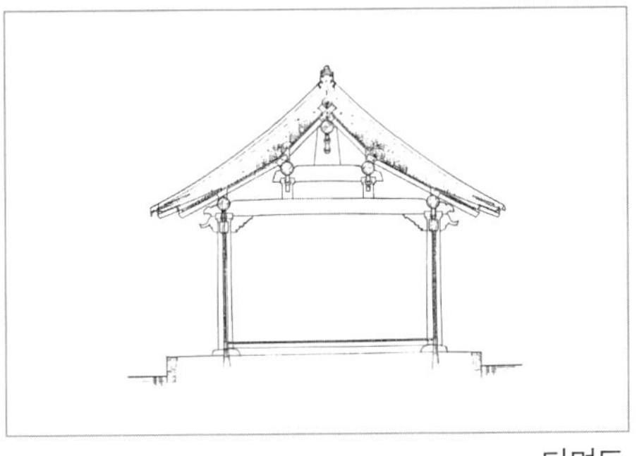
단면도

주위를 입혔다. 창방과 장여, 도리의 양단부에는 모로문양으로 구성하고 중앙부를 먹긋기로 이었다. 연목 외단부는 모로문양을 넣고 내측으로 뇌록 가칠하였으며 부연은 옆면에서 외단부를 색긋기로 매고 내측으로 먹긋기하였다. 부연 밑면은 색긋기로 칠하고 연목 마구리는 연화문으로 마무리하였으며 부연 마구리는 뇌록으로 테를 두르고 먹 바탕에 육매화점을 찍었다. 초맥이는 녹, 먹, 홍 3색으로 색긋기하고 부연 착고는 파련화를 반으로 넣었으며 부연 개판에는 뇌록 바탕에 주화 둘레방석을 그렸다. 이맥이는 먹긋기하고 연함에서 석간주로 칠하였다. 지붕기와는 막새를 이었는데 숫막새와 암막새 모두 연화문을 부조하였다.

명륜당은 정면 5칸, 측면 3칸의 팔작집이다. 평면은 중앙 3칸을 대청마루로 하고 좌우측면에서 전면 툇간에 마루를 한 단 높게 설치하고 온돌방을 구성하였다. 기단은 장대석을 4단 쌓아서 높게 구성하고 주초석은 큼직한 자연석 덤벙주초를 놓았다. 기둥은 원기둥으로 기둥머리가 기둥뿌리 보다 가늘게 되어 있는 민흘림 형식을 취하고 있다.

두공은 초익공이며 보머리를 운공형태로 조각하였다. 창방 위에는 소로를 배치하여 장여와 도리를 받치고 있는데 도리는 굴도리로 된 주심도리와 종도리, 납도리로 된 중도리로 구성되어 있다. 대청마루 상부의 지붕가구는 전후 처마기둥 사이에 대량을 장통보로 걸고 종량과 중도리, 종도리를 짜올린 무고주 5량가이다. 대청마루와 방 사이의 벽체 가구에는 전후 처마 기둥 칸의 중간에 기둥을 세우고 대량을 맞보형식으로 연결하였다. 이 중간 기둥은 주두를 구성하지 않았으며 기둥머리가 대량 윗등 부분에서 절단되어 있다. 종량 상부의 대공은 대청마루 칸에서 파련대공으로 되어 있는데 방의 벽체 상부에서는 제형 판대공으로 구성되어 있다.

명륜당의 단청은 기둥과 인방재들을 석간주로 칠하였다. 그밖의 도리와 장여 및 보는 양쪽 단부에서 먹직휘를 넣고 중앙부를 먹긋기하였고 익공과 보아지에는 뇌록 바탕에 먹으로 줄기를 그리고 석간주로 당초를 그렸다.

내삼문은 정면 5칸, 측면 1칸으로 충북지역에서 다른 향교들의 정면 3칸인 경우와 달리 특이하게 큰 규모로 되어 있다. 중앙 3칸에는 대문이 달려 있다. 어간 문에는 상부 문인방 위에 홍살과 태극 삼지창이 구성되어 있는데 이러한 예도 흔히 볼 수 없는 장식으로 특이하게 보인다. 좌우 측면 칸은 전면을 벽체로 막아서 헛간으로 구성하였다.

외삼문은 정면 3칸, 측면 1칸의 맞배집으로 평삼문이다. 자연석 덤벙주초석 위에 원기둥을 그랭이질하여 세우고 두공은 이익공식으로 짰으며 재주두를 구성하여 보머리와 장여의 사괘맞춤을 받치고 있다. 주칸에는 1소로 화반을 1구씩 배치하여 장여와 도리를 받치고 있으며 처마는 부연을 단 겹처마로 구성하였다. 외삼문은 양식상으로 위계를 보면 이 향교에서 가장 높게 되어 있어서 적절한 구성으로 보기 어렵다.

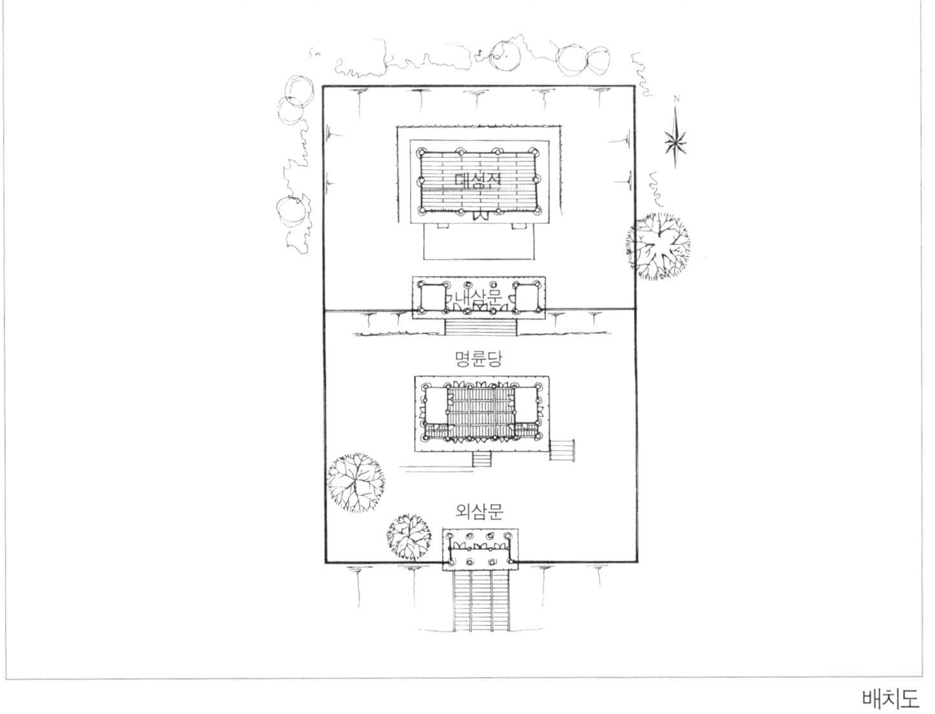

배치도

괴산향교
(槐山鄕校)

• 지정번호 : 충북유형문화재 102호
• 건축유형 : 향교
• 소 재 지 : 충북 괴산군 괴산읍 서부리 104
• 창건시기 : 조선초기
• 현황 조성시기 : 조선 중종때 이건

괴산 교육의 중심

괴산향교는 조선 초기에 창건된 것으로 추정하며, 중종 때에 지금의 자리로 이건하였다. 그 후 여러 차례 중수한 이 향교는 규모와 형식이 향교의 전형적인 격식을 가지고 있고 비교적 원형을 유지하고 있다.

건물 배치는 전학후묘인데, 안담장과 내삼문을 두어 구획하였다. 문묘에는 대성전과 동서양무를 모두 갖추고 있다. 대성전은 정면 3칸, 측면 2칸의 맞배지붕 단층목조이며, 여기에는 공자를 주향(主享)하고 그 양편에 사성을 배향(配享)하고 동서양무는 정면 3칸, 측면 1칸의 맞배지붕 단층목조로 동무(東廡)에는 정호, 설총, 안유, 김굉필, 조광조, 이황, 이이, 김장생, 김집, 송준길을, 서무(西廡)에는 주희, 최치원, 정몽주, 정여창, 이언적, 김인후, 성혼, 조헌, 송시열, 박세채를 종향(從享)하고 있으며, 매년 춘추로 석전제를 지내고 있다.

그리고 강당은 명륜당과 동서 양재를 갖추고 있는데, 명륜당은 정면 5칸, 측면 2칸의 맞배지붕 단층목조이며, 동서 양재는 각각 정면 4칸, 측면 1칸의 맞배지붕 단층목조이다. 이밖에 고직사 등이 있다. 1981년에 대성전, 명륜당과 막돌담장을 완전 보수하였다.

동재

대성전은 정면 3칸, 측면 2

서재

내삼문 천장가구

외삼문

대성전

칸의 맞배집이다. 기단은 근래 수리하면서 보충된 것으로 보이는 간사석 1단 위에 장대석 초벌대로 축조하였다. 주초석은 원형주초석이며 기둥은 원기둥으로 약간의 민흘림을 보이고 있다.

두공은 이익공 형식으로 익공 쇠서에 연화가 조각되어 있다. 보머리는 유공형태이며 익공 첨차는 당초문을 초각한 화려한 형태로 되어 있다. 주칸에는 3소로 화반을 1구씩 배치하였고 화반은 당초문을 초각하였다.

평면상 전면 툇간은 마루를 깔지 않고 기단과 같이 흙바닥으로 구성하였다. 가구는 1고주 5량가 형식이고 처마는 부연을 단 겹처마이다. 창호는 전면 고주열의 벽체에 궁판을 2단으로 구성한 띠살문으로 각 칸마다 2짝씩 달려 있다.

대성전 앞쪽에는 동무와 서무가 좌우에 배치되어 있는데 동서무는 같은 규모와 양식으로 건축되어 있다. 기단은 자연석을 두벌대로 얕게 쌓았고 주초석은 원형주초석으로 기단 위에 얕게 설치되어 있다. 기둥은 원기둥으로 민흘림을 보이고 있다. 평면은 정면 3칸, 측면 1칸으로 지붕가구는 3량가이고 창호는 당판문으로 각 칸마다 2짝씩 달았다.

내삼문은 정면 3칸, 측면 1칸의 맞배집 평삼문으로 되어 있다. 주초석은 원형주초석이고 정면 기둥은 통로 계단 위에 세워지면서 배면 기둥보다 길게 구성되어 있다. 기둥의 형태는 원형기둥으로 민흘림을 보인다.

두공은 이익공으로 짜여 있다. 익공 쇠서는 상향으로 치솟은 형태이며 초익공 하부와 윗등에 싹을 초각하였다. 보머리는 직절하여 단순한 형태로 처리하였다. 화반도 1소로 화반으로 각 주칸마다 1구씩 배치하였다. 지붕가구는 3량가이며 굴도리와 장여로 짜여 있다. 대공은 제형의 판대공이며 처마는 홑처마이다.

대문은 배면 기둥 옆에 달려 있다. 단청은 본래 창방 이상 가구에 모로로 되어 있었던

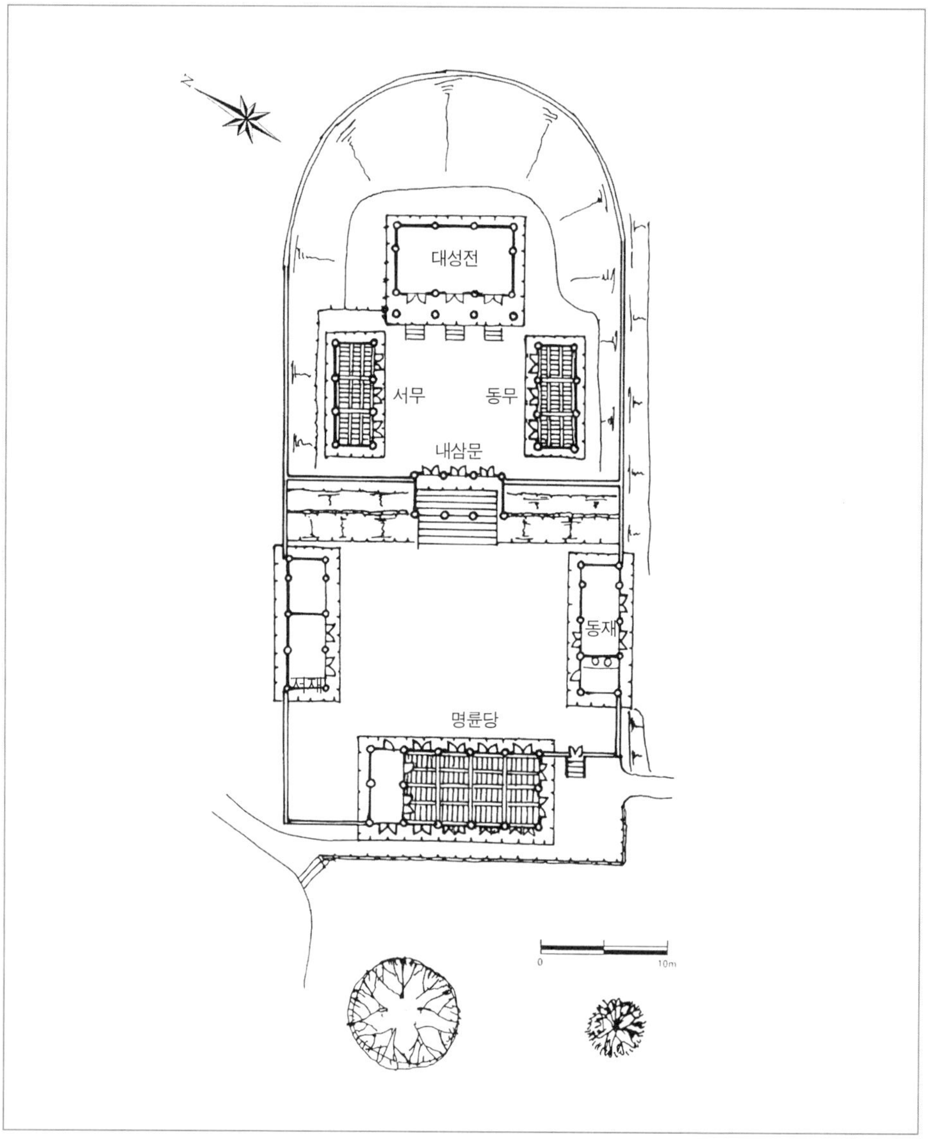

배치도

것을 석간주로 전면 덧칠한 듯이 보인다. 익공의 쇠서나 화반, 가구 등의 형태가 단아하게 표현되어 있다.

명륜당은 정면 5칸, 측면 2칸의 맞배집이다. 기단은 장대석을 초벌대로 깔아서 낮다. 주초석은 원형주초석이며 기둥은 원기둥으로 민흘림을 보이고 있다.

두공은 이익공으로 되어 있는데 재주두를 구성하지 않았다. 주칸에는 1소로 화반을 각 칸마다 1구씩 배치하였다. 익공 쇠서는 앙서로 되어 있고 촛가지 윗면에 연화와 연봉을 초익공과 이익공에 조각하였다. 지붕가구는 무고주 5량가이며 처마는 부연을 단 겹처마이며 창호는 외삼문을 향한 정면에서 당판문으로 되어 있고 대성전을 향한 배면에서 띠살문으로 구성되어 있다. 외삼문쪽 정면에서 볼 때 좌측 4칸은 마루로 되어 있고 우측 1칸을 온돌방으로 구성하였다.

명륜당 앞에는 동재와 서재가 정면 3칸, 측면 1칸 맞배집으로 마주보고 서 있다. 동·서재는 장대석을 초벌대로 설치하고 주초석은 원형주초석으로 되어 있다. 기둥은 원기둥으로 자연재를 생긴 대로 깎아 세웠고 기둥과 도리의 결구는 주두 없이 기둥머리에 장여를 짜 맞추고 도리형태로 기둥 상단을 깎아 도리를 올렸다.창호는 방에 띠살문을 달았고 부엌에 판문과 살창으로 구성하였으며 지붕가구는 3량가이다. 명륜당 앞에 외삼문이 없으며 정면의 귀기둥에 이어서 막돌담장을 쌓고 담장 사이에 사주문을 세워 외삼문으로 사용하고 있다.

연풍향교
(延豊鄕校)

• 지정번호 : 충북유형문화재 103호
• 건축유형 : 향교
• 소 재 지 : 충북 괴산군 연풍면 행촌리 590
• 창건시기 : 조선 중종 10년(1515)
• 현황 조성시기 : 20세기

연풍 교육의 본거지

연풍향교는 조선 중종(中宗) 10년(1515)에 창건되었다고 전해지는데, 《신증동국여지승람(新增東國輿地勝覽)》에 '향교 재현동일리(鄕校 在縣東一里)' 라고 하여 연풍의 동쪽 1리에 있다고 한 것을 보면 현재의 위치에 세워졌음을 알 수 있다. 연풍향교의 연혁을 보면 조선 태조 3년(1394)에 장연과 장풍의 양 현을 합하여 현재의 장연면 송덕리 교동에 향교를 건립하였다고 하나 고증할 문헌이 없고, 6 · 25전란으로 서책(書冊)이 소실되었기 때문에 상세한 연혁은 알 길이 없다.

그러나 1980년 대성전을 중수할 때 대들보에 기록된 성조중건 상량문에 의하면, 인조 6년(1628)에 현감 이수약(李守約)이 건립한 것으로 되어 있고, 일설에는 태조 3년(1403)에 창건되었다고도 한다. 현종 5년(1664)에 현감 정세익(鄭世翼)이 교관(敎官)을 중건하였으며, 영조 50년(1774)에 현감 권성응(權聖應), 순조 31년(1831)에 현감 박유대가 각각 중수하였다. 그 후 6 · 25사변 당시 명륜당과 동서재, 외삼문, 홍살문, 담장이 소실되고 파손된 것을 1956년 명륜당을 중건하고, 1957년에는 담장을 축조하였으며, 1980년에 대성전을 중수하고 명륜당을 중건하고,

전경

명륜당

대성전

명륜당 공포

대성전 전면 공포

1985년에 외삼문을 복원하였다. 1981년 충청북도 지방문화재 61호로 지정되었고, 1988년 10월 7일 유형문화재 제103호로 지정되어 현재에 이르고 있다. 명륜당 뒤 좌우측에 동재와 서재가 1994년에 중창되었다.

연풍향교의 배치를 보면 대성전, 동 · 서재, 명륜당, 내 · 외삼문으로 구성되어 있다. 전저후고(前低後高)의 지형에 후고의 위치에 대성전이 배치되어 공사와 선현을 모셨고, 전저의 위치에 학생들을 교육시키는 명륜당과 동서 양재가 배치되어 있다. 연풍향교는 제향공간과 강학공간의 공간구성을 하고 있으며 전후학묘의 배치를 보이고 있다. 배치형식을 구체적으로 살펴보면 대성전과 명륜당을 중심축으로 하고 동서재를 양옆에 배치하는 형식이며, 외삼문과 담장으로 외부와의 경계를 설정하고 내삼문과 담장으로 제향공간과 강학공간을 구분짓고 있다. 명륜당과 동서재의 관계는 일반적으로 명륜당의 앞으로 배치되는 데 비하여, 유례가 없는 것은 아니지만 명륜당의 뒤에 배치하는 특성을 갖고 있다.

대성전은 정면 3칸, 측면 3칸의 맞배집이다. 두공의 양식은 이익공이며 처마는 겹처마이며 창방 이상 주요 부재에 모로로 단청되어 있다. 기단은 자연석을 모르타르 채우기하여 쌓아 올렸으며 주초석은 자연석 덤벙주초와 가공된 원형주초석이 혼재되어 있고 기둥은 원기둥으로 기둥머리가 기둥뿌리보다 가늘어진 민흘림형식으로 가공되어 있다.

두공은 이익공이며 익공 쇠서의 앙서에는 연화가 초각되어 있다. 이익공 쇠서 위에 퇴

명륜당 측면

대성전 지붕가구

대성전 툇간가구

량머리는 운공형태로 조각되어 있다. 창방은 전면 기둥 옆에만 가구되어 있고 측면에서 생략하여 가구가 완전한 짜임새를 이루지 못하고 있다. 지붕가구는 전면에 고주로 중도리를 받친 1고주 5량가이며 창호는 중앙 어간에 2짝과 좌우 측면 칸에 각각 1짝의 궁판이 있는 띠살문으로 구성되어 있다.

명륜당은 정면 3칸, 측면 2칸의 맞배집이다. 기단은 자연석을 모르타르로 채워 쌓았다. 주초석은 자연석 덤벙주초이며 기둥은 원기둥으로 자연석 위에 그랭이를 떠서 세웠다. 평면은 중앙 1칸의 마루와 좌우 측면 칸의 온돌방으로 구성되었으며 마루칸의 정면에는 창방 밑까지 높은 띠살문 네 짝으로 막혀 있다. 온돌방 칸에는 하인방 위에 머름을 구성하고 두 짝 띠살문을 달았다.

두공은 창방과 직교로 초익공을 짜고 주칸에 처마도리 밑의 장여를 창방 위에서 소로를 배치하여 받친 초익공식으로 이루어져 있다. 창방 뺄목은 전후면 방향에서 익공 쇠서로 조각하였으나 횡방향의 측면에서는 직절하였다. 지붕가구는 5량가로 되어 있다. 처마는 부연을 달지 않은 홑처마로 되어 있고 앙곡을 구성하지 않아 시각상 양쪽 귀부분이 처져 보인다. 기둥 이하 벽체의 가구재에는 석간주로 단청되어 있고 창호에는 뇌록가칠되어 있다.

충북지방의 다른 향교의 명륜당에서는 잘 나타나지 않은 창방 이상의 가구재에 모로단청을 하였다. 본래 검소함을 표방하고 있는 향교의 명륜당에서 모로단청을 한 것은 이 명륜당이 1980년에 중창되면서 재래의 형식을 상실하지 않았나 생각된다.

외삼문은 맞배집으로 솟을삼문으로 되어 있고, 내삼문은 평삼문 맞배집으로 구성되어 있다. 외삼문에서 좀떨어진 입구에는 홍살문이 세워져 있다.

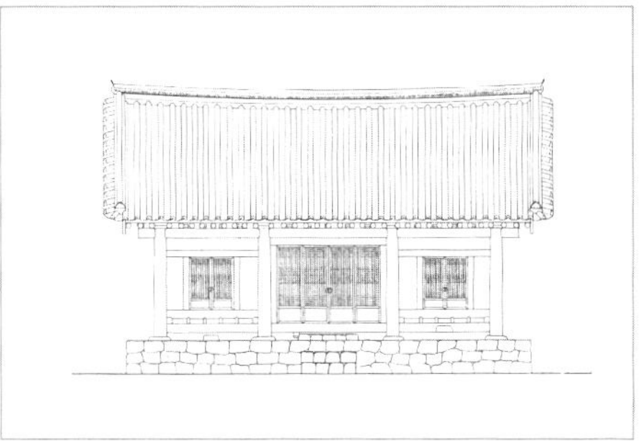

정면도

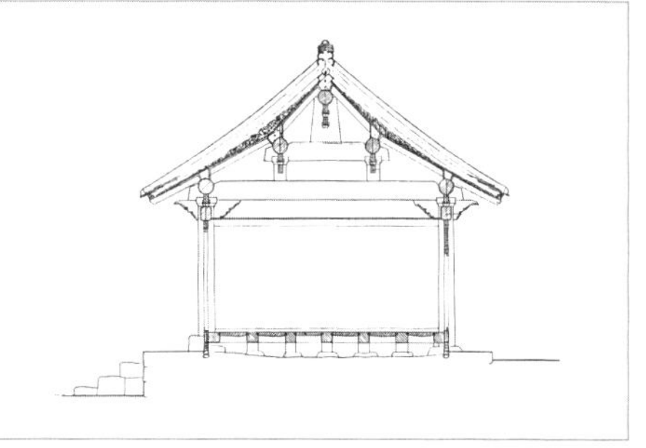

단면도

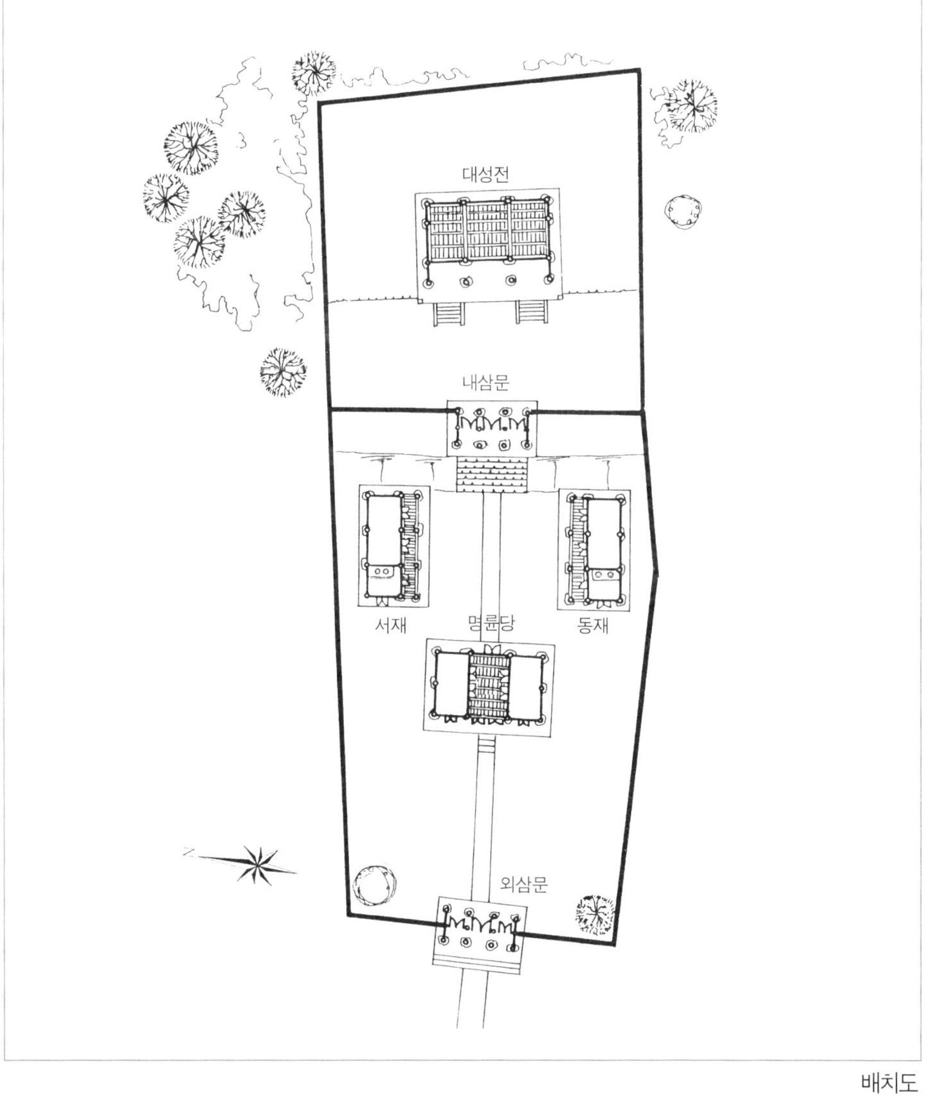

배치도

청안 사마소
(淸安 司馬所)

- 지정번호 : 충북기념물 49호
- 건축유형 : 사당
- 소 재 지 : 충북 괴산군 청안면 읍내리 279
- 창건시기 : 조선 숙종 29년(1703)
- 현황 조성시기 : 20세기

괴산 유림의 본거지

괴산군 청안면 읍내리 향교(鄕校) 옆에 위치하고 있다. 사마소란 생원과 진사, 즉 사마방(司馬榜)에 급제한 자가 50명 이상이 나온 읍에 설치되는데, 그 급제자들이 지방유림으로서 뛰어난 인물이라 하여 후배와 후손들이 제사하며 유학을 강론하고 정치를 의논하는 곳이다.

청안 사마소는 조선 숙종 때 청안현 생원, 진사 50여 명이 이미 사마방에 급제하매, 숙종 29년(1703)에 사마소를 설치하였다 하며, 제명록(題名錄)에 등재된 현감 23명, 생원, 진사 91명 등 114명에 대하여 매년 후손들이 춘추에 제사하고 있다. 이 사마소는 사주문과 사당 두 건물로 구성되어 있다. 사주문의 좌우측으로 막돌담장이 둘러져 사당 건물을 에워싸고 있는 간소한 배치를 이루고 있다.

전경

사당의 기단은 자연석 강회 모르타르와 섞어서 두벌대로 쌓았다. 기단은 축조된 솜씨로 보건데 근래 수리된 것으로 재래식의 건식기법을 잃고 있다. 주초석은 4각으로 다듬은 돌을 설치하였다. 기둥은 각주로 되어 있으며 정면에서 기둥머리에 가로로 창방을 걸고 소로를 배치하여 주심장여와 도리를 받친 소로 수장집으로 되어

전면

내부

있다.

평면은 정면 3칸, 측면 2칸이며 전면 툇간은 마루로 되어 있다. 지붕가구는 1고주 5량가로 구성되어 있는 맞배집이다. 처마는 부연을 단 겹처마이며 기둥과 벽체의 인방재들은 석간주로 단청되어 있다. 창방과 소로, 장여, 도리, 평고대 등의 부재는 먹긋기로 단청되었고 창방과 장여, 도리의 양단부에는 먹 바탕에 육매화점을 찍어 놓았다. 연목과 부연 마구리에도 역시 육매화점을 찍어 마무리하였다. 연목과 부연의 옆면은 먹긋기하였으며 부연의 밑면은 색긋기하였다.

추녀

사주문은 맞배집으로 네 귀에 각주를 세워 지붕가구를 짜 올리고 전후 기둥 사이에 간주를 세워서 대문을 달았다. 주초석은 자연석 덤벙주초이고 지붕가구는 3량가로 굴도리를 사용하였으며 장여를 구성하였다. 처마는 부연은 달지 않은 홑처마로 되어 있다.

청주향교
(淸州鄕校)

- 지정번호 : 충북유형문화재 39호
- 건축유형 : 향교
- 소 재 지 : 충북 청주시 상당구 대성동 67
- 창건시기 : 조선 태조

청주 교육의 본거지

조선 태조 때 창건한 것으로 추정하고 있으며, 세종 26년(1446)에 세종이 초정에 신행(幸行)하였을 때 청주향교에 서책(書冊)을 하사한 일이 있고, 또 세조 10년(1464)에는 세조가 청주에 주필하였을 때 문묘에 친사(親祀)한 일이 있는 삼남(三南) 제일의 향교였다. 그런데 숙종 9년(1683)에 현령 이언기(李彦紀)가 지금의 자리로 이건하였고, 그 뒤 여러 차례의 보수가 있었다.

청주향교에는 교생 90명과 자모생(自募生) 70명이 있었으며, 재직 40명, 노 13명이 있었는데 고종 31년(1894)에 과거제도가 폐지되면서 문묘는 향사만 하게 되었고, 1910년 이후에는 조선총독부령에 의하여 문묘 직원을 두어 관리하게 되었다. 건물의 배치는 전학후묘(前學後廟)로 내삼문을 두어 구획하였는데 경내에는 대성전을 중심으로 6동의 건물이 배치되어 있다.

전경(외삼문)

대성전은 정면 3칸, 측면 2칸의 맞배집이다. 기단은 화강석으로 된 장대석을 두벌대로 쌓았다. 주초석은 원형 주초로 되어 있으며 윗면에 주좌를 낮게 새겼다. 기둥은 민흘림 원기둥으로 되어 있고 정면 툇간에 고주를 구성하고 있다.

두공은 이익공형식으로 되어 있으며 재주두를 구성하여 보

대성전

명륜당

대성전 공포

명륜당 배면

대성전 전면 공포

대성전 전면 툇간

머리와 장여 맞춤을 받치고 있다. 익공 촛가지는 수서형이며 익공의 내부 살미는 보아지로 구성되어 있는데 역시 순을 길고 화려하게 조각한 형태이다. 정면 툇간에는 고주를 세워 중도리를 받치고 대량과 퇴량을 주신 상부에서 맞보형식으로 결구하였다. 지붕 가구는 1고주 5량가로 구성되어 있으며 종량 중간에 있는 대공은 종도리를 받치고 있는데 파련각으로 조각된 화려한 형태를 이루고 있다. 툇간에는 고주와 평주 칸에 모두 창방을 걸고 화반을 측면과 고주 칸에도 배치하였는데 흔히 볼 수 있는 예이다. 맞배집의 측면 칸에서는 일반적으로 화반이 배치되지 않는데 청주향교 대성전에는 측면에도 화반을 배치하였다.

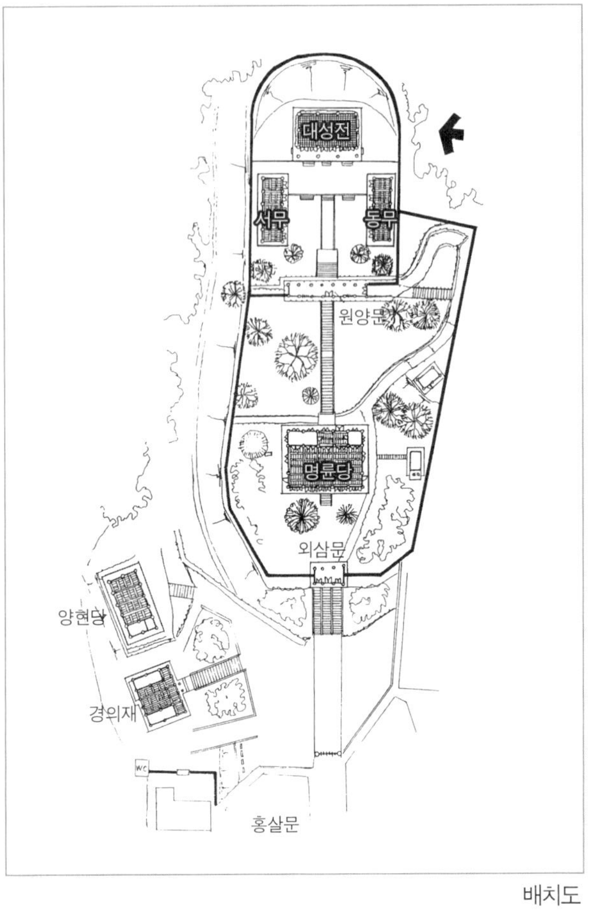

배치도

명륜당은 정면 4칸, 측면 3칸의 홑처마, 맞배집이다. 자연석 기단 위에 막돌주초를 놓고 그 위에 원형기둥을 세웠다. 가구형식은 1고주 5량가이며, 단청은 긋기단청으로 하였다.

정면의 두공은 초익공식으로 하였다. 1977년부터 1981년까지 대성전 단청과 외삼문의 해체 보수를 하였으며 서무를 신축하고 전돌 통로와 석조 계단을 신설하였다. 현재는 교육과 아울러 전통혼례를 위한 장소로도 이용되고 있다.

문의향교
(文義鄕校)

• 지정번호 : 충북유형문화재 94호
• 건축유형 : 향교
• 소 재 지 : 충북 청원군 문의면 미천리 220-1
• 창건시기 : 조선초기
• 현황 조성시기 : 조선 숙종 9년(1683) 이건, 1915년 재건

문의 교육의 본거지

문의향교는 창건연대는 정확히 알 수 없으나 조선조 선조(1567~1608년)대 이전에 건립된 것으로 추정하고 있다. 옛 문의현 서쪽에 건립되었다가 광해군 원년(1609)에 현(縣)의 남쪽인 기산리에 이건되었다. 숙종 9년(1683)에 현 위치에 재차 이건되었다. 숙종 때 문의현이 청주목(淸州牧)으로 합쳐짐에 따라 폐교되었다가 1915년에 재건되었다. 향교에 소장되어 있는 〈校任先生案〉, 〈靑衿錄〉, 〈鄕學契座目〉 등의 전적(典籍)은 지방 향토사 연구에 귀중한 자료로 평가받고 있다.

전경

문의향교에는 조선시대에 종구품인 훈도(訓導)가 교생 30명을 가르쳤고 노 15명과 비 9명을 두었다. 지금의 향교는 1975년의 대청호 다목적댐 건설공사로 인하여 1977년에서 1980년에 걸쳐 중건하고 1988년에 보수하였다. 건물의 배치는 전학후묘(前學後廟)의 형식으로 외삼문에서 명륜당, 내삼문, 대성전의 순서로 구성되어 있다.

대성전은 정면 3칸, 측면 3칸으로 정면과 측면 칸수 및 길이가 비슷한 정방형으

대성전

대성전 공포

명륜당

명륜당 내부가구

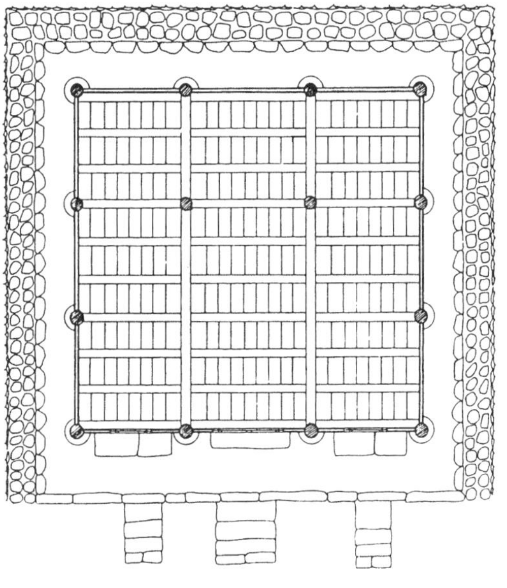

대성전 평면도

로 이루어져 있다. 기단은 정면에 장대석으로 좁게 쌓고 측면과 배면에서 자연석으로 둘렀다. 주초석은 원형으로 높게 가공하여 설치하였고 기둥은 원기둥이며 자연재를 생긴 대로 깎아서 세운 것으로 민흘림 기둥에 가깝지만 기법을 준수하고 있지는 않다. 기둥 상부에는 창방을 가로로 주칸에 연결하였다.

두공은 이익공식이며 기둥의 굵기에 비해 다소 크게 보이는 주도를 놓았다. 익공의 촛가지는 초익공, 이익공 모두 쇠서로 조각되어 있다. 주칸에는 1소로 화반으로 주심 장여와 도리를 받치고 있다.

가구는 후면에 고주를 세운 1고주 5량가 형식이며 대량과 후면 퇴량을 고주의 몸체 상부에서 같은 높이로 연결되어 있다. 중도리와 종도리 하부에는 뜬창방을 횡가구로 연결하고 소로를 배치하여 장여와 도리를 받치고 있다. 대공은 제형의 판대공으로 단순한 형태로 세웠다. 처마는 부연을 구성한 겹처마이다.

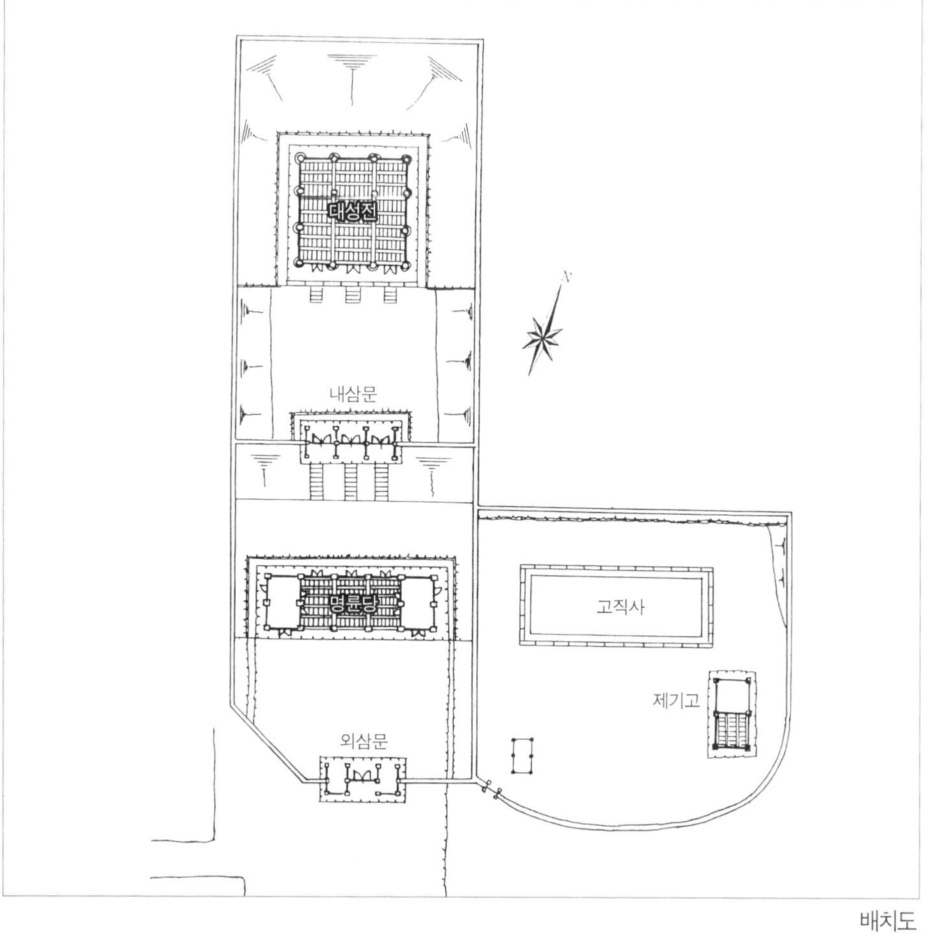

배치도

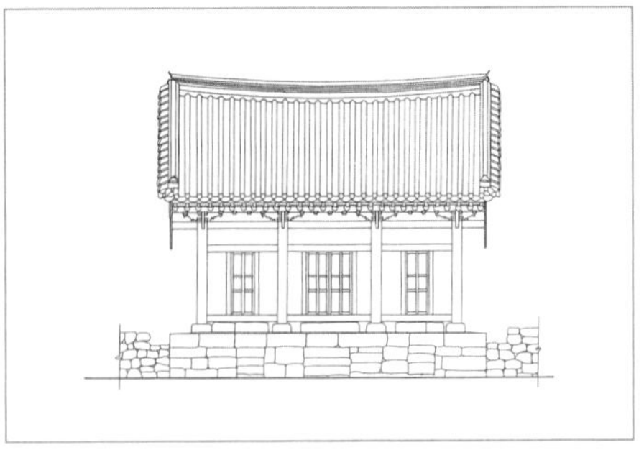

정면도

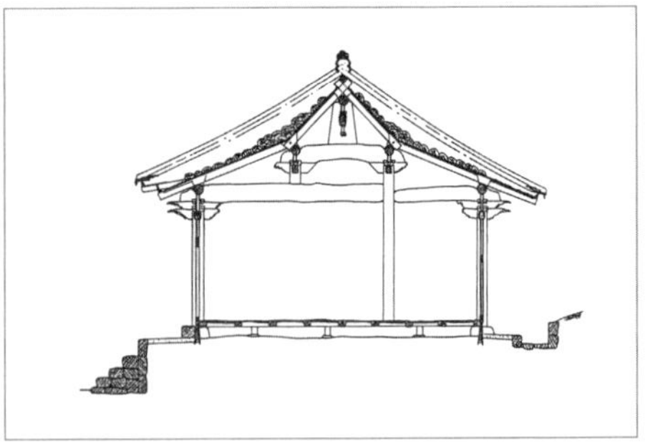

종단면도

명륜당은 정면 5칸, 측면 2칸 집으로 중앙 3칸의 대청마루를 중심으로 양측 툇간을 방으로 구성하였다. 기단은 자연석으로 쌓았는데 주초석은 화강석을 원형으로 높게 가공하여 설치하였다. 기둥은 각주로 되어 있다.

가구는 납도리 5량가이고 익공을 구성하지 않은 간결한 형식이다. 좌우 측면의 방문은 띠살문인데 대청마루의 배면 문은 당판문으로 구성되어 있다. 이 건물은 단청을 하지 않은 백골집으로서 민가와 유사한 모습을 띠고 있으며 검소한 느낌을 주고 있다.

내삼문과 외삼문은 모두 솟을삼문이다. 두 건물 모두 각주로 세우고 홑처마로 구성하였다.

삼세 충효문
(三世 忠孝門)

• 지정번호 : 충북기념물 40호
• 건축유형 : 정문
• 소 재 지 : 충북 청원군 북일면 비중리 110-1
• 창건시기 : 조선 숙종 43년(1717)
• 현황 조성시기 : 1972년

청원 충효의 길라잡이

나사종(羅嗣宗)의 충신문(忠臣門)과 그의 아들 운걸(云傑)과 손자 빈(濱), 린(潾) 형제의 삼효문(三孝門)을 말한다.

나사종(1440~1491년)은 자는 광원(光遠), 호는 퇴수헌(退修軒)이며, 효성이 지극하고 학행과 무술이 뛰어났다. 특히 궁마(弓馬)에 능하고 의협심이 강하여 충청도 관찰사 성준(成俊)의 천거로 발탁되어 성종 17년(1486)에 경흥부사가 되었다. 조선 성종 22년(1491)에 여진족 올적합(兀狄哈)의 무리가 조산보(造山堡)에 침입하자 군사를 거느리고 나가 싸우다가 전사하였다. 숙종은 병조참판에 추증하고 충정(忠貞)이란 시호를 내리고 청주목사 김한에게 명하여 충신문을 건립하였다.

그의 아들 나운길(1456~1493년)은 아버지의 원수를 갚는다고 3년상이 끝나기도 전에 허종(許琮)의 여진정벌에 백의종군하였으나 올적합을 죽이지 못하자 자식된 도리를 다하지 못하였음을 한탄하고 탈상하는 날 자결하였다. 그러자 그의 아들 나빈(1473~1495), 나린(1475~1495년) 형제도 효성이 깊어 여진정벌에 자원했으나 뜻을 못이루자 역시 아버지 3년상이 끝나는 날 토혈자진(吐血自盡)하니 삼세가 기일을 같이

전경

충신문

충신문 공포

삼효문

삼효문 공포

하는 충효를 남겼다. 효종 24년(1698)에 삼효문이 명정(命旌)되었다.

충신문은 정면 1칸, 측면 1칸의 팔작집이다. 기단도 초벌대로 설치된 장대석으로 낮게 되어 있다. 주초석은 화강석을 팔각으로 다듬어서 높게 설치하였고 기둥은 민흘림 원기둥으로 세웠다.

두공은 이익공이고 기둥 칸에 화반 대신 익공이 배치되어 있는데 익공의 촛가지는 연화를 머금은 앙서형으로 끝이 위로 휘어 올라가 화려한 형태로 조각되어 있다. 익공첨차는 교두형으로 끝을 직절하고 밑면을 경사로 깎은 형태이다.

지붕가구는 전후 기둥 칸에 대량을 걸어서 익공 화반으로 받치고 측면에도 충량을 구성한 팔작집 가구로 짜여 있다. 처마는 부연을 달아 댄 겹처마이며 벽체는 주초석 높이로 고막이벽을 설치하고 홍살을 세워서 내부를 들여다 볼 수 있도록 하였다.

삼효문은 맞배집으로 정면 1칸, 측면 1칸의 맞배집으로 충신문 옆에 세워져 있다. 기단은 자연석을 초벌대로 깔았다. 주초석은 충신문과 마찬가지로 팔각주초이며 기둥은 민흘림 원기둥이다.

두공은 초익공에 앙서형으로 되어 있다. 촛가지의 연화를 머금은 초익공이다. 지붕가구는 3량가로 좌우 측면 보 위에 대공을 세워 종도리를 받치고 있다. 보머리는 사절되어 있고 익공 위에 봉두를 조각하여 꽂았다. 창방 뺄목은 직절된 단순한 형태이며 처마는

측면도

부연을 달아댄 겹처마로 되어 있다. 양측 박공에 풍판을 달아대어 후면을 보호하고 있다.

담장에 홍살문(紅箭門)이 있고 마당에는 1946년에 세운 '안정나씨삼세충효비(安定羅氏三世忠孝碑)' 가 서 있다. 이것은 1970년과 1971년의 두 차례에 걸쳐 보수되었으며, 1972년에 사우(祠宇)가 신축되었다.

회인향교
(懷仁鄕校)

- 지정번호 : 충북유형문화재 96호
- 건축유형 : 향교
- 소 재 지 : 충북 보은군 회북면 부수리 405-2
- 창건시기 : 조선 세종(1418~1450)때
- 현황 조성시기 : 조선 광해군 3년(1611) 재건

보은 관학교육의 본거지

회인향교는 옛날 회인현의 북쪽 2리에 있다고 하였으나 지금은 회북면 부수리에 있다. 조선 세종(1418~1450) 때 창건되었다고 하는데 선조 때 임진왜란의 재화로 불에 타서 보은향교에 합하였다가 광해군 3년(1611)에 재건하였다. 그 뒤 1924년, 1941년, 1971년 등 수차례의 중수와 보수가 있었다.

건물의 배치는 전학후묘(前學後廟)로 문묘에는 대성전만 남아 있다. 대성전은 정면 3칸, 측면 3칸의 맞배지붕 단층목조로 여기에는 공자를 주향하고 그 양편에 사성을 배향하고 있다. 동서 양편에는 22현을 종향하고 있으며 매년 춘추로 석전제를 지내고 있다. 구릉지에 놓인 회인향교는 정면에 외삼문이 없이 강당인 명륜당이 고설식으로 놓여져 명륜당의 하부로 진입하도록 되어 있다.

대성전은 정면 3칸, 측면 3칸의 맞배집이다. 기단은 지면에 매몰되어 그 전모를 알 수 없다. 주초석은 자연석 덤벙주초이고 기둥은 민흘림 원기둥으로 세워져 있다. 두공은 출목 이익공식으로 짜여 있는데 재주두가 보이지 않는다. 촛가지는 초익공과 이익공에 모두 꽃잎을 세 개로 조각한 연화를 초각해 놓았다. 보머리는 당초

전경

명륜당 전면

명륜당 누하주

명륜당에서 본 대성전

명륜당 공포

문으로 된 운공을 초각해서 붙였다. 첨차는 주심첨차와 출목첨차에 모두 당초문으로 파련각되어 있다. 화반은 3소로 화반으로 되어 있으며 파련각으로 조각되어 있다. 창호는 중앙 어간에 당판문을 세 짝으로 달고 좌우 측면 칸에 교살창을 구성하였다. 측면 중앙칸에는 정(井)자살 창문을 달아서 내부에 채광을 돕고 있다.

명륜당은 정면 5칸, 측면 2칸의 초익공 팔작의 2층 건물로서 현재는 1층의 전칸이 개방되어 누문(樓門)형식으로 되어 있으나, 전에는 중앙 3칸은 마루, 양 툇간은 온돌방으로 되어 있었다고 한다. 답사 시 양측면 1칸의 하층 기둥 상부와 바닥부분에 구들을 놓았던 흔적과 불에 탄 흔적을 확인하였다. 보은군 관계자들과 동네 주민들의 면담을 통해서 전에는 양측면에 1칸의 온돌방이 놓여졌었으나, 1970년경에 보수하는 과정에서 구들부분이 해체되었다는 사실을 확인할 수 있었다.

1층에는 중앙 3칸에 대문을 달아서 출입하도록 구성하였다. 기단은 자연석으로 초벌대로 낮게 쌓았다. 주초석은 자연석 덤벙주초를 놓고 기둥은 원기둥으로 누하주를 세우고 누마루 귀틀을 짰다. 2층 누 기둥은 원기둥으로 누마루 위에 세웠다. 두공은 초익공이며 촛가지를 상향의 쇠서로 조각하였는데 단순하면서도 대담한 선의 형태로 힘있게 표현되어 있다. 보머리는 직절하여 단순하게 만들었다.

명륜당 누하문

명륜당에서의 조망

명륜당 지붕가구

명륜당 내면

명륜당 전면 공포

대성전 전면 공포

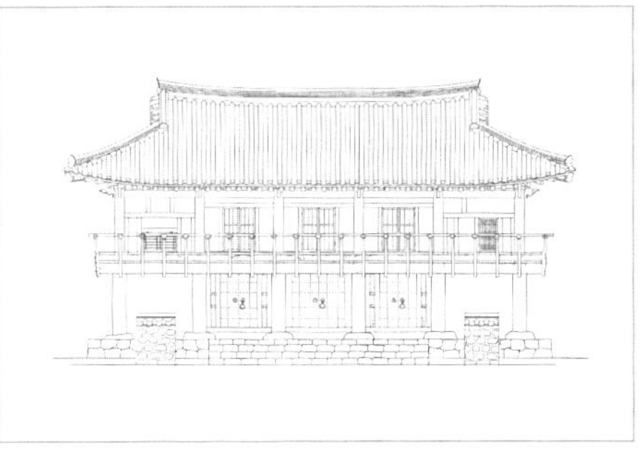

명륜당 정면도

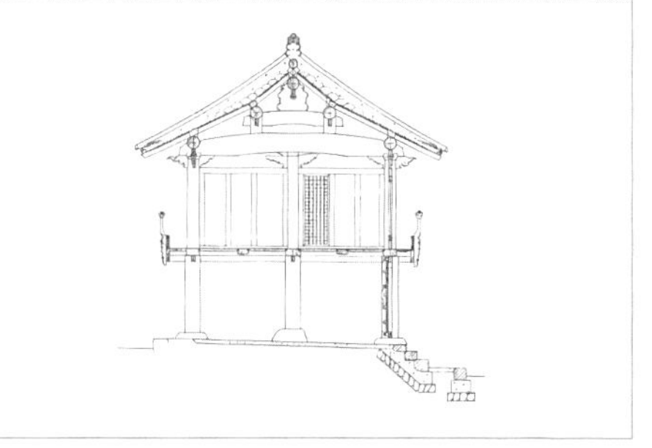

명륜당 종단면도

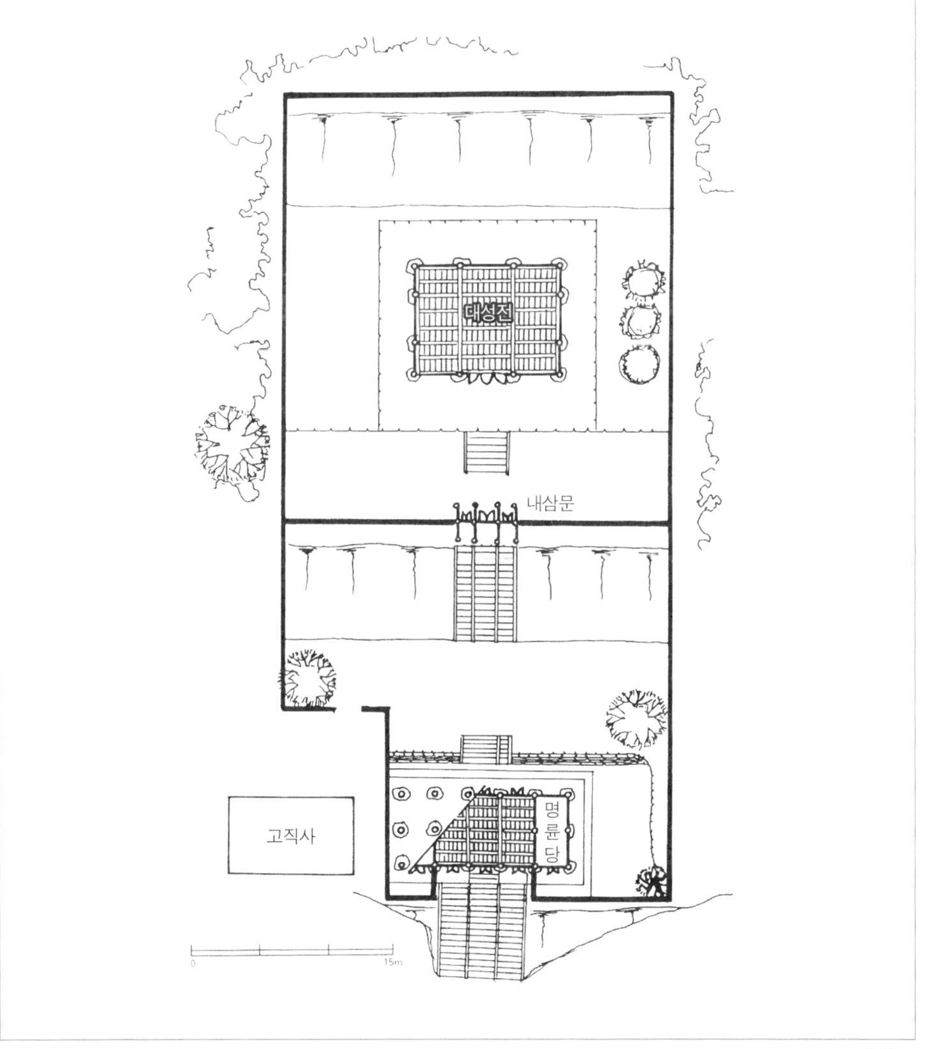

배치도

명륜당 난간

명륜당 누하주

지붕가구는 5량가로 전후 2칸통에 대량을 장통보로 걸고 종량과 중도리, 종도리를 올렸다. 처마는 홑처마로 부연을 달지 않고 누마루 4면에는 계자난간을 둘렀다. 평면은 좌우측 툇간에 전후 2칸 방을 구성하였다. 가운데 3칸은 대청마루로 구성하였는데 대성전을 향한 쪽의 벽을 막지 않고 개방하였다. 정면 입구쪽 벽의 창호는 당판문을 2짝씩 달았다.

현재는 온돌구조부가 없는데, 이 구들은 20여 년 전에 없어졌다. 예전에 온돌에 불을 때어 겨울에 사용했다고 하는데, 온돌방의 아궁이 부분은 따뜻하였고 배연구 부분은 상당히 추웠다고 한다. 관계자들과 주민들의 증언에 따르면, 온돌부의 형태는 뜬온돌의 모양을 갖추고 온돌의 하부는 원목(原木)을 격자로 짜서 받쳐 놓았으며, 아래에 하부기둥이 받치지는 않았고 본 기둥에 매여 있는 모습이었다고 하는 바, 옥천향교 명륜당의 온돌형식과 유사한 것으로 보인다. 아궁이는 명륜당의 배면부에 놓이고 배연구(排煙口)는 건물의 온돌구조 측면부에 놓여 ㄱ자형 온돌형식을 보이는 것으로 볼 수 있으며, 배연구의 하단으로는 사람이 머리를 숙이고 다닐 정도이고 아궁이가 놓이는 배면부의 하단은 낮아서 잘 다니지 않았다고 한다.

옥천 이지당
(沃川 二止堂)

- 지정번호 : 충북유형문화재 42호
- 건축유형 : 서당
- 소 재 지 : 충북 옥천군 군북면 이백리 33
- 창건시기 : 조선중기
- 현황 조성시기 : 조선 고종 5년(1901) 재건

인간미 넘치는 충북의 서당

이지당은 조선중기 성리학자인 중봉(重峰) 조헌 선생이 후학을 교육하던 서당으로, 처음에는 각신동 마을 앞에 있었기 때문에 각신서당(覺新書堂)이라 하였다. 그 후 우암(尤庵) 송시열 선생이 시전(詩傳)에 있는 "산이 높으면 우러러 보지 않을 수 없고, 큰 행실은 그칠 수 없다"라는 "고산앙지 경행행지(高山仰止 景行行止)"라는 문구에서 지자(止字)를 따서 이지당이라 하였다. 그 후 퇴락된 것을 광무 5년(1901)에 옥천읍 옥각리의 금씨, 이씨, 조씨, 안씨의 4문중에서 재건하여 오늘에 이른다. 이곳에는 송시열 선생이 친히 쓰신 이지당이라는 편액이 걸려있고, 중봉 선생께서 쓰신 "각신서당"이라는 현판을 비롯하여 이지당기(二止堂記), 이지당강학조약(二止堂講學條約) 등이 있었다. 그러나 1992년 일부 몰지각한 문중의 한 사람이 이지낭기 등 4점을 편취하여 운송 도중 분실하여 영영 찾을 길이 없어 안타깝기만 하다.

전경

이지당은 정면 6칸, 측면 1칸의 몸체에 좌측에 3칸, 우측에 2칸의 익랑을 연결한 ㄷ자형 기와집이다. 좌측 익랑은 몸체의 박공부에 붙여서 누각으로 팔작집을 세웠다. 좌익랑은 몸체에 회첨골로 연결된 맞배집이고 우익랑은 기둥 몸체 중간에 우물마루를 설치한 누

서측 누각

누하주

누각에서 내려다 본 풍경

대청과 서측 누각

마루로 되어 있으며 좌익랑은 전면 2칸을 누각으로 개방시키고 후면 1칸을 벽으로 막은 마루방으로 구성되어 있다. 몸체는 좌측면 2칸과 우측면 1칸을 방으로 하고 중앙 3칸을 대청마루로 구성하였다.

우측 익랑은 자연석 기단 위에 자연석 덤벙주초로 설치하고 기둥은 누하주를 원기둥 자연재로 그랭이질하여 주초석 위에 세웠다. 누상주는 누하주 기둥머리에 마루귀틀을 짜고 역시 원기둥 자연재로 세웠다. 누상주 기둥머리에는 창방을 걸고 주칸에 소로를 배치하여 장여와 주심도리를 받친 소로수장집이다. 지붕가구는 3량가이며 몸체는 자연석 기단으로 되어 있다. 주초석은 자연석 덤벙주초로 하고 기둥은 각주를 세웠다. 지붕가구는 3량가로 짜여 있고 대청마루 전면과 종도리에 주심장여를 구성하였다.

주택에서 달성된 세련된 건축술은 지배층의 별당에도 나타났다. 오히려 복잡한 생활기능의 구속을 받는 주택보다 기능이 단순한 별당에서 건축술은 더 자유롭고 융통성 있는 표현의 세계를 열었다. 이지당은 지역 유지들의 학문소로 건립된 일종의 서당 건물을 1901년에 와서 재건한 것으로 一 자형의 마루와 온돌로 된 소박한 몸체를 중심으로 하되 좌우로 전면을 향해 돌출한 날개를 달았는데 특히 건물 오른쪽 부분이 주목된다. 몸체와 별도로 된 건물을 2층 누각식으로 구성하여 정형화되어 있는 서당의 형식을 뛰어넘

대청

동측 누각

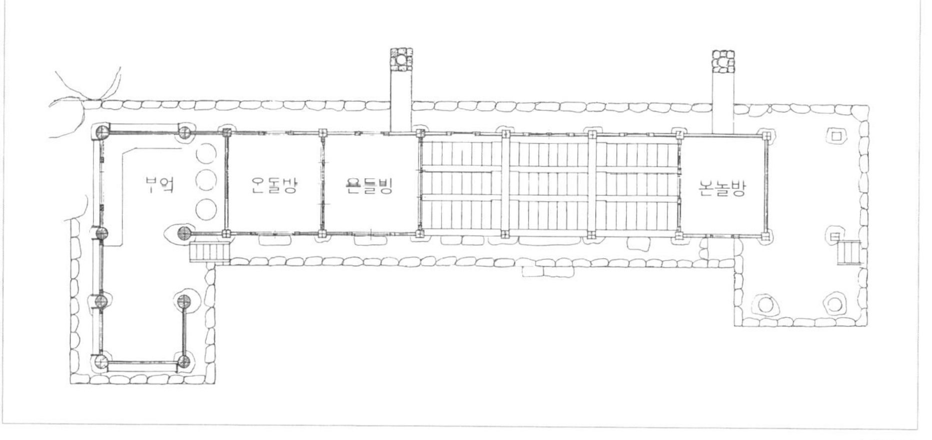

평면도

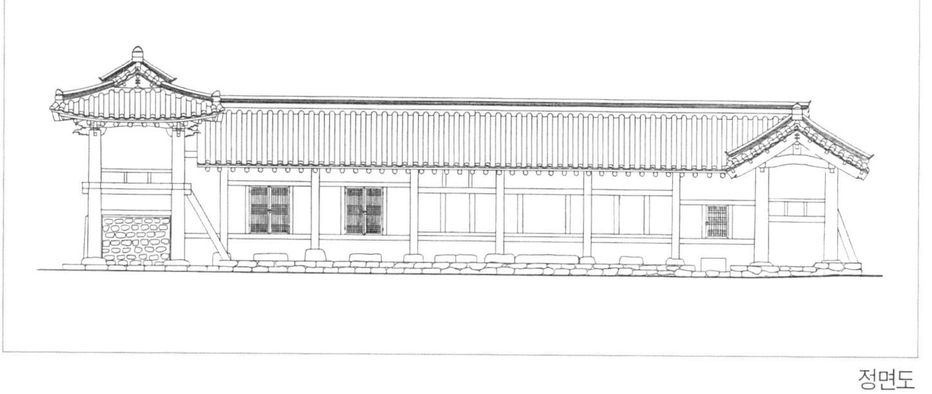

정면도

어 형태상의 변화와 공간적인 율동감을 얻어내고 있다. 건물 앞을 유유히 흐르는 금강 물줄기와 뒷산 사이의 협소한 지형을 효과적으로 이용하여 하나의 극적 공간을 만들어 냈다.

분명히 여기에는 19세기를 지배하는 하나의 조형적인 흐름이 담겨 있다. 그것은 18세기 중반까지 달성했던 조선시대의 전형적인 예술과는 다른 새로운 표현이다. 여기에는 대칭을 의도적으로 깨뜨리고 중심을 흩뜨리는 공간의 움직임이 있다. 그것이 결과적으로 새로운 율동을 건축에 부여한다. 이 힘의 원천은 역시 신분제의 붕괴로 상징되는 사회변화라고 짐작된다. 양반에 의해 또 성리학에 의해 모든 사회규범이 통제되던 조선사회의 가치관이 19세기에 와서 무너지고 새로운 의식구조가 폭넓게 확산되었다(김동욱, 한국건축의 역사, pp.282~283).

요컨대 물줄기를 끼고 언덕에 지어진 이지당은 질박하고 인간미 넘치는 충북지역 유교건축의 특성을 잘 표현하고 있으며, 한국건축에서 자연과의 조화를 보여주는 대표적인 실례이다.

옥천향교
(沃川鄕校)

• 지정번호 : 충북유형문화재 97호
• 건축유형 : 향교
• 소 재 지 : 충북 옥천군 옥천읍 교동 320
• 창건시기 : 조선 태조 7년(1398)
• 현황 조성시기 : 1592년 소실 후 재건

고설식 온돌의 명륜당

옥천향교는 조선 태조 7년(1398)에 창건하였으며, 대성전은 세종 22년(1440)에 건립하였고, 선조 25년(1592)에 임진왜란의 병화로 소실되었던 것을 그 뒤에 재건하였다.

옥천향교는 전학후묘의 배치로 앞에는 교육시설이고 뒤에는 제사를 드리는 문묘로 되어 있다. 문묘로는 대성전과 동서양무로서 대성전은 정면 3칸, 측면 2간의 맞배기와집이며, 그 안에 공자를 주향으로 모시고 그 양편에 사성과 십철, 육현을 배향하였다. 동서양무에는 18명의 선현의 위패를 모셔 놓고 옥천의 유림들이 매년 봄, 가을 두 번에 걸쳐 2월과 8월의 첫번째 정일(丁日)에 석전제를 올리고 있다.

명륜당과 대성전 사이에는 많은 단차를 두고 담장으로 구획하여 내삼문을 두었으며, 유생들이 거처하는 동서재가 있었으나 동재는 언제 헐어졌는지 알 수 없고, 현재는 바로 뒤에 고직사만 두 동이 있으며 맞은편에는 서재가 있다. 강당으로 쓰인 명륜당은 정면 5칸, 측면 3칸의 누각식 목조 팔작건물이다. 본래는 누문형식에 계자난간을 설치한 것으로 보아 전부 개방되었던 1층을 후대에 와서 목살로 막은 것으로 보인다. 다음으로 동서재의 위치에 정면 4칸, 측면 3칸의 홍도당이 서쪽에 있고 동쪽에는 동재가 있었다 하나 존재하지 않는다. 그 위쪽으로

전경

대성전 전경

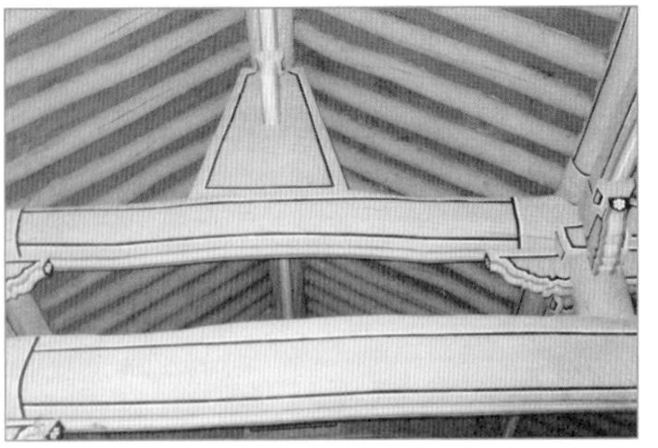

대성전 지붕가구

명륜당 고설식 온돌

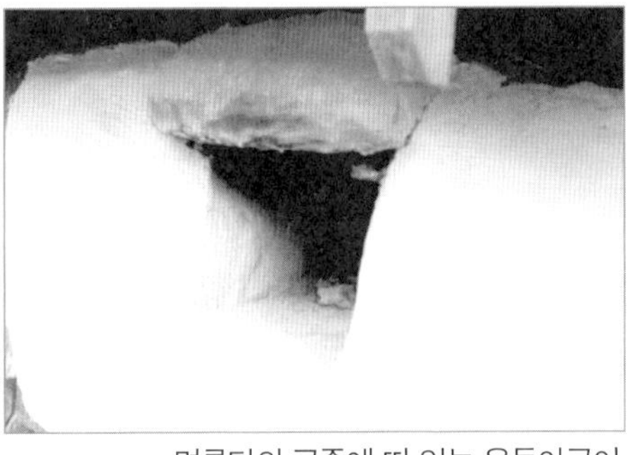

명륜당의 공중에 떠 있는 온돌아궁이

내삼문을 통하여 들어가면 전면 3칸, 측면 2칸의 동서양무가 있으며, 정면에 정면 3칸, 측면 2칸의 대성전이 위치하고 있다. 또한 동재가 있었던 자리 동쪽 담장 옆으로 ㄱ자형의 고직사와 부속 건물이 있다.

옥천향교에는 교수가 없이 훈도가 있었으며, 유생(학생)의 수는 50명이었다. 훈도가 몇 명이었는지는 정확히 알 수 없으나 1명이었던 것으로 보이며, 명륜당의 서쪽 방은 훈도의 개인방으로서 숙소 및 개인 연구실의 기능으로 사용되었다. 동쪽 방은 접견실 및 집무실로서 공적인 장소로 사용되었는데 접객 및 서재의 기능을 하였다. 옥천향교는 입학식을 1년에 한번씩 한 것이 아니라 한 달에 한 번 하였는데 매우 성대히 하였으며, 그럴 경우 명륜당의 대청마루에서 행해졌다고 한다. 그 외에는 유생들이 명륜당 출입이 어려웠으며, 개인적으로 훈도와의 면담이나 교습이 있을 시에는 학생의 대표인 직장(直長)을 통해서 진입이 가능했었다.

매월 음력 1, 15일 두 번 전교생이 대성전에서 제례를 올렸다. 석전대제와 같은 유림의 행사시에 명륜당에서 의복 정제하고 내삼문을 통해 대성전 공간으로 진입하였으며, 제례 후 음복 시에도 내삼문 내에서 이루어졌고 내삼문 밖으로 나와서 명륜당을 사용하지는 않았다고 한다. 또한 유림들이 명륜당의 대청에서 전망이나 풍류와 관련된 행위는 실제

서재

대성전 공포

이루어진 바 없으며, 그러한 기능은 옥주사마소에서 유림들의 집행기구이면서 향약체였기 때문에 유림들은 그곳에서 풍류와 관련된 기능뿐만 아니라 마을과 유림에 관련된 모든 사회적인 역할을 옥주사마소에서 행하고 있어서, 옥천향교에서는 학문과 제례의 기능이 엄격하게 유지되었다.

대성전은 정면 3칸, 측면 3칸의 맞배집이다. 기단은 장대석으로 두벌대쌓기 하였다. 주초석은 원형주초석으로 가공되어 있으며 기둥은 원기둥으로 민흘림기둥이다. 두공은 이익공식으로 구성되어 있다. 익공 촛가지는 앙서로 되어 있고 보머리가 운공형태로 조각되어 있다. 화반은 장화반을 주두에 끼워서 횡으로 길게 넣고 장여를 받쳤다. 이 장화반은 안상을 조각하여 뚫어서 고리모양으로 이어서 구성하고 주칸 중앙에서 다시 파련각된 1소로 화반을 받쳐 구성하였다. 흔히 볼 수 없는 이형의 화반으로 특이하게 보인다. 창방과 이 장화반에는 고색의 금단청이 남아 있는데 일반적으로 대성전 건물의 단청에서에서 흔히 볼 수 없는 문양이다. 가구는 전면 툇간에 고주를 세우고 5량가로 구성한 1고주 5량가로 짜여 있디.

대성전 앞 좌우측에는 동무와 서무가 같은 규모로 마주 서 있다. 동 · 서무의 기단은 장대석 초벌대쌓기로 구성되어 있다. 주초석은 자연석 덤벙주초이고 기둥은 원기둥으로 약간의 민흘림을 보이고 있다. 지붕가구는 전면 툇간에 고주를 세워 중도리를 받치고 배면에서 종도리와 처마도리로 구성한 1고주 5량가로 되어 있다.

내삼문은 막돌담장 사이에 세 개의 일각문을 나란히 세워서 구성하였다. 충북지역의 다른 향교에서 볼 수 없는 특이한 형식이다.

명륜당은 정면 5칸, 측면 3칸으로 하부는 전체가 들어 올려져 있고 특히 구들도 들려 있으며, 상부 좌우 양측의 정면 1칸, 측면 2칸은 온돌방을 두어 거주공간이 되고, 중앙 3칸은 마루를 놓아 강학공간을 만들고 있다. 기단은 장대석을 초벌대로 설치하였다. 주초석은 자연석 덤벙주초로 하고 기둥은 원기둥으로 누하주와 누상주로 나누어 세웠다. 누하주 기둥머리에는 마루귀틀을 짜고 누상주를 마루 윗면에 세워서 2층 지붕가구를 짜올렸

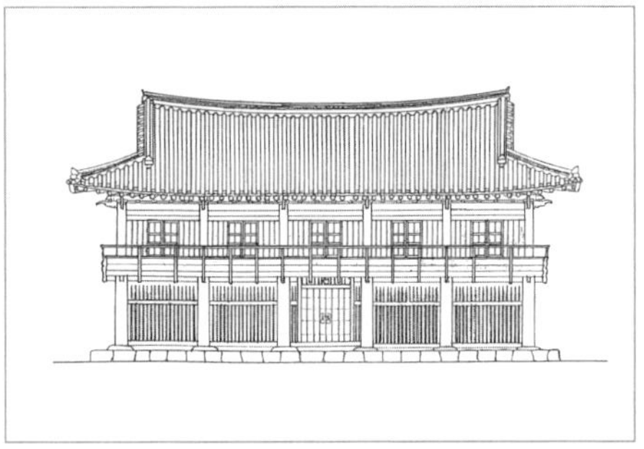

정면도

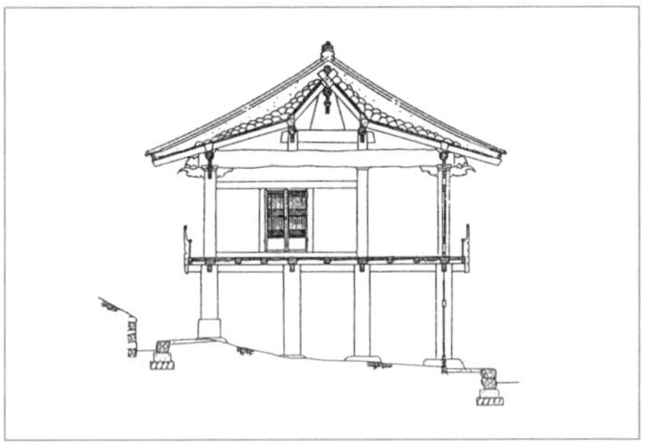

종단면도

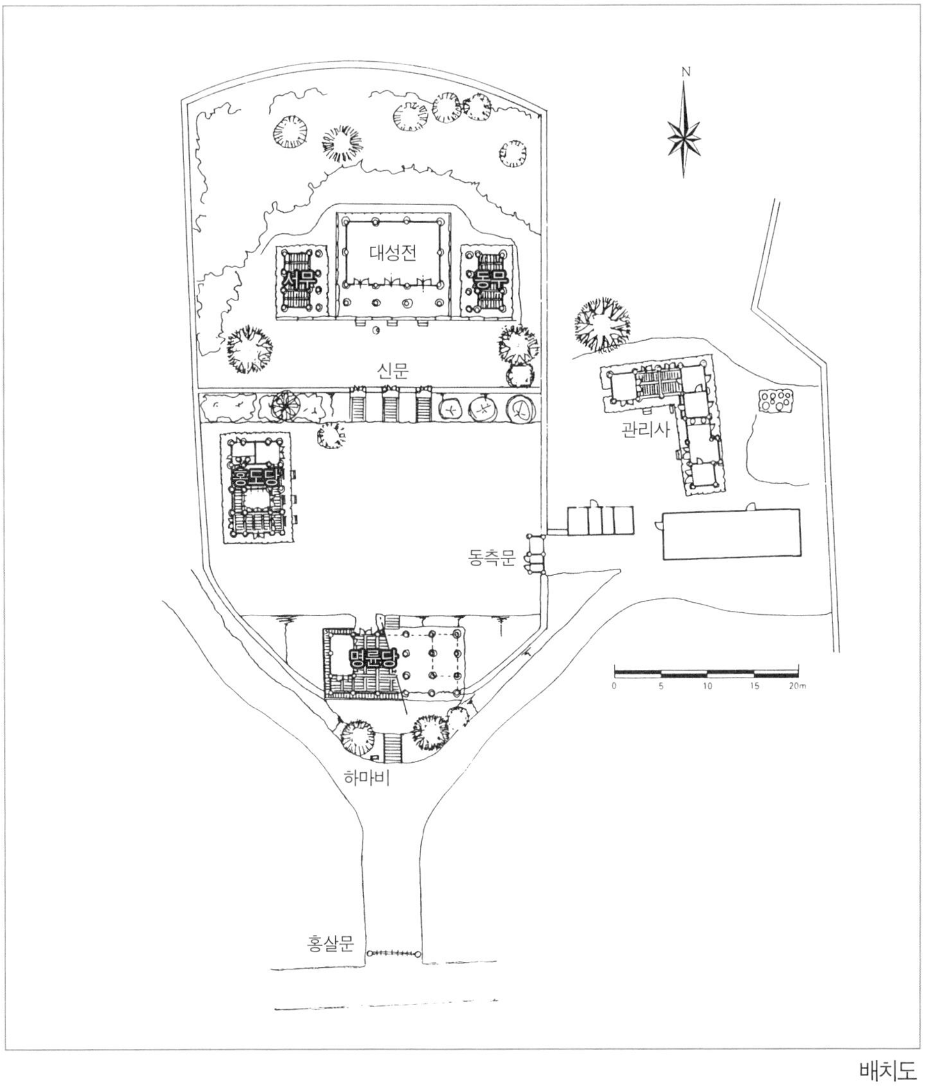

배치도

다. 누하주의 중앙 어간 정면에는 문선을 세우고 대문을 달아 외삼문을 대신하였다.

두공은 초익공식으로 구성하였다. 주칸에는 기둥머리에 창방을 횡으로 걸고 소로를 배치하여 주심 장여와 도리를 받쳤으며 익공의 촛가지는 쇠서형으로 조각하였다.

창호는 정면에는 당판문으로 되어 있고 측면의 온돌방에는 세살문으로 이루어져 있다. 보수 전에는 정면의 당판문이 유리창으로 되어 있었으나 당판문으로 복원되었다. 벽체는 하부의 전면에서 중앙은 판문(板門)이고 나머지 부분은 목(木)살을 세워 중앙으로 접근하게 하였으며, 측면은 개방되어 있고 후면은 중앙부에 자연석 계단을 두어 동서재 영역으로 오르내리게 하였다. 다른 부분은 지형의 단차에 의해 막혀 있다.

지붕가구는 5량가로 되어 있고 홑처마로 부연을 달지 않았다. 2층 누상의 좌우 측면칸에 온돌방을 구성하였다. 온돌방의 가래굴은 누하주의 기둥몸 중간에 중방을 걸고 통나무로 귀틀을 짠 다음 진흙을 져서 바닥을 공중에 만들고 그 위에 가래굴을 구성하여 온돌을 놓았다.

지면에서 2.6m 정도의 높이에 상부바닥을 두고 있으며 온돌방의 하부에는 각각 2개의 샛기둥을 보충하여 구들을 받치고 있다. 구들은 평고래이며, 굴뚝 없이 구들의 측면에 배연구(排煙口)를 두어 ㄱ자형 온돌형식을 보이고 있다. 개자리가 없이 온돌부의 하단(下端) 경사면이 구들 고래의 구배와 일치하게 조성되었다. 불을 때는 재료는 참솔가지나 숯을 사용하였다고 한다. 온돌의 하부에 쫄대와 나뭇가지를 엮어 구들 바닥을 받치고 있으며, 그 아래에 원목(原木)을 정자(井字)모양으로 짰고, 그 하단을 샛기둥으로 받치고 있는 뜬온돌형식이다. 이러한 온돌형식은 다른 사례들에서는 볼 수 없는 특이한 형식으로, 창건 당시부터 이런 형식이었는지는 알 수 없으나 온돌부를 지탱하고 있는 주변의 부재(部材)들과 검토해 보면 상당기간 전부터 존재하였던 것으로 사료된다.

청산향교
(青山鄕校)

• 지정번호 : 충북유형문화재 98호
• 건축유형 : 향교
• 소 재 지 : 충북 옥천군 청산면 교평리 269
• 창건시기 : 조선 태조 7년(1398)
• 현황 조성시기 : 조선 효종 5년(1654) 이건

옥천 교육의 본거지

청산향교는 조선 태조 7년(1398)에 창건되었고, 선조 때 임진왜란으로 불에 타자 선조 35년(1602)에 지금의 백운동에 재건한 것을 효종 5년(1654)에 지금의 자리로 이건하고, 정조 1년(1777)과 헌종 14년(1848)에 각각 중수하였는데 명륜당과 대성전만 남아 있다.

건물의 배치는 전학후묘(前學後廟)로 문묘에는 대성전만 있다. 대성전은 정면 3칸, 측면 2칸의 맞배지붕 단층목조로 되어 있으며, 여기에는 공자를 주향하고 그 양편에 사성을 배향하고 있다. 동서 양편에는 22현을 종향하고 있으며 매년 춘추로 석전제를 지내고 있다. 강당인 명륜당은 정면 5칸, 측면 2칸의 단층목조 팔작집이다. 대성전 앞에는 솟을삼문으로 된 내삼문이 있고 명륜당 앞에는 평삼문으로 된 외삼문이 있다. 1979년에 대성전, 내삼문, 명륜당을 해체 보수하였고 전면의 일부 담장도 신설하였다.

전경

대성전은 정면 3칸, 측면 2칸의 맞배집이다. 기단은 장대석으로 축조되어 있다. 주초석은 화강석 원형주초석과 자연석 덤벙주초석으로 혼재되었으며 기둥은 원기둥으로 약간의 민흘림을 보이고 있다.

두공은 이익공으로 되어 있

명륜당

대성전

명륜당 공포

대성전 공포

다. 기둥칸에는 기둥머리에 창방을 걸고 주칸에 화반을 배치하여 주심장여와 도리를 받치고 있다. 익공의 촛가지는 앙서형으로 초익공과 이익공에 모두 연화가 조각되어 있다. 익공첨차는 주두에서 길게 뻗쳐 있고 당초문이 초각되어 있다. 창방 뺄목은 익공첨차와 비슷한 모양으로 초각되어 있다. 가구는 정면 툇간에 고주를 세워서 중도리를 받친 1고주 5량가이다.

명륜당은 정면 5칸, 측면 2칸의 팔작집이다. 평면은 좌우측에 1칸씩 온돌방과 부엌을 구성하고 중앙 3칸을 대청마루로 구성하였다. 대청마루에는 문을 달았는데 당판문으로 되어 있다. 기단은 자연석 기단이고 주초석은 자연석 덤벙주초이다. 기둥은 원기둥으로 자연재를 생긴 대로 깎아서 자연석 주초석 위에 그랭이질하여 세웠다. 두공은 초익공식으로 기둥머리에 주두를 놓고 창방과 직교방향으로 초익공을 내었다. 창방 위에는 소로를 배치하여 주심장여와 도리를 받치고 있다. 지붕가구는 5량가이고 처마는 겹처마로 부연이 구성되어 있다.

서재

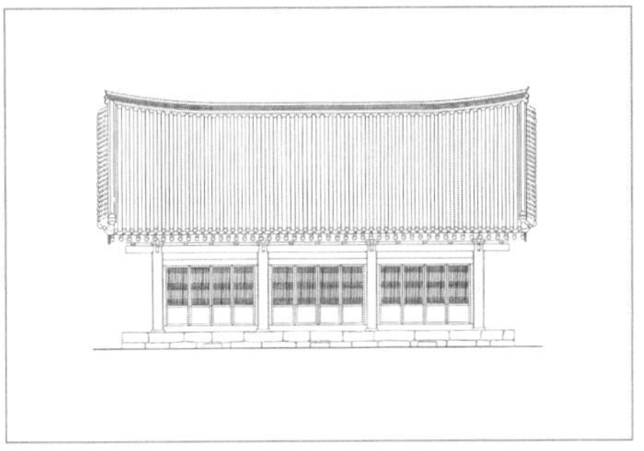

입면도

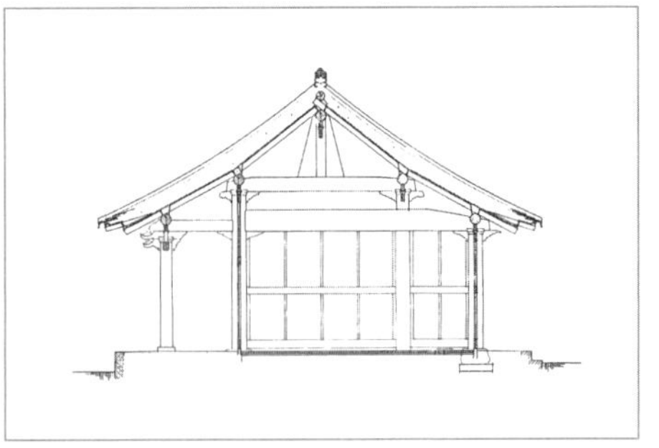

단면도

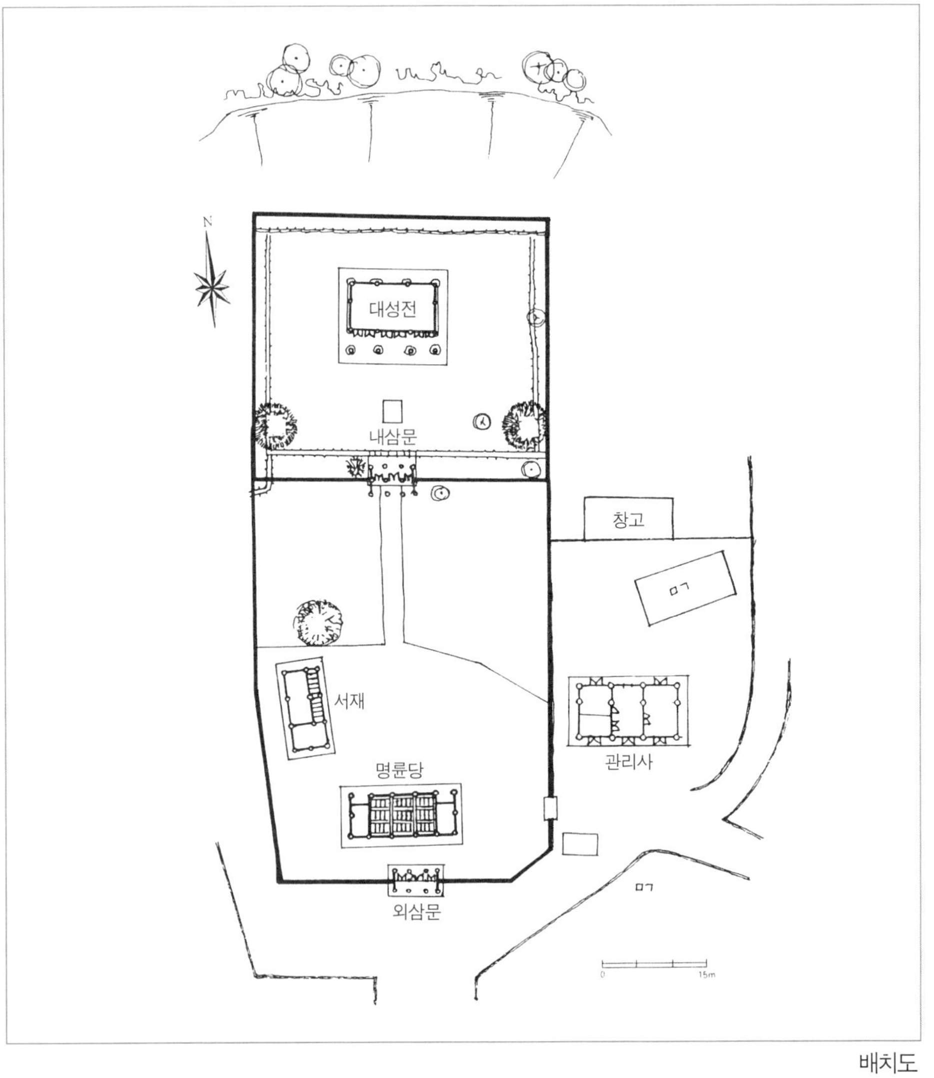

배치도

옥주 사마소
(沃州 司馬所)

- 지정번호 : 충북유형문화재 157호
- 건축유형 : 사당
- 소 재 지 : 충북 옥천군 옥천읍 상계리 57-2
- 창건시기 : 조선 효종 5년(1654)
- 현황 조성시기 : 1893년

옥천 유림의 본거지

사마소는 조선시대에 지방고을마다 생원과 진사들이 모여 유학(儒學)을 가르치고 정치를 논하던 곳으로 이곳은 옥천에 속한 것이었다. 정면 5칸, 측면 2칸의 홑처마 맞배지붕 건물로 전면 4칸에 툇마루를 두고 그 뒤로 오른쪽에 마루, 왼쪽에 온돌방, 부엌을 두었다. 우암(尤庵) 송시열이 쓴 의창중수기(義倉重修記)에 의하면 이 건물은 본래 어려운 백성을 위하여 곡식을 비축 저장해 두던 의창건물을 뜯어서 효종 5년(1654)에 세운 것이라 한다. 그 후 고종 30년(1893) 2월에 다시 중수한 사실을 좌의정을 지내신 바 있는 입제(立齊) 송근수 선생께서 중수기(重修記)를 남기시어 300년 이전부터 몇 차례의 중수를 하면서 오늘에 이른 것임을 알 수 있다.

사마소의 기단은 대리석 가공단쌓기를 하였는데 이곳에 사용한 기단석은 어느 사찰의 탑 부재를 헐어다 사용한 것으로 추측된다. 이곳 사마소를 옥주 사마소라 부르게 된 것은 옥천군이 고려 충선왕 5년인 1313년부터 조선 태종 13년인 1413년까지 옥주로 불려왔기 때문일 것이며, 지금도 사마소의 현판은 "옥주 사마소(沃州司馬所)"라고 되어 있다.

전경

효종 9년(1658) 9월에 우암 선생께서 친필로 기록한 사마

지붕가구

전면

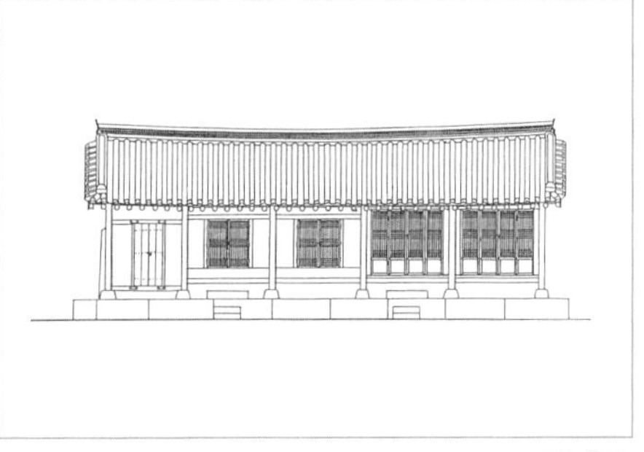

정면도

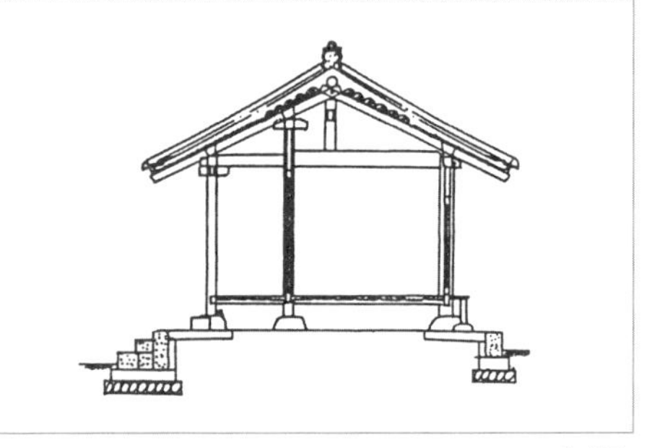

단면도

안(司馬案)을 보면 급제한 사람의 명단이 백촌(白村) 김문기 선생을 비롯하여 165명이 등재되어 현재까지 잘 보존되어 오고 있다. 고종 28년(1891) 송근수 선생의 관성사마안(管城司馬案)과 향약절목(鄕約節目) 등 모든 기록으로 보아 상당히 활발하게 활약하였던 것으로 보여진다. 지금에는 그 후손과 유림들이 봄에는 3월 15일, 가을에는 9월 15일 두 번에 걸쳐 모여 사마계(司馬契)로 운영해 오고 있으며, 1992년 31평의 관리사를 건립하여 관리를 하고 있다.

사마소 건물은 정면 5칸, 측면 2칸의 맞배집이다. 기단은 장대석 초벌대이고 주초석은 4각 주초석에 각주기둥이고, 지붕가구는 1고주 4량가로 구성되어 있다.

내부가구

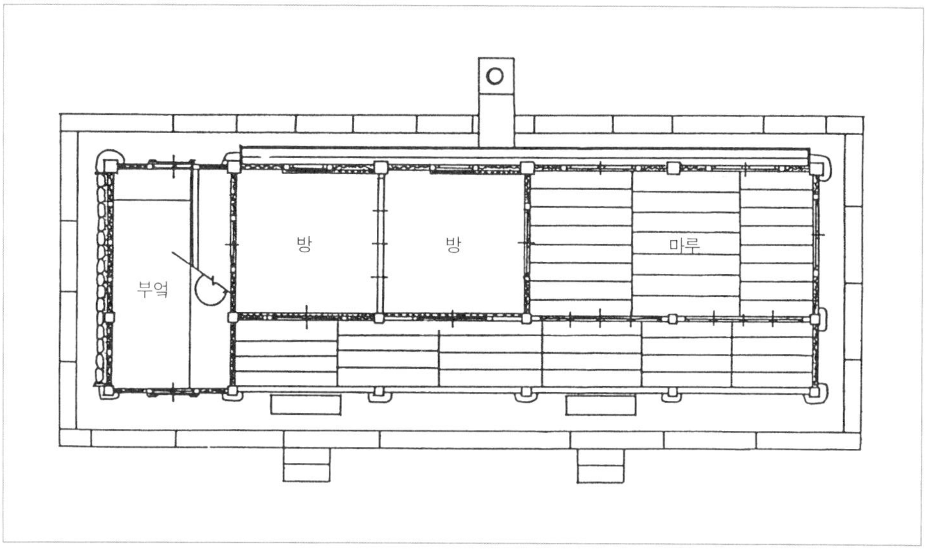

평면도

평면은 좌측 1칸에 부엌이 있고 그 옆으로 2칸 온돌방과 2칸 대청마루로 구성되어 있는데 방과 대청마루 앞의 툇간은 마루로 되어 있다. 대청마루의 정면에는 띠살문이 4짝씩 달려 있다. 양쪽 측면 처마에는 박공으로 마감되어 있고 하부 벽체는 막돌화방벽으로 보강되어 있다.

옥천 경현당
(沃川 景賢堂)

- 지정번호 : 충북유형문화재 158호
- 건축유형 : 서당
- 소 재 지 : 충북 옥천군 이원면 용방리 53
- 창건시기 : 조선 숙종 23년(1677)
- 현황 조성시기 : 20세기

옥천 초등교육의 한 길

옥천 경현당은 조선시대에 지방의 초등교육을 실시하던 건물이다. 조선 선조 40년(1607)에 옥천군 이원면 구룡촌에서 출생한 송시열이 송준길과 사계(沙溪) 김장생으로부터 수학하던 서당(書堂)으로서 숙종 23년(1677)에 서사(書舍)인 경현당과 재사(齋舍)인 용문영당을 지어 그의 영정을 봉안하여 그를 추모하고 있다.

송시열은 주자학의 거유(巨儒)로 뛰어난 학자를 많이 배출하였는데 그의 업적을 낳게 한 산실로서 의의가 크다 하겠다. 목조 와가의 정면 3칸인 용문영당은 후에 허물어져 없어지고 경현당만 남았다. 따라서 경현당의 방 북쪽 벽에 따로 감실을 두어 그의 영정을 모셨으며 마루에 걸린 "영현당(景賢堂)", "용문경당(龍門影堂)"이라고 쓴 편액에는 "숭정 경인 유월일(崇禎 庚寅 六月日)" 즉, 효종 원년(1650)의 각기(刻記)가 있다. 이밖에 시안(時案) 1책, 용문서당계좌목(龍門書堂契座目) 1책 등의 문서가 보존되어 있다.

전경

경현당은 산 중턱을 깎아 만든 평탄한 대지 위에 북향하여 자리 잡고 있다. 마당은 아늑한 분위기이며 남으로 향한 트인 전망과 산비탈로 이어지는 지형이 경현당의 측면과 어울려 경쾌하면서도 아담한 자연미를 느끼게 한다.

측면

온돌방 고미반자

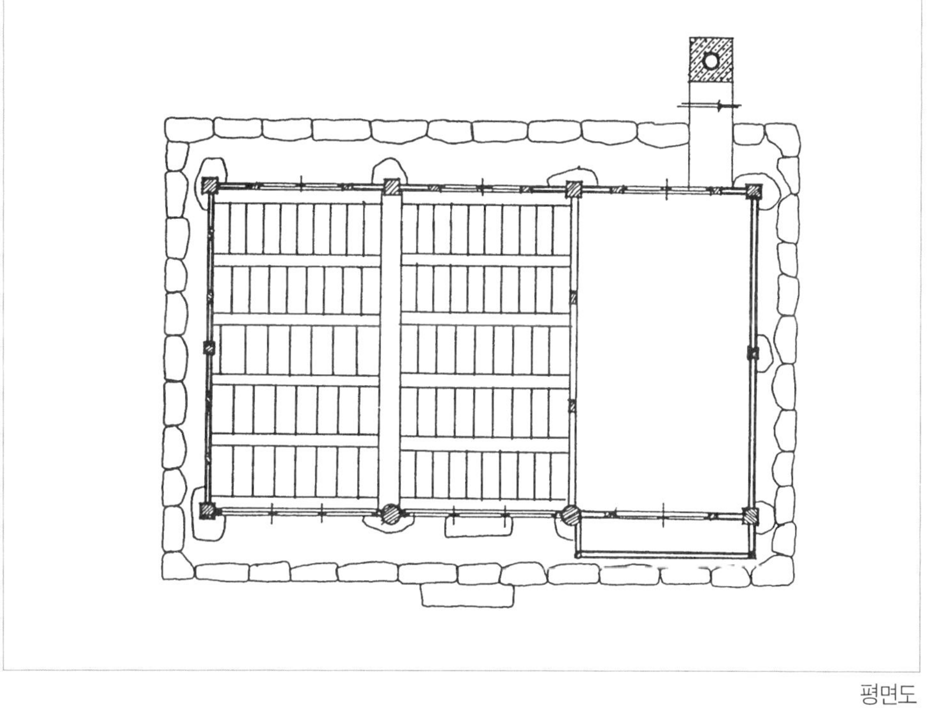

평면도

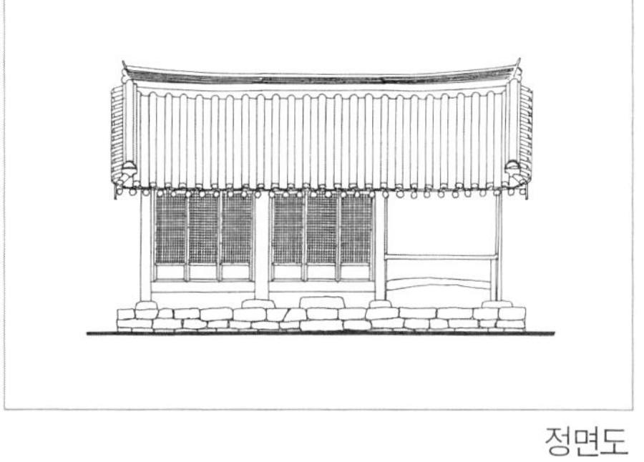

정면도

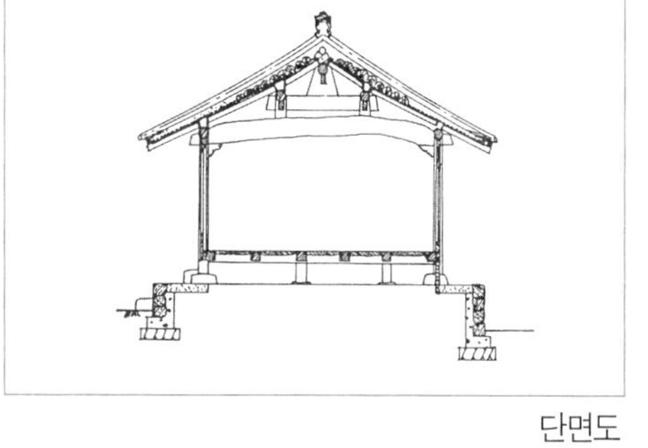

단면도

경현당은 정면 3칸, 측면 2칸의 맞배집이다. 기단과 주초석은 자연석으로 설치되었고 기둥은 각주로 되어 있다. 지붕가구는 대량을 전후 처마기둥 칸에 장통보로 걸고 종량을 올려 종도리와 중도리를 구성한 3량가이며 측면에는 종량까지 중간 기둥을 높게 세우고 전후 대량을 맞보로 걸었다. 기둥머리에는 보아지로 받친 베개목의 외단부를 촛가지 모양으로 조각하여 내었다.

평면은 정면에서 볼 때 좌측 1칸을 온돌방으로 하고 우측 2칸을 마루방으로 구성하였다. 온돌방의 반자는 고미반자이고 대청마루방에는 연등천장을 하였다.

영동 자풍서당
(永同 資風書堂)

• 지정번호 : 충북유형문화재 73호
• 건축유형 : 서당
• 소 재 지 : 충북 영동군 양강면 두평리 501
• 창건시기 : 조선초기(정종~태종 연간)
• 현황 조성시기 : 1964년

영동 사학교육의 한 길

자풍서당은 영동군 양강면 두평리 양강변(楊江邊)에 위치하고 조선초 정종 태종 연간에 창건되었다 하며, 명종 선조대에 동천(東川) 이충범이 제우(諸友)들과 이를 수축하여 강학하였다. 처음에는 풍곡당(豊谷堂)이라 하였으나 광해군 6년(1614)에 한강(寒岡) 정술이 이곳에 머무르며 자법정풍(資法正風)으로 강학함을 장려하였다는 뜻으로 '자풍서당(資風書堂)'이라 개칭하였다. 인조 4년(1626)에 봉성(鳳城) 이운길이 중수하여 상량문을 짓고 당헌(堂憲)을 정하였으며, 현종 5년(1664)에 영서(穎西) 전명룡이 중수하고 숙종 18년(1692) 양곡(陽谷) 여안소, 숙종 46년(1720) 야은(野隱) 이필주가 각각 중수하여 강학처로서 유지되어 왔다. 1964년에 중수되었으나 현재는 많이 퇴락되어 있다.

18문중에서 매년 음10월 19일을 계일(契日)로 정하여 유지 보존하고 있다. 현재 자풍서당의 역사를 고증할 수 있는 다음과 같은 고문적(古文籍)이 보관되어 있다. ①자풍서당과목(資風書堂窠目) ②당헌(堂憲) ③자풍서당중수운(資風書堂重修韻) ④풍강수창첩(風講酬唱帖) ⑤서당연주안(書堂蓮柱案) ⑥서당선생안(書堂先生案) ⑦자풍유안 2권(資風儒案 2卷) ⑧자풍선안(資風仙案) ⑨기안(忌案) ⑩천명록(薦名

전경

내부가구

측면 지붕가구

초석

내부가구

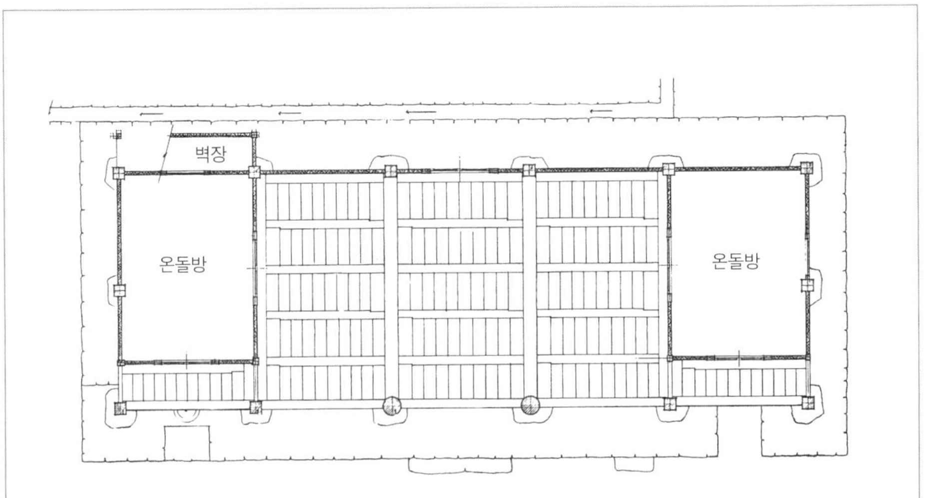

평면도

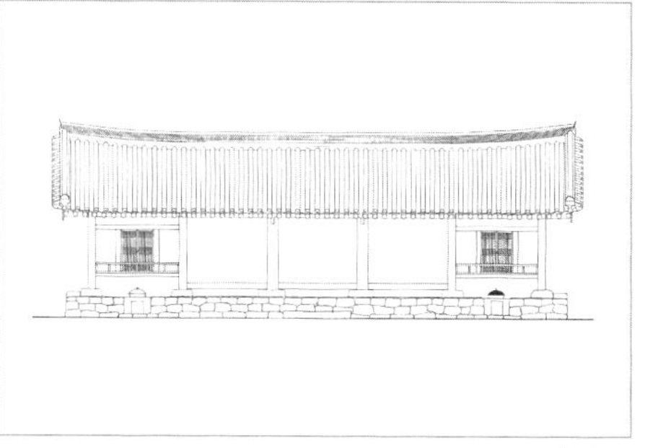

정면도

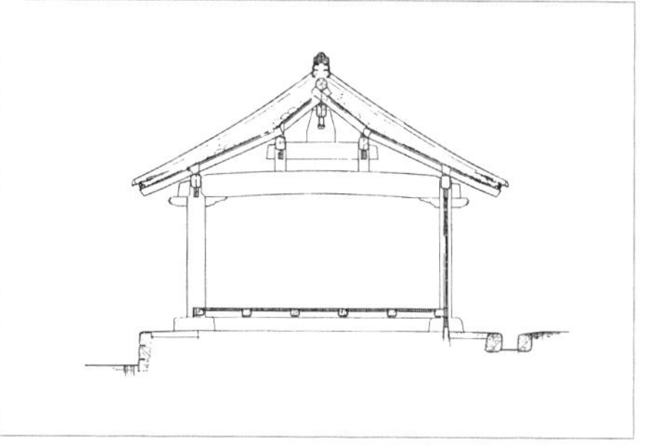

단면도

錄) ⑪도기(到記, 出席簿) ⑫도문(道文) 등이다. 연주안(蓮柱案)에 의하면 남수문, 이충범, 김문기 등 많은 인재가 이 서당에서 배출되었다.

이 건물은 정면 5칸, 측면 3칸의 맞배집이다. 기단은 자연석으로 축조되어 있고 주초석도 자연석 덤벙주초이다. 기둥은 정면에 원기둥을 세우고 배면에는 각주를 혼용하여 구성하였다. 가구는 5량가인데 측면에서 보면 보칸 중간에 평주를 세우고 대량을 전후 맞보형식으로 짜 맞추었다. 전후 대량 위에 동자주 대공이 세워져 종량을 받치고 있으며 대청마루 칸에는 대량이 전후 처마기둥 칸에 장통보로 걸려 있다. 장여와 도리 뺄목이 박공으로 길게 뻗어나와 있으며 박공판이 좁게 부착되어 있다. 처마는 홑처마로 되어 있다. 단청을 하지 않은 백골집이며 익공을 하지 않은 소박한 양식의 집이다. 기둥을 비롯하여 부재들이 자연재를 생긴 대로 치목하여 짜맞춘 데서 다소 투박하며 검소한 멋을 느끼게 한다.

서당 앞 뜰에는 석탑(石塔)의 부재로 옥개석 5개가 노출되어 있는데 근래 복원하였으며 조선시대 석탑으로 추정된다.

영동향교
(永同鄕校)

- 지정번호 : 충북유형문화재 99호
- 건축유형 : 향교
- 소 재 지 : 충북 영동군 영동읍 부용리 372
- 창건시기 : 조선 선조(1567~1608)
- 현황 조성시기 : 조선 영조 30년(1754) 이건

영동 관학교육의 본거지

영동향교는 본래 조선 선조(1567~1608) 때 창건되었는데 그 후 현종 원년(1660)에 옛 읍성 안으로 이전하였다가 숙종 2년(1676)에 지금의 영동읍 구교동으로 이전하고 다시 영조 30년(1754)에 지금의 자리로 옮겼다.

건물의 배치는 전학후묘(前學後廟) 형식으로 되어 있으며 문묘에는 대성전만 있다. 대성전은 정면 3칸, 측면 2칸의 맞배집으로 여기에는 공자를 주향하고 그 양편에 사성을 배향하고 있다. 동서 양편에는 22현을 종향하고 있으며, 매년 춘추로 석전제를 지내고 있다. 그리고 강당인 명륜당은 정면 4칸, 측면 2칸의 팔작집인데, 전면 툇마루에 평난간을 설치한 것은 후에 보수한 것으로 보여진다.

대성전은 정면 3칸, 측면 3칸의 맞배집이다. 기단은 장대석으로 지대석을 깔고 잡석을 덮었다. 지대석과 잡석 사이의 기단면은 자연석으로 쌓아올렸다. 주초석은 자연석 덤벙주초로 하고 기둥은 민흘림 원기둥으로 기둥뿌리를 그랭이질하여 세웠다. 종단면으로 볼 때 처마기둥과 툇간 안쪽 기둥 세 개가 모두 같은 높이의 평주로 구성되어 있다. 충북지방의 다른 향교들의 대성전에서 보이는 고주, 즉 툇간 내진주

대성전

명륜당

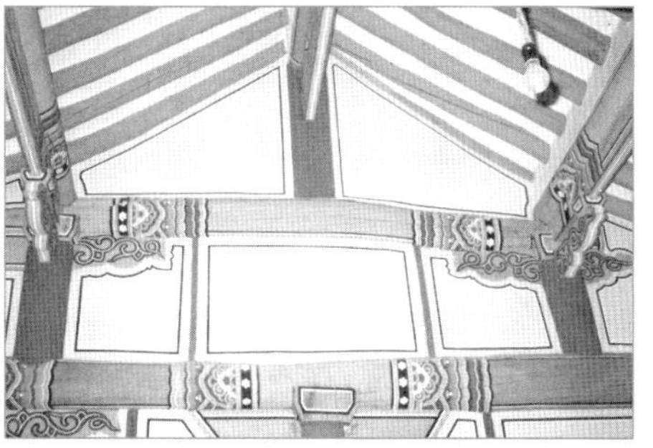

대성전 지붕가구

노후사

명륜당 귀공포

가 평주로 구성되어 있다.

두공은 초익공으로 익공 촛가지의 쇠서가 짧고 윗등에 연봉이 초각되어 있다. 기둥머리에서 각 주칸에 가로로 연결되어 있는 창방 위에 소로를 배치하여 장여를 받치고 있으며 툇간 안쪽 기둥에도 벽체 두께로 창방이 구성되어 있다. 지붕가구는 툇간의 내진주 상부에서 대량과 전면 퇴량이 맞보형식으로 결구되어 있고 종량과 중도리 및 종도리를 구성하여 5량가로 짜여 있다. 처마는 정면에서 부연을 단 겹처마로 만들고 배면에서 부연을 달지 않은 홑처마로 구성하였다.

평면은 전면 툇간을 외부로 개방하고 마루를 놓았다. 충북지방 향교의 대성전은 대개의 경우 전면 툇간을 기단과 같은 흙바닥으로 구성하거나 내부로 만들기도 하였다. 영동향교에서는 툇간에 마루를 깔아 특이하게 구성하였다. 창호는 정면에만 당판문을 달았고 실내 채광을 위해 측면에 정자(井)살문이 창문으로 구성되어 있다.

대성전 앞에 있는 내삼문은 정면 3칸, 측면 1칸의 솟을삼문으로 세워져 있다. 기단은

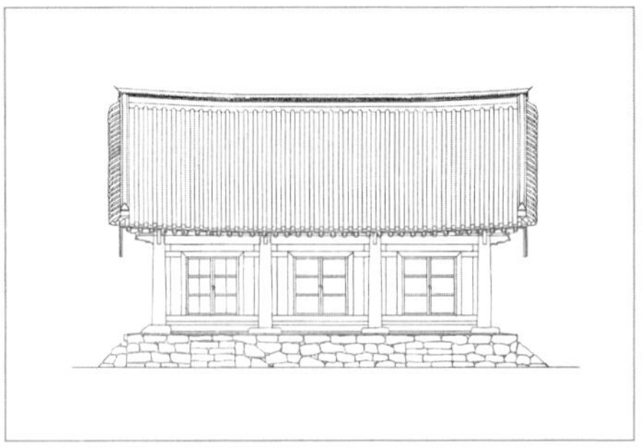

정면도

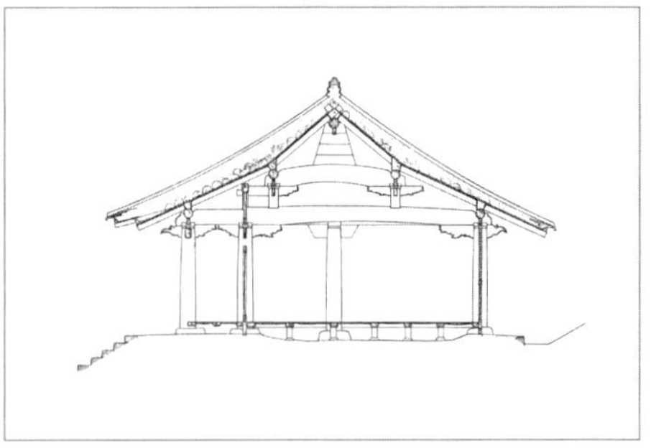

단면도

자연석으로 초벌대를 놓아 낮으며 주초석은 다른 건물에서 쓰였던 것으로 보이는 평평한 석재편을 사용하였다. 기둥은 각주로 세워져 있고 전후 종단칸의 가운데에 문설주를 세우고 대문을 달았다. 지붕가구는 3량가로 짜여서 전후 처마서까래를 잇고 기와를 올렸으며 처마는 부연 없이 홑처마로 구성하였다.

명륜당은 정면 4칸, 측면 2칸의 팔작집이다. 정면에서 볼 때 중앙 2칸은 대청마루이고 그 좌우 측면 칸은 방으로 구성되어 있다. 정면에는 툇마루를 내달고 난간을 설치하였다.

기단은 자연석으로 높게 쌓아 축대를 이루고 있다. 주초석은 큰 자연석으로 설치하여 기둥 민흘림 원기둥으로 기둥뿌리를 그랭이질하여 세웠다. 두공은 초익공이고 익공의 촛가지는 짧게 보이는 쇠서 위에 연봉을 초각하였다. 보머리는 익공 위에 빠져나와 있으며 직절되어 있다. 창방은 장여와 같은 두께로 주칸에 연결되어 있고 소로를 배치하여 장여와 주심도리를 받치고 있다.

지붕가구는 전후 처마기둥 칸에 대량을 장통보로 걸고 종량과 중도리, 종도리를 올린 5량가이다. 방과 대청마루 사이의 벽체에서는 종단칸 중간에 간주를 세워서 대량 중간부를 받치고 있으며 대청마루 가운데에서는 중간주를 생략하여 통간으로 구성하였다. 종단면의 중간에서 대량을 받친 간주에는 기둥머리에 주두를 놓고 보아지와 안초공을 사괘로 짰다. 안초공의 초각은 운공형태로 되어 있다.

명륜당 앞에 있는 외삼문은 정면 3칸, 측면 1칸의 평삼문 맞배집이다. 기단은 장대석으로 되어 있고, 주초석은 화강석으로 원형주초석으로 주좌를 새겼다. 전면 계단도 화강석으로 넓게 설치되어 있다. 이 향교내 다른 건물들과 비교해 볼 때 신재를 사용하고 있으므로 외삼문은 최근 개축된 건물로 보인다. 기둥은 민흘림 원기둥으로 세웠고 두공은 초익공으로 되어 있다.

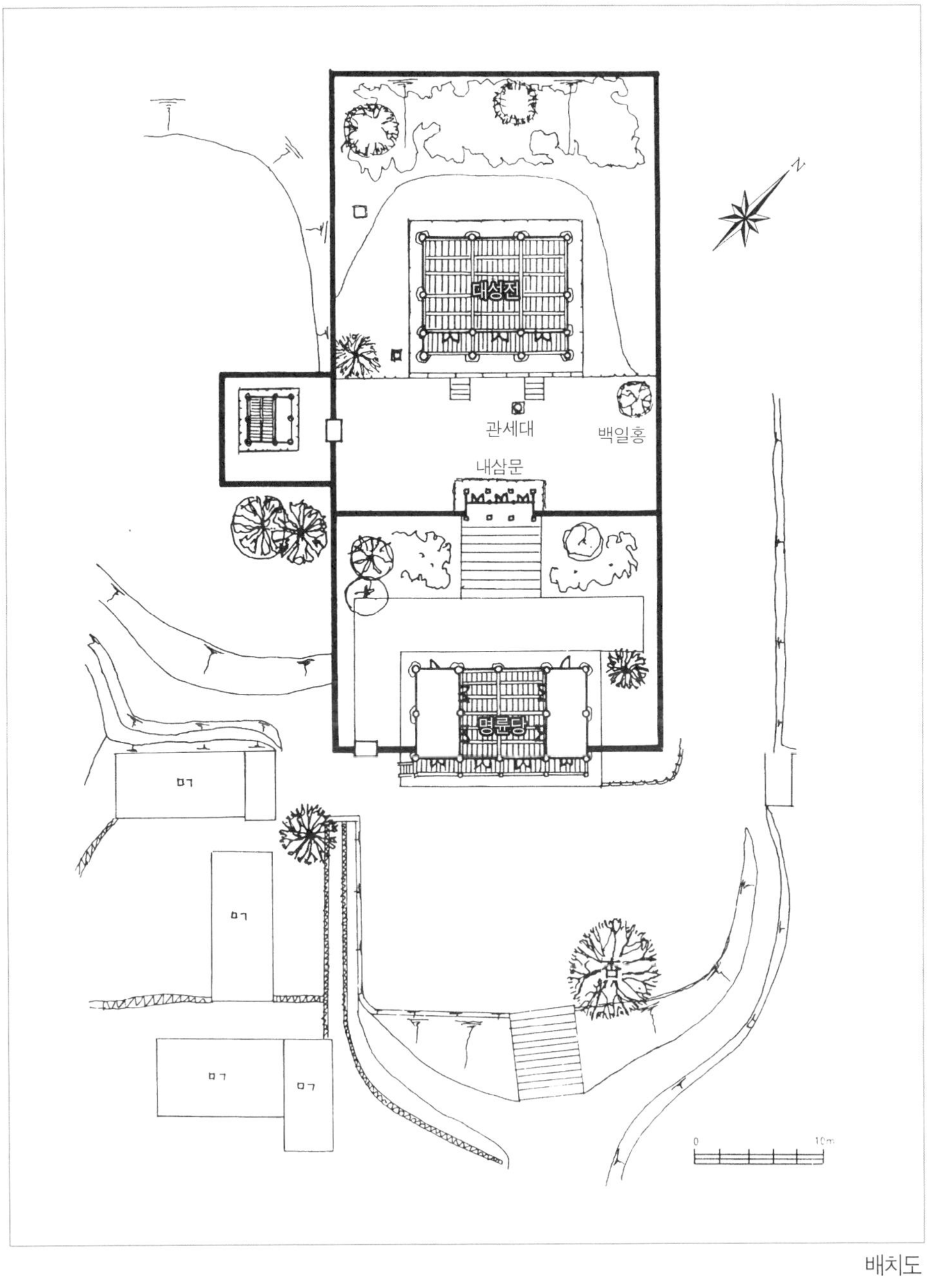

배치도

김자수 유적
(金自粹 遺蹟)

• 지정번호 : 충북기념물 41호
• 건축유형 : 강학처 및 정효각
• 소 재 지 : 충북 영동군 심천면 각계리 382
• 창건시기 : 선지당;조선 중종(1506~1544)
정효각;조선 경종 원년(1721)
• 현황 조성시기 : 1816년

선지당 및 정효각

선지당은 경주 김씨 중시조(中始祖)이며, 고려말에 충청도 관찰사를 지낸 김자수(金自粹)와 조선 문종(1450~1452년) 때 강릉 판관을 지낸 그의 손자 김영년(金永年)이 살던 곳으로, 김영년은 사임 후에 이곳에서 후학양성에 몸바쳤다.

이 집은 중종(1506~1544년) 때 지어 많은 인재를 배출한 유서깊은 곳인데, 순조 때 김노경(金魯敬)이 선지당의 당호를 친필로 현판하였고, 추사 김정희가 "장의자손(長宜子孫)"이라 친필로 현판한 것이 현재 보존되어 있다.

선지당은 정면 5칸, 측면 2칸의 누각 팔작집이다. 평면은 정면에서 볼 때 중앙 3칸을 대청마루로 만들고 좌우 측면 1칸을 방으로 구성하였다. 앞으로 난간을 설치한 누마루 형식인데 순조 16년(1816)에 중수하였다.

선지당

기단은 구성되지 않았으며 앞마당의 지면에 약간의 경사를 두었다. 그리고 건물의 좌우 측면과 배면에 낙수받이로 자연석 배수로를 두었다. 주초석은 자연석 덤벙주초로 약간 높게 설치되어 있다. 기둥은 누하주를 굵은 원형기둥으로 세웠는데 자연재를 생긴 그대로 치목하여 세웠다. 누하주 기둥머리에 귀틀을 짜고 우물

정효각

선지당 누하주

마루를 깐 다음 누상주를 세웠다. 누상주는 누마루 위에 약간의 민흘림을 보이는 원기둥을 세웠는데 자연상태로 구부러진 부재도 사용되었다.

두공은 초익공이며 기둥머리에 횡부재로 짜여진 창방은 인방재와 같은 두께로 구성되어 있다. 주칸에는 창방 위에 소로를 배치하여 장여와 굴도리로 되어 있는 주심도리를 받치고 있다. 익공의 촛가지는 봉두와 비슷한 형태로 조각되어 있는데 벼슬이 없는 모양이다. 초익공 위에 있는 보머리에는 봉두를 조각해서 꽂았다. 지붕가구는 전후 처마기둥 칸에 대량을 장통보로 걸고 종량을 동자주로 받치고 중도리와 종도리를 올린 5량가로 구

선지당 후면

선지당 온돌방 창호

성되어 있다. 처마는 부연을 달지 않은 홑처마이다.

창호는 정면 방문으로 띠살문을 두 짝씩 달았고 대청마루 배면에는 각 주칸마다 당판문을 두 짝씩 달았는데 중앙 어간에 있는 문은 출입문으로 되어 있고 좌우 협간에는 머름 위에 있는 창문으로 되어 있다. 대청마루에 면해 있는 방문은 두 짝씩 들어열기 문으로 벽면을 구성하고 있다.

누상에 있는 방은 온돌방인데 방의 누하주 주칸은 벽체로 막혀 있고 아궁이와 굴뚝이 구성되어 있다. 누하주 높이만큼의 고막이로 볼 때 가래굴은 일반적인 온돌구조와 다를 것으로 보이는데 확인하기 어려운 상태이다.

누상에 올라가는 계단은 정면 어간에 목조계단이 있고 난간은 계자난간으로 정면에만 설치되어 있다. '선지당'이라는 당호가 대청마루 중앙칸 뒷벽에 걸려 있다. 누각형식의 건물이며, 대청마루를 크게 구성하고 당호가 있는 것으로 보아 일종의 정사(精舍)나 서당 등의 용도로 지어진 건물이었을 것으로 보인다.

김공정효비각(金公旌孝碑閣)은 조선 인조 때 효성이 지극했던 김은과 김추 형제를 기리기 위해 경종 원년(1721)에 세운 비다. 김은과 김추 형제는 부모에 대한 효성이 지극하여 부모가 병석에 있을 때 손가락을 잘라 수혈하여 연명토록 하였으며, 별세 후에는 조석(朝夕)으로 묘소에서 부모의 은덕에 보답하고자 효성을 다하였다고 한다. 비각은 정면 2칸, 측면 1칸의 맞배기와집이다.

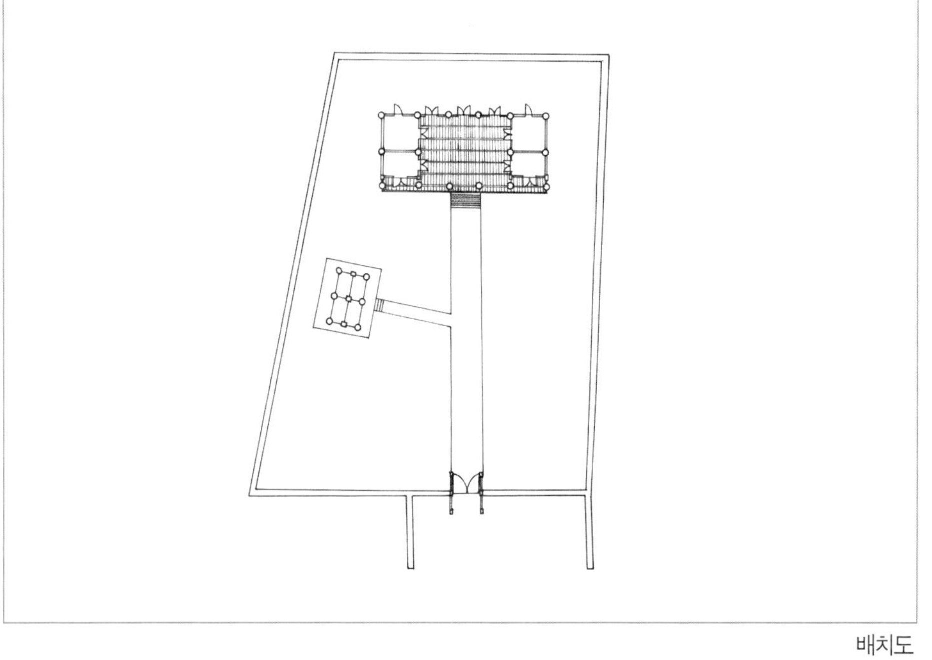

배치도

황간향교
(黃澗鄕校)

- 지정번호 : 충북유형문화재 100호
- 건축유형 : 향교
- 소 재 지 : 충북 영동군 황간면 남성리 150-1
- 창건시기 : 조선 태조 3년(1394)
- 현황 조성시기 : 조선 현종 7년(1666) 이건

황간 관학교육의 본거지

황간은 영동군 북쪽, '구름도 쉬어가는' 추풍령 턱 밑에 자리잡은 면이다. 영동역과 황간역 사이가 다른 역들 사이의 거리보다 훨씬 먼 데서도 짐작할 수 있듯이 황간은 오랫동안 영동과는 따로 떨어진 고을이었다. 1914년 행정구역을 개편할 때 영동군에 합쳐졌다.

황간향교는 태조 3년(1394)에 창건되었다. 처음에는 황간현 뒷산에 세워졌는데 현종 7년(1666)에 지금의 자리로 옮겨왔고 영조대에 두 차례 중수되었으며 고종 9년(1872)과 근래에도 중수되었다. 대성전 정면 주춧돌에 연꽃잎이 새겨진 것이 눈에 띄고 대성전 옆벽을 분할하여 팔각창을 끼운 것, 명륜당에서 기둥 사이 벽면을 목재로 분할하고 창을 단 모양 등이 재미있다. 터는 그리 넓지 않으나 당당하고 엄성한 느낌을 간직한 향교이다.

조선시대에는 나라에서 토지와 전적, 노비 등을 지급받고 교관 한 명이 정원 30명의 교생을 가르쳤으나 갑오개혁 이후 교육기능은 없어졌다. 봄·가을에 석전을 봉행하고 달마다 초하루와 보름에 대성전에 봉안된 5성, 10철, 송조 6현과 우리나라 18현의 위패에 분향한다. 황간의 향토사 연구에 귀중한 자료가 되는 기록을 비

대성전

명륜당

명륜당 측면

명륜당 지붕가구

대성전 공포

롯하여 판본 14종 116책, 사본 3종 4책이 소장되어 있다. 건물의 배치는 전학후묘(前學後廟)이며, 삼문을 들어서면 냇돌로 박은 계단 위에 높직하게 5칸짜리 명륜당이 있고, 명륜당 뒤편으로 더욱 높은 곳에 따로 삼문을 낀 담으로 둘린 곳에 3칸짜리 대성전이 있다. 대성전은 그 초석에 연화문(蓮花文)이 조각된 것으로 보아 본래는 인근 사찰 건물을 이건한 것으로 보인다.

강당인 명륜당은 팔작집으로 어간은 우물마루이고 양협간은 온돌방으로 되어 있다. 이밖에 외삼문, 내삼문 등이 담장으로 둘러싸여 있으며 동을 축으로 하여 자리잡고 있다. 1978~1981년에 걸쳐 대성전을 완전해체 보수하였고 명륜당과 가학루 단청, 내삼문을 해체 보수하였으며, 외삼문은 민가를 철거하고 그 담장 위치에 신축하였고 막돌담장을 신설하였다.

대성전은 정면 3칸, 측면 3칸의 맞배집이다. 전면 툇간은 외부로 개방되어 있고 기단과 함께 흙바닥으로 되어 있다. 내부에는 우물마루를 깔고 후면에 위패를 모시고 있다.

기단은 장대석으로 정면에 세벌대로 쌓여 있고 측면과 배면에 초벌대로 되어 있다. 주초석은 원형 주초석으로 전면 처마기둥 열에는 연화주좌가 조각되어 있다. 측면과 배면의 주초석은 원통형으로 가공되어 있다. 기둥은 민흘림 기둥으로 세워져 있다. 지붕가구는 전면 툇간에 내진고주를 세우고 대량과 퇴량을 맞보로 걸었다. 대량 위에 세워져 있는 동자주와 고주도 종량을 받치고 있다. 도리가구에 따른 가구형식은 1고주 5량가이다.

두공은 이익공으로 짜여 있으며 재주두가 사용되지 않았다. 익공의 촛가지는 앙서형으로 조각되어 있다. 보머리는 운공형태이며 첨차는 화반과 함께 파련각되어 있다. 주칸에는 창방 위에 3소로 화반을 1구씩 배치하여 장여와 주심도리를 받치고 있다. 창방 뺄목은 보아지 형태로 조각되어 있으며 소로 1개를 끝에 놓아 장여 뺄목을 받치고 있다. 종도리를

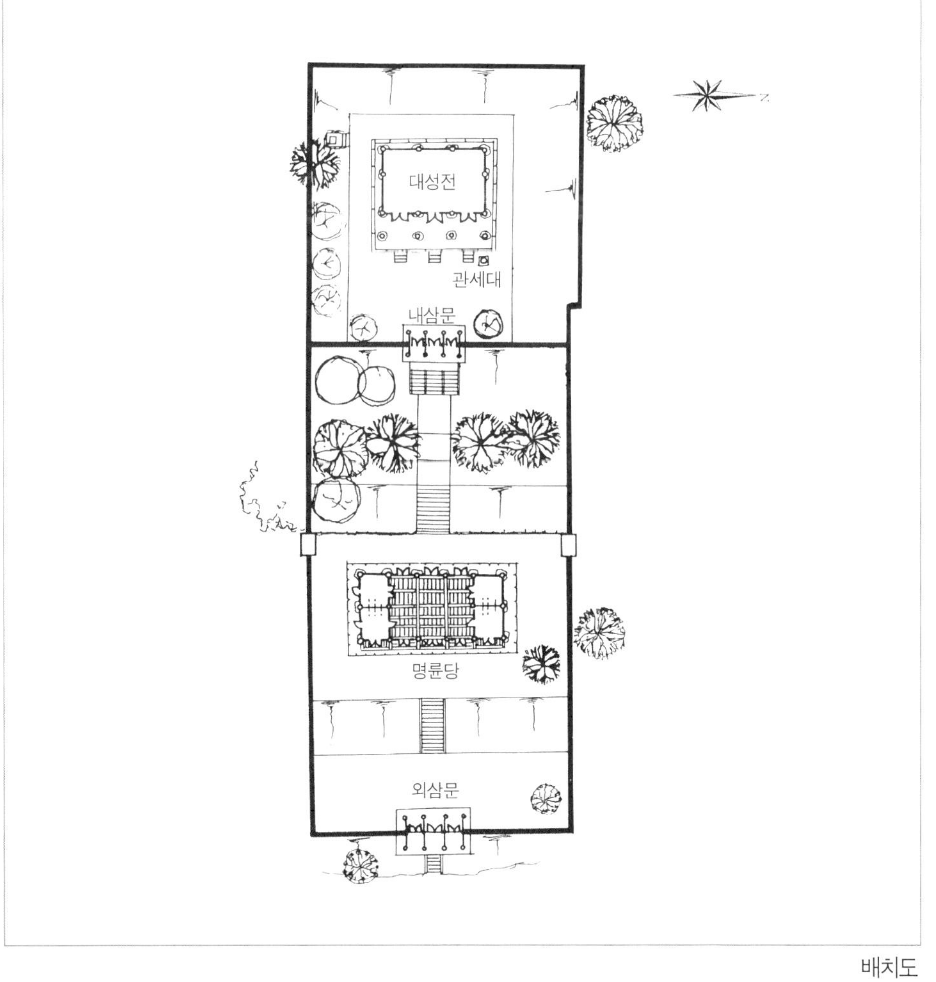

배치도

받치고 있는 대공은 판대공으로 높은 사다리꼴이며 처마는 부연을 달아낸 겹처마이다.

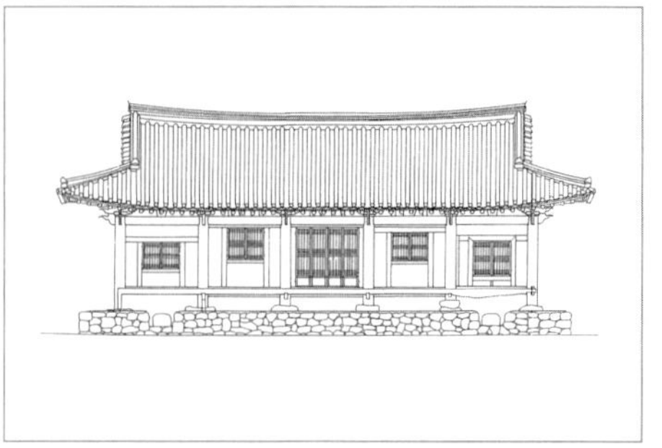

명륜당 정면도

내삼문은 정면 3칸, 측면 1칸의 맞배집 솟을삼문으로 되어 있다. 기둥은 약간의 민흘림을 둔 원기둥을 세우고 종단면 중간에 문설주를 세우고 대문을 달았다. 지붕가구는 3량가로 종도리를 중심으로 전후 처마서까래를 잇고 지붕기와를 올렸다. 처마는 부연을 달지 않은 홑처마이다. 명륜당 앞에 외삼문이 있는데 내삼문과 같은 솟을삼문으로 세워져 있다.

명륜당은 정면 5칸, 측면 2칸의 팔작집이다. 평면은 중앙 3칸을 대청마루로 만들고 좌우 측면 칸을 온돌방으로 구성하였다. 기단은 자연석을 두벌대 높이로 쌓았고 주초석은 자연석 덤벙주초를 설치하였다.

기둥은 민흘림 원기둥으로 세우고 방과 마루 사이의 벽체에 대량 하부를 받치고 있는 간주를 구성하였다. 대청마루 칸에서는 전후 처마기둥 칸에 대량을 장통보로 걸고 종량과 중도리, 종도리를 구성하였다. 도리의 구성에 따른 지붕가구 형식은 5량가이다. 기둥 상부에 두공은 이익공이며 익공의 촛가지는 쇠서형으로 초각하였다. 익공 위에 보머리는 운공형태로 조각되어 있다. 종도리를 받치고 있는 대공은 파련대공이며 처마는 부연을 달지 않은 홑처마이다.

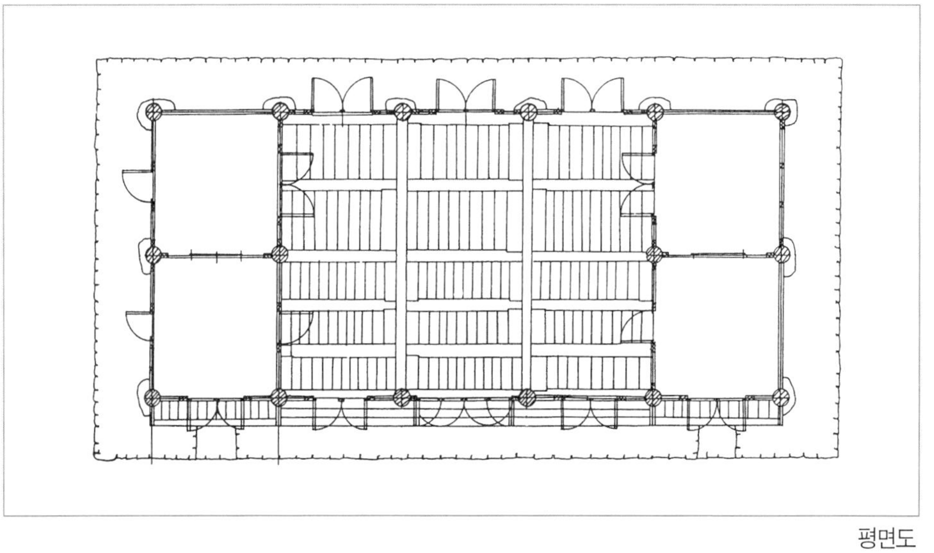

평면도

사로당
(四老堂)

• 지정번호 : 충북유형문화재 151호
• 건축유형 : 서당
• 소 재 지 : 충북 영동군 매곡면 노천리 320-1
• 창건시기 : 조선 숙종 36년(1710)

소박하고 운치 있는 당우

사로당은 조선 숙종 36년(1710)에 세워졌으며 현감을 지냈던 박수근(朴守謹)이 그의 아우 세 사람과 강학을 하던 곳으로 4명의 노인이 있었던 곳이라 하여 사로당이라 불리게 되었다. 충주 박씨 후손에 의하면, 근래에는 재실로 사용되었다고 한다.

사로당에는 완락재(浣樂齋)라는 현판이 걸려 있으며 대들보 상량문에는 "龍崇禎紀元後三 甲午..."라고 적혀 있다.

지면에서 1.45m 높이에 상부 바닥면을 놓은 정면 3칸, 측면 2칸의 고설식 온돌집으로서, 좌측 협간과 우측 협간 배면은 온돌방이고 나머지 부분은 우물마루로 되어 있다. 기단은 자연석을 초벌대로 낮게 만들었다. 누마루에 올라가는 계단은 자연석을 5단으로 쌓아서 만들었으며 기둥도 누하주와 누상주를 각각 별개의 부재로 나누어서 세웠다. 누하주 상부에는 마루귀틀을 짜고 누마루와 방의 구들을 깔았다. 누상주는 누마루 위에 세워져 있는데 민흘림 원기둥이다. 온돌 아궁이는 전면에 놓여 있으며, 방 배면의 측면부에 배연구형의 굴뚝으로 된 ㄹ자형 온돌형식을 보이고 있다.

전경

지붕가구는 전후 처마기둥 칸에 대량을 장통보로 걸고 종량과 중도리, 종도리를 올린 5

배면

마루난간

량가이다. 대량 중간에는 주두를 올린 평주로 받치고 있다. 대청마루에는 좌우 중앙 기둥 사이에 창방을 자연스럽게 굽은 부재로 걸었다.

기둥 상부에는 주두를 놓고 주칸에 장여와 같은 단면 크기의 창방을 걸고 소로를 배치한 소로 수장집이다. 도리는 굴도리를 쓰고 장여를 받쳤다. 처마는 홑처마이며 귀처마에 선자서까래를 구성하였다. 창호는 띠살문으로 되어 있는 방문과 당판문으로 된 대청마루 후면 문으로 구성되어 있는데 우측면 방의 정면 벽은 정자살과 띠살로 된 창호들로 구성되어 있다. 이 창호벽은 큰 울거미를 벽면 가득하게 짜고 다시 문짝들을 나누어서 구성

현판

가구 짜임

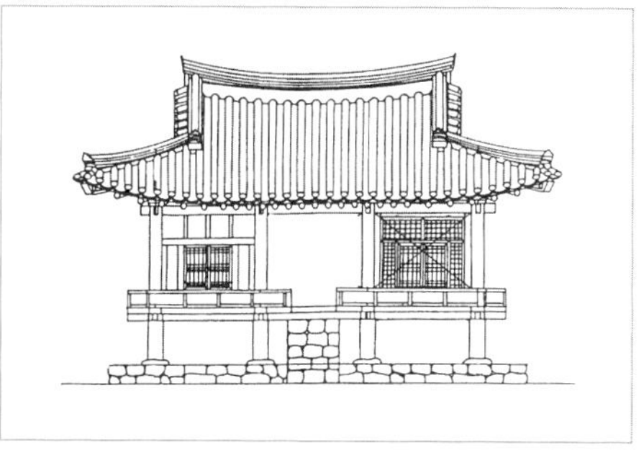

정면도

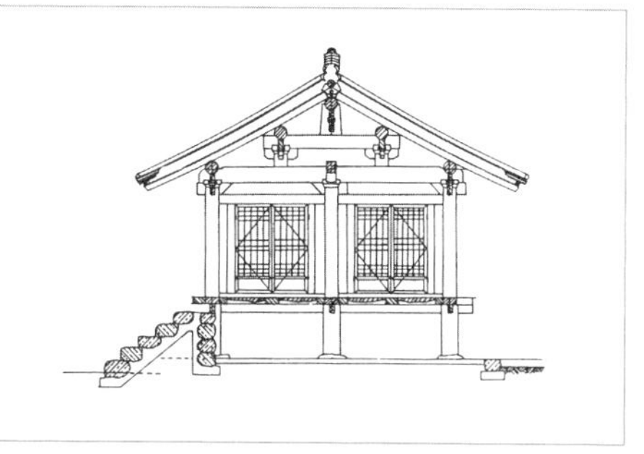

단면도

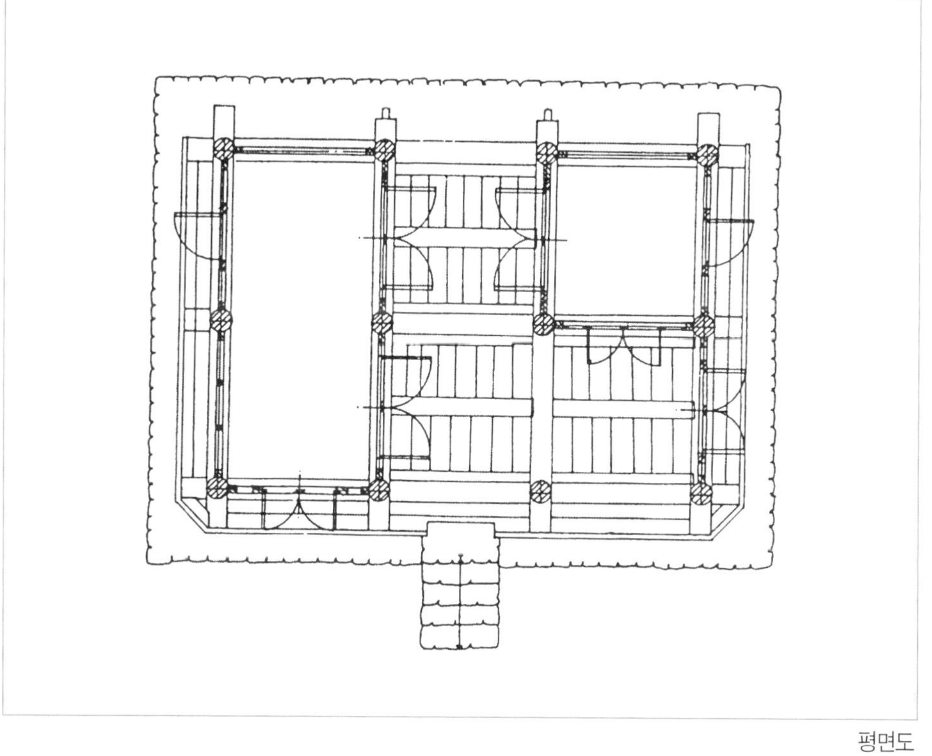

평면도

한 특이한 형태이다.

사로당은 강학을 위한 조그마한 당우(堂宇)로써 소박하고 운취 있는 충북지역의 유교 건축 특성을 잘 보여주고 있다.

흥학당
(興學堂)

• 지정번호 : 충북유형문화재 152호
• 건축유형 : 서당
• 소 재 지 : 충북 영동군 매곡면 노천리 452-1
• 창건시기 : 조선 중종 15년(1520)
• 현황 조성시기 : 조선 고종

영동 사학교육의 한 길

이 건물은 충주 박씨 종중에서 후손들의 강학을 위하여 조선 중종 15년(1520)에 건립한 것으로 흥학당기(興學堂記)에 의하면 조선 숙종 때 중수한 뒤 영조, 고종 때에도 중수가 있었던 것으로 전해오고 있다.

흥학당은 정면 4칸, 측면 2칸의 팔작집이다. 정면에서 볼 때 중앙 2칸은 대청마루이고 좌우 측면 칸은 방으로 구성되어 있다. 기단은 자연석 기단으로 높게 축조하고 주초석은 자연석으로 윗면이 평평한 반석을 놓았는데 기둥에 비해 큰 돌을 사용하였다. 기둥은 민흘림 원기둥으로 세웠다.

두공은 초익공이고 익공의 촛가지는 앙서형으로 연화초각을 올렸다. 초익공 위에는 창방머리를 봉두로 조각하였고 보머리에도 봉두를 조각하여 꽂았다. 대청마루와 방 사이에 있는 벽의 중간에 있는 기둥머리에는 주두를 놓고 안초공으로 대량과 짜맞추었다. 안초공에는 용두모양을 간략하게 초각하고 안초공과 직각방향으로 각재를 사래로 짜서 대량의 중간을 받쳤다.

전경

지붕가구는 전후 처마기둥 사이에 대량을 장통보로 걸고 종량과 종도리, 중도리를 올린 5량가이다. 종도리를 받치고

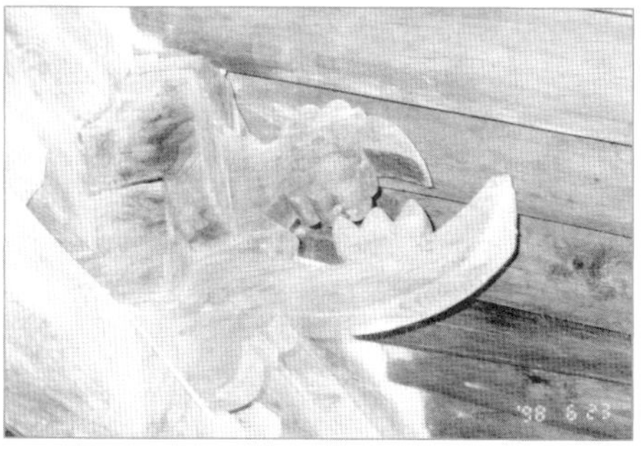

공포

지붕가구

있는 대공은 첨차형태로 짜서 받친 포대공 형식으로 구성되어 있다. 대공은 사다리꼴의 판대공으로 세워져 있고 첨차를 짜서 장여를 종도리 장여를 받치고 있다. 대청마루의 창방과 상인방 사이에는 원형으로 제작된 화반을 놓아 장식하였다.

방의 창호는 띠살문으로 구성되어 있다. 대청마루와 방을 막는 벽은 들어열기 창을 달아서 벽체를 만들었고 대청마루 배면의 벽체는 세로로 길게 판재를 짜맞추어서 판벽으로 막고 당판문을 두 짝씩 달았다. 초익공집으로 단청을 하지 않은 백골집인데 대청마루 전면 기둥에 석간주 가칠을 했던 흔적이 남아 있다.

보머리 초각

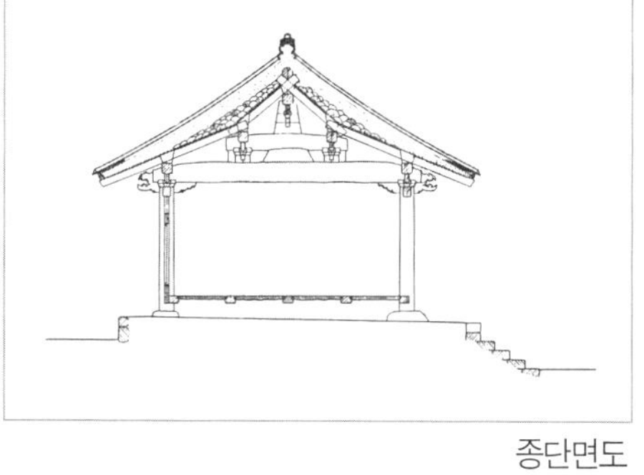

종단면도

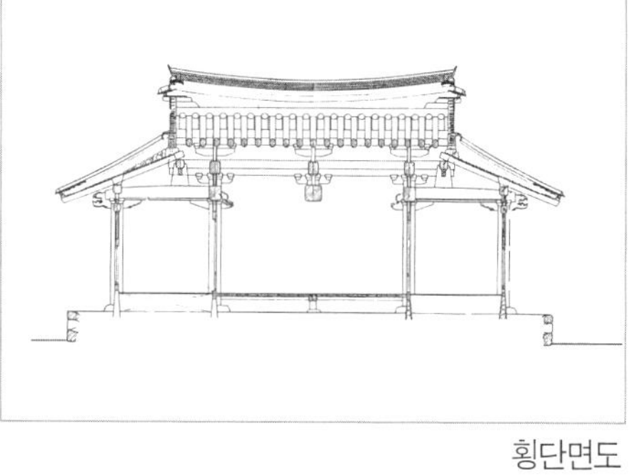

횡단면도

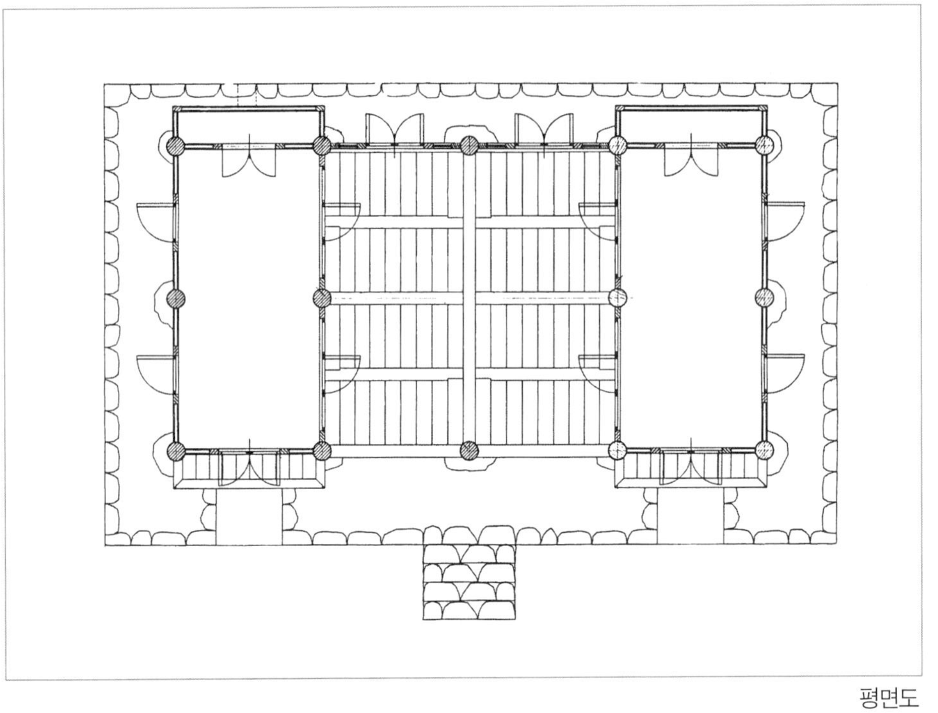

평면도

영동 삼괴당
(永同 三槐堂)

- 지정번호 : 충북기념물 22호
- 건축유형 : 서당
- 소 재 지 : 충북 영동군 상촌면 임산리 446
- 창건시기 : 조선중기
- 현황 조성시기 : 조선 순조 2년(1802) 중수

영동 사학교육의 한 길

자는 신지(愼之), 호는 삼괴당으로 고성 남씨인 남지언(南知言)은 중종 2년(1507) 임산리에서 출생하여 향시에 일등으로 합격하였으나 사화(士禍)의 참상을 보고 복시에 나가지 않았다. 장인 남정(嵐亭) 김시창에게 학문을 배워 학행이 높았으며 오직 후진양성과 향토의 아름다운 풍속교화에 노력하였다. 효행이 극진하여 명종 때 효행으로 천거되어 제랑(濟郎)을 제수하였으나 거절하였고, 그 후 김천도찰방의 명을 받아 잠시 봉직한 일이 있었다. 남지언이 만년에 강학당을 세우고 자기의 호를 따서 삼괴당이라 칭하였다.

삼괴당과 그의 돌아가신 아버지 남인과 아들 남경의 3대는 은사(隱士)로서 특출한 효행으로 정려(旌閭)되어 삼효각(三孝閣)이 건립되었는데, 지금은 불타 없어지고 다시 원모습대로 복원계획 중에 있다. 당우 안에는 남당(南塘) 한원진의 삼괴당기(三槐堂記), 송환기(宋煥箕)의 중수기, 현판과 병계(屛溪) 윤봉구가 쓴 삼괴당 당호와 이선(李善)이 쓴 현판이 걸려 있다. 담당(淡堂) 송우용도 이곳에서 배움의 길을 찾았다. 삼괴당은 매곡면 수원리 송계서원의 6현 중 한 분으로 배향되고 있다.

전경

삼괴당의 13대손인 남기서 옹에 의하면, 삼괴당의 자 경호(景孝)는 수약, 수겸, 수유,

서까래

대청마루 천장

수일의 사형제를 두었으며, 4남 수일파는 1546년에 옥계서당을 세웠으며, 그에 딸린 소루로 화수루가 남아 있다. 삼괴당은 남지언이 후손을 가르치기 위해 명종(1550년경)때 초옥으로 지어 사용하였는데, 나중에 후손들이 현재의 건물을 건립하였던 것으로 보인다. 예전에는 현 위치의 마을 초입에 있었던 것을 불이 나서 1802년경에 현 위치로 이건하였다고 하는데, 그때 중수하였을 가능성이 크다고 본다. 건물에 관련된 자료나 관련 문서들은 6.25때 소실되어서 정확한 건립연대나 중수 사실을 확인할 바가 없다.

삼괴당은 건립 당시부터 강학이 주였으며, 주변에 세심정(洗心亭)과 고반대(考盤臺)라는 별도의 정자가 있어 선비들의 휴식과 연회의 기능을 하였다. 삼괴당의 뒷산에 삼괴당의 묘소가 있어 재실의 성격도 겸한 측면이 있으며, 문중회의가 있을 시에는 이곳에서

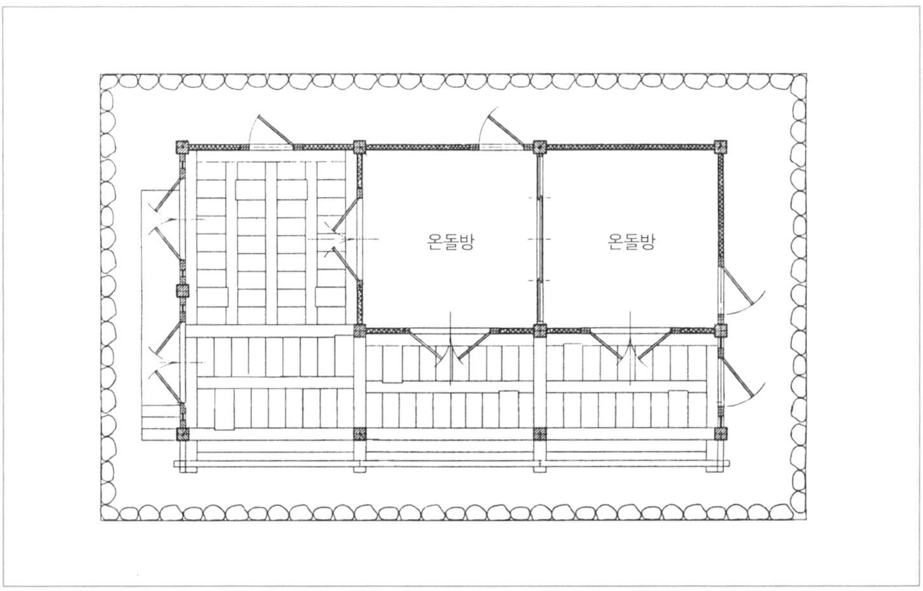

평면도

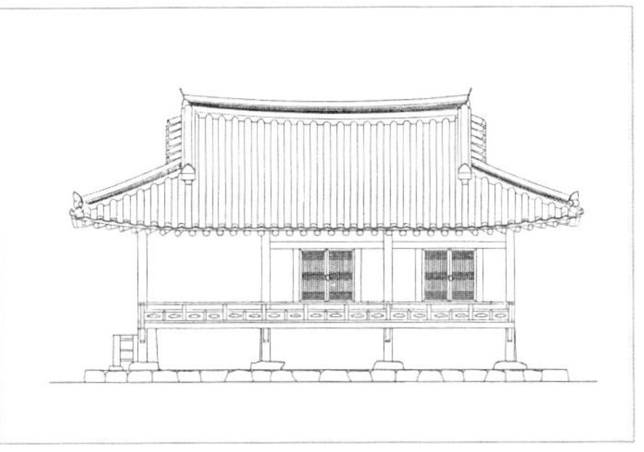

정면도

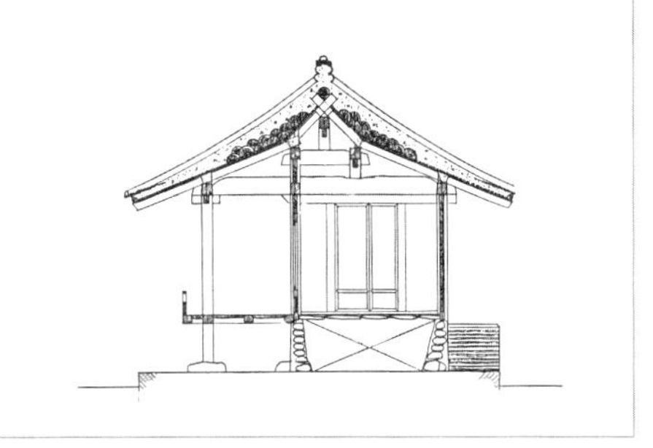

단면도

이루어졌는데 일반적으로는 작시와 강학을 하였다고 한다. 문중회의 시에는 아궁이가 놓인 방(동쪽)을 사용하였는데, 사람들이 많으면 두 칸을 터서 사용했다고 한다. 정좌 시에는 구들이 놓인 아랫목 정중앙에 문중의 웃어른이 앉고 그 옆으로 서열에 따라 좌우로 앉았으며, 가장 나이 어린 사람이 서쪽 방의 문 앞에 앉아서 심부름을 하기도 하였다고 한다. 구들은 6.25 이후에는 보수한 적이 없었고 매년 불을 때서 사용하고 있는데, 불 때는 데 이상이 없을 뿐더러 여전히 따뜻하다고 한다. 현재에도 시제 때에는 문중 사람들이 모여 문중회의를 한다고 한다.

삼괴당은 정면 3칸, 측면 2칸의 누각 팔작집이다. 평면은 대청마루와 2층 온돌방, 툇간마루로 구성되어 있다. 좌측면과 배면, 온돌방 하부의 누하부에는 흙벽으로 두껍게 막혀있다. 누각건물인데 온돌방을 구성한 특징이 있다. 기단은 자연석을 초벌대로 설치하여 낮으며 주초석은 자연석 덤벙주초이다. 기둥은 누하주와 누상주를 하나의 통주로 세우고 누마루 하부에 주선을 덧대서 보강하였다.

기둥은 각주이며 전후 처마기둥과 고주로 구성되어 있다. 지붕가구는 1고주 5량가이고 보는 대량을 전후 처마기둥 칸에 한 부재로 연결한 장통보로 걸고 종량을 올린 2중보이다. 도리는 납도리이며 장여와 함께 구성되어 있다. 방의 상부 벽체에는 고주칸에 창방과 장여가 대량 하부 높이로 짜여 있다. 처마는 홑처마로서 부연을 구성하지 않았다. 귀처마의 서까래는 선자서까래로 이어져 있다. 천장은 연등천장이어서 서까래 하부를 볼 수 있는데 특별히 추녀 뒤뿌리가 결구되는 외기도리 부분에만 판재로 천장을 막았다. 누마루의 정면에는 평난간이 설치되어 있다. 난간은 궁판에 안상을 조각하였고 치마를 대서 마감하였다. 건물의 우측면에 상아궁이형의 아궁이를 두고 배면에 돌출형 굴뚝을 두어 ㄱ자형의 온돌형식을 보이고 있다. 전면에 평난간을 돌렸으며, 진입은 좌측의 목조계단을 통해 이루어진다. 이 건물은 '삼괴당'이라는 당호가 있는 강학당(講學堂)으로 세워졌다. 얕은 누각의 형식으로 지어진 일종의 서원류의 정사(精舍) 또는 서당 건물이라고 생각된다. 단청을 하지 않았고 장식을 적게 한 단아한 멋을 지니고 있는 건물이다.

편액과 주련

툇마루

추녀

아궁이

제4장

주거건축

주거건축

충북지역은 우리나라에서 바다와 면하지 않은 내륙산간형 지형으로, 기후와 지역에 따라 주거의 형태가 다양하게 나타나고 있다. 특히 인접하는 다른 도(道)가 많았기 때문에 나타난 현상인지 비록 그 유례는 많지 않으나 전형적인 북부형과 바다로 격리되어 있는 제주도에서 많이 볼 수 있는 제주도형 평면을 제외한 우리나라 주택의 모든 지역에 존재하는 평면형이 충청북도 내에 분포하고 있었다. 이와 같은 사실은 뚜렷한 이 지역의 주택상의 특징이라고 할 수 있으며 이 지역 주택이 타 지역에 비하여 더욱 다양한 양상을 지니고 있었음을 증명하고 있는 것이다. 그러나 지역이 평지나 평지형 구릉지이며 기후가 따뜻한 남부지역은 'ㄱ'자집이 많으며, 기후가 춥고 산간지역인 북부지역은 튼 'ㅁ자'집이 많다. 특히 'ㄱ자'형 건물이 마주 보는 형태를 취하는 튼 'ㅁ자'형은 19세기 충북 북부 산간지역의 중류 농촌주택에 널리 지어졌다. 여기서는 충북의 지역성이 가지는 소박함과 사대부의 세련미가 동시에 조화되어 나타나는 성향을 볼 수가 있다.

조선중기 이후 양반문화의 절제되고 세련된 미의식을 바탕으로 배양되어 온 주택은 19세기 후반에서 20세기 초를 지나면서 다양해진 삶의 기능을 수용한 공간의 다양성과 형태의 세련미를 더 보편화시키면서 전국으로 확산되어 갔는데, 충북지역에도 이 시기에 지어진 상류주택이 많이 남아 있다. 대표적인 것으로 영동의 송재문, 송재휘 가옥, 보은의 최태하 가옥, 괴산의 김기응 가옥 등을 들 수 있지만 이밖에도 비슷한 수준의 우수한 주택들이 산재해 있다. 또한 구조양식 중에서 고미집(고미다락, 고미반자집)의 민가들이 축조되어 있는 것도 충북지방에서 나타나는 민가의 구조적 특징 요소이다.

주택에서의 세련된 건축술은 별당에서도 나타났으며, 오히려 주택에서보다 자유롭고 용통성 있는 표현으로 발전되었다.

충북지역 주거건축의 특성은 사대부가에서는 공간의 다양성과 형태의 세련미를 보이지만, 일반 서민주거에서는 소박하고 질박한 향토성을 보이고 있다. 충북지역의 지역성으로 인하여 중부, 남부, 산악지역 등 다양한 지역의 주거 특성이 고루 나타나고 있다.

단양 조자형가옥
(丹陽 趙子衡 家屋)

• 지정번호 : 중요민속자료 145호
• 건축유형 : 주택
• 소 재 지 : 충북 단양군 가곡면 덕천리 49
• 창건시기 : 1770년경

튼 ㅁ자형 가옥

이 가옥은 1770년경 현재 소유자인 조자형 씨의 5대 조부인 조경복 씨가 건축하였다고 전해진다.

ㄱ자 모양의 안채와 사랑채가 맞물려 튼 ㅁ자 꼴을 이루는 민가형식의 집이다. 안채는 아주 늦춰 잡아 19세기 중엽 정도로 추정되는 우수한 건물로, 평면은 중부방식으로서 부엌, 안방, 꺾어져서 대청, 건넌방을 두었는데, 일반적 형식과 다르게 부엌 앞에 아랫방을 배치했다. 사랑채는 20세기 중엽에 지은 초가집으로서 대문간과 함께 시설되었는데, 평면과 구조는 일반적 농가와 유사하다. 주변의 자연경관은 아름답지만 그에 걸맞는 집안의 정원시설은 없다.

안채는 ㄱ자형 평면의 팔작집이다. 평면은 정면 5칸, 측면 2칸의 몸체에 종단 2칸의 익랑을 4칸 달아내었다. 몸체는 중앙 2칸을 대청마루로 구성하고 좌우측에 방을 1칸씩 연결하였다. 좌측에는 온돌방 외측으로 툇간을 마루로 구성하였고 우측면에는 전면 툇간에 부엌을 구성하여 불아궁이를 설치하였다.

전경

익랑채는 몸체의 방 앞 2칸을 부엌으로 구성하고 앞쪽 1칸에 방과 툇간마루를 두었다.

안채

부엌문

마루

내부가구

배치도

기단은 현재 시멘트 기단으로 개조되어 있다. 주초석은 평평한 자연석의 덤벙주초이다. 대청 칸에서는 고주를 생략하여 장통보로 전후 칸을 통간으로 구성하였다. 그밖에 내진주를 평주로 세워서 3량가의 지붕가구를 짜고 대청마루의 중간 기둥은 특별히 굵은 각주를 세워서 모양을 냈다. 처마는 홑처마로 부연을 달지 않고 귀처마는 말굽 서까래로 구성하였다.

문간채는 본래 초가집이었을 것으로 보이는데 지금은 슬레이트 지붕으로 개조되어 있다.

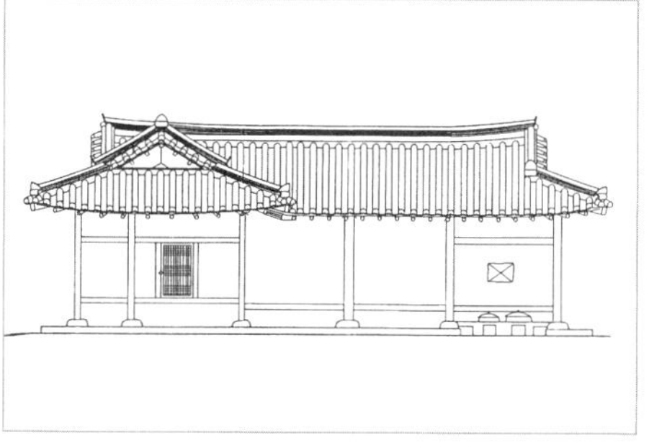

정면도

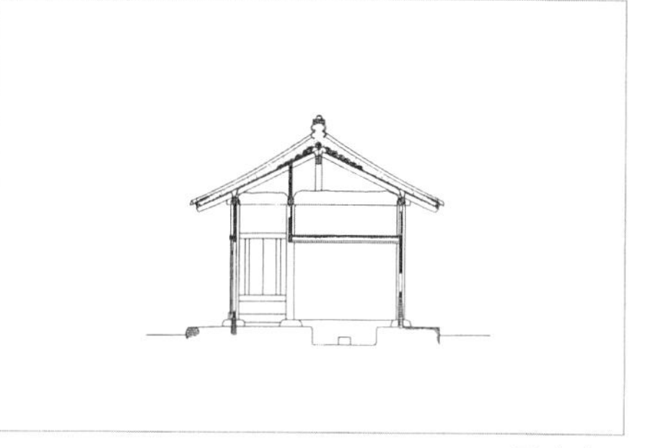

종단면도

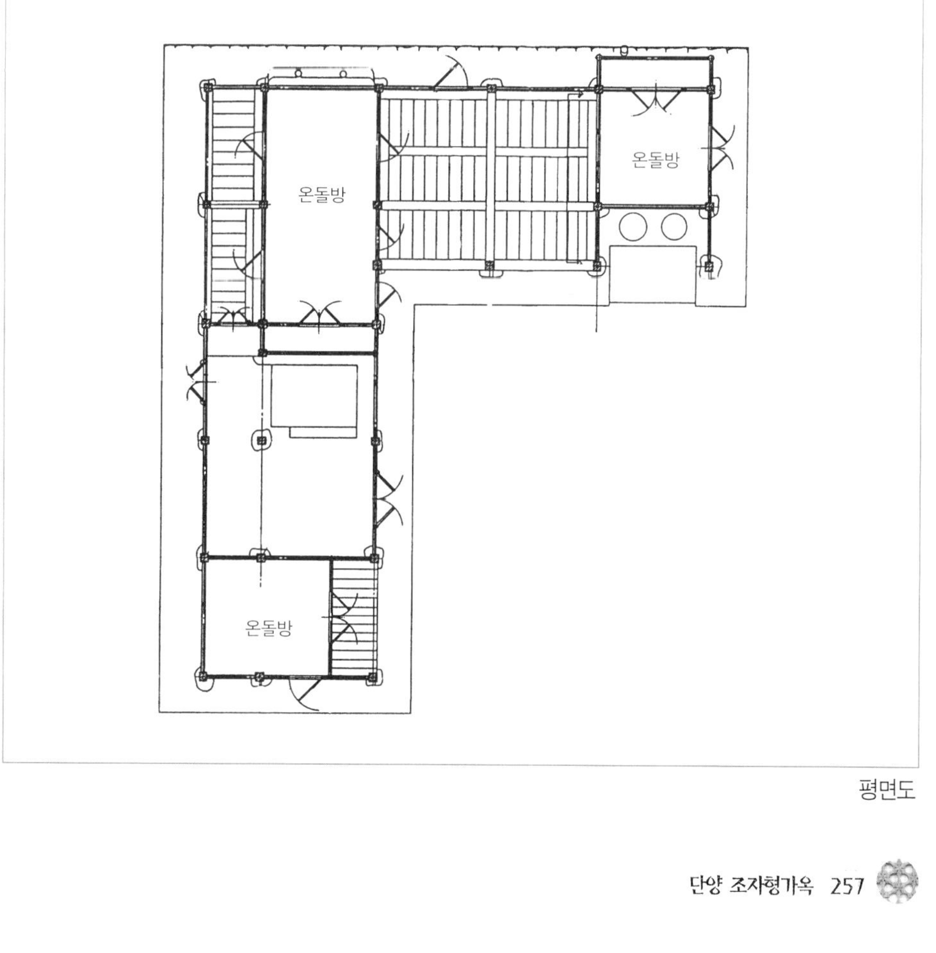

평면도

제원 박도수가옥
(堤原 朴道秀 家屋)

- 지정번호 : 중요민속자료 137호
- 건축유형 : 주택
- 소 재 지 : 충북 제천시 금성면 구룡리 305
- 창건시기 : 조선 고종 원년(1864)

제천 대농의 민가

이 가옥은 ㄱ자형 안채 앞에 一자형의 문간채를 두고 一자형 아래채를 배치하여 전체적으로 ㅁ자형 배치를 이루고 있다. 문간채 앞에 바깥마당을 설정하여 경영시설물을 조영한 대농(大農)의 민가이다.

안채에는 동치(同治) 3년(조선 고종 원년, 1864)이라는 상량문이 있고, 문간채와 아래채는 20세기 초에 지어진 본래 초가지붕 구조의 건물들이다. 평면은 중부방식(中部方式)으로 서쪽에 부엌, 안방, 윗방을 차례로 두고 꺾어져서 2칸 대청, 광, 건넌방을 배치했다. 여기서 특이한 것은 광을 둔 것인데 전면의 살창, 대청쪽의 판장문 모두 관에 쓰이는 시설이다.

ㄱ자집 안채는 와가이며 초가인 문간채와 광채로 구성된 튼ㅁ자 집이다. 안채는 팔작집 몸채에 익랑채를 연결한 ㄱ자 집이다. 기단은 자연석 기단이고 주초석은 자연석 덤벙

전경

문간채

안채

문간채

안채 지붕가구

대문

주초로 되어 있다. 기둥은 각주로 세우고 몸체는 종단으로 평주 세 개를 세워 전면에 툇간을 만들었다. 지붕가구는 대청마루 칸에서는 대량을 전후 처마기둥 칸에 장통보로 걸고 대공을 첨차형태로 받친 3량가로 짜여 있다. 방부분에서는 툇간 내진주를 평주로 세우고 대량과 전면 퇴량을 맞보형식으로 연결하였고 대량 위에 동자주를 세워서 종도리를 받친 3량가로 구성되어 있다.

익랑채는 종단 1칸으로 3량가이다. 처마는 부연을 달지 않은 홑처마이며 귀처마에는 초가집에서처럼 평행서까래로 구성하였다. 평면은 대청마루를 중심으로 좌측에 방을 배치하고 익랑으로 방 한 칸과 부엌을 연결하였다. 대청마루 우측에는 바로 광을 배치하고 우측면에 방을 구성한 특이한 평면으로 되어 있다. 광과 건넌방 앞에는 툇간을 마루로 구성하였고 건넌방 앞 툇마루는 높은 누마루로 만들고 하부에 불아궁이를 설치하였다.

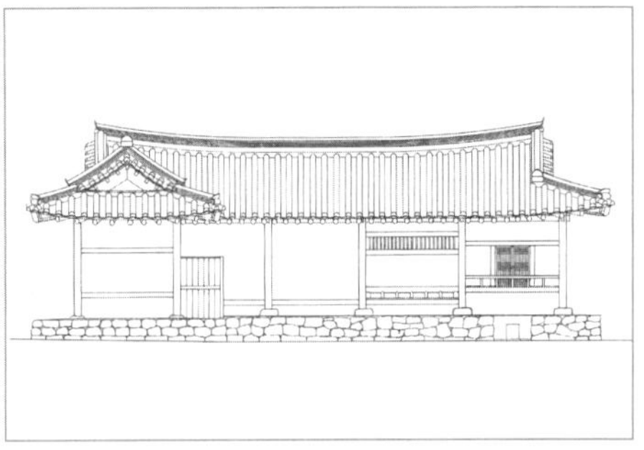

정면도

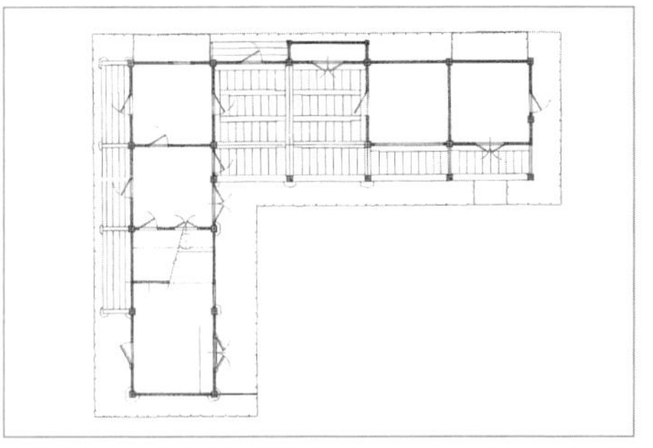

평면도

문간채는 정면 3칸, 측면 1칸의 초가집이다. 기단은 자연석을 쌓아서 축조하고 주초석은 자연석 덤벙주초로 받치고 각주 기둥으로 세웠다. 지붕가구는 3량가로 처마서까래를 앞뒤로 하나씩 걸었다. 벽체는 광과 외양간에 판벽, 방에는 재사벽으로 되어 있다. 광채는 정면 4칸, 측면 1칸의 一자 집인데 슬레이트 지붕이다. 본래는 초가집이었을 것으로 보인다.

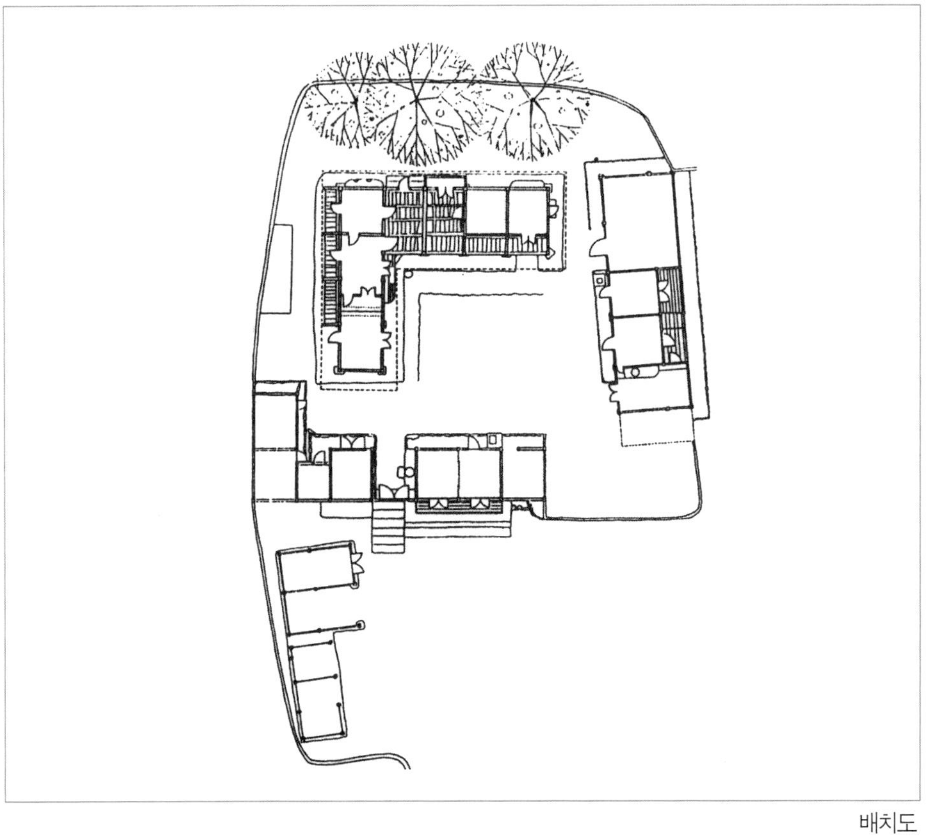

배치도

제원 정원태가옥
(堤原 鄭元泰 家屋)

• 지정번호 : 중요민속자료 148호
• 건축유형 : 주택
• 소 재 지 : 충북 제천시 금성면 월림리 621
• 창건시기 : 19세기초

제천 부농의 초가집

이 가옥은 19세기 초에 지어졌다는 구전(口傳)이 확실한 건물로서 주변환경이 아름답고 전망이 좋으며, 풍수지리상(風水地理上) 전형적인 길지(吉地)에 자리한 양택(陽宅)이다. 안채와 사랑채는 각각 ㄱ자 모양으로 서로 맞물려 튼ㅁ자 모양을 이루는데, 사랑채 날개가 짧아서 서쪽이 트여 있기 때문이다.

안채의 평면은 남도방식(南道方式)으로 작은 부엌, 윗방, 2칸 대청, 골방을 一자로 배치하고, 꺾어져서 건넌방과 부엌을 두어서 오히려 건넌방을 중심으로 살림을 하도록 고려되었다. 이것은 어떻게 보면 중부방식과의 결합으로도 보인다. 사랑채 역시 남도방식으로 부엌을 동쪽에 두고 부엌방, 큰사랑, 대청, 작은사랑을 차례로 배치했다.

안채는 ㄱ자형의 초가집으로 정면 6칸, 측면 2칸의 몸채에 정면 4칸, 측면 1칸의 익랑채를 연결하였다. 몸채는 좌측면 1칸을 부엌으로 만들고 우측에 방 2칸과 2칸 대청마루, 건넌방으로 구성하였다. 방과 대청마루 사이의 툇간은 마루로 대청마루와 연결되어 있고 익랑채는 전면 2칸은 부엌으로 만들고 방을 두어 몸채에 연결되어 있다.

전경

기단은 자연석을 두벌대로 쌓아 만들었다. 주초석은 자연

사랑채

안채 정면

안채 내부가구

안채 툇마루

석 덤벙주초를 두었다. 몸채의 단면은 종단칸으로 평주를 세 개 같은 높이로 세우고 대량과 퇴량을 맞보형식으로 결구하였다. 지붕가구는 대량 위에 동자대공을 세워 종도리를 받

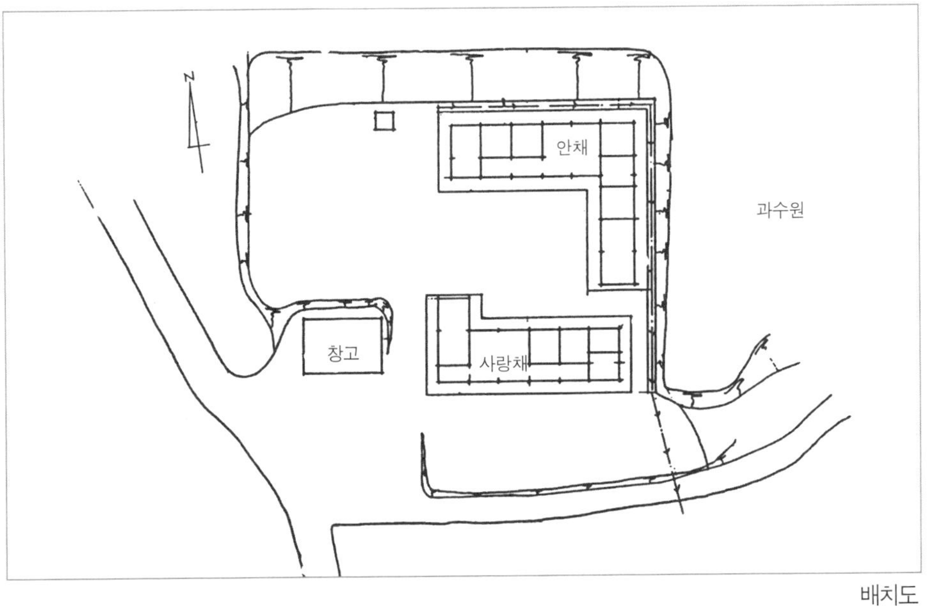

배치도

치고 있는 3량가로 짜여 있다. 익랑의 지붕가구는 대량을 하나 전후 처마기둥 사이에 걸고 동자대공으로 종도리를 받친 3량가이다.

사랑채는 안채에 대하여 ㄴ자형 평면으로 배치되어 전체 가옥이 튼ㅁ자형의 배치를 이루고 있다. 기단은 자연석 두벌대로 축조하고 주초석은 자연석 덤벙주초를 놓았다. 기둥은 각주를 세우고 전면 툇간에 고주를 세웠다. 지붕가구는 고주의 기둥몸에 대량과 전면 퇴량을 맞보형식으로 걸고 종량을 고주 상단에 올려 도리를 받친 1고주 5량가이다. 처마는 홑처마이며 추녀를 건 귀처마에는 절반을 선자로 틀어서 꾸미고 평행서까래로 구성하였다.

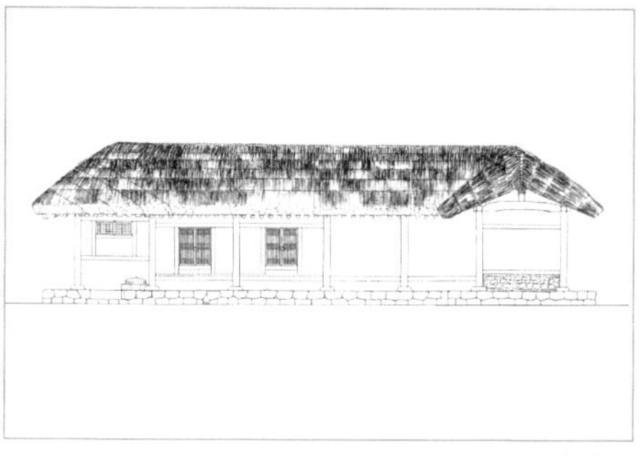

정면도

종단면도

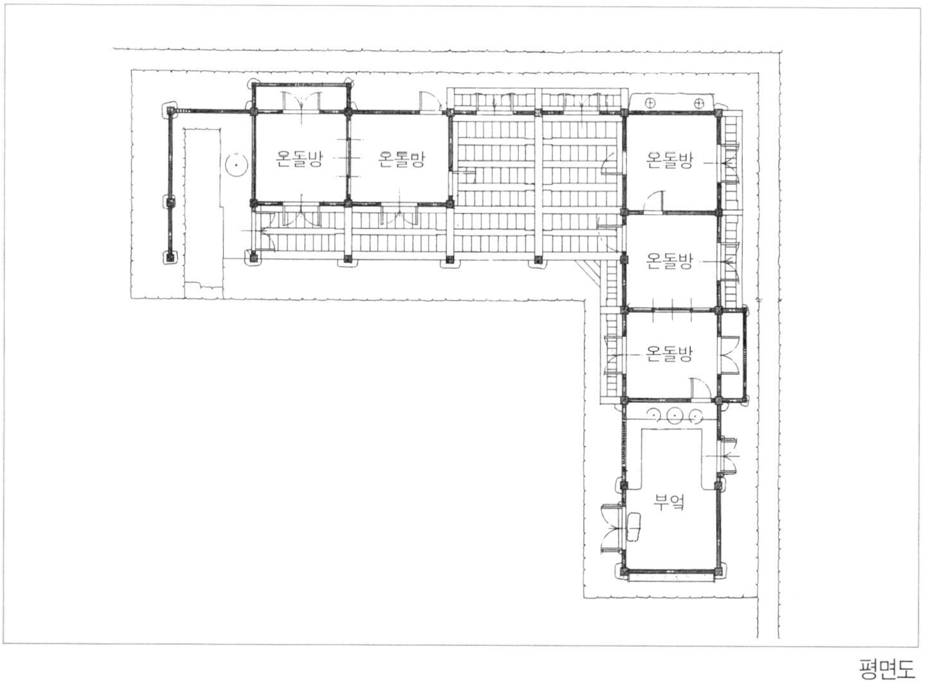

평면도

청풍 도화리 고가
(淸風 桃花里 古家)

• 지정번호 : 충북유형문화재 83호
• 건축유형 : 주택
• 소 재 지 : 충북 제천시 청풍면 물태리 6-20
• 현황 조성시기 : 1985년 이건

코쿨이 있는 고가

제원군 청풍면 도화리의 김상기 씨 가옥을 충주댐 수몰로 인해 물태리로 이전하였다. 이 가옥은 경사진 대지를 이용하여 후면은 1단의 낮은 냇돌 기단을, 전면은 5~6단의 높은 기단을 구성하여 세운 ㄷ자형의 집으로 왼쪽 칸살은 방, 부엌, 광이 배치되고 중앙칸살은 3칸 크기의 대청이, 우측 칸살은 방 2칸과 2칸 크기의 부엌이 배치되어 있었다.

우진각지붕의 현 살림채는 ㄷ자 집으로서 앞쪽에 건물의 흔적이 있는 것으로 보아 원래는 바깥채가 있었으며 전체적으로 튼ㅁ자 모양의 배치를 한 것으로 보인다. 평면구성은 안방과 건넌방을 대청 좌우에 배치하는 일반적인 곱은자집 평면을 기본으로 하고 건넌방 앞에 부엌과 상방을 덧붙였다. 안방과 윗방 사이는 장지문을 설치해 틀 수 있게 하는 것이 일반적이지만 이 집에서는 그 사이를 벽으로 막아 버렸는데 이는 오래된 집에서만 볼 수 있는 방식이다. 3칸의 대청과 2개의 부엌은 집 규모에 비해 넓은 편이며, 남서쪽 상방 앞에는 툇마루를 놓아 접객공간으로 이용했다. 둥근 통나무 굴뚝과 부엌 살창 옆의 코쿨(관솔을 지펴 어둠을 밝히는 시설)은 태백산맥 일대의 산간지대 민가(民家)에서 볼 수 있는 특징적인 것이다.

전경

지붕은 합각을 구성하지 않고

안채

사랑채

창고 및 화장실

지붕가구

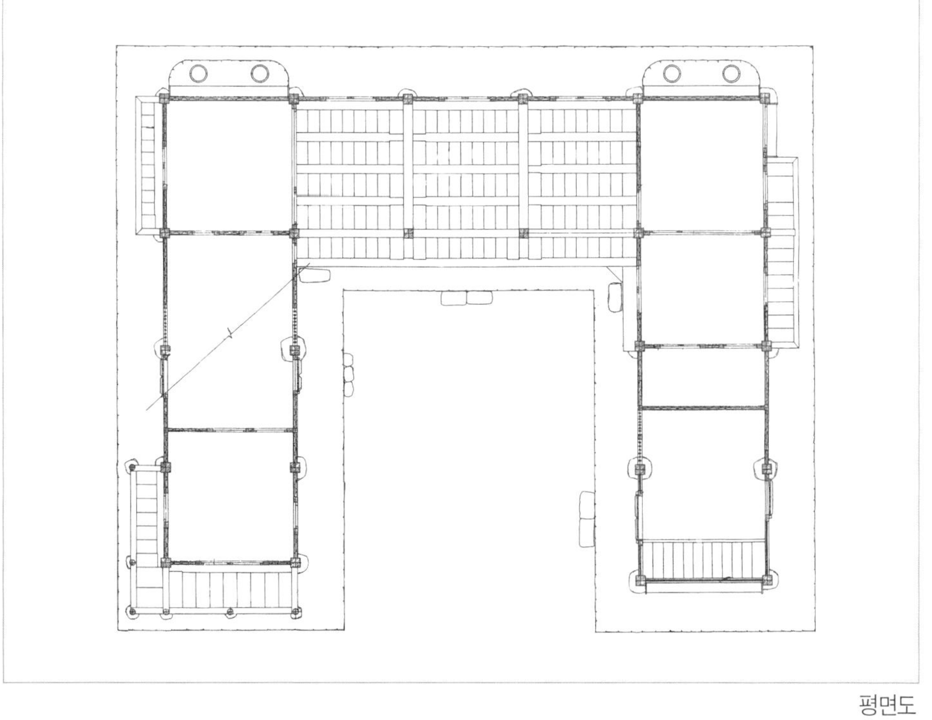
평면도

정면도

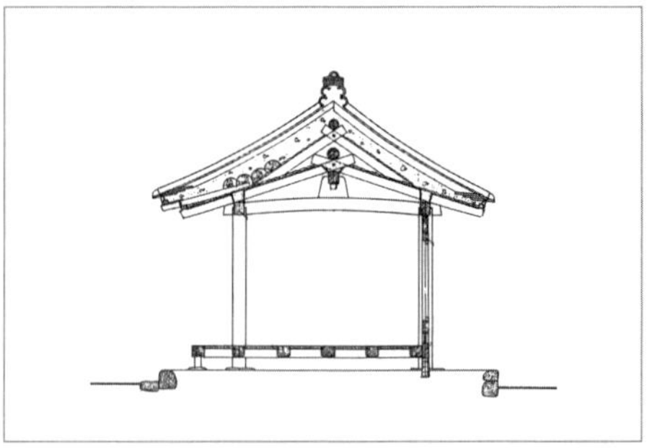

단면도

모두 우진각으로 구성하였다. 몸채의 중앙 3칸은 모두 우물마루를 깐 대청마루이며 좌측 익랑으로 방을 2칸 배치하여 몸채 대청마루와 연결하고 그 앞으로 부엌 1칸과 방 1칸을 배치하였다. 방 앞쪽으로 두칸 툇마루를 달아내고 부섭지붕을 이어 붙였다. 우측 익랑은 대청마루에 면해서 방을 두칸 배치하고 앞쪽으로 2칸을 부엌으로 구성하였다. 기단은 자연석으로 낮게 쌓고 주초석은 자연석 덤벙주초를 두고 각주로 처마기둥을 앞뒤로 세웠다. 지붕가구는 몸채와 익랑채 모두 납도리 3량가이며 처마는 홑처마이다.

귀처마는 추녀 뒤뿌리를 종도리 위에 얹어 내림마루 가구를 짜고 서까래를 평행서까래로 배치하였다. 지붕은 현재 기와지붕으로 되어 있는데 가구는 귀처마 서까래와 추녀 결구 등에서 초가집과 비슷하게 처리되어 있다. 즉, 충북지방 민가에서 기와지붕은 합각을 구성한 팔작집이 많다. 그리고 귀처마 서까래는 보통 말굽서까래나 선자서까래로 구성되어 있다. 평행서까래의 배치는 초가에서 자주 볼 수 있고 추녀를 종도리까지 있는 수법도 초가에서 일반적으로 쓰이는 결구방식이다. 이 가옥의 서까래는 기와집의 서까래에 비해 너무 가늘고 빈약해 보인다.

창호는 방을 비롯해서 대청마루 배면 문까지 모두 띠살문이다. 안채 좌측 익랑에 있는 안방과 대청마루 사이의 벽은 정자(井)살문과 큰 들어열기 정자살문으로 벽면을 만들었는데 창호만으로 벽을 막아서 필요시 대청과 안방을 한 실로 쓰고자 계획한 것으로 보인다. 정자살로 구성된 벽체가 아름답게 보인다. 창호로 구성한 이러한 벽은 좌익랑의 방 두 개 사이에도 같은 수법으로 처리되어 있다.

부엌 뒤뜰과 건물의 서측 부분에 각각 장독대를 두었었고, 뒤뜰과 옆마당은 밭으로 사용하였다. 지금은 가옥만 이전하여 그전의 자연환경은 찾을 수 없다.

청풍 황석리 고가
(淸風 黃石里 古家)

- 지정번호 : 충북유형문화재 84호
- 건축유형 : 주택
- 소 재 지 : 충북 제천시 청풍면 물태리 6-20
- 현황 조성시기 : 충주댐 건설로 이건

머리퇴를 가진 4칸집

제원군 청풍면 황석리 164번지 유인모(柳寅模) 씨 가옥을 충주댐 수몰로 인하여 물태리 청풍문화재단지로 이전했다.

정남향 집으로 4칸 전우퇴(前右退)집이며, 일반적인 3칸집의 평면과 같이 부엌, 안방, 윗방을 나란히 배치하고 끝에 사랑방을 두었다. 안방과 윗방 앞에는 마루를 놓았고, 사랑방 앞에는 마루 없이 한데 부엌을 두는 대신 머리퇴에 툇마루를 놓아 손님을 맞을 수 있게 했다. 이 집에서 보이는 평면구성은 머리퇴를 가진 4칸집의 가장 대표적인 유형이다.

안채는 정면 4칸, 측면 2칸의 팔작집이다. 좌측에 1칸은 부엌으로 만들고 우측으로 3칸을 방으로 구성하였다. 방 앞에 툇간은 마루를 전면에 길게 구성하였다.

기단은 사인석으로 축조하고 주초석은 자연석 넘벙주초로 받치고 기둥은 각수로 세웠으며 전면 툇간에 내진주를 고주로 세웠다. 지붕가구는 1고주 5량가로 되어 있다. 방의 마루쪽 벽에는 마루 윗면에 머름을 구성하고 띠살로 된 방문을 달았다. 지붕처마는 부연을 달지 않은 홑처마이고 귀처마에는 추녀를 걸고 서까래를 평행서까래로 배치하였다.

전경

문간채는 정면 3칸, 측면 1칸의 초가집으로 자연석 기단

문간채

안채

뒷간

문간방

부엌 내부가구

방

이 낮게 축조되어 있다. 주초석은 자연석 덤벙주초로 받치고 각주 기둥을 세웠다. 지붕가구는 3량가로 종도리를 중심으로 처마서까래를 앞뒤로 하나씩 걸어서 지붕을 이었다. 우측면 칸에 대문을 달고 좌측 2칸을 방으로 구성하였으며 방의 대문 밖 외벽은 막돌화방벽을 높게 쌓았다.

청풍 후산리 고가
(淸風 後山里 古家)

- 지정번호 : 충북유형문화재 85호
- 건축유형 : 주택
- 소 재 지 : 충북 제천시 청풍면 물태리 6-20
- 현황 조성시기 : 1985년 이건

상청을 갖춘 고가

제원군 청풍면 후산리 105번지의 유영선 씨 가옥을 충주댐 수몰로 인해 물태리 청풍문화재단지로 이전했다. 현재는 ㄱ자 모양의 단독건물만 남아 있지만 일반적인 예로 보아 안마당 앞에 사랑채가 있었을 것이다.

이 집은 대청마루를 기준하여 동남향의 ㄱ자집으로 되어 있으며, 대청마루의 우측은 2칸 크기의 건넌방과 툇마루를 두었으나 높은 마루로 되었고, 그 밑에 함실 아궁이를 두었다. 대청은 좌측으로 윗방이 있고 윗방에서 동쪽으로 꺾어 대청마루 좌측으로 후퇴(後退)를 후보하여 제사방(祭祀房)으로 사용하고 있다. ㄱ자형 가옥의 대청방 등의 배치가 특이하고 상태가 양호하다. 평면구성은 중부지방의 보편적인 민가유형을 따르지만 안방 뒤에 수징공간인 윗방을 둔 점과 대청 한 구석에 상제례를 위한 상청을 둔 점이 특징이다.

전경

기단은 자연석을 초벌대로 설치하고 주초석은 자연석 덤벙주초를 받쳤다. 가구는 전후 툇간 기둥을 평주로 세우고 대량과 전면 퇴량을 맞보형식으로 결구하여 5량가로 구성하였다. 대청마루 상부의 대

안채

안채 대청에 있는 상청

뒷간

안채 종도리 밑 대공

공은 대량 위에 큰 소로를 놓고 첨차형태로 가로로 질러서 소로를 배치하여 종장여를 받치고 있는 특이한 형태로 되어 있다. 지붕은 건넌방쪽은 합각으로 처리하고 부엌쪽은 박공으로 처리하여 고식(古式)의 기법을 보여 준다.

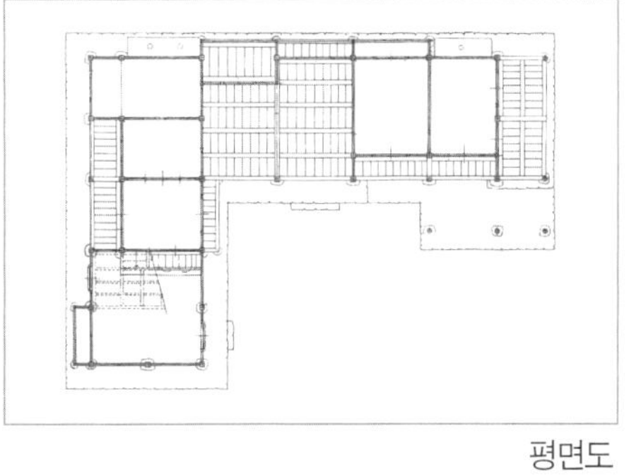

평면도

정면도

금성 중전리 고가
(金星 中田里 古家)

- 지정번호 : 충북유형문화재 86호
- 건축유형 : 주택
- 소 재 지 : 충북 제천시 금성면 중전리 45
- 창건시기 : 19세기 중엽

제천 부농의 주택

이 가옥은 ㄱ자 모양의 안채와 ㄴ자 모양의 사랑채로 구성된 튼ㅁ자집으로서 19세기 중엽에 건립된 것으로 추정되는 부농계층의 주택이다.

안채는 2칸 대청 좌측에 건넌방과 툇마루를, 우측으로는 ㄱ자로 꺾으면서 2칸 크기의 안방과 부엌이 있다. 사랑채는 대문간 우측으로 안방, 윗방, 사랑방을 두었으며, 좌측으로는 외양간을 두었고 여기서 꺾어 한데 부엌칸, 아랫방, 윗방과 툇마루를 두었다.

대문간에는 내외담을 설치하여 밖에서 안마당이 직접 보이지는 않으면서 꺾어 돌아가도록 설계한 바, 이는 우리나라 주택의 한 특징이다. 안마당과 사랑마당은 대문을 통해서만 연결되도록 사랑방 옆에 담장을 둘러 구분하였고 편의를 위해 쪽문을 설치했다. 주위 담장을 따라 은행나무, 괴목 등을 식재하였으며 내정(內庭) 중앙에는 화난을 두었다.

안채는 기단을 자연석으로 세벌대 정도 되는 높이로 쌓았다. 주초석은 자연석 덤벙주초로 받치고 기둥은 각주로 세웠다. 지붕가구는 몸채와 익랑채에 모두 3량가이며 지붕은 우진각지붕이다. 추녀 뒤뿌리는 종도리 위에 올려져 있고 귀서까래를 평행서까래로 이었다. ㄱ자로 꺾여진 곳에서는 회첨추녀를 구성하고 서까래를 연

전경

안채

연자방아 지붕가구

중정

뒷면 석축

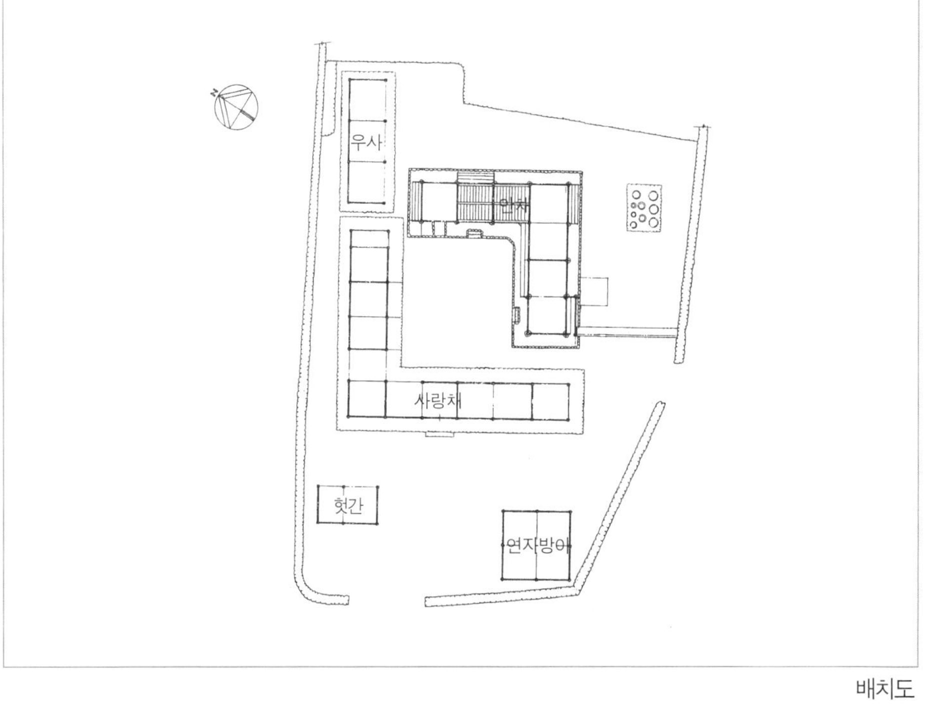

배치도

결하였다. 3량가 기와집인데 서까래의 물매가 매우 완만한 구조로 짜여 있다.

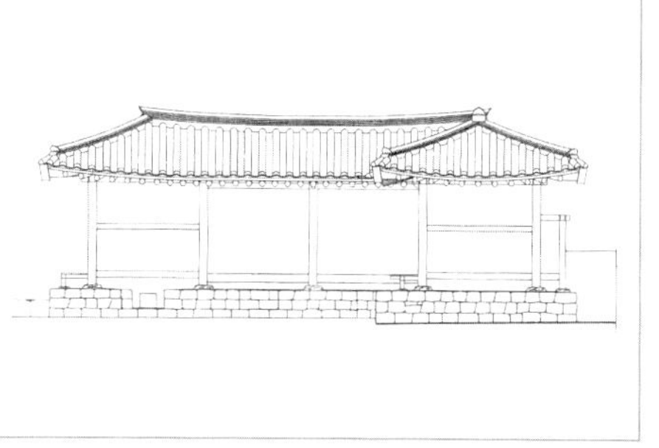

정면도

사랑채는 기단을 자연석으로 두벌대 정도 쌓아서 안채보다 집이 약간 낮게 구성되어 있다. 주초석은 자연석 덤벙주초이고 기둥은 각주로 세웠다. 지붕가구는 3량가로 대량 한가운데에 동자주를 세워서 종도리를 받치고 앞뒤로 처마서까래를 이었다. 보와 서까래는 자연재의 생긴 모양 대로 굽은 곡재를 사용하고 있다. 가구의 구조와 형태는 안채와 비슷하다. 이 사랑채는 본래 초가로 지어졌다가 와가로 개조되었다고 한다.

안채는 우진각지붕의 기와집이나 사랑채는 본래부터 초가였다. 양반가의 전형적인 가옥구조로 규모가 크고 잘 보존되어 있다.

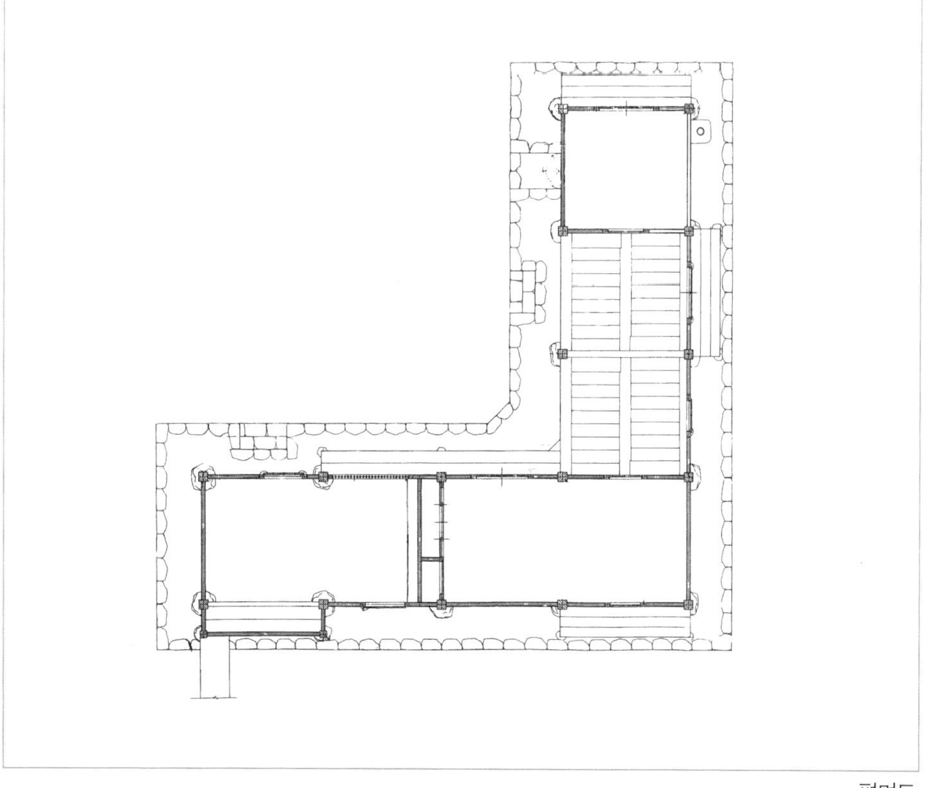

평면도

김세균 판서 고가
(金世均判書 古家)

- 지정번호 : 충북유형문화재 88호
- 건축유형 : 주택
- 소 재 지 : 충북 제천시 한수면 송계리 723-3
- 현황 조성시기 : 충주댐 건설로 이건

반듯한 치목 솜씨

조선 순조 때 이조판서를 지낸 김세균(1812~1879년)이 살았던 집으로 안채는 없어지고 사랑채만 남아 있다.

원래 이 집은 한수면 북노리에 위치하였으나 현재 안채는 중원군 살미면 무릉리로 이건하였고, 사랑채만 남아 있는데 충주댐 건설로 인한 수몰로 현재의 위치로 이전하였다.

이 집은 ㄱ자집으로 남향하여 있다. 남측 좌에서부터 마루방, 윗방, 안방이 배치되었고, 안방 앞측으로 부엌이 있으며, 북으로 꺾여 윗방, 건넌방이 배치되었다. 안방, 윗방, 마루방 전면은 퇴를 달아 마루를 깔았으며, 부엌의 상부는 다락을 시설하였고 각 방에는 모두 실마루를 설치하였다. 집의 외형은 합각지붕으로 처리했고, 잘 다듬은 네모 주춧돌과 각 방문 밑에 설치한 머름 등이 이 집의 격을 높여 준다.

안채는 정면4칸, 측면2칸의 팔작지붕으로 된 몸채의 좌측에 익랑 2칸반을 달아낸 ㄱ자집이다. 기단은 자연석으로 나지막하게 설치되어 있고, 주초석도 4각주초로 구성되어 있다. 기둥은 각주로 되어 있고 정면 툇간에 고주를 세우고 지붕가구를 짜올렸다. 가구형식은 고주의 주신 상부에 후면 대량과 전면 퇴량을 맞보형으

전경

사랑채

대문

문지방

들어열개 세살문

로 설치한 1고주 5량가이다. 처마는 홑처마이고 추녀 주변에 선자서까래를 짜서 처마곡선을 이루고 있다. 몸채의 측면에는 중간기둥 상부와 대량 사이에 충량을 걸고 외기도리를 짜올려 팔작지붕가구를 형성하였다. 대청마루가 없는 대신 우측에 전후 2칸을 마루방으로 꾸미고 외벽에 들어열개 세살문을 달아 놓았다.

안방과 윗방에는 툇마루에 면한 외벽의 하부에 머름을 설치하고 세살문 안쪽에 영창을 달아 2중문으로 구성하였다. 마루방 천장은 외기반자를 우물반자로 가리고 장연부분을 연등천장으로 만들었다.

이 가옥은 별로 크지 않은 규모로 되어 있으나 반듯한 치목 솜씨와 간결한 구조로 짜여 있으며 백골집으로 빛바랜 고색을 띠고 있어서 단아한 자태를 보이고 있다.

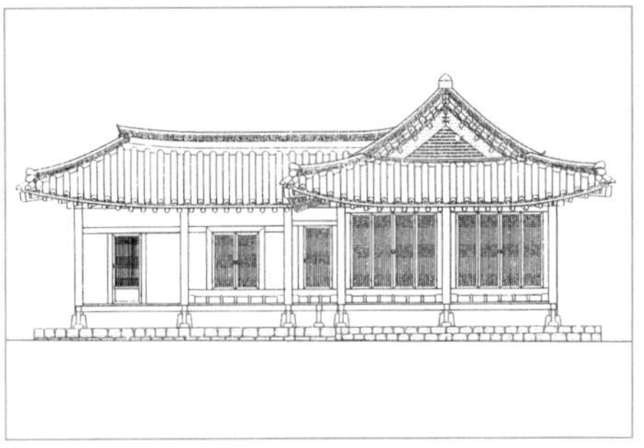

정면도

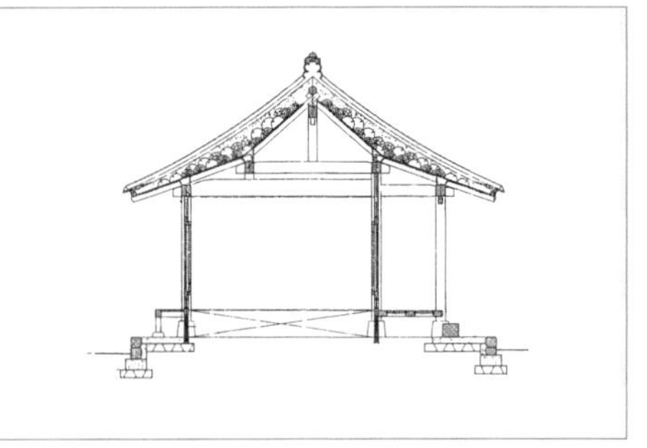

단면도

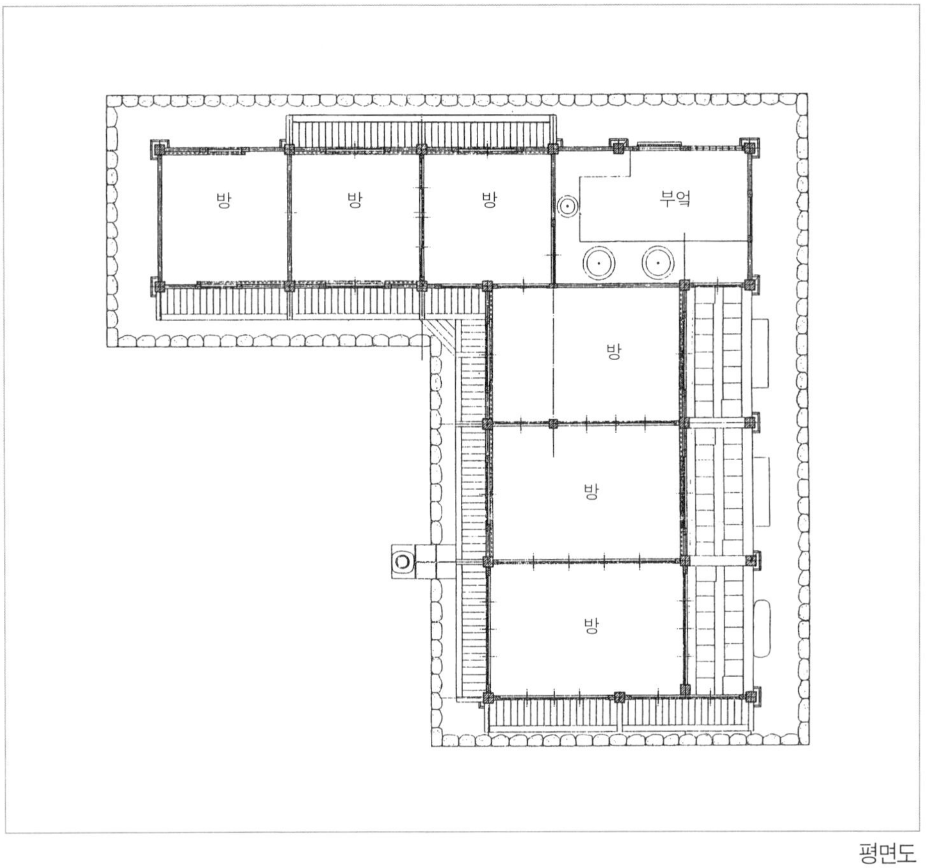

평면도

수산 지곡리 고가
(水山 池谷里 古家)

• 지정번호 : 충북유형문화재 89호
• 건축유형 : 주택
• 소 재 지 : 충북 제천시 청풍면 물태리 6-20
• 현황 조성시기 : 1985년 이건

일각문과 판벽 담장이 있는 고가

제원군 수산면 지곡리에 있던 것을 물태리로 이전하였다. 현재 건물은 ㄱ자형으로 된 안채와 一자형으로 된 안채 옆의 별동 사랑채 및 행랑채들로 구성되어 있다. 안채는 대청마루와 안방이 있는 몸채를 팔작지붕으로 구성하고 있다. 안방에서 연결되어 있는 익랑우 부엌과 광 그리고 또한 팔작지붕으로 꾸며져 있다. 인채는 기와집인네 사랑재와 행랑채는 초가로 되어 있다.

안채는 몸채의 좌측으로부터 사랑방, 대청마루, 안방으로 구성되어 있고 부엌과 광이 전면으로 돌출되어 전체적으로 ㄱ자형을 이루고 있다. 사랑방의 측면에는 툇마루를 달아내어 사랑채로의 출입을 연결하고 있다. 대청마루의 뒤쪽과 안방의 측면에 각각 툇마루가 있다. 사랑재는 안채의 사랑방을 바라보도록 세워져 있는데 광과 2칸의 방으로 구성되어 있다. 사랑방과 대청 앞쪽에 있는 문간채는 대문간과 외양간, 헛간으로 구성되어 있다.

전경

안채의 기단은 자연석을 두벌대로 쌓아 축조하였는데 둥글둥글한 돌의 형상으로 보아 본래 이전하기 전에는 모와 면이 모양 바른 산돌로 되어 있었으나 이전되면서 강돌로 변천된 것이 아닌가 추측된다. 주초석은 자연석 덤벙주초로 받치고 그 위에 그랭이질하여 각주를 세웠다.

일각문

문간채

사랑채

곳간채

지붕가구는 대청마루가 있는 몸채에 1고주 5량가로 짜여 있고 익랑으로 연결된 부엌과 광에서도 5량가로 구성되어 있다. 몸채에서는 고주를 전면에 세워서 전퇴로 구성되는 가구를 이루고 있는데, 익랑으로 꺾어지면서 인방의 곡면으로 툇간이 구성되고 부엌과 광에서 배후로 툇간이 구성되도록 하였다. 이러한 고주와 툇간 가구의 구성은 몸채의 지붕에서 좌우측에 합각지붕을 구성하기 위한 의도로 계획된 것으로 보여진다.

안채의 사랑방 앞에 있는 사랑채의 기단과 주초석은 낮게 자연석으로 축조되어 있다. 기둥은 각주인데 일부는 자연재를 대강 다듬어 세워서 초가지붕, 재사벽과 어울리는 운치를 돕고 있다. 지붕가구는 납도리 3량가로 간결하게 짜여 있다. 서까래는 3량가 가구이므로 전후 장연만을 걸어서 구성하였으며 완만한 물매를 이루고 있는데 두터운 초가적새와 이엉잇기로 지붕모양을 만들었다.

방의 측면 기단에 불아궁이가 설치되어 있어서 하인방을 기둥 하단에서 높게 걸고 구들을 놓았음을 외관상으로도 알아볼 수 있다. 방바닥이 높게 되어 있으면서 중방과 하인방 사이에 나지막하게 방문을 달고도 출입을 하는 데 있어서 큰 불편이 없었을 것으로 보인다.

문간채는 자연석으로 된 기단과 주초석 위에 각주를 세우고 납도리 3량가의 지붕가구 형식으로 구성되어 있다. 보와 서까래 등의 가구부재는 자연재를 거칠게 치목해서 사용하여 초가지붕과 잘 어울리는 자연스런 멋을 느낄 수 있다.

사랑채 가구

부엌의 고방

문간채의 대문간과 안채의 사랑방 사이에는 일각문과 목조 판벽으로 세워져 있는 담장으로 구획되어 있다. 담장은 문간채의 기둥에서 상하 인방을 가운데 있는 일각문 기둥 사이에 걸고 판재로 외벽을 막았다. 일각문은 지붕을 담장보가 한 단 높게 구성하여 원형 단면의 서까래를 걸어서 기와를 올렸다. 안채의 사랑방 앞 기단 끝에는 지대석 위에 신방목을 놓고 담장 기둥을 세웠다. 담장 지붕가구는 각서까래를 수평으로 걸고 지붕 속에 적심재를 채워서 기와물매를 잡아 놓았다. 이러한 일각문과 담장구조는 다른 민가에서 흔히 볼수 없는 특이한 형식으로 흥미롭게 보인다.

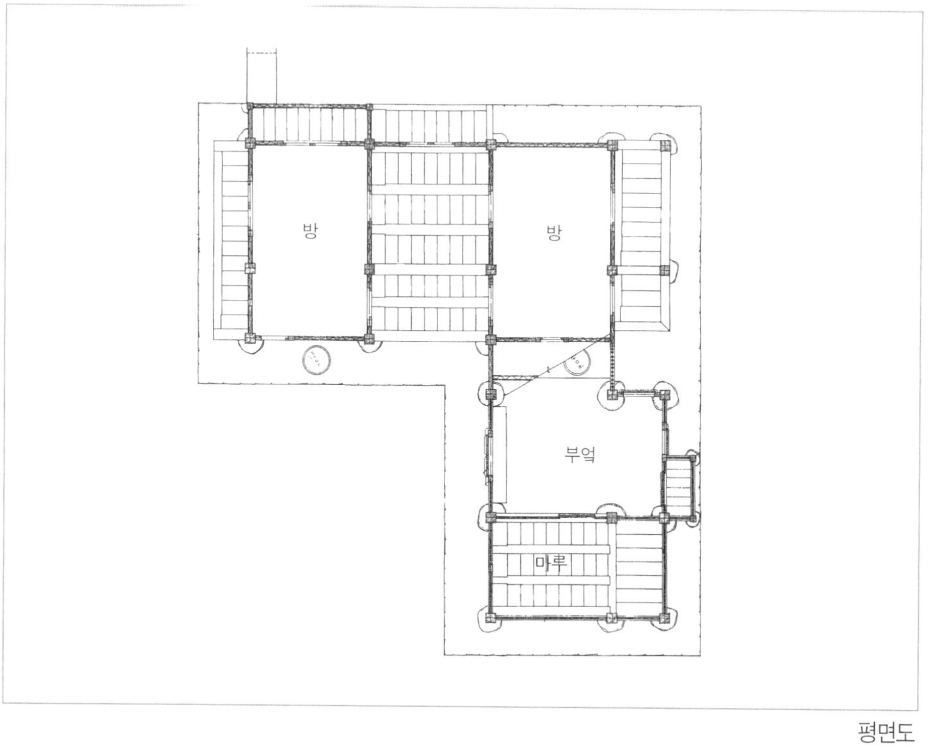

평면도

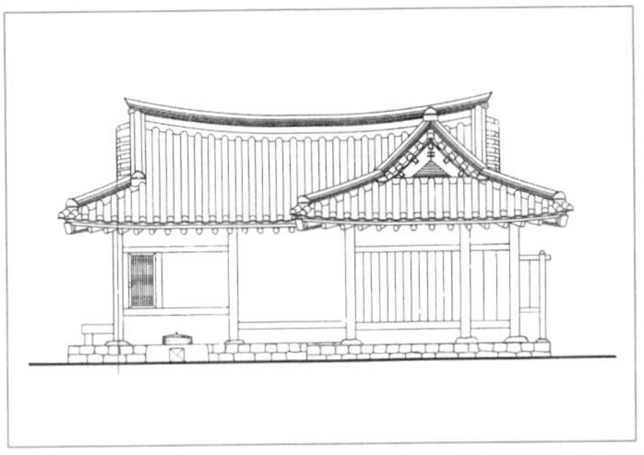

정면도

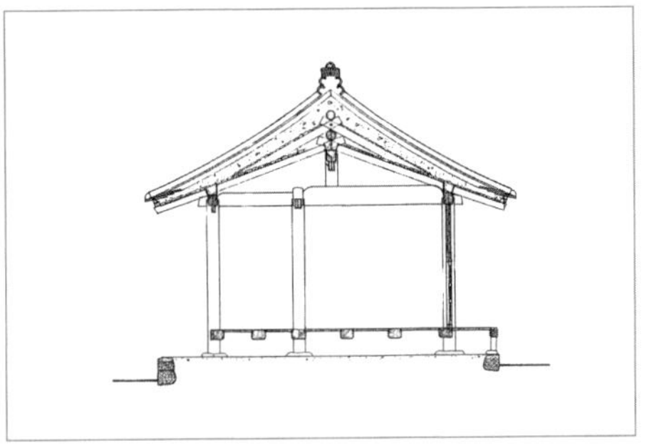

단면도

가옥의 배치는 안채와 문간채 사이에 담을 막아서 사랑채와 안채의 경계를 구분하고 있다. 안채와 경계 담장을 기와집으로 구성하였는데 사랑채를 협소한 초가로 지었음을 볼 때 부농집으로 지어졌을 것으로 보인다. 한편 일각문과 담장에서 보이는 기와집과 초가 사랑채 사이에서 나타나는 품격의 월등한 차이는 본래 이 고가의 사랑채가 기와집으로 크게 지어졌다가 소실되지 않았나 하는 추측을 해볼 수도 있으나 이건된 현재의 상태에서 확인을 할 수 없어 안타깝다.

안채는 정면 3칸, 측면 2칸을 몸채의 우측에 익랑 2칸을 달아낸 팔작집이다. 기단은 자연석을 두벌대 높이고 쌓았다. 주초석은 자연석 덤벙주초로 받치고 각주를 세웠다. 지붕가구는 정면의 툇간에 평주를 세우고 대량과 퇴량을 맞보형식으로 연결한 대량에 대공을 세워 종도리를 받친 3량가이다. 와가인데 서까래가 드물게 배치되어 있다. 추녀 주변에 갈모산방을 구성하지 않았으며 처마곡선을 낼 수 없다. 서까래잇기나 처마의 처리기법 등으로 보아 본래 이 집은 초가집이었거나 초가집의 가구 위에 기와 잇기를 하여 팔작지붕으로 구성한 듯이 보인다.

한수 명오리 고가
(寒水 鳴梧理 古家)

- 지정번호 : 충북민속자료 5호
- 건축유형 : 주택
- 소 재 지 : 충북 제천시 한수면 송계리 723-2
- 현황 조성시기 : 충주댐 건설로 이건

튼 ㅁ자형 초가

이 가옥은 ㄱ자 모양의 안채와 ㄴ자 모양의 사랑채가 마주 놓여서 튼 ㅁ자형 배치를 이루고 있는 초가집이다. 특히 안채의 ㄱ자 모양의 가옥구조는 이 지역의 일반적인 가옥구조인 3칸툇집을 발전시킨 것이라 볼 수 있어, 민가 가옥구조의 발전과정을 잘 보여주는 예이다.

안채는 윗방 밖으로 개자리가 나와 있는 가랫굴을 두어 부엌에서 땐 불의 연기가 안방과 윗방의 구들을 지나 이 가랫굴로 빠지게 되어 있다. 이런 구조는 이 지방에서 흔히 볼 수 있는 형식이다. 사랑채의 지붕은 덧서까래를 사용한 특이한 구조로 되어 있다.

안채는 정면 3칸, 측면 2칸의 몸채 좌측 칸에 익랑을 달아내어 ㄱ자형 평면을 이루고 있다. 몸채는 대청마루 1칸을 중앙에 누고 좌우로 방을 구성하였으며 익랑은 몸채 방에서 방과 부엌, 툇간마루를 연결한 평면으로 배치되었다. 안채의 기단은 자연석을 세벌대로 쌓고 자연석 덤벙주초를 설치하였다. 기둥은 각주이고 전후 종단으로 같은 높이의 평주로 구성되어 있다.

전경

지붕가구는 툇간 내진주를 중심으로 대량과 전면 퇴량을 맞보형식으로 연결하고 도리와 서까래를 올렸다. 툇간 기둥 상단에는 횡방향으로 창방보를 연결하고 그 위에 토벽을

사랑채

안채 윗방

안채

안채 마루

쌓고 중도리를 올렸다. 서까래는 종도리를 중심으로 처마서까래를 앞뒤로 하나씩 걸어서 지붕을 이었다. 가구형식은 도리의 구성으로 볼 때 4량가이나 서까래 구조상 3량가를 취하고 있다. 익랑의 가구는 안채와 같은 방식이다.

사랑채는 대문간을 중심으로 좌우측에 방을 한 칸씩 구성하여 정면 3칸, 측면 1칸을 만들고 우측 방 뒤로 외양간과 헛간, 광을 이어 나갔다. 기단은 자연석을 두벌대로 나지막하게 쌓고 자연석 덤벙주초를 놓았다. 기둥은 각주로 세워져 있다. 지붕가구는 종도리를 중심으로 앞뒤로 처마서까래를 배치한 3량가이다.

중원 윤민걸 고가
(中原 尹民傑 古家)

• 지정번호 : 중요민속자료 135호
• 건축유형 : 주택
• 소 재 지 : 충북 충주시 엄정면 미내리 133
• 창건시기 : 19세기 중반

골방이 많은 고가

중원 윤민걸 고가는 건축연대가 확실하지 않으나 19세기 중반에 지어진 것으로 추정되고, 해방 전까지만 해도 가옥을 중심으로 사방 30리 정도의 토지를 소유한 부농이었다고 한다.

이 가옥에는 안채, 사랑채, 아래채, 사당, 광채, 문간채와 솟을대문, 사주문, 담장으로 구성되어 있다. 솟을대문을 들어서면 오른쪽의 사주문을 통해 사랑마당에 이르고, 왼쪽으로 행랑채에 시설된 중문을 지나서 안마당에 이르도록 되어 있었다고 하나, 현재는 행랑채와 중문이 모두 소실되어 흔적조차 찾을 수 없다.

ㄱ자형의 안채 앞에 안마당이 형성되고, 안마당 서쪽에는 아래채를 배치하고 안채 뒤에는 뒷마당이 형성되어 있다. 사랑채 뒤로는 사랑채와 축을 같이 하여 사당이 있고, 그 우측에는 광채가 있다. 행랑채의 중간 담도 있었으나 현재는 소실되어 없다. 안채의 위 후원에는 우물과 장독대, 그리고 담 귀퉁이에 살구나무가 있다.

전경

안채는 정면 5칸 반, 우측면 3칸, 배면 6칸, 좌측면 3칸이며 평면구성은 왼쪽에 부엌을 두고 다음은 안방, 윗방, 안대청, 그리고 마루방, 앞으로 꺾어져서 1칸 반 크기의 건넌방을 배치했다. 안방에서 안대청까지의 앞퇴에는 툇마루를 깔고 건넌방 안쪽에

안채 사랑채

는 쪽마루를 놓았으며, 건넌방 동쪽 퇴는 골방이 만들어지고 앞쪽에는 반칸을 드려 상부는 벽장을, 하부는 아궁이를 시설하였다. 대청은 우물마루를 깔았으며 안마당쪽으로 4짝 들문을 달아 필요시 개방할 수 있도록 하였다. 안방과 윗방 사이에는 미닫이문을 두었다. 부엌은 흙바닥이고 아궁이가 설치되어 있으며 상부에는 안방과 연결되는 벽장이 놓여 있다.

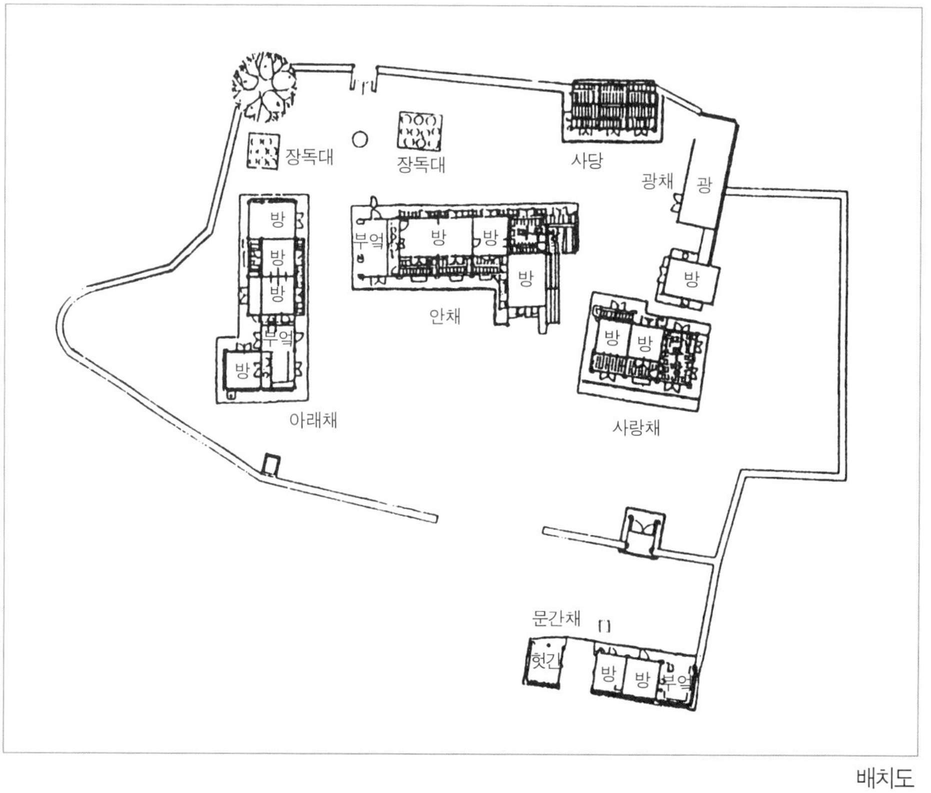

배치도

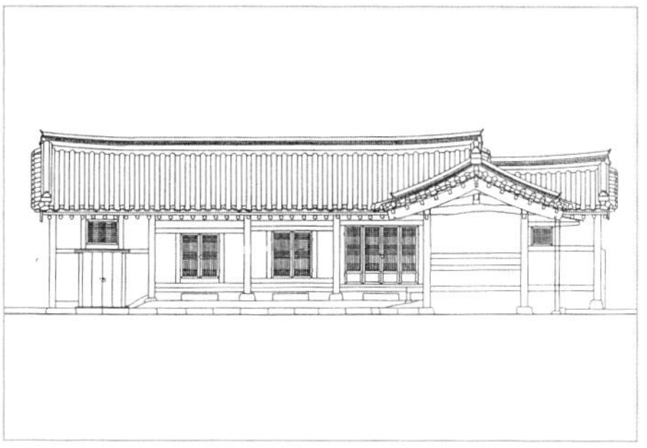

정면도

단면도

가구는 1고주5량가 납도리집이며 각주를 사용하였다. 가옥에 진입하였을 때 보이는 부분은 사각주초를 사용하고 뒤쪽은 자연석 주초로 처리하였다. 특이한 점은 건넌방과 붙은 아궁이 앞으로 1칸 정도의 거리에 초석이 기둥과 축을 같이 하여 놓여 있는데, 기단의 흔적도 있어 이것은 원래 안채의 일부였는데 허물어져서 현재의 기단과 초석만 남은 듯하다.

사랑채는 3칸 전퇴 一자형 집으로 왼쪽에 사랑방을 두고 오른쪽으로 대청을 두었다. 대청은 사랑방보다 한 자 정도 높은 우물마루이고, 천장은 툇간이 선자서까래가 그대로 드러난 연등천장인데 주칸을 우물천장으로 하였다. 대청에 사용한 창호는 당판문으로 하였고 가구는 5량가 납도리집이고 각주를 사용했다. 정면부는 다듬은 사각주초를 사용하고 뒷부분은 자연석 주초로 처리하였다. 팔작지붕에 합각부는 전으로 장식을 하였다. 아

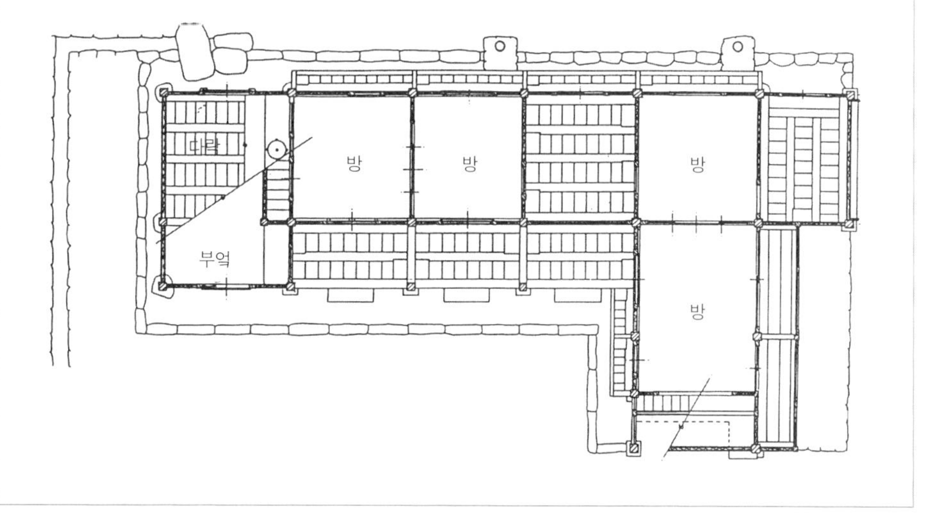

평면도

안채 측면

사당

래채는 ㄱ자형으로서 4량가이나 꺾어진 날개는 3량가로 처리하였고 꺾어진 중앙에 2칸 부엌을 놓고 뒤로 뒷방을 덧붙였으며, 도리간으로 아랫방을 2칸 더 시설하고 그 옆으로 광을 두었다. 아랫방은 뒤퇴를 달아내어 골방을 만들었다. 부엌 상부는 골방과 아랫방에 연결된 벽장이 각각 있다. 기단은 초벌대 장대석 기단으로 되어 있고, 지붕은 우측과 꺾여진 배면부분이 맞배지붕이며 좌측은 우진각지붕으로 처리되어 있다. 좌, 우측면 그리고 배면에는 각각 화방벽으로 되어 있다.

사당채는 정면 3칸, 측면 1칸의 一자형 3량 맞배집으로 바닥은 우물마루를 깔았고 감실을 내어 신주를 모셨다. 연등천장이며 대들보 위에 판대공이 사용되었다. 초석은 자연석 주초이며 기단은 초벌대 자연석 기단으로 하였다. 광채는 정면 5칸, 측면 1칸의 一자형 3량집이며 남쪽으로부터 구들방, 부엌, 3칸의 광이 시설되어 있다. 각주, 자연석 주초이며 기단은 자연석 기단으로 되어 있다. 광채는 오랫동안 사용하지 않았고, 보수도 전혀 이루어지지 않아 많이 낡았고 사랑채 우측 마당으로 통하는 문이 사랑채와의 사이에 연결되어 있다.

문간채는 4칸의 문간채와 1칸의 솟을대문이 붙어서 가옥의 입구에 시설되어 있다. 초벌대 자연석 기단에 자연석 주초 위에 각주를 세웠으며 초가지붕을 하였다. 부엌과 광을 각각 한 칸씩 만들고 방 두 칸이 시설되어 있다.

안채, 사랑채의 전면부와 아래채 전면 기단은 장대석이나 사당과 문간채는 자연석 기단으로 하였다. 뒷문과 안채의 우측면에 기단이 없으며, 변형된 것으로 보인다.

초석은 사각주초와 자연석 주초가 혼용되어 있는데, 안채와 사랑채의 전면과 아래채는 다듬은 사각주초를, 기타 건물들은 자연석 주초를 사용했다. 진입할 때 보이는 부분은 장대석으로 처리했는데, 이는 후에 보수된 것으로 보인다.

안채의 가구는 ㄱ자형에서 앞으로 나온 부분은 3량가로, 꺾어지는 부분과 사랑채는 5량가구이고 아래채는 4량가이며 기타 건물들은 3량가구이다. 기둥에 드잡이한 흔적이 많이 나타나고 있다. 안채의 지붕형태가 모두 맞배인데 3량가와 5량가를 자연스럽게 연결하였다.

사랑채는 팔작지붕이고 합각부분은 전으로 장식했다. 문간채는 초가지붕이고 광채는 시멘트기와지붕이며 뒷문은 슬레이트로 된 맞배지붕이며 아래채, 솟을대문, 중문은 맞배지붕으로 되어 있다. 벽은 대부분 가시새와 중깃을 엮어 짜고 흙으로 마감한 심벽구조이며, 안채의 좌측면과 사랑채 우측면, 아래채 좌측면, 문간채 전면, 그리고 광채의 좌측면과 배면 벽은 각각 화방벽이다.

툇마루

이 가옥에서 나타난 특징은 다음과 같다. 첫째, 안채와 사랑채, 아래채에서 이중문이 많이 사용되었다. 둘째, 안채, 사랑채, 아래채에 헛기둥을 내어 골방을 많이 만들었다. 셋째, 사랑채 전면이 이중기단이며, 다른 건물보다 기단의 높이가 약 7촌가량 높다. 넷째, 안채의 가구에 있어서 3량가와 5량가구가 같은 맞배로 결구되어 있다. 5량가의 중도리에 3량가의 종도리를 결구하여 지붕의 높이가 다르게 나타난 부분에 작은 합각을 만들어 처리하였다. 다섯째, 사랑채 대청의 창호가 모두 당판문으로 되어 있다.

최함월 고택
(崔涵月 古宅)

- 지정번호 : 충북유형문화재 87호
- 건축유형 : 주택
- 소 재 지 : 충북 충주시 살미면 용천리 428-1
- 창건시기 : 조선 숙종
- 현황 조성시기 : 1983년 이건

함월정 고택

이 고택은 조선 숙종 때의 문장가인 함월(涵月) 최응성이 거처하던 곳으로서, 살미면 무릉리에 소재하고 있었으나 충주댐 건설로 인하여 1983년 현지로 이건 복원되었다. 약 260여 년 전 수암(遂庵) 권상하의 문하인 최응성이 신축하고 수암이 함월정(涵月亭)이라 명명하였다 한다.

고종 11년(1874)에 후손들이 무릉사(武陵祠)를 건립하여 수암 권상하, 함월정 최응성을 향사(享祀)하고 있으며 함월정에는 석파서(石坡書)의 횡서(橫書) "涵月亭" 현판과 추사(秋史) 김정희의 낙관(落貫)이 있는 "年武" 라고 쓴 횡서 현판이 있다.

함월 고택의 배치는 ㄱ자형의 안채를 중심으로 전면에 一자형의 행랑채가 있다. 좌측으로는 함월이 서재로 사용하던 정면 4칸, 측면 3칸에 팔작지붕으로 된 염선재(念善齋)가 있으며, 우측으로는 ㄱ자형의 창고가 사괴석 담장으로 일곽을 만들어 함께 배치되어 있다. 또한 안채와 통로로 사용하는 동측 담을 사이에 두고 무릉사가 있으며, 이 고택 앞으로는 권상하가 찬양하여 최응성의 호를 따서 함월정이라 명명한 정자가 있다.

전경

안채는 충북지방에서 흔히 볼 수 있는 ㄱ자형 평면으로

안채

함월정

염선재

안채 내부가구

되어 있는데 중앙의 2칸 대청마루를 중심으로 좌측으로 방과 부엌이 있다. 대청마루의 우측으로 방이 있고 부엌으로 연결되는 익랑이 뻗어나와 있다.

안채의 기단은 자연석을 2벌대로 쌓아올리고 주초석은 자연석 덤벙주초를 놓아 사각기둥을 자연석 위에 그랭이질하여 세웠다. 지붕가구는 3량가로 간결하게 짜여 있고 안채인데도 맞배지붕으로 구성되어 있나.

안채 측면쪽에 함월이 서재로 사용했었다는 염선재가 팔작지붕으로 세워져 있다. 염선재는 정면 4칸, 측면 3칸이고 기단은 자연석을 2벌대 높이로 쌓았다. 주초석은 자연석 덤벙주초 위에 각주를 세웠다. 지붕가구는 5량가이며 처마는 홑처마인데 귀부분에는 말굽서까래로 간결하게 구성되어 있다. 창호는 띠살문이며 벽체 하부에는 머름이 구성되어 있다.

행랑채는 정면 5칸, 측면 1칸의 맞배지붕이다. 행랑채의 기단은 안채보다 한 단 낮은 초벌대 자연석 기단이며 기둥은 자연석 덤벙주초석 위에 각주로 세워져 있다. 지붕가구는 납도리로 짜여진 3량가로 간결한 구조를 이루고 있으며 처마는 부연을 달지 않은 홑처마로 되어 있다.

함월정은 담장 밖으로 외떨어진 곳에 정면 3칸, 측면 3칸의 팔작집으로 세워져 있다. 중앙에는 들어올리개 띠살문으로 벽체를 막고 온돌을 깔아 방을 만들고 사면 툇간에 마루를 구성하였다. 기단은 초벌대로 나지막하게 쌓고 주초석은 원형으로 주좌를 깎아서 약간 높게 설치하였다. 기둥은 각주이며 중앙에 4개의 기둥을 고주로 세운 다음 사면으로 퇴량을 걸고 처마도리를 올렸다. 전후 고주 칸에는 좌우 측면으로 보를 걸어서 전후면으로 중도리를 걸고 대공을 세워서 종도리를 받치고 있다. 함월정은 정면과 측면이 각각 3칸으로 된 정사각형 평면으로 되어 있는 2고주 5량가의 가구형식으로 이루어져 있다.

최함월 고택은 서재로 지어진 염선재와 함월정만이 팔작지붕이고 안채를 비롯한 대부분의 건물은 맞배지붕으로 되어 있다. 처마는 모든 건물들이 홑처마이다. 이러한 건물들의 구성은 선비집으로서의 검소함과 기품을 느끼도록 하고 있다.

음성 김주태가옥
(陰城 金周泰 家屋)

• 지정번호 : 중요민속자료 141호
• 건축유형 : 주택
• 소 재 지 : 충북 음성군 감곡면 영산리 239-1
• 창건시기 : 조선 고종 광무 5년(1901)

工자형 가옥

음성 김주태 가옥은 사랑채 종도리 밑 장여에 '대한광무 오년신축이월초칠일 신시상량(大韓光武 五年辛丑二月初七日 申時上樑)' 이라는 묵서명이 있어 건립연대가 조선 고종 광무 5년(1901)임을 알 수 있으나, 안채는 건축연대가 조금 더 올라가서 19세기 중엽 정도일 것으로 추정된다.

충북 장호원에서 음성쪽으로 가는 국도 3km 지점쯤에서 좌측으로 마을길을 따라 2km들어서면 낮은 언덕 밑으로 본 가옥이 나타난다. 건물의 배치는 특이하게 이루어져 있다. 외부는 개방된 바깥마당과 면해서 사랑채가 남향하여 높이 자리하고 그 뒤로 안 담장을 둘러서 T자형의 안채를 앞담에 붙여 배치했다. 이 안채가 구분하는 공간은 서쪽이 안마당, 동쪽이 뒷마당이 되며 뒤에는 옆으로 길나란 뒤곁이 마련되었다. 안마당 서쪽에는 역시 담장에 붙여서 광채가 놓였다.

전경

집안 출입은 사랑채 서쪽 대문을 통해 안마당 앞담에 시설된 일각문으로 통행하며 뒷마당으로는 부엌을 통해서 집안 사람만 드나들 수 있게 했다. 따라서 사랑채와 앞담이 이루는 공간은 조그만 사이마당으로서 여유가 있으며, 서쪽은 안마당의 광채가 가로막고 동

안채 서측

안채 동측

사랑채

안채 지붕가구

배치도

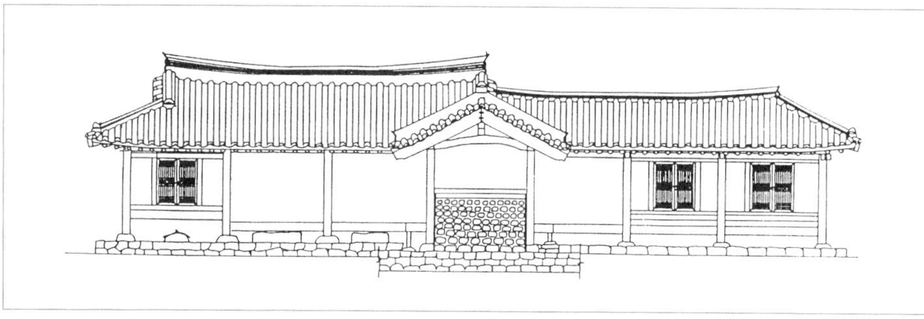

정면도

쪽은 사랑채 끝에서 담장으로 막는 대신 문을 설치했다. 지붕의 형상은 특히 재미있게 구성해서 서쪽 몸채는 양쪽을 합각지붕으로, 동쪽 뒤채는 우진각으로, 복판 날개는 박공으로 처리했다. 광채는 4칸 크기인데 근래에 만들어졌다.

안채는 정면 7칸, 측면 2칸의 몸채 중간에 익랑채를 4칸 달아낸 丁자형의 특이한 평면을 이루고 있다. 몸채는 좌우측에 합각을 구성한 팔작집이며 전면으로 돌출된 익랑채에서 맞배지붕으로 되어 있다. 기단은 자연석을 초벌대로 놓아서 나지막하게 되어 있다.

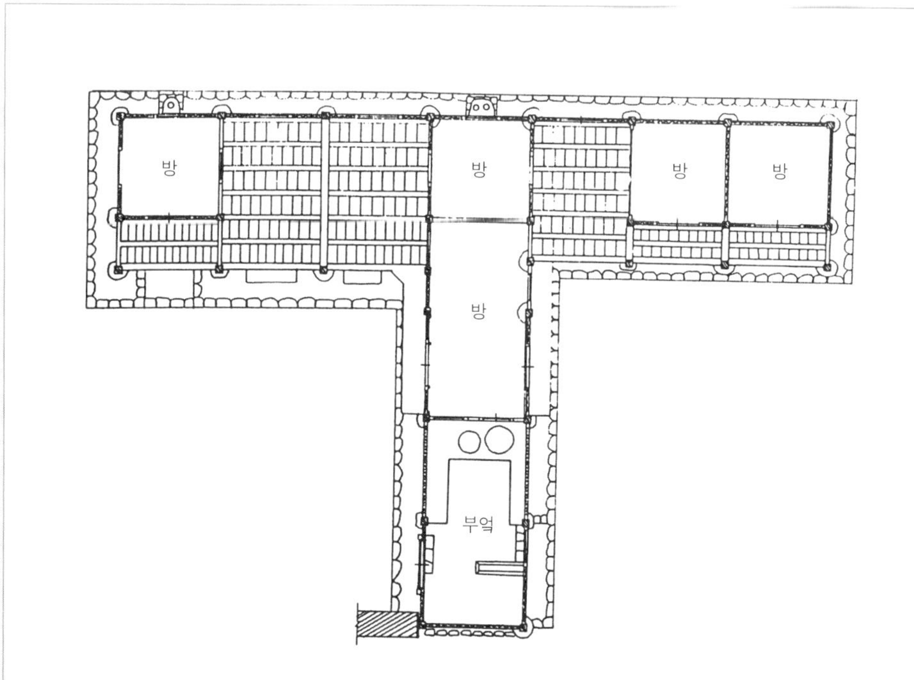

평면도

주초석은 자연석으로 평평한 면을 골라 받쳐 각주를 세우고 몸체는 전면에 내린 고주를 구성하였다.

몸채의 지붕가구는 1고주 5량가로 짜여 있다. 좌측 대청마루 칸에서는 고주를 생략하고 전후 처마기둥 칸에 대량을 하나의 장통보로 결구하였다. 전면 익랑은 3량가로 구성되어 있는데 종도리를 몸채의 중도리에 짜 맞추었다. 몸채에서 대량과 전면 퇴량은 내진고주의 기둥몸에 맞보형식으로 짜 맞추었다. 대공은 대청마루에서 판대공을 세우고 동자주로 구성하였다.

사랑채는 정면 6칸, 측면 2칸의 팔작집이다. 우측 4칸의 전면 툇간에 마루를 설치하고 방과 마루방, 부엌을 배치한 一자형 건물이다. 기단은 자연석을 경사지에 높게 쌓아 정면 축대를 이루고 있다. 주초석은 4각으로 가공된 초석과 자연석 주초석으로 섞여 있다. 기둥은 각주를 세우고 전면 툇간에 고주를 구성하였다. 지붕가구는 1고주 5량가이다. 외벽에는 중방 아래까지 막돌 화방벽을 쌓아 올리고 방과 툇마루 벽 하부에는 머름을 구성하고 출입문을 띠살문으로 달았다. 우측면 칸의 툇마루는 한 단 높은 누마루로 구성하고 그 밑에 아궁이를 설치하였다.

이 가옥은 丁자형 안채와 一자형 사랑채가 전체적으로 工자형으로 구성되어 있는 특이한 배치 평면으로 널리 알려져 있다. 사랑채 앞에는 여러 그루의 관목과 양쪽에 향나무가 심어졌고 사이마당에도 뒷담에 붙여 화단이 조성되었으며 안마당에는 일각문 양옆의 조그만 관목을 제외하고는 별 시설물이 없다. 뒷마당에는 장독대가 놓이고 기타 부엌 살림이 있다. 뒤곁에는 감나무들이 심어져서 후원을 형성한다. 샘은 뒤곁 동쪽에 만들어졌다. 눈에 띄는 정원시설물은 없지만 공간의 짜임새는 인상적이며 아름답다. 특히 사이마당에서 중문인 일각문을 통해 안마당에 이르고 부엌을 거쳐 뒷마당에 출입하는 공간구성은 일품이다.

음성 서정우가옥
(陰城 徐廷禹 家屋)

• 지정번호 : 중요민속자료 143호
• 건축유형 : 주택
• 소 재 지 : 충북 음성군 감곡면 영산리 585-3
• 창건시기 : 19세기 후반, 1924년 보수
• 현황 조성시기 : 20세기

터진 ㅁ자형 배치

ㄱ자형 안채에 ㅢ자형의 사랑과 대문이 있는 바깥채가 있어 터진 "ㅁ"자형의 배치를 하고 있으며, 안채는 1924년경 중수된 것으로 보이며 창건은 이보다 앞선 19세기 중반으로 추정된다.

안채는 ㄱ자형 중 대청이 있는 부분을 정남향으로 앉혔으며 가구는 5량이며 대청은 연등천장으로 가구의 특징은 따로 없으며 대청의 동편은 건넌방 한 칸이다. 앞퇴가 있고 동쪽 측면에는 툇간이 있으며 그 툇간의 앞부분을 툇마루를 높게 설치하여 일종의 내루와 같은 맛을 보기 위한 멋부린 구조이다. 대신에 방 앞에 두는 툇마루를 생략하고 봉당을 설치하여 아궁이를 두었다. 안방은 대청의 서편에 위치하고 있으며 아래, 윗방의 두 칸인데 서쪽 벽 밖으로 뒤퇴를 두었다. 안방의 남쪽이 부엌인데 뒤퇴까지를 포함하는 두 칸을 넓이로 잡았다. 부엌에는 연기나 김이 빠져 나갈 수 있도록 지붕에 까치구멍을 두었다.

전경

사랑채는 사랑방을 드리고, 대문간은 뒤의 측면으로 낸 것은 우리나라 공간구성의 특징 가운데 하나이다. 전체적으로 민가 건축의 소박한 맛을 지니고 있다.

안채는 ㄱ자집을 돌려놓은 형태이다. 기단은 자연석을 지형

안채

사랑채

배면

안채 내부가구

에 맞추어 쌓아 전면에서 높게 되어 있고 배면에서 초벌대로 낮게 되어 있다. 주초석은 4각 주초석을 놓고 기둥은 각주로 세우고 전면 툇간에 고주를 구성하였다. 지붕가구는 1고주 5량가로 짜여 있다. 대청마루칸에서는 전후 처마기둥 칸에 대량을 장통보로 길게 구성하고 고주를 생략하였다. 몸채에서는 툇간을 전면에 구성하였는데 익랑채에서는 고주를 후면에 세워 퇴를 배면으로 구성하였다. 이러한 구성은 몸채의 꺾어진 모서리 부분에 합각을 구성하도록 배려된 것으로 보인다. 몸채는 좌우측에 합각을 구성한 팔작집이고 앞으로 돌출된 익랑채의 지붕은 팔작지붕이다. 처마는 홑처마이며 귀처마는 말굽서까래로 구성하였다.

몸채의 평면은 중앙 2칸에 대청마루를 두고 우측에 1칸 건넌방을 만들었으며 건넌방 전면과 측면에는 툇마루를 두었다. 측면 툇마루를 누마루로 높게 하고 하부에 불아궁이를 설치하였다. 대청마루 좌측에는 안방과 윗방이 익랑으로 연결되어 있고 측면으로 반칸 툇마루가 있다. 익랑 돌출부 2칸은 부엌으로 넓게 구성되어 있다.

사랑채는 정면 4칸, 측면 2칸이다. 지붕은 우측면에서 팔작지붕으로 꾸미고 좌측면에서 맞배지붕으로 하여 문간채를 붙였다. 기단은 자연석 기단으로 정면에서 높게 쌓아 올렸다. 주초석은 4각 주초석을 놓고 각주를 세웠고 고주를 구성하여 전면 툇간을 이루고 있다.

지붕가구는 1고주 5량가이다. 좌측 1칸은 전후 2칸통으로 방을 만들고 그 옆으로 2칸 방과 마루방을 구성하였다. 마루방과 방 앞에 툇간을 우물마루로 통로를 이루고 있다.

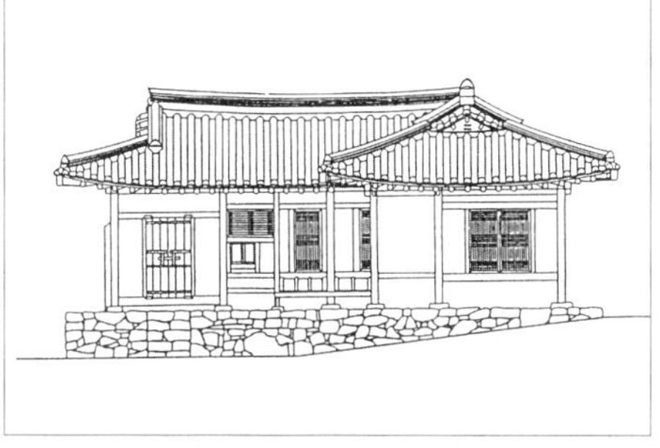

우측면도

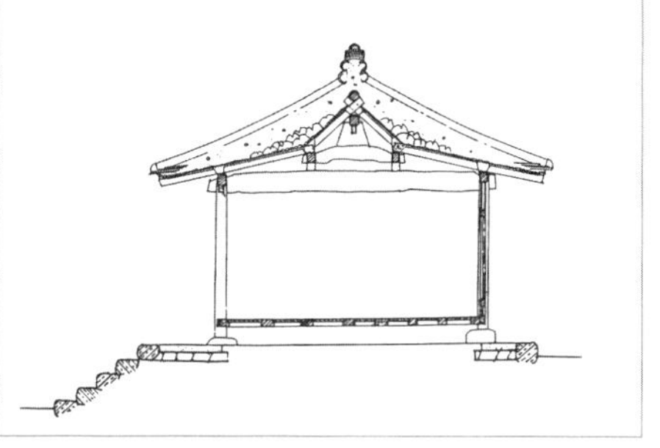

단면도

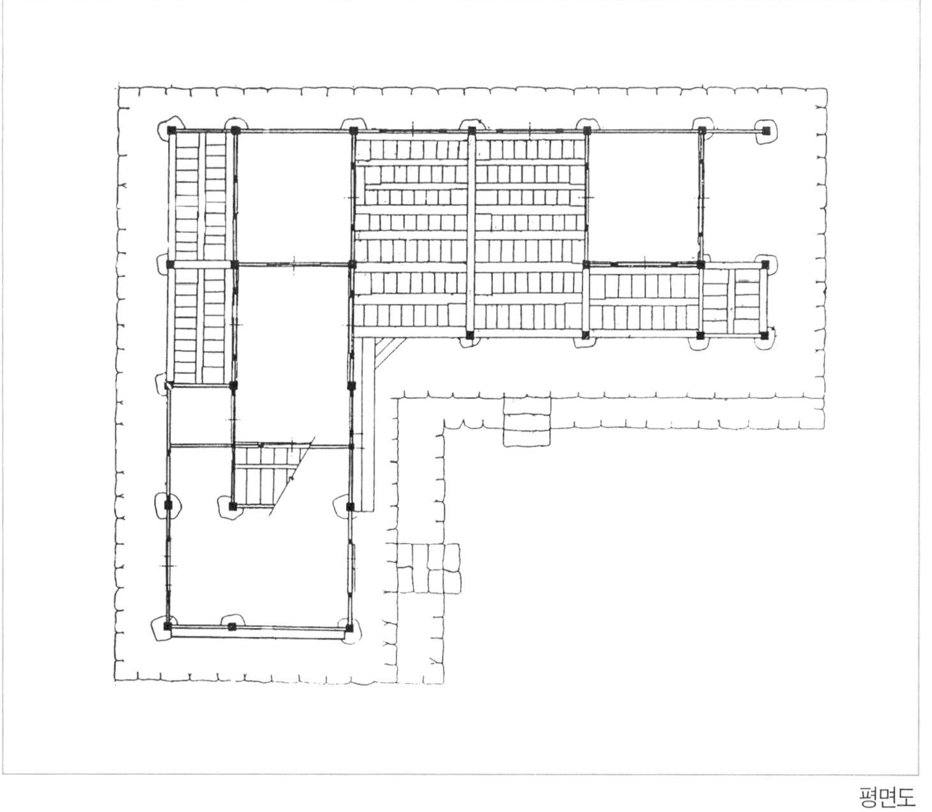

평면도

이상설 생가
(李相卨 生家)

• 지정번호 : 충북기념물 77호
• 건축유형 : 주택
• 소 재 지 : 충북 진천군 진천읍 산척리 134-2
• 창건시기 : 조선말, 1998년 복원
• 현황 조성시기 : 20세기

흙으로 된 토담집

이 건물은 조선시대 말기의 의사(義士) 부제(溥齊) 이상설의 생가이다. 이상설은 고종 광무 8년(1904) 문과에 급제, 다음해에 의정부참찬이 되었다. 을사보호조약이 체결된 후 통분을 금치 못해 가두에서 연설한 후 두문불출하다가, 1907년 네덜란드의 헤이그에서 열린 만국평화회의에 조선의 독립국임을 주장코자 고종의 밀서를 가지고 이준(李儁), 이위종(李偉鍾)과 헤이그에 갔으나 뜻을 이루지 못했다. 블라디보스톡에서 망명생활을 하면서 1910년에는 한일합방을 규탄하는 성명서를 내는 등 독립운동에 헌신하였다.

현재 이 가옥은 1988년 원형과 달리 복원되어 원래의 모습대로 복원돼야 한다는 주장이 끊이지 않던 중, 근년에(1998년) 다시 해체하여 복원 공사가 진행 중에 있다.

1955년경까지 남아 있었던 본래의 이상설 생가의 모습은 벽체가 흙으로 된 토담집이었다. 평면은 부엌과 안방, 윗방으로 되어 있었으며 봉당과 토광이 있었다. 건물의 주초는 호박돌 주초이며, 기둥은 둥근 통나무를 껍질만 벗겨서 사용한 원주이다. 본래의 지붕가구 형식은 주민의 말에 따라 분석해 보면 대들보를 토담 위에 얹고 대들보 위에 마룻보를 설치하고 대공 없이 솔가지 등으로 채워서 물매를 잡은 고미반

안채

안채 봉당

헛간채

안채 지붕가구

수리전

자형식이었던 것으로 사료된다. 본래 본채 앞에는 헛간채가 있었다고 하며 헛간채에는 측간과 잿간, 헛간이 있었다고 한다.

기단은 자연석으로 나지막하게 축조되어 있다. 주추석은 자연석 덤벙주초 위에 기둥은 각주를 세웠고 전면에 고주를 세워서 중도리를 받치고 있다. 지붕가구는 1고주 5량가로 구성되어 있다. 부엌의 외벽은 판벽으로 되어 있고 판장문을 달았다. 방문은 띠살문을 방마다 1짝씩 달았다.

평면은 정면에서 볼 때 좌측 1칸의 전후 2칸통으로 부엌을 배치하고 우측으로 안방과 윗방을 2칸 구성하였다. 안방과 윗방 앞에 툇간은 우물마루를 깔아서 부엌과 건넌방까지 통로로 겸하고 있다. 건넌방 우측면에는 반 칸 폭으로 뒤주와 골방을 드

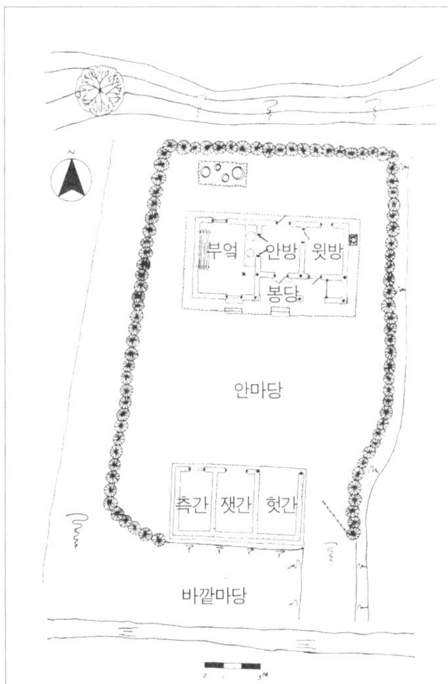

복원전 배치도

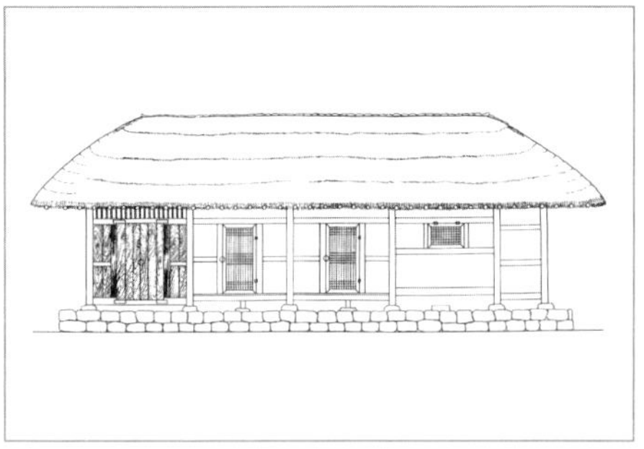

복원후 정면도

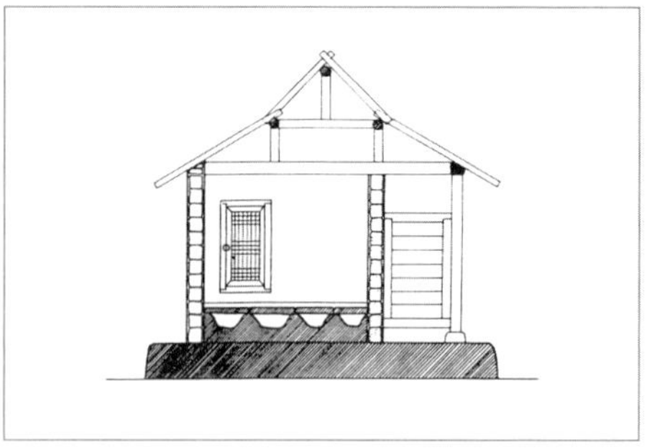

복원후 단면도

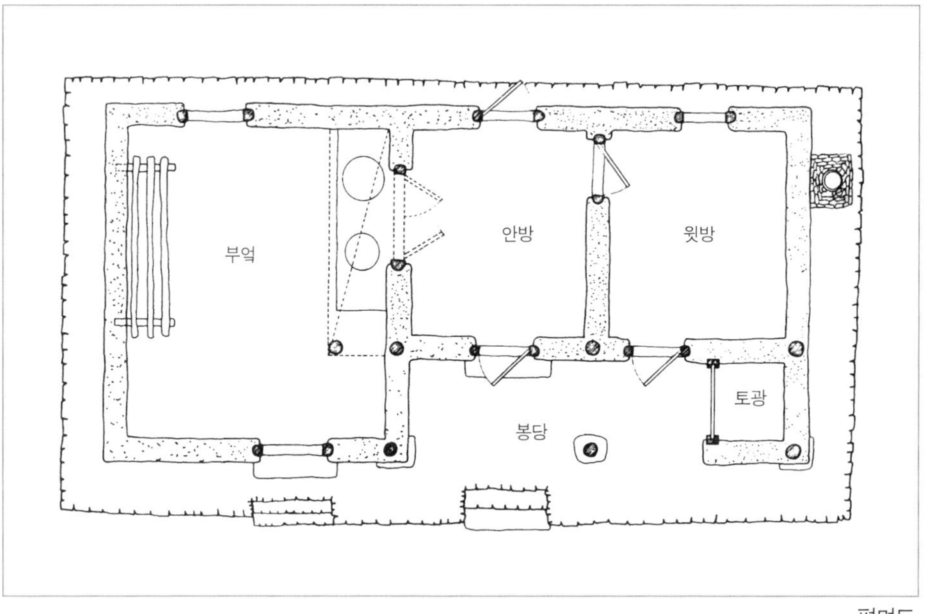

평면도

렸다.

이 가옥은 이 지방 농가의 일면을 엿볼 수 있게 하는데 가옥보다는 독립의사 이상설 선생의 생가로서 더욱 널리 알려져 있다.

괴산 김기응가옥
(槐山 金璣應 家屋)

- 지정번호 : 중요민속자료 136호
- 건축유형 : 주택
- 소 재 지 : 충북 괴산군 칠성면 율원리 907-10
- 창건시기 : 1910년
- 현황 조성시기 : 20세기

전통적인 사대부집

전통적인 사대부집의 한 전형을 보이는 살림집이다. 앉은 자리에서부터 각 공간의 짜임세와 규모, 집 지은 기법이 모두 옛 법식과 생활을 잘 반영하고 있다.

김기응가옥은 나지막한 동산이 아늑히 뒤를 두른 양지바른 터에 남쪽을 향하고 앉았다. 안채는 1800년대 초반에 지어졌으며 그밖의 사랑채와 중문채, 대문채 등은 1910년 무렵에 지어졌다. 조선 고종 때 공조 참판을 지낸 김항묵이 안채만 있던 조별감의 집을 사들여 마름집을 사용하다가 1910년 한일합방이 되자 낙향하여 본래 있던 집을 증축, 지금과 같은 규모를 이루었다고 한다.

마당을 중심으로 집의 짜임새를 살펴보면 바깥마당, 가운데마당을 거쳐 안채가 있는 미당으로 이이진다. 사랑채는 가운네마당과 나란히 자리잡았는데 사랑채 앞쪽에 사랑마당이 있고 뒤쪽에 샛마당이 딸려 있다. 모든 마당은 담장으로 구획되어 각각 제 몫과 구실을 하고 있는데, 이 마당에서 저 마당으로 넘어가자면 크고 작은 문을 거쳐야 한다.

전경

집 밖에서 보면 바깥행랑채가 길게 늘어섰고 그 한가운데 솟을대문이 있다. 대문을 들어서면 바깥마당의 서쪽까지 에워싸고 있다. 바깥행랑채는 대

안채

사랑채

안채 입구

안채 대청

문을 사이에 끼고 광과 부엌, 행랑방, 마루 등으로 이루어졌다. 바깥마당으로 들어서면 동북쪽에 사랑채 공간이 다른 곳보다 높직하게 자리잡았고 서북쪽에 중문간행랑채가 있다.

바깥행랑채와 마찬가지로 중문간행랑도 ㄴ자 평면으로 이루어져 방과 부엌, 중문, 헛간으로 구성되었다. 보통 바깥행랑에는 남자하인이, 안채와 가까운 중문간행랑에는 여자하인이 주로 기거했다. 중문은 안채로 향하는 시선을 차단하기 위해 왼쪽, 오른쪽으로 꺾이며 들어가도록 되어 있다. 중문을 들어서면 가운데마당이다. 동쪽에 사랑마당으로 들어가는 일각문이 있고 동북쪽에 다시 안문이 달린 곳간채가 있어 그 안문을 통과하면 비로소 안채 안마당으로 들어선다.

안채는 안주인이 기거하며 안살림을 하는 곳으로 집안에서 가장 깊숙이 자리잡고 있다. 대문에서부터 문을 세 개나 거쳐야 닿는 곳인데 그중에서도 곧바로 들어가지 않고 꺾이며 들어가도록 해놓은 중문 등에서 남자와 여자의 생활공간을 엄격히 차단, 분리했던 사회규범을 엿볼 수 있다. 안채는 앞쪽으로 터진 ㄷ자 모양이다. 정면에 안방 2칸과 대청 2칸, 건넌방 1칸이 자리잡았고 3칸짜리 서쪽 날개는 2칸짜리 큰 부엌과 찬방 1칸으로 이루어져 있다. 동쪽 날개는 건넌방 앞쪽으로 붙어 있는데 작은 방과 작은부엌, 땔감 등을 저장하는 광으로 이루어졌다. 안채 동쪽, 집 전체로 보면 동북쪽에 과실나무와 꽃나무를 심은 뒷마당이 있다.

안채 앞에 안문과 광으로 이루어진 곳간채가 있어 안마당은 전체적으로 ㅁ자를 이룬다. 곳간채는 안채에서 사용하는 중요한 수납공간으로 2칸짜리 마루광에 크고 작은 항아리들을 두고 곡식이나 도구들을 보관했다. 흙바닥으로 된 1칸 광에는 김칫독을 묻었고 단지나 주방용품들을 두었다. 곳간채는 안채와 사랑채의 영역을 구분하는 역할을 한다. 곳간채 뒷벽은 바로 사랑채 뒤 샛마당과 면해 있으므로 전벽돌과 적벽돌로 수복무늬나 박쥐무늬, 겹곡무늬 등을 새겨 꽃담장으로 꾸밈으로써 사방이 벽으로 둘러싸인 샛마당 공간을 장식하고 있다. 꽃담장 아래에는 괴석과 화분 등 잔잔하게 즐기며 볼거리들을 두었다.

샛마당은 안채와 사랑채를 매개하며 이 집의 마당 가운데의 가장 작지만 상징적인 중심공간이다. 샛마당에 세워진 이 집에서 가장 높은 굴뚝이 이곳의 위계질서가 가장 높음을 상징한다. 바깥주인의 일상공간인 사랑채는 다른 건물보다 한 벌 정도 높직하게 놓여 사방을 내려다보는 집주인의 권위를 나타낸다. 서쪽에서부터 1칸짜리 작은사랑과 1칸 대청, 2칸 큰사랑이 한 줄로 배치되었고 큰사랑 동쪽에 한 단 높게 누마루를 두어 화단형식으로 가꾸어진 사랑정원을 바라보게 되어 있다. 이러한 누마루는 일정 지위 이상의 상류주택에 주로 지어졌으므로 중류쥬택과 상류주택을 구별하는 요소의 하나로 볼 수 있다. 큰사랑 뒤편으로 안채쪽을 향해 침방과 부엌이 붙어 있다.

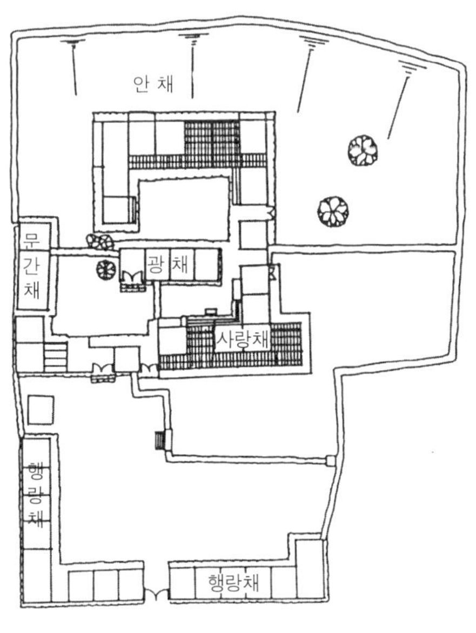

배치도

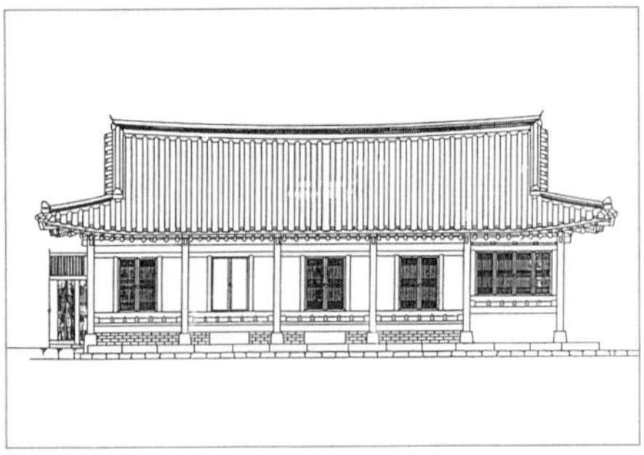

정면도

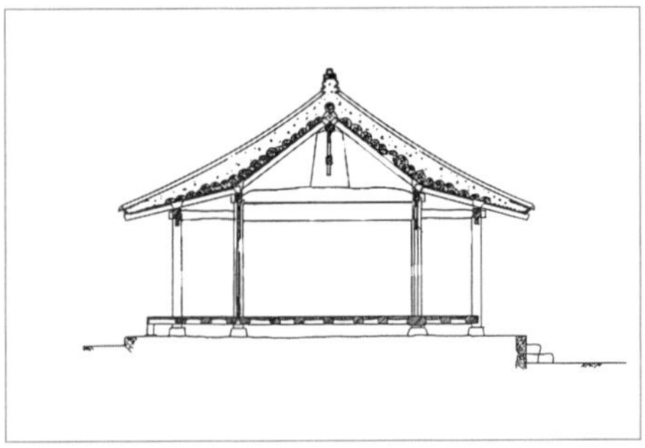

단면도

안채의 가구는 몸채를 1고주 5량가로 짜고 좌우 익랑을 3량가로 구성하였다. 기단은 자연석을 장대석 모양으로 가공하여 초벌대로 설치하였다. 주초석은 4각 주초석을 평평하게 다듬어서 사용하였으며 기둥은 각주로 세우고 몸체 전면에만 상부에 장여를 받쳤다. 대청마루 상부에는 고주를 생략하고 대량을 전후 처마기둥 사이에 장통보로 짜서 대담한 가구형태를 보여주고 있다. 대량 위에 전후 동자주를 세우고 종량을 연결하여 중도리를 받치고 종량 가운데의 대공은 판대공으로 사다리꼴이며 종도리를 받치고 있으며 장여로 보강되어 있다. 처마는 홑처마이고 추녀를 중심으로 하는 귀처마는 말굽서까래로 걸쳤다. 몸채에서는 종단 한 칸인 좌측 익랑 끝에서는 합각을 구성하여 팔작지붕을 이루

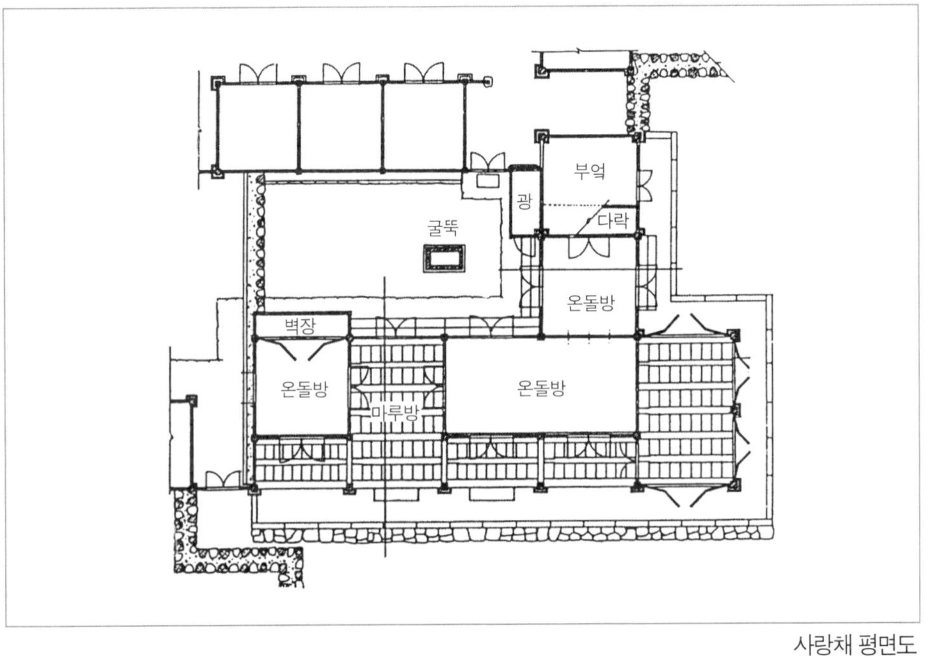

사랑채 평면도

고 우측 익랑에서는 맞배지붕을 올렸다.

안채 앞의 중문 광채는 정면 4칸, 측면 1칸 맞배집이다. 중문 광채의 평면은 좌측으로 대문 1칸과 우측으로 3칸의 광으로 구성되어 있으며 가구는 3량가로 간결하게 짜여 있다. 벽체는 대문간의 외벽을 외엮기벽으로 만들고 광의 벽체는 상하인방 사이에 가로로 띠장을 대서 판재를 끼워 판벽을 만들었다.

상인방과 처마도리 사이의 고창은 수직으로 살을 끼워서 광창을 달았다. 광의 출입문도 나뭇결과 함께 매우 아름다운 입면을 보이고 있다.

사랑채의 평면은 정면 5칸, 측면 2칸의 몸채 우측 편에 뒤편으로 방과 부엌 2칸을 달아 내어서 丁자를 뒤집어 놓은 형태이다. 몸채는 좌측에 방을 1칸 두고 마루를 1칸 배치한 다음 2칸 방과 우측면에 마루를 구성하여 방과 마루가 반복되고 있다. 전면의 반칸 퇴는 마루로 구성하여 전체 실들 간의 통행을 돕고 있다. 사랑채의 방은 몸채에 큰 2칸방과 뒤편에 1칸의 방을 연결하여 내실과 외실로 구분한 특징을 지니고 있다. 마루도 우측면에 있는 것은 창호를 달았으나 좌측부에 있는 마루는 전면을 개방하여 실의 용도를 달리하였음을 나타내 주고 있다. 기단은 장대석을 높게 쌓아 앞마당과 안채의 지면이 단을 이루는 축대로 구성되어 있다. 주초석은 4각 주초석을 받치고 각주를 세웠다. 가구는 기둥 상부에 장여를 구성하여 처마도리를 받치고 있으며, 1고주 5량가로 짜여 있다. 배후에 종단 1칸으로 만들어진 방과 부엌의 가구는 3량가로 5량가의 몸채에 연결되어 있다. 처마는 부연을 단 겹처마이며 귀처마에는 추녀와 사래를 짜고 선자서까래를 틀어서 우측의 마루방 천장을 연등천장으로 꾸몄다.

100여 년 전 건축 당시의 모습을 고스란히 간직한 이 집은 별도의 설명 없이 집을 곰곰이 들여다보는 것만으로도 그 시대의 사회질서나 규율, 생활상을 읽을 수 있을 만큼 전통적 상류주택의 한 모습을 잘 보여준다. 뿐만 아니라 한 집안 사람들이 두고두고 살아갈 터전으로 지은 집인 만큼, 규격화되고 사고 파는 상품이 된 요즘 주택들에서는 맛볼 수 없는 '살림' 의 냄새가 진하게 묻어난다.

예를 들면, 안채부엌은 서쪽으로 헛기둥을 내세워서 살강을 설치하고 눈썹지붕을 달았으며 위쪽에 살창을 내어 빛을 받아들이고 연기는 빠지게 하였다. 안방과 건넌방 뒤쪽에는 벽장과 쪽마루를 두었고 건넌방 앞쪽에 툇마루를 티워 놓아 수납공간 겸 통로로 쓰게 하였다. 안방에서는 또 부엌쪽으로 벽장을 내고 부엌 천장쪽으로 다락을 드려 안방 물건들을 놓게 하였다. 가장 독특하고 재미있는 것은 사랑채부엌의 수납공간이다. 서쪽의 샛마당쪽으로 3칸짜리 선반을 내달아 사랑채에서 쓰는 물건과 간단한 동기구들을 보관하도록 했는데, 아래칸에는 2짝 판장문을 달아 부엌쪽에서만 열고 닫도록 했고 가운데 칸은 샛마당과 부엌 양쪽에서 여닫으며 사용하도록 되어 있다.

김기응가옥은 일명 칠성고택으로도 불린다.

괴산 청천리 고가
(槐山 靑川里 古家)

- 지정번호 : 중요민속자료 147 호
- 건축유형 : 주택
- 소 재 지 : 충북 괴산군 청천면 청천리 76
- 창건시기 : 19세기 후반
- 현황 조성시기 : 20세기

ㄷ자형 안채와 사랑채의 병립

이 가옥은 19세기 후반에 송시열이 건축하였는데 1994년 차재윤이 매입하여 무의탁 노인을 위한 양로원으로 기증하였다.

전체적인 가옥의 면모는 현재 양로원으로 사용되면서 변형되어 파악하기 어려우나 ㄷ자 형태의 안채와 사랑채가 나란히 배치되어 있다. 안채는 앞쪽으로 각각 3칸의 익랑을 내었고 부엌은 서쪽 끝의 칸 앞 두 퇴를 포함하고 그 다음 칸의 퇴를 합한 넓이로 대단히 넓은 면적이었다고 한다. 뒷편의 툇간은 칸을 막아 수장고로 사용하였다. 부엌의 동편 2칸은 안방이었다. 안방 우측으로 정면 2칸이 대청마루이며 대청마루 다음이 건넌방이다. 대청마루와 방 사이의 벽은 분합문으로 구성하였다. 안방과 건넌방 사이의 전면에는 앞 툇간을 마루로 구성하여 통로로 이용하였으며 동편 3칸에도 툇마루를 두었다. 이런 몸채의 평면구성은 아주 보기드문 예로 이 집의 특징으로 손꼽힌다.

안채

사랑채는 안채와 마찬가지로 전후 툇간을 구성한 정면 6칸, 측면 4칸의 큰 규모로 몸채의 좌우측에 2칸씩 익랑을 달아 ㄷ자 형태이다. 평면은 좌측 뒤편의 1칸을 온돌방으로 하고 앞쪽에 부엌 1칸을 구성하였다. 안방은 부엌 우측으로 후면 툇간과 전후 2칸, 좌우 2칸으로 구성되었다. 안방

사랑채

행랑채

우측의 정면 2칸은 대청마루이고 우측에 방이 있다. 안방과 대청마루 앞의 툇간은 마루로 구성되어서 몸채와 좌우 익랑까지 좌우 통로가 되었다. 좌측면에 돌출된 2칸은 온돌방이고 우측면에 돌출된 익랑은 마루방이다.

기단은 장대석으로 두벌대와 세벌대로 쌓았다. 주초석은 4각주초석을 두고 각주를 세웠고 전후 2고주와 평주로 구성되어 있다. 지붕가구는 종도리를 굴도리로 하고 나머지 중도리와 처마도리는 납도리를 얹었다. 가구형식은 2고주 5량가 형식이다. 전후 고주의 기둥머리에 대량을 걸고 다시 곧바로 기둥 상단에 사괘를 파고 종량을 대량과 같은 크기로 겹쳐서 걸고 있다. 이 종량 한복판에는 제형의 판대공이 종도리까지 높게 세워져 있

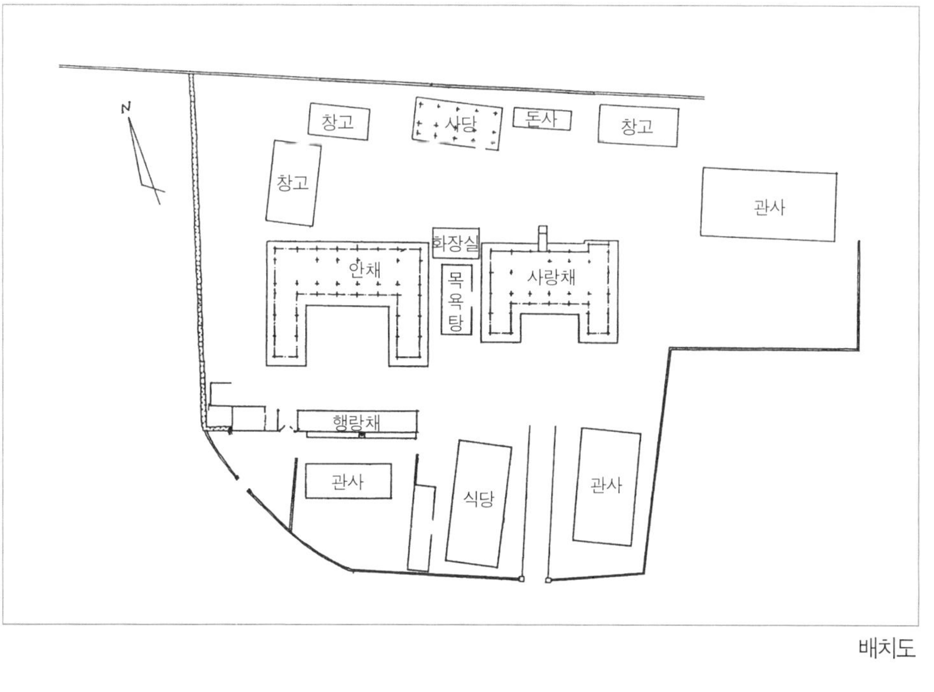

배치도

다. 이러한 종량의 가구는 중도리와 종도리 사이의 간격이 넓어진 도리가구를 이루고 있다. 보통 도리의 가구는 변작방식에 따라 4분 변작 또는 3분 변작을 이루게 되어 종도리와 중도리를 잇는 서까래가 처마서까래보다 짧게 구성된다. 그러나 이 건물에서는 도리가구의 일반적인 변작방식을 따르지 않은 듯하며 종도리와 중도리 칸의 서까래가 처마서까래보다 길게 구성되어 있어서 특이하게 보인다. 이러한 도리가구의 구성은 좌우 익랑에서 삼량가로 짜여지게 됨으로써 계획되었을 가능성도 있다고 사료된다. 좌우 익랑의 종도리가 몸채의 중도리가 왕찌 짜임으로 연결되어 있는 가구로 구성되어 있다. 몸채의 중도리가 높아졌을 때 익랑의 종도리가 높아지게 되며 서까래 물매가 몸채 처마서까래보다 급해질 수 있다. 처마서까래 물매가 몸채와 익랑채에서 달라질 경우 회첨골에서 처마높이가 다르게 나타날 수 있다.

이 건물의 지붕가구는 여러 가지 요인에 의해 특이하게 짜여졌을 것으로 보이는데, 건축 당시 가구를 계획하면서 익랑과 몸채의 회청골을 같은 높이로 고려하였음이 하나의 원인이었을 것으로 추측해 볼 수도 있다. 대청마루 칸에는 대공과 대공 사이에 횡방향으로 뜬창방을 걸고 1소로 화반을 3구씩 배치하여 종도리 장여와 종도리를 받치고 있다.

사랑은 정면 4칸, 측면 2칸의 맞배집이다. 전면 1칸은 반칸퇴로 구성되어 있는데 마루를 깔았고 기둥은 정면의 툇간 내진 기둥을 고주로 세우지 않고 평주로 구성하였다. 종

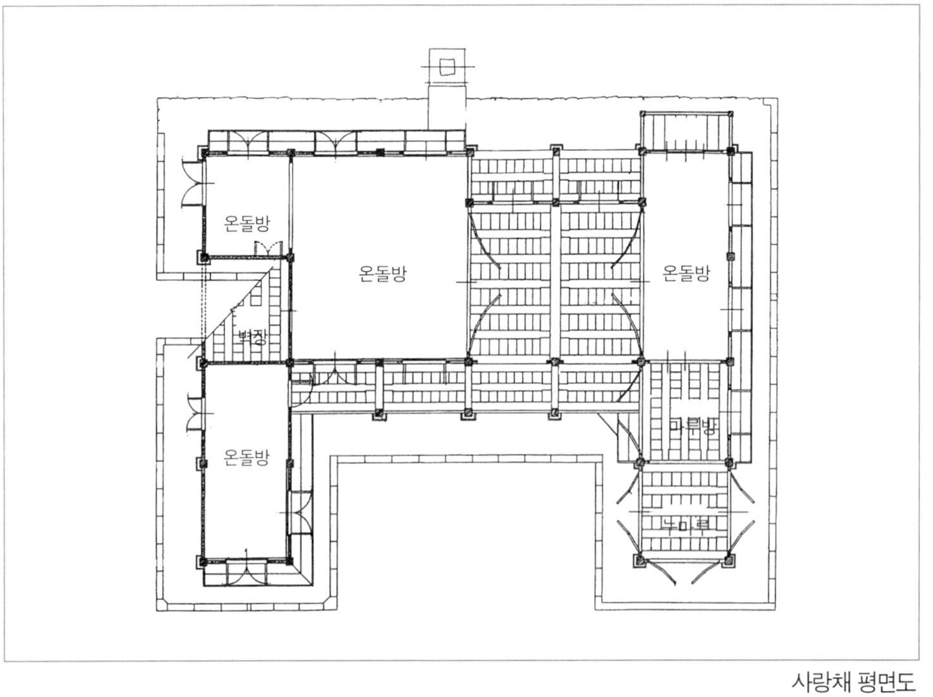

사랑채 평면도

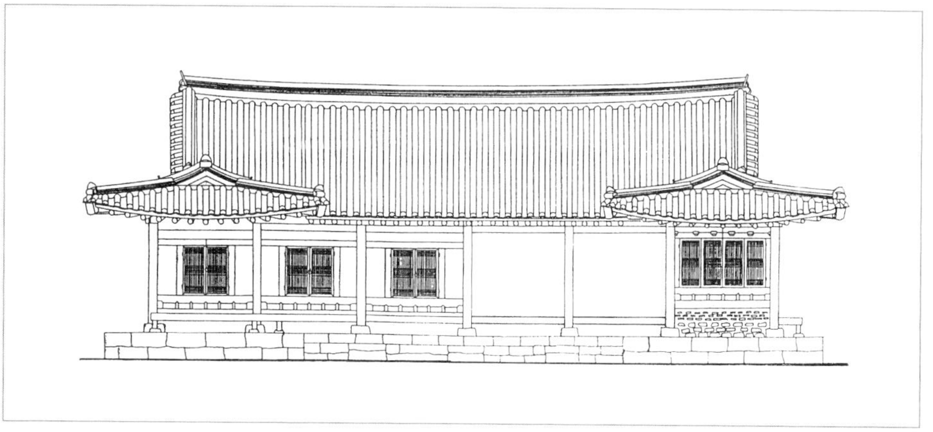

정면도

단 3개의 기둥을 모두 평주로 세우고 대량을 전후 처마기둥 사이에 장통보로 걸었다. 도리는 처마도리를 굴도리로 쓰고 종도리를 납도리로 구성하였다. 내진주 상단에는 대량 높이에서 횡방향으로 도리를 창방형식으로 걸고 그 위에 외엮기벽으로 당골막이를 높게 구성하고 있다. 지붕처마는 부연을 달지 않은 홑처마이다.

행랑채는 정면 7칸, 측면 1칸의 맞배집이다. 평면은 좌측면에 대문 1칸과 방 및 광으로 구성되어 있다. 건물구조는 자연석 기단과 주초석 위에 종단으로 전후 처마기둥을 세워서 3량가로 짜올린 간결한 가구이며 도리는 납도리를 사용하고 종도리도 동자주로 받쳤다.

괴산 홍범식 고택
(槐山 洪範植 古宅)

- 지정번호 : 충북민속자료 14호
- 건축유형 : 주택
- 소 재 지 : 충북 괴산군 괴산읍 동부리 450-1
- 창건시기 : 조선 철종 13년(1861)
- 현황 조성시기 : 21세기

벽초 홍명희 생가

이 가옥의 건축연대는 구전되는 내용과 망와의 신유년이란 명문으로 미루어 1861년 건축된 것으로 추측된다. 주요 건물은 안채, 사랑채, 행랑채, 광채이다.

안채를 중심으로 우측에는 사랑채가 위치하고 뒤로는 넓은 뒷마당에 후원을 형성하고 있다. 서북쪽으로 광채가 있으며 동북쪽에는 사당이 위치해 있었다고 하나 현재는 소실되고 없다. 안채와 사랑채는 담으로 구획되어 있으며 각각의 대문을 갖고 있어 딴 집처럼 느껴진다. 그러나 조사한 결과에 의하면 바깥마당에 문간채가 있었으나 소실되었다고 한다.

안채는 좌우대칭의 평면을 갖는 중부지방의 대표적인 사대부집이다. 전체적으로 정면 5칸, 측면 6칸인데 ㄷ자형 안채에 一자형 광채를 한 단 낮게 맞물리는 형상으로 광채의 지붕이 안채의 아래를 파고 들면서 이어진다.

평면은 몸채에 전퇴를 달고 나머지는 맞배집인데 동쪽 날개만 나중에 후퇴를 덧달아 낸 듯하다. 동서쪽 날개 앞으로부터 상하 3칸 크기의 부엌, 안방, 맨끝이 골방이 된다. 꺾어져서 3칸의 커다란 대청이 되는데 전퇴의 툇마루와 개방되었으므로 매우 크며 이것이 곧 마당의 폭이 된다. 서쪽 날개도 상호대칭으로 똑같은 모양이다. 다만 동쪽에는 후퇴가 덧달아 내고 부엌이 큰 것으로 볼 때 이것이 건넌방이고 서쪽이 안방으로 이용되었으리라 추정할 수 있다. 양쪽 방의 안마당 쪽에는 쪽마루가 깔리고 양쪽 골방 역시 대청으로 분합문이 시설되었다. 건넌방 서쪽에는 쪽마루가 놓이고 골방 서쪽에는 헛기둥을 세워 벽장을 만들었다. 건넌방은 골방과 미세기로 구획되고 안방은 벽으로 막아졌다.

사랑채는 5칸 전후퇴집으로서 역시 동쪽에 부엌을 두었다. 뒤쪽 1칸이 부엌이며 앞은 부엌방으로 쓰고 다음 2칸은 방, 가운데는 대청, 맨 끝이 작은 방이다. 2칸 방에서 작은

방까지 앞퇴에는 툇마루를 깔고 뒤퇴는 각 방으로 쓰이고 있다. 배면에는 쪽마루를 놓았다. 대청의 내진주 사이에 시설된 앞문과 작은방 및 2칸 방과의 사잇문은 모두 분합문으로서 개방할 수 있도록 고려하였으며 2칸 방의 윗방과 아랫방 사이는 미닫이로 구분하였다.

사랑 앞의 행랑채는 3량 3칸집으로 서쪽의 2칸 구들과 동쪽의 대청으로 이루어졌다. 앞쪽에는 쪽마루를 깔았으며, 부엌 상부에 다락을 설치해서 수납공간으로 쓰고 있다. 광채는 6칸, ㄱ자형 집이고 문간채는 문간과 헛간으로 되어 있다.

안채 대청의 경우 긴보 5량가이고 서쪽은 3량가, 동쪽은 4량가의 납도리집인데 동쪽의 4량가는 본래 3량가에서 후면에 툇간을 덧달아 내면서 4량가로 만든 것 같다. 각주에 사각주초, 자연석 초벌대 기단으로 처리했다. 지붕은 홑처마이며 몸채는 팔작으로 만들었으며, 대문쪽은 팔작, 동쪽 날개부는 맞배로 처리하였다. 대문쪽의 팔작지붕은 가구구조에서 추녀를 종도리까지 끌어올려 우진각집 구조를 만들고 지붕 속채움을 깊게 한 후, 합각을 구성한 것으로 추측된다.

사랑채는 2고주5량이며 장여를 받친 납도리집이다. 각주에 사각주초이며 자연석 두벌대 기단으로 하였다. 기둥의 여러 곳에 동바리 이음을 했으며 지붕은 홑처마 팔작지붕이다.

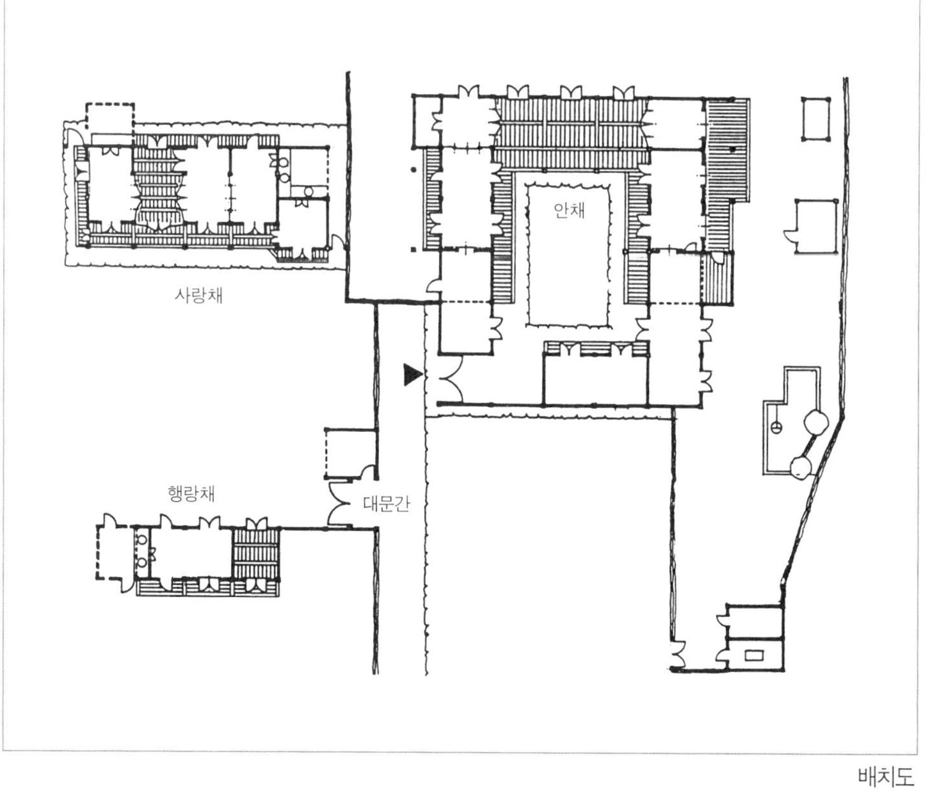

배치도

전경

행랑채

행랑채는 3량 3칸집이며 맞배지붕으로 처리했다. 광채는 3량집이고 자연석 주초를 사용하고 4칸의 바닥에 장마루 널을 깔았으며 2칸의 판장벽을 설치했다. 지붕은 우진각지붕으로 시멘트기와로 이어져 있으나 원래는 초가집이었다고 한다. 문간채는 3량 2칸집이며 중앙에 솟을대문이 위치하고 지붕은 맞배지붕으로 추정된다. 6.25때 소실되었다고 한다.

본 가옥의 특징을 살펴보면 다음과 같다. 첫째, 안채와 사랑채가 각각의 대문을 갖고 별도로 구성되어 있다. 둘째, 안채의 골방 서쪽에는 헛기둥을 세워 만든 벽장이 있다. 셋째, ㄷ자형 안채에 있어서 서로 상이한 지붕형식을 보이고 있으며, 대문과 광채가 이어져 ㅁ자형을 이루고 있다. 넷째, 중문을 집의 정면에 내지 않고 모퉁이 측면에 시설해서 ㄹ자로 꺾어져 진입시키고 있다. 다섯째, 사랑채와 안채를 좌우로 나란히 배치하고 각각의 중문을 두었으며 샛담으로 분리시켰다. 일반적으로 안채와 사랑채를 전후로 배치하는데 이 가옥에서의 배치는 좌우병렬 배치로 처리하였다. 여섯째, 가구구조는 몸채를 5량가로 하고 동서 날개부는 3량가와 4량가로 구성하였다. 몸채와 날개부의 가구 연결은 몸채의 중도리와 날개부의 종도리를 연결하였다. 문간채와 광채는 지붕가구를 안채 날개부보다 낮게 만들었으며 종도리를 안채의 주심도리에 연결시킴으로써 지붕이 층단을 이루도록 되어 있다.

청주 신전동 고가
(淸州 薪田洞 古家)

- 지정번호 : 충북유형문화재 145호
- 건축유형 : 주택
- 소 재 지 : 충북 청주시 흥덕구 신전동 180
- 창건시기 : 1926년
- 현황 조성시기 : 20세기

근대기의 주택

청주 시내에서 약 8km 떨어진 신전동 마을 입구에 자리 잡은 이 집은 경부간 1번 국도의 바로 옆 평탄한 대지 위에 북향으로 건축되었는데, 뒤쪽에 조그만 동산이 있어 안정감이 있다. 주변에는 이렇다 할 건물군은 보이지 않으며 장방형의 담장 안에는 一자형의 안채, 사랑채, ㄱ자형의 행랑채가 ㅁ자형으로 배치되어 있다.

이 집은 1926년에 지은 것으로 안채의 종도리 장여에 상량문이 적혀 있다. 건물이 지어진 연대는 오래지 않으나 안채, 사랑채, 행랑채가 고루 갖추어져 전통 주거건축의 모습을 잘 나타내고 있다.

문간채를 들어서면 정면 8칸, 측면 3칸의 5량가 홑처마, 팔작지붕인 안채가 있는데 장대석 기단 위에 둥근 주춧돌을 놓고 네모기둥을 세웠다. 기둥 위에 큰 부재로 된 대들보를 걸고, 그 위에 마룻보〔宗樑〕를 올렸다. 마룻보 위에는 파련대공(波蓮臺工)을 세웠고 종도리는 뜬창방으로 결구되었는데, 이는 주택에서 보기 드문 기법으로 보인다.

전경

그러나 안채, 사랑채에서는 건축연대가 후대로 내려옴으로 인해 치목 등 세부기법에서 고래(古來)의 기법과는 다른 변형된 형태가 나타나고 있다.

안채

사랑채

이러한 측면은 당시의 주거발전 양상을 보여주는 것이라 하겠다.

안채는 정면 8칸, 측면 3칸의 팔작집이다. 기단은 화강석을 혹두기 가공하여 바른층 쌓기로 축조하였다. 주초석은 화강석으로 가공한 원형 주초석으로 설치되었고 기둥은 각주로 평주로 된 처마기둥과 내부의 전면 고주로 구성되어 있다. 가구는 1구조 5량가이며 처마는 홑차마로 부연을 달지 않았고 지붕의 네 귀에 추녀를 중심으로 선자서까래를 배치하였다.

정면에서 볼 때 좌측 툇간의 마루방과 건넌방을 배치하고 차례로 대청마루와 윗방, 안방, 부엌 두 칸을 구성한 一자집이다. 정면 툇간은 마루로 구성하고 좌측으로 2칸의 누마루를 설치하고 평난간을 둘러 운치있게 꾸몄다.

안채에서 볼 때 우측으로 사랑채가 정면 6칸, 측면 3칸의 팔작집으로 배치되어 있다.

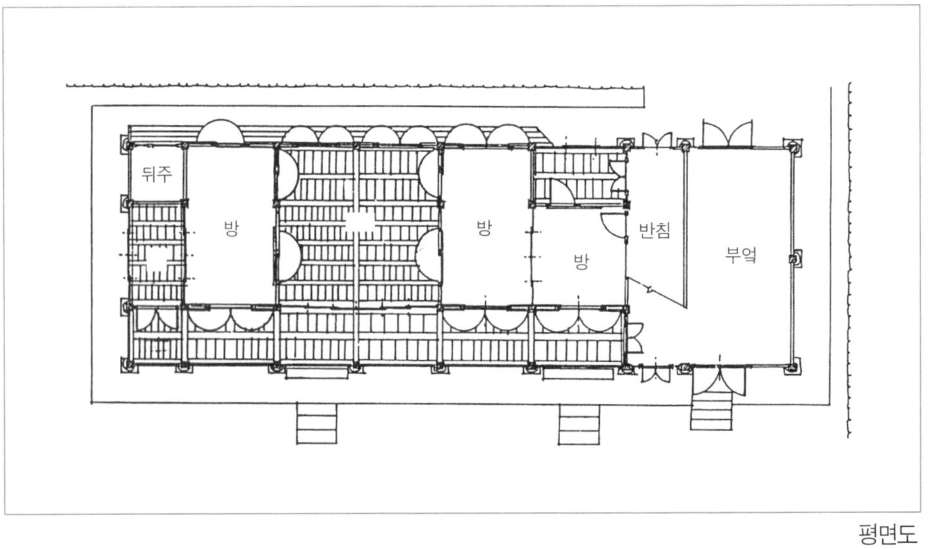

평면도

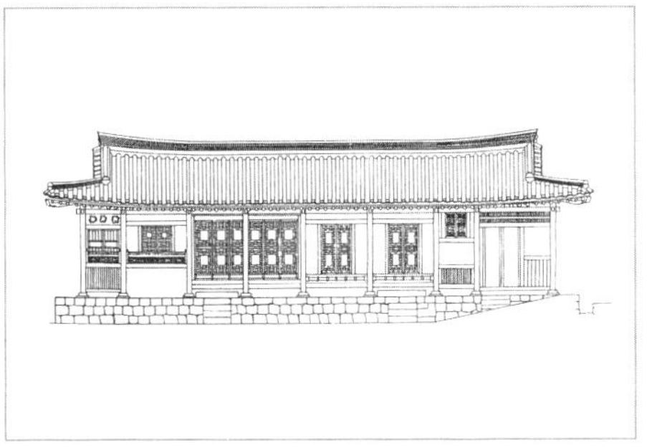

정면도

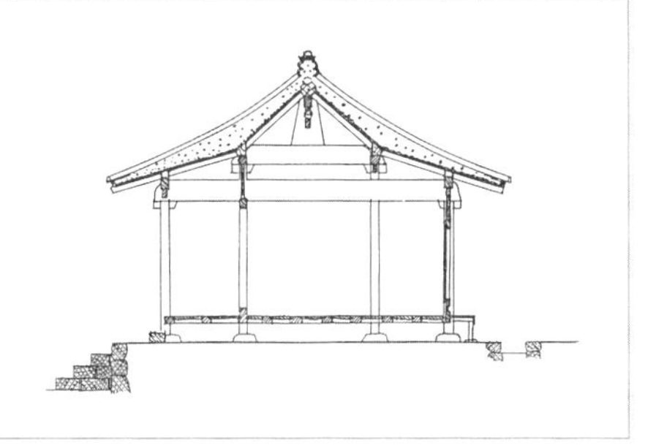

단면도

행랑채

안채 내부가구

기단은 장대석을 초벌대로 낮게 설치하고 기둥은 사각 주초석 위에 각주로 세웠는데 비교적 높은 감을 보이고 있다. 남향한 정면에는 亞자 무늬로 살을 넣은 유리문이 구성되어 있고 그 위의 고창도 근대기의 주택에서 볼 수 있는 유리창으로 구성되어 있다. 또한 실내에 있는 변소에 도기로 된 변기를 설치하는 등 1900년대 초 부호집의 형태가 남아 있다.

행랑채는 ㄱ자형 평면을 이루고 있는 팔작집이다. 기단은 화강석으로 된 장대석을 초벌대로 깔았다. 주초석은 화강석으로 다듬은 사각주초와 자연석 덤벙주초를 혼용해서 설치하였다. 기둥은 각주인데 고주를 세워 전면 툇간을 구성하고 있다. 실의 구성은 대문간과 온돌방, 광, 헛간, 변소, 외양간, 뒤주 등으로 이루어져 있다. 지붕가구는 5량가인데 재래의 형식을 간직하고 있다.

청원 이항희가옥
(淸原 李恒熙 家屋)

- 지정번호 : 중요민속자료 133호
- 건축유형 : 주택
- 소 재 지 : 충북 청원군 남일면 고은리 190
- 창건시기 : 조선 철종 12년(1861)
- 현황 조성시기 : 20세기

율동적인 공간구성

청원 이항희 가옥은 안채 상량문에 "숭정기원후사신유오월초삼일진시입주상량건좌손문(崇禎紀元後四辛酉五月初三日辰時立柱上樑乾坐巽問"이라 한 것으로 보아 1861년에 지어진 집이다. 그러나 사랑채 등 기타 건물은 1930년대에 지어지지 않았나 추측한다.

이 집은 ㄱ자 모양의 안채와 그 앞의 一자 행랑채 및 동쪽의 곳간채, 서쪽의 광채를 크게 둘러싸고 있는 안공간과 행랑채 동쪽에 배치된 사랑채로 이루어지는 바깥공간으로 구성되어 있다. ㄱ자형 집인 안채가 뒤쪽으로 앉고 안마당 앞에 행랑채가 一자형으로 놓였다. 행랑채 동쪽에 一자형 사랑채가 배치되고 사랑채 동쪽은 언덕으로 연결되며 앞은 넓은 바깥마당이 된다.

바깥마당은 담장 없이 외부로 개방되었지만 서쪽 측면에서 진입토록 계획되었다. 행랑채 동쪽 끝에 난 대문을 들어서면 안채와 사랑채를 경계짓는 담장이 ㄱ자로 건조되어 조그만 중마당을 만들며 대문에 축을 맞춰 쪽대문이 만들어졌다. 안채 동쪽에는 곳간채가, 서쪽에는 광채가 있다.

전경

안채는 가장 평범한 중부지방의 민가로 곱은자형 평면구성을 갖는다. 서쪽 앞으로부터 부엌, 안방, 윗방, 꺾어져서 가

안채

사랑채

운데에 2칸 대청, 건넌방의 차례로 배열된다. 그러나 부잣집의 전형적인 것이어서 앞뒤 좌우 머리퇴가 모두 있으며 부엌 측면의 아래퇴만 없다. 머릿퇴와 서쪽 퇴에는 툇마루가 놓이고 동서 양쪽 모퇴에는 조그만 토광이 만들어졌는데 바닥에는 우물마루, 벽은 판장벽으로 막았다.

안채 앞에는 대문이 달린 一자로 된 9칸의 곳간채와 대청을 중심으로 왼쪽 퇴가 있는 건넌방과 사랑방과 앞마루가 있는 정면 4칸, 측면 2칸으로 된 사랑채가 있다. 사랑채는 20세기 중반의 건물로서 흔히 보는 평면구성이며, 전면의 바깥마당을 둘러싼 이웃집과 동쪽의 큰 홰나무로써 담장 없이 바깥공간의 분위기를 만든다.

구조는 모두 2고주 5량 집인데 대청 중앙만 1고주 5량으로 되었다. 정다듬한 외벌대

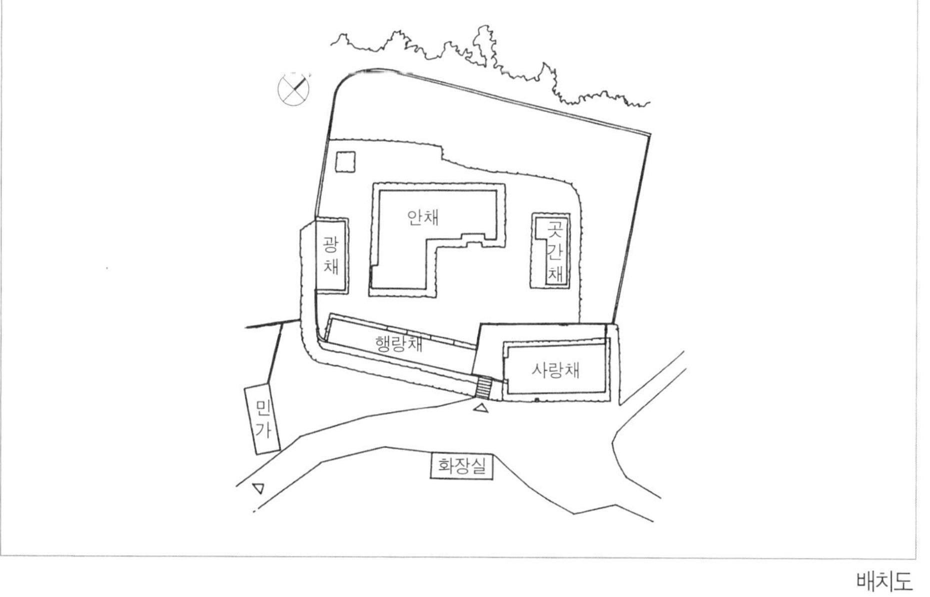

배치도

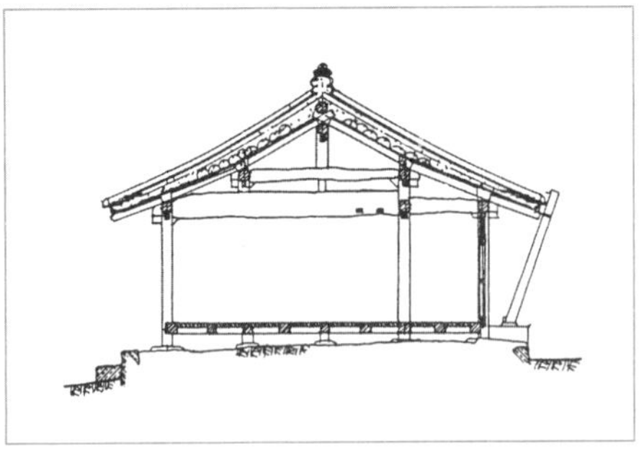

단면도

안채 내부가구

화강암 댓돌을 돌리고 낮은 덤벙주초를 놓아 네모기둥을 세웠다. 반깎기한 납도리를 돌리고 장여를 겹쳤다.

이 집의 가장 큰 특징은 공간의 구성과 조경이다. 바깥마당의 서쪽 측면에서 사랑채와 동쪽의 회나무를 바라보면서 바깥마당에 이르고, 행랑채 동쪽 끝에 시설된 대문을 들어서면 가운데 마당의 아담한 공간을 감지하며 담장에 시설된 일각대문을 지나면 안마당에 들어선다. 큰 공간에서 작은 공간, 다시 중간 공간으로의 이러한 공간의 구성과 전개는 율동을 느끼기에 충분하다. 여기에 덧붙여서 사랑채 동쪽의 수령 300~400년이 되는 회나무 안마당 한쪽 화단에 심어진 모과나무와 향나무, 뒤꼍의 감나무 등은 전통민가 정원 기법에 따라 꾸몄으며 별다른 정원 시설 없이 고졸(高拙)한 느낌이 들게 한다.

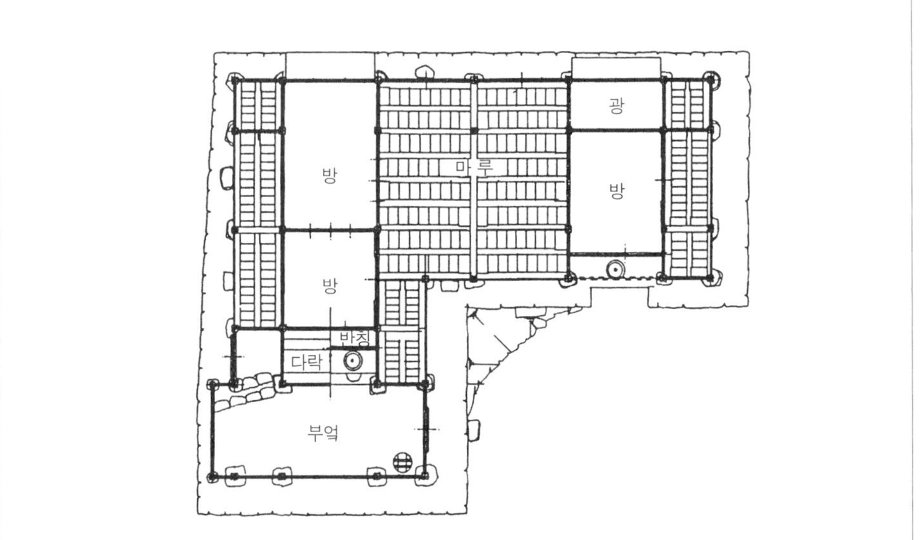

평면도

청원 유계화가옥
(淸原 柳桂和 家屋)

- 지정번호 : 중요민속자료 138호
- 건축유형 : 주택
- 소 재 지 : 충북 청원군 부용면 부강리 385
- 창건시기 : 조선 고종 3년(1866)
- 현황 조성시기 : 21세기

ㅁ자형 가옥

연화부수(蓮花浮水) 형국의 지세를 하고 있는 부용면 지역에서 북쪽의 성산성(城山城) 아래 위치한 조선후기의 가옥으로 건립연대가 알려진 보기 드문 가옥이다. 현재 이 집에 거주하고 있는 유계화에 의하면 이 가옥의 위쪽에 같은 형태의 규모가 큰 ㅁ자형의 가옥이 있었는데 일제시대에 헐리었다고 한다. 이 집에는 유계화 혼자 오랫동안 기거하고 있어서 옛 모습 그대로 보존이 잘 되어 있으며, 최근 청원군에서 번와공사 등 대대적인 보수가 이루어졌다.

안채 상량문에 의하면 "숭정신원후사병인이월이십사일 신시상량(崇禎新願後四丙寅二越二十四日 申時上樑)"이라 되어 있어, 1866년의 양반주택으로 홍판서의 집이었다고 전한다. 건물은 ㅁ사 모양으로 사랑채는 한 단 낮게, 안채는 한 단 높게 각각 날개에서 박공으로 맞물리도록 계획했다.

전경

사랑마당 앞에는 행랑채가 놓이는 게 일반적이나, 이 집에는 남아 있지 않으며 기타 다른 외부공간은 많이 개조되었다.

안채의 평면구성은 남도방식이 첨가된 것으로, 안방이 동쪽에 오면서 안마당에 면하고, 건넌방은 서쪽에 두면서 뜰에 향하며 안부엌이 이들과 一자로 놓이는 방식이다. 동쪽 모

사랑채

전경

안채 배면

안채 가구

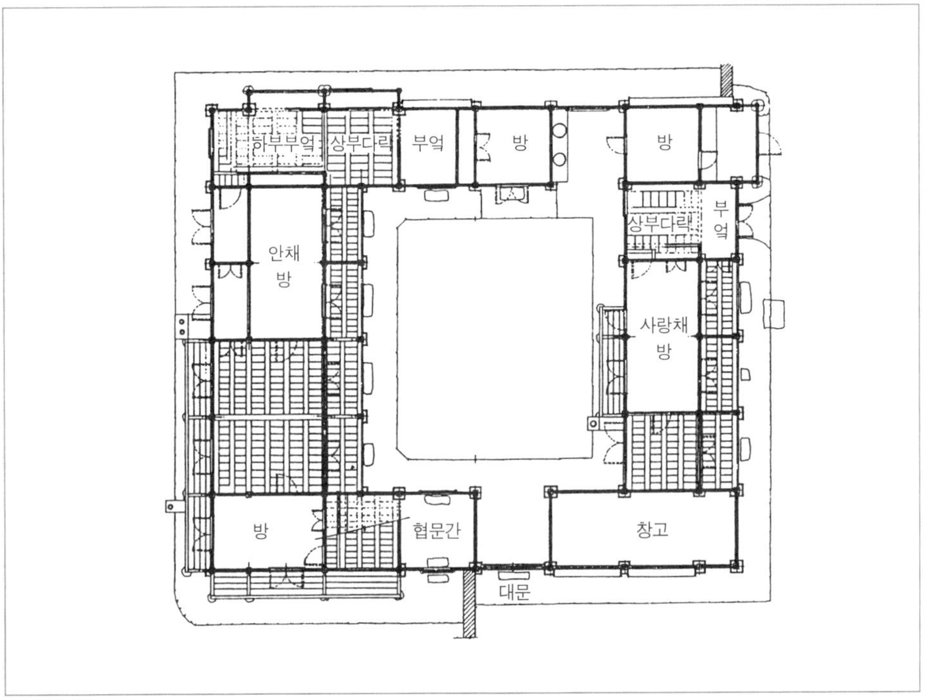

평면도

입면도

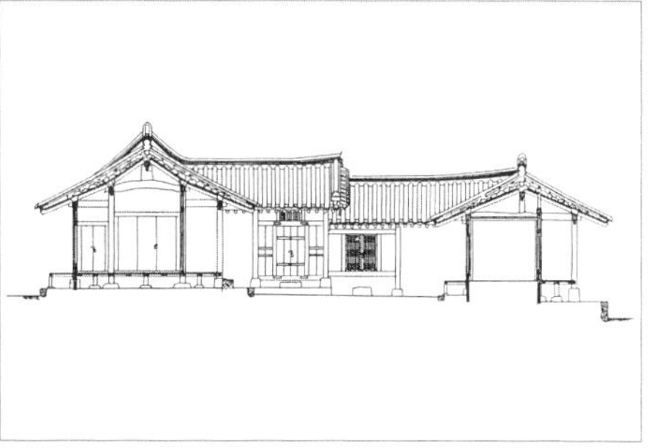

단면도

서리에 길다랗게 부엌을 배치하고 몸채 복판에 안방과 윗방을, 각방의 뒤퇴에는 골방을 배치했다. 다음은 뒤퇴까지를 튼 2칸 대청이고 머리에 건넌방이 놓였다. 안방에서 대청 사이의 앞퇴에는 툇마루가 있다. 부엌 상부에는 2.5칸 크기의 커다란 다락이 시설되었다.

사랑채는 가운데에 사랑방을 두고 서쪽에 조그만 대청을 배치한 외부 손님이 적은 집으로 설계된 건물이다. 중문은 서쪽 측면에 두고 동쪽에는 뒤꼍으로 통하는 출입문을 두었다. 안마당의 우물과 향나무, 뒤뜰의 향나무와 감나무, 대추나무 등 전통적 조경의 맛을 느낄 수 있다. 건물의 향은 정남향이다.

전체적으로 구조수법은 고전적인 방식으로 우수하며 보존상태도 양호한 집이다.

이 가옥은 정면 6칸, 측면 3칸의 몸채를 중심으로 익랑과 사랑채를 연결한 ㅁ자 집이다. 안채는 팔작집이고 사랑채는 합각지붕이며 기단은 장대석과 자연석을 혼용해서 설치하였다. 주초석은 각주초석으로 받치고 각주로 기둥을 세웠다. 지붕가구는 2고주 5량가의 안채와 1고주 5량가의 사랑채 사이에 좌우 3량가의 익랑채 가구들로 구성되어 있다. 안채의 대청마루 가운데에는 대량이 전후 치마기둥 사이에 우람한 부재로 사용된 상통보로 연결되어 있다. 처마는 홑처마이고 좌우 익랑 중간에 박공을 달아서 안채지붕과 사랑채 지붕의 높이가 다르다.

이 가옥은 충북지방에서 흔히 볼수 없는 ㅁ자형 평면으로 구성되어 있는 특징을 보이고 있다. 안채에는 대청마루 2칸을 중심으로 방을 배치하고 우측 익랑으로 3칸을 부엌으로 구성하고 있다. 부엌 상부에는 마루를 깔아서 넓은 다락으로 만들었고 좌우 익랑에는 각각 한 칸씩 대문간을 두어 내부 중정으로 통하도록 되어 있다. 사랑채에는 우측에 2칸을 부엌으로 만들고 1칸에 높은 누마루방을 올렸다. 사랑방 2칸 좌측으로 마루방과 익랑에서 연결된 온돌방이 있으며 방의 외벽에는 머름을 설치하고 세살문을 달았다. 안채의 대청마루를 비롯해서 사랑채에도 마루방에 궁판이 있는 높은 세살문을 들어열개식으로 달아 계절에 따라 융통성 있게 사용할 수 있도록 구성되어 있다.

신영호 고가
(申瀠浩 古家)

- 지정번호 : 충북유형문화재 148호
- 건축유형 : 주택
- 소 재 지 : 충북 청원군 가덕면 인차리 148-2
- 창건시기 : 조선 고종 18년(1881)
- 현황 조성시기 : 20세기

민족교육의 장

독립운동가인 신영호(1902~1946년)의 고택으로 조선시대 말기인 고종 18년(1881)에 건립한 주택이다. 일제시대에는 민족교육을 목적으로 창설한 대활단(大活團)의 본거지로 사용하던 곳이기도 하다.

본래는 안채와 사랑채, 곳간채, 뜰아래채, 마부채 등이 있었으나 소실되고 지금은 안채만 남아 있다. 순종 1년(1907)에 신영호의 부친 신정식(申正植)이 의병 35명의 숙식을 제공하여 주었다. 왜군 50명이 내습하여 교전하던 중 가옥의 5동 중 4동이 소실되었으며, 1930년 본 건물에 대활단 학원을 설립, 문맹자 200명을 모집하여 신학문과 독립정신을 가르쳐 주었다고 전해지는 민족의 교육장이다.

안채의 구조는 2칸의 대청을 중심으로 왼쪽에 부엌과 퇴가 달린 건넌방이, 오른쪽에 부엌과 퇴가 달린 안방과 윗방이 있는 정면 5칸, 측면 4칸의 ㄱ자로 되어 있으며 홑처마 팔작지붕의 기와집이다.

이 가옥은 창건 후 많은 개수가 있었던 것으로 보이며, 근대기의 한옥의 변화상을 잘보여주는 예이다.

전경

안채

안채 내부가구

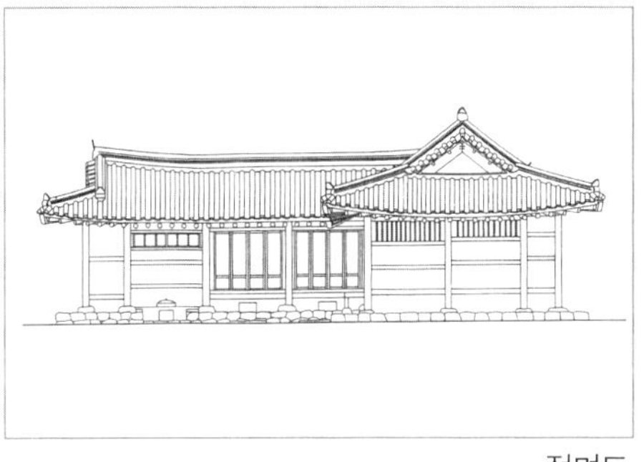

정면도

단면도

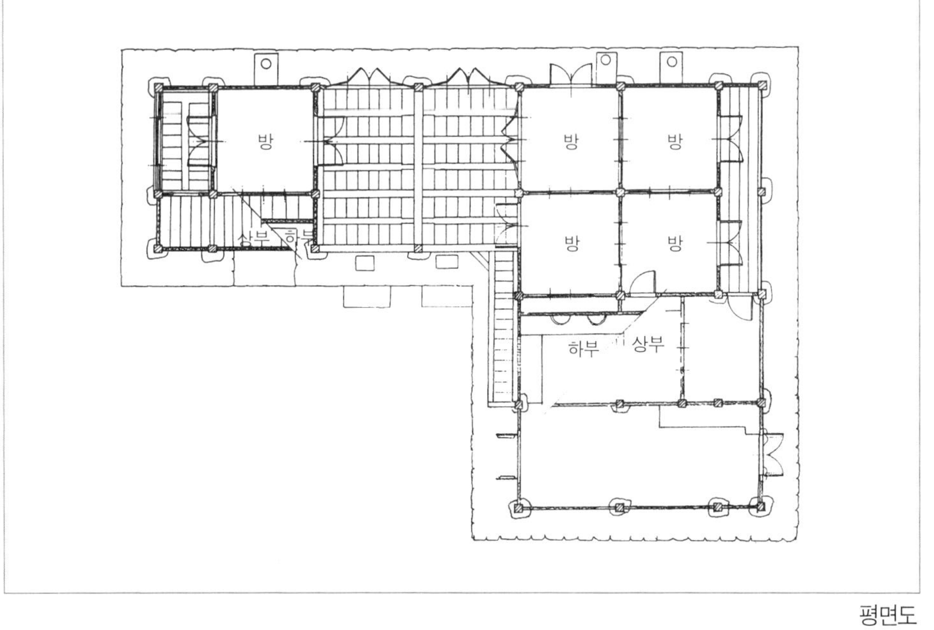

평면도

손병희 선생 유허지
(孫秉熙 先生 遺墟地)

• 지정번호 : 충북기념물 30호
• 건축유형 : 주택
• 소 재 지 : 충북 청원군 북이면 금암리 385-2
• 창건시기 : 조선 철종 11년(1860)
• 현황 조성시기 : 1971년 해체보수

토벽의 초가집

조선 철종12년(1861) 4월 8일 의암 손병희(1861~1922년) 선생이 출생하여 자란 집이다.

손병희 선생은 일찍이 동학(東學)에 입문하여 1894년 동학혁명 때 충청도와 경상도에서 10만 민중을 이끌고 관군과 싸웠다. 그 후 일본을 거쳐 상해로 망명하여 1897년에는 동학의 3세 교주가 되었고, 1904년 진보회(進步會)를 조직하였다. 1907년에 귀국하여 천도교라 개칭하고 교세 확장에 힘쓰다가 국치(國恥)후 보성전문학교와 보성중학교를 천도교 명의로 인수하여 인재양성에 힘썼고, 1919년에 3.1운동 때는 민족대표 33인의 필두로 조선독립을 선언하다가 일본 경찰에 체포되어 서대문감옥에서 복역하다가 병 보석으로 출감하여 상춘원(常春園)에서 요양 중 병사하였다.

선생이 태어난 생가는 본래는 부엌과 마루를 앞에 둔 안방과 윗방, 골방이 붙은 사랑방이 있는 정면 4칸, 측면 1칸 반의 一자형 초가집인데, 1971년에 기념사업으로 생가를 정화하면서 내부를 안방과 윗방을 합쳐 단칸방으로, 골방이 붙은 사랑방을 골방을 헐어 사랑방을 뒤로 물리고 앞으로 마루를 만들어 개조했으며 주

생가 전경

지붕가구

기단 및 툇마루

세살문

전경

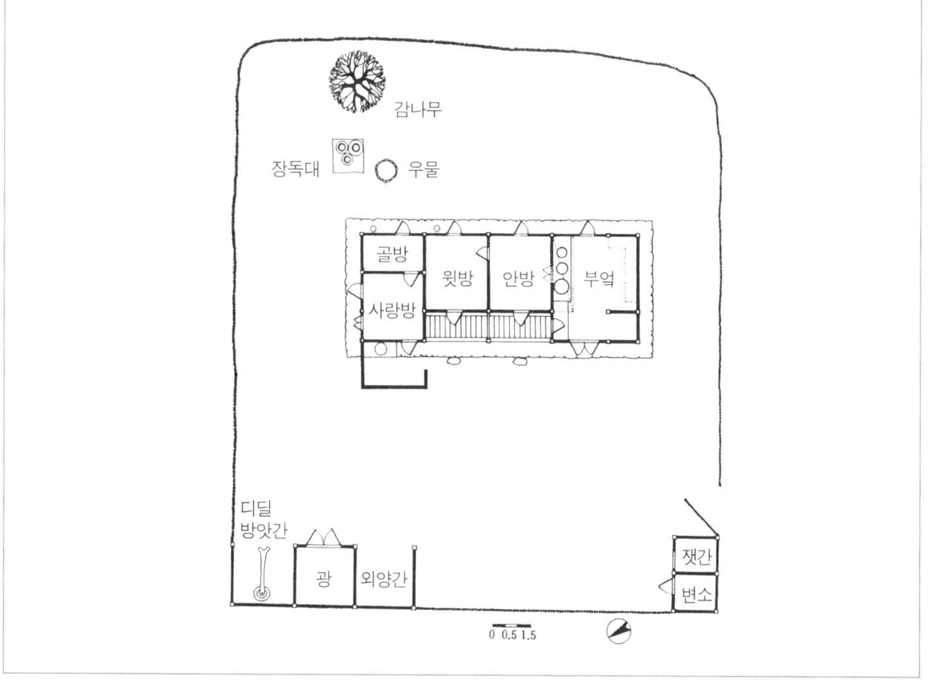

배치도

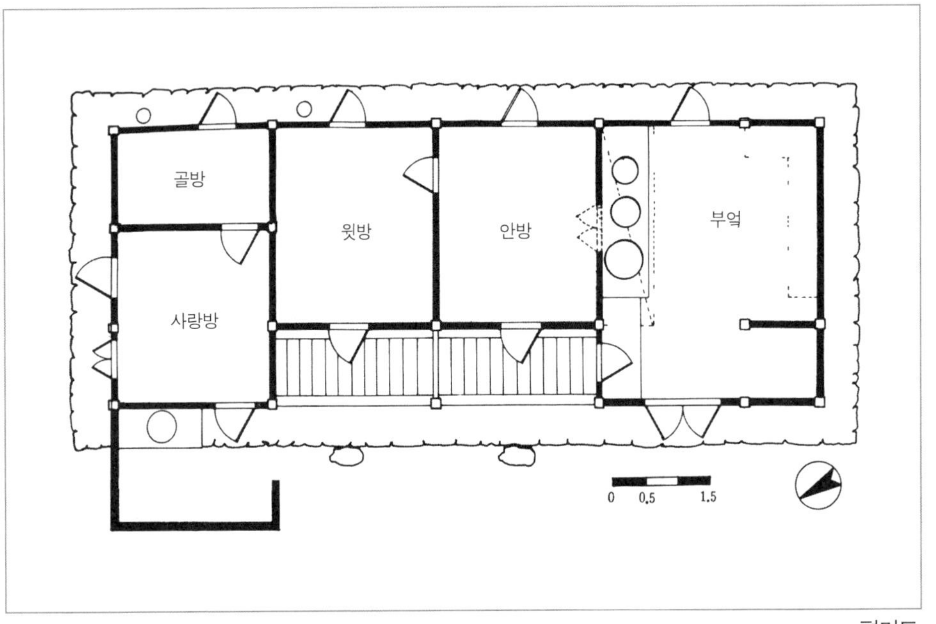

평면도

위의 울타리를 토담으로 쌓고 기와를 입혀 변형시켰다.

생가 입구에는 1961년 탄생 1백주년을 기념하여 세운 유허비(遺墟碑)가 있으며, 1979년에 유허지인 생가를 충청북도 기념물 제30호로 지정하였다.

손병희 선생 생가는 정면 4칸, 측면 2칸의 초가집이다. 이 가옥은 정면에 자연재를 치목하여 세운 원기둥을 배치하고 토벽을 쌓아올려 지붕가구를 짰다.

기단은 자연석으로 나지막하게 쌓고 주초석은 자연석 덤벙주초로 놓았다. 지붕가구는 5량가이며 부엌의 외벽에는 화방벽을 쌓아서 보강되어 있다. 방의 벽체는 재사벽 바르기로 마감되어 있고 벽체에 문인방을 심어서 세살문을 달았다. 부엌에는 앞뒤로 판장문을 달고 방 앞의 툇마루로 통하는 개구부가 뚫려 있다.

생가 좌측으로는 토석담장이 있고 부속동으로는 광채가 남아 있으며 주위에는 초가이엉으로 덮인 토석담장이 둘러져 있다. 생가의 주변에는 1990년대에 조성된 사당과 기념관 등의 한옥건물들이 배치되어 있다.

청원 과필헌 고택
(淸原 果必軒 古家)

• 지정번호 : 충북민속자료 8호
• 건축유형 : 주택
• 소 재 지 : 충북 청원군 낭성면 호정리 27 - 1

자귀로 다듬은 곳간채

전경

과필헌 고가는 과필헌 신후(申逅)(1708~1779년)가 지은 한옥이다.

건물의 구조는 2칸의 대청을 중심으로 왼쪽에 1칸의 건넌방을, 오른쪽에 안마루를 둔 2칸의 안방과 부엌이 있는 정면 6칸, 측면 2칸의 一자로 된 안채와 그 앞에 중문이 있는 곳간채를 두고, 2칸의 안방과 부엌이 있는 정면 6칸, 측면 2칸으로 된 사랑채가 있다.

안채와 사랑채는 모두가 홑처마 팔작지붕이며, 현재 신오식(申五植)씨 일가가 살고 있다.

안채 전경

전면

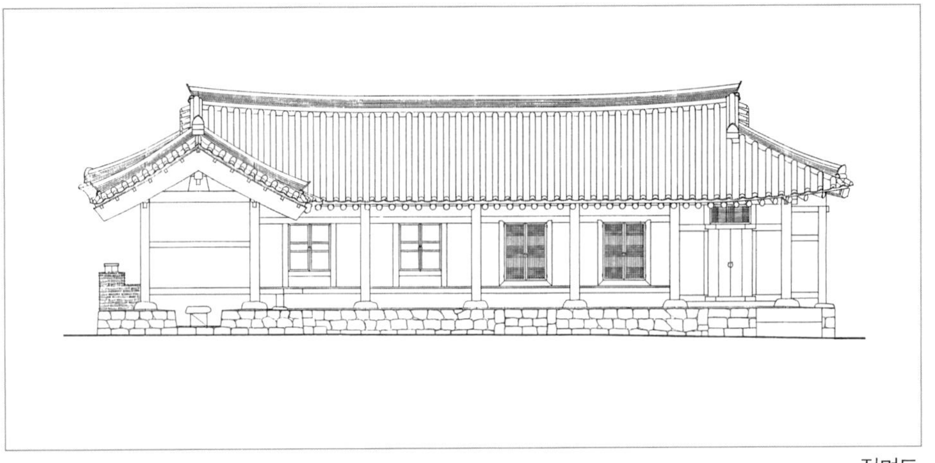

정면도

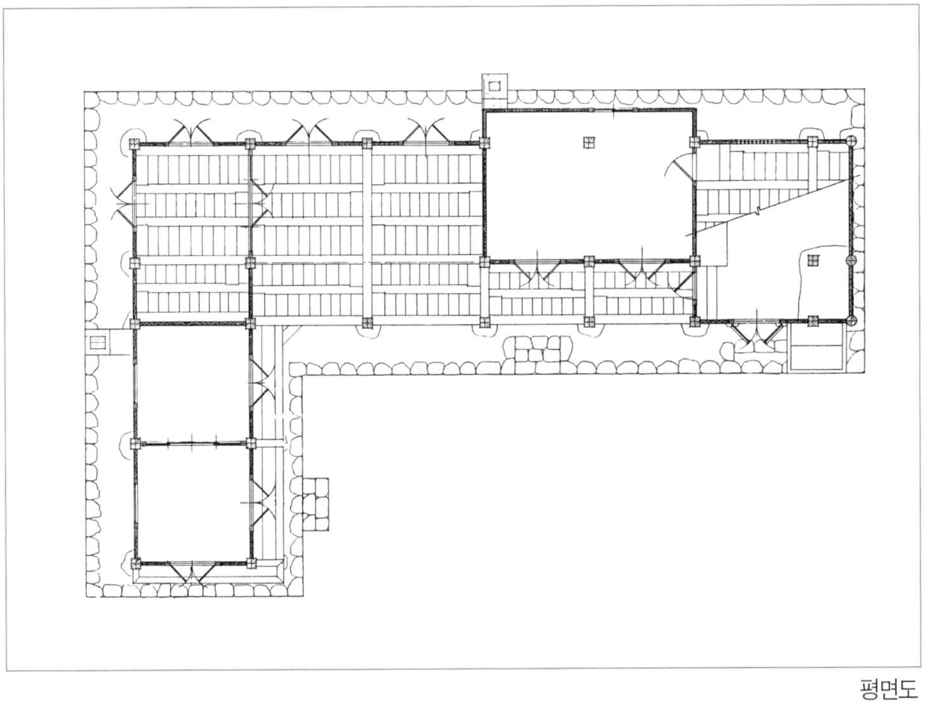

평면도

곳간채는 옛 장인들이 사용한 자귀와 대패 자국이 선명하게 남아 있어서 고식(古式)의 기법을 알 수 있는 귀중한 자료이다.

보은 선병국가옥
(報恩 宣炳國 家屋)

• 지정번호 : 중요민속자료 134호
• 건축유형 : 주택
• 소 재 지 : 충북 보은군 외속리면 하개리 154
• 창건시기 : 1919~1921년
• 현황 조성시기 : 20세기

근대기의 규모가 큰 가옥

속리산 천왕봉의 남쪽자락으로 흘러내린 물은 삼가저수지에 모였다가 다시 삼가천을 이루며 흘러 경치 좋은 서원계곡을 만든다. 서원계곡 입구에 해당하는 서원리 북두문이 마을 아래쪽은 제법 넓은 들판이 펼쳐진 하개리이다. 삼가천 위에 걸쳐진 하개교를 건너면 소나무숲에 싸인 기와집들이 보인다. 먼저 왼쪽에 선병우 가옥이 있고 그 맞은편 오른쪽에 선병국 가옥이, 두 집 사이로 난 길로 조금 들어가면 왼쪽에 선병묵 가옥이 있다. 이 집들은 모두 전통가옥의 형태를 갖추면서 시대변화에 따라 변모된 건축기법을 보여주는 좋은 예인데 특히 선병국가옥이 대표적이다.

선병국 가옥은 1919년에서 1921년 사이에 보은 선씨 선정훈이 당대의 제일 가는 대목들을 불러 후하게 대접하며 마음껏 지은 집이다. 이 일대에서 제일 가는 부자였던 그는 인근의 영재들을 뽑아 사재로 교육시키기도 했고 오가는 길손을 받아들여 먹이고 재운 후 노자까지 들려 보내곤 했다고 전해진다. 그가 여기에 집을 지은 것은 이곳이 연화부수형의 명당이기 때문이라 한다. 이 시기에는 개화의 물결을 타고 이른바 개량식 한옥의 구조가 시험되던 때이기도 하여 재래식 한옥으로 질박하게 짓기

사랑채

행랑채

행랑채 및 내삼문

안채

안채 난간상세

보다는 건물의 칸살이나 높이 등을 크게 하는 진취적인 기상으로 새로운 한옥의 완성을 시도해 본 것이다.

이 집은 그런 시대적인 배경에서 특성있게 지어졌으므로 학술적으로 중요한 가치를 지니고 있다. 1980년 수해시 돌각담들이 무너져서 아늑하며 유현하던 분위기가 많이 흩어지게 되었다. 대문 맞은편에 돌각담을 두른 일곽이 있고 그 안에 여러 채의 부속건물들이 있었으나 6.25사변 이후 무너져서 지금은 볼 수 없다.

이 집은 크게 사랑채와 안채, 사당의 세 공간으로 이루어졌다. 각 공간은 각각의 안담으로 둘러졌고 그 전체가 바깥담으로 둘러싸여 있다. 남쪽을 향해 길게 뻗은 바깥담 가운데에 솟을대문이 있고 그 문으로 들어서면 널찍한 바깥마당 건너로 곧장 사랑채를 둘러싼 담과 중문이 보인다. 본래는 대문 좌우로 길게 달린 바깥행랑채가 여러 굽 꺾여 사랑채로 들어가는 중문채에 이어져 있었지만 지금은 모두 없어지고 그냥 담과 문, 마당만 남았다.

사랑채는 대문과 같은 축 위에 남향으로 앉았다. 집채가 H자 모양으로 생겼고 겹집으로 집의 폭이 넓다. 가운데 커다란 대청이 있고 양쪽에 방이 붙었으며 앞뒤로 퇴가 딸려 집안이 더욱 널찍하다. 양옆 날개에는 각기 방과 마루방들이 있으며 퇴에 난간을 둘렀는

사당

사당채

데 난간의 문양이 복잡하다. 두부 모처럼 반듯이 잘라 세 단으로 쌓은 든든한 석축기단 위에 집채가 놓였고 팔각으로 다듬은 화강암 주춧돌로 둥근 바깥기둥을 받았다. 처마는 부연이 없는 홑처마이지만 서까래가 길어서 매우 깊숙하다. 합각지붕의 박공면과 마루 밑은 붉은 벽돌로 쌓는 등 나중에 손댄 부분이 군데군데 보인다.

안채는 사랑채 동쪽에 서향으로 자리잡았다. 집채는 사랑채와 똑같은 규모의 H자 모양이며 앞뒤에 퇴가 달린 것이나 기둥, 처마 등도 사랑채와 같다. 기단만 사랑채보다 한 단 낮은 두 단짜리 석축이다. 가운데 네 칸짜리 대청을 끼고 왼쪽이 인방, 오른쪽이 건넌

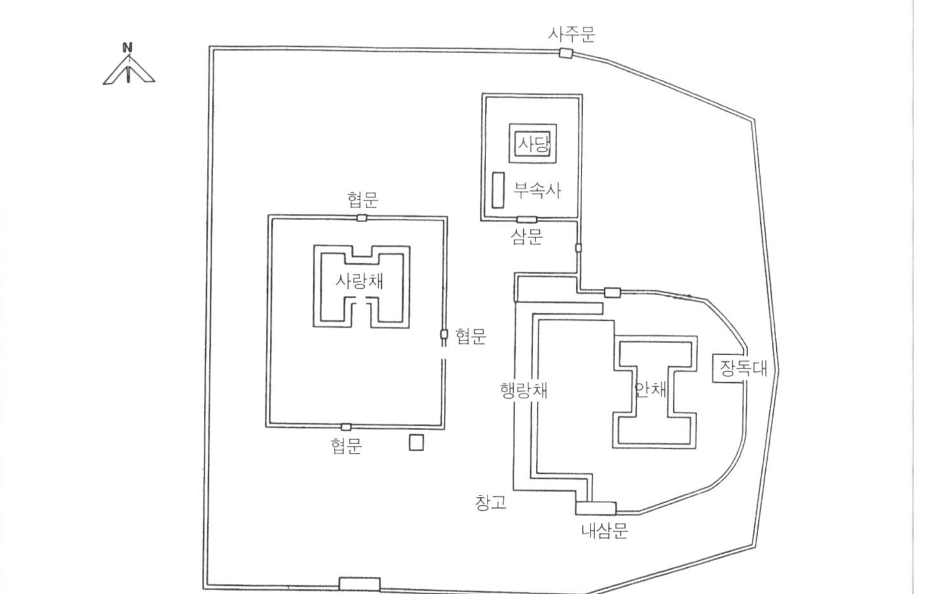

배치도

사당채 부속건물

외삼문(솟을삼문)

방이다. 양 날개에 방이 여러 개 있고 큰살림답게 부엌이 아주 넓으며 위에 다락이 설치되어 있다. 앞뒤에 달린 툇마루를 복도처럼 이용해 모든 방으로 갈 수 있다. 안채 뒤의 장독대에도 따로 담이 둘러 있고 빗장까지 걸린 것이 눈에 띈다. 우물이 안채와 사랑채에 각각 있다.

안채 앞, 사랑채와의 사이를 중행랑채가 ㄷ자 모양으로 크게 둘러서 안마당을 만들었고 행랑채 남쪽 끝에 안대문이 달렸다. 안대문 밖에는 담이 가로질러 있어서 바깥대문에서 안채로 들어가려면 곧바로 가지 못하고 ㄹ자로 꺾어 들어가야 한다. 사당채는 안마당

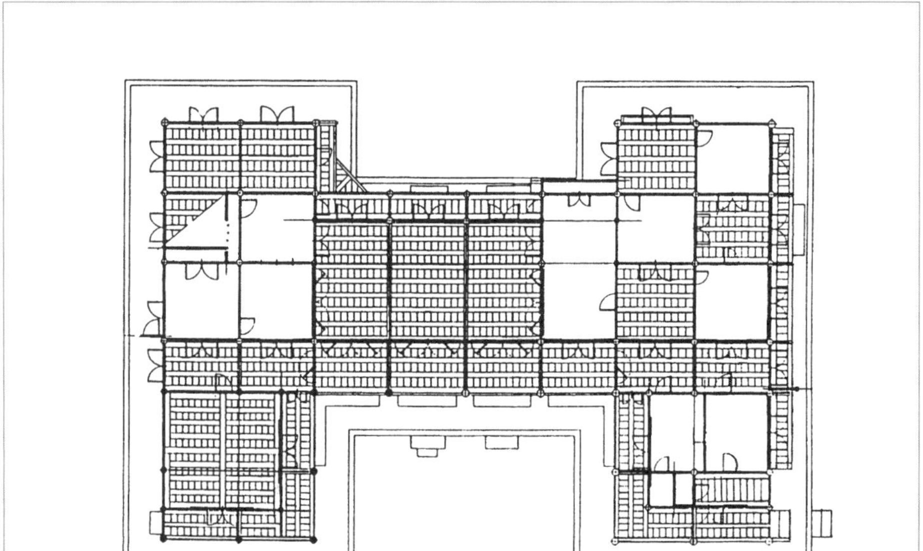

사랑채 평면도

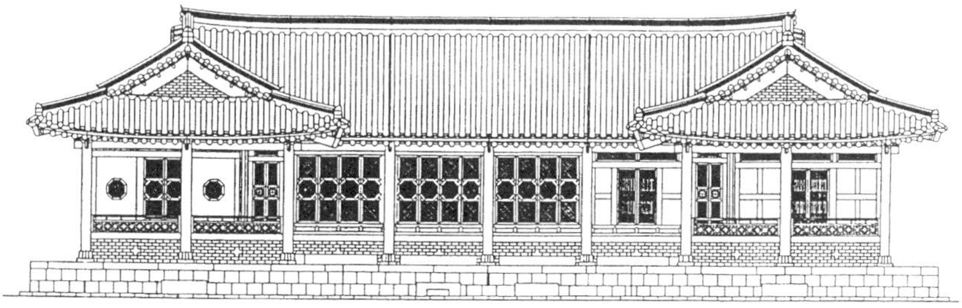

정면도

북쪽에, 중행랑채와 같은 축에 자리잡았다. 사당은 3칸이며 옆에 3칸짜리 ㄱ자 재실이 있다. 사당채 역시 별도의 낮은 담으로 둘렀고 솟을삼문을 통해 출입한다.

조선시대의 민가는 규모와 배치에서 규제를 받았다. 세종 13년(1431) 처음 발표된 가사규제는 서민 10칸에서부터 대군 60칸까지 신분에 따라 집의 규모를 정하고 있다. 조선 말이 되면 이러한 주택규제는 무너지고 개화바람이 들면서 집 주인의 재력과 안목에 따라 다양한 개량 집짓기가 기도된다. 선병국가옥은 그런 시대에 이 지역의 대지주였던 선씨가 변화된 시대와 주거관을 바탕으로 지은 가옥이다. 따라서 전통주택에서와 같은 유현(幽玄)함은 없으나 합리성과 활달함, 위세로 느껴질 만한 자신감을 내보인다.

대문은 솟을대문이고 행랑채가 좌우로 배치되었다. 대문간까지 합쳐 단칸통의 32칸 규모이며 행랑채는 여러 굽이 꺾이는데 그 끝은 사랑채로 들어가는 중문채에 이어진다. 중문은 솟을삼문형이다.

사랑채는 정면에서 볼 때 3칸의 대청마루와 1칸의 방으로 이루어진 몸채에 좌측과 우측으로 익랑을 세로로 길게 붙인 H형의 평면을 이루고 있다. 좌측 익랑은 몸채부에 네 칸을 田자형으로 나눈 방의 앞뒤로 마루방을 구성하였다. 우측 익랑채는 몸채부의 네 칸을 대각으로 방과 마루방으로 배치하고 앞뒤로 다시 방과 마루방을 교대로 배치하였다. 기단은 화강석을 정방형에 가까운 형태로 나누어서 지대석 위에 두 단으로 쌓고 장대석으로 갑석을 덮었다. 주초석은 팔각으로 주좌를 높게 가공하여 설치하여 각주를 세워 민가집으로서는 높은 층고가 되었다. 기둥의 구성은 종단으로 볼 때 전면에 내진고주를 하중도리까지 세우고 배면 내진주는 처마기둥과 같은 높이의 평주로 세웠다.

가구는 종도리를 중심으로 전면에 3개, 후면에 4개의 도리로 구성된 8량가이다. 전면 내진고주와 후면 내진주 사이에 대량을 걸고 앞뒤 툇간에 퇴량을 걸었으며 대량 위에 동자주를 세 개 세워서 종량과 계량가구를 구성하였다. 즉, 종량을 받친 동자 대공의 기둥 몸체에서 하중도리로 짧은 계량을 연결하였다. 대공은 판대공으로 둥글게 모양을 내었다.

처마기둥 상단에는 주두를 놓고 창방과 장여를 받치고 소로를 배치한 소로 수장집으로 꾸몄다. 좌우 익랑채의 지붕가구는 6량가이고 귀처마에 모두 선자서까래를 구성하였다.

안채는 사랑채와 같은 H자형 평면이다. 중앙 몸채는 정면에서 볼 때 중앙 2칸을 대청마루로 배치하고 좌우에 1칸씩 방을 구성하였다. 좌측 익랑채에는 몸채부에 부엌을 크게 만들고 앞뒤로 방과 마루를 구성하였다. 우익랑채는 정면에 마루방과 관을 연결하고 몸채부에서 부엌과 방을 구성하고 후면으로 광을 배치하였다. 안채 역시 사랑채와 마찬가지로 방을 종단면으로 2칸 구성한 겹집구조이다. 창호는 주로 교살창으로 구성되어 있으며 불발기창 모양으로 판각의 울거미를 중간에 짜 넣어 멋을 냈다. 층고도 높고 이색적인 형태의 창호들로 인해 다소 이국적인 정취를 느끼게 한다.

사당은 정면 3칸, 측면 2칸의 팔작지붕 소로수장집이다. 장대석으로 두벌대 기단을 쌓고 4각 주초석을 놓고 기둥은 민흘림 원기둥을 세웠다. 전면 창호는 교살문에 중간에 판각으로 울거미를 짜서 치장하였다. 창방 밑의 고창은 亞자살로 연속된 무늬를 가로로 배열하였으며 측면 벽체는 인방과 중깃으로 회벽을 나누는 무늬를 장식적으로 분할하였다. 용마루는 착고 부고 위에 적새기와를 여러 단 쌓아올려서 두꺼운 입면으로 처리되어 있다. 곳곳에 붉은 벽돌과 시멘트를 쓰고 벽체는 의식에 따라 하얗게 분벽(粉壁)하여 옛집에서 느끼는 따뜻한 분위기와는 대조적이다.

선병국 가옥은 근대기의 가옥형태로서 배치형식도 광대하며 각각의 건물도 규모가 크고 폭이 넓은 큰 교창, 넓은 주칸, 높은 기단 등 1920년대의 건축의 변화상을 잘 보여주는 예이다. 이 가옥은 충북지역 민가 중에서 가장 큰 규모를 보여주고 있다.

보은 최태하가옥
(報恩 崔台夏 家屋)

• 지정번호 : 중요민속자료 139호
• 건축유형 : 주택
• 소 재 지 : 충북 보은군 삼승면 선곡리 281
• 창건시기 : 조선 고종 29년(1892)

근대기의 주택

이 집은 안채의 "숭정기원후오임진(崇禎紀元後五壬辰)"이란 상량문에 의해 조선 고종 29년(1892)이라는 정확한 건축연대를 알 수 있다. 아마 사랑채도 같은 시기에 지어졌을 것이다. 그러나 나머지 건물은 모두 20세기 초에 지어진 것이다.

넓은 공터를 지나면 3칸의 대문이 나오는데 동남향한 문간채이다. 그 서편에는 사랑채가 있다. 사랑채는 정면 4칸 방에 측면은 앞뒤퇴가 있는 세칸통이다. 一자형의 평면으로 대문간쪽의 첫째 칸은 반 칸의 아궁이가 있는 시설이다. 앞퇴쪽은 토벽으로 막아 벽장으로 쓰게 하였고 다음 칸은 사랑방 2칸으로 앞뒤에 퇴가 있다. 다음은 마루를 깐 방으로 역시 앞뒤퇴가 있고 방이나 마찬가지로 띠살무늬의 사분합을 달았다.

다음 칸은 선넌방으로 한 칸인데 뒤의 퇴는 생략되었다. 사랑채의 방 앞쪽 벽체에는 머름을 드리고 문얼굴을 세웠는데 키가 작은 두 짝의 덧문이 달려 있다. 죽담은 낮은 편이고 툇마루도 낮게 설비되어 고상식의 마루로는 낮은 편이다. 중부의 평야지대에서는 보기 드문 구조로 보은지방이 산골짜기의 고장이란 의미가 내포되어 있다고 보인다. 사랑채의 처마는 홑처마이고 지붕은 기와 이은 팔작이다. 사랑채 뒤

전경

사랑채

대문채

편에는 샛담이 있어 중문간채에 이어져 있다. 중문간채는 단칸통으로 5칸이며 동향하였다. 중문은 그 중앙칸에 있고 중문을 들어서면 넓은 안마당이 나온다. 안채도 중문채와 같은 좌향으로 앉았으며 一자형 평면이다.

정면은 6칸이고 측면은 앞뒤퇴가 있는 구조이다. 높지 않은 죽담에 안채가 올라앉아 있는데 기둥칸살이가 아주 넓직하다. 안채의 왼쪽(남쪽)은 첫 칸이 부엌이고 이어 방 두

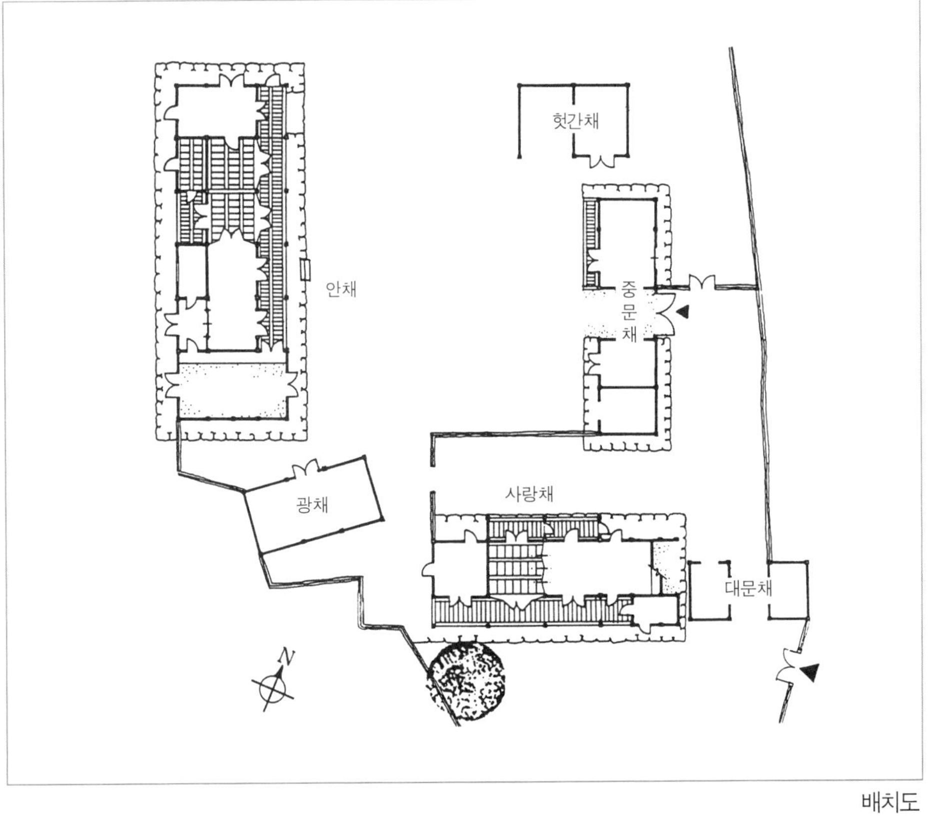

배치도

칸이 계속된다. 방 앞에는 앞툇마루가 있고 방 뒤의 퇴에는 골방이 시설되어 있으며 방 다음은 2칸의 대청이다. 앞퇴는 역시 우물마루이고 뒤퇴도 마루인데 그중의 한 칸에 정실(淨室)을 만들어 조상의 위폐를 모시게 하였다. 다음 칸은 뒤퇴까지를 포함한 칸 반의 건넌방이다. 앞퇴의 마루는 일단이 높아져 있는데 이것은 가마솥을 건 아궁이의 시설 때문이다. 방과 대청의 앞쪽 벽에는 사분합 또는 분합의 문짝이 달려 있으며 이 덧문을 열면 용자(用字)와 아자(亞字)무늬의 미닫이가 달려 있다.

안채는 정면에서 볼 때 좌측면 1칸을 부엌으로 꾸미고 우측 5칸에 전면에 툇간 마루를 길게 연결한 다음 방과 대청마루를 배치한 정면 8칸, 측면 2칸의 팔작집이다.

사랑채는 정면 4칸, 측면 2칸의 팔작집이다. 평면은 좌우측의 툇간에서 중앙칸들보다 주칸을 넓게 구성하였다. 우측면 툇간에서는 간주를 세워서 칸을 나누고 다시 처마 밑으로 헛기둥을 세워서 벽장을 달아내어 실을 확장시켜 놓았다. 전면 툇간은 마루를 깔아서 각 실들의 통로로 연결하였다. 우측에서 두 번째 칸에 마루방을 두어 대청마루로 만들고 좌우측에 방을 연결하였다. 기단은 자연석을 쌓아서 축조하여 주초석은 자연석 덤벙주초를 놓아 기둥은 각주를 세웠고 전면에 내진주를 고주로 구성하였다. 지붕가구는 1고주 5량가로 짜여 있다.

사랑채 우측으로는 문간채가 연결되어 있다. 문간채는 중앙칸의 층고를 한 단 높게 구성한 솟을대문으로 만들었으며 우측면 칸에는 외부 벽면에 1짝의 판문을 쪽문으로 달아 구성하였다. 문간채는 맞배집이며 3량가, 홑처마이다.

이 가옥은 과거 양반주택이 고수해 왔던 유교적 규범은 소홀히 되고 생활의 편의를 도모하며 부를 과시하는 당시의 시대적 경향이 잘 나타나고 있는 예이다.

영동 소석 고택
(永同 小石 古宅)

• 지정번호 : 중요민속자료 132호
• 건축유형 : 주택
• 소 재 지 : 충북 영동군 심천면 초강리 420-2
• 창건시기 : 조선 고종 22년(1885)
• 현황 조성시기 : 19세기

빈지널 곳간채를 가진 가옥

이 집의 건축연대는 망와에 각서(刻書)된 기록에 의해 고종 22년(1885)경에 건립된 것으로 추정할 수 있다. 흥미로운 것은 충청도와 일부 경기에서만이 이와 같은 기명와(記銘瓦)를 가끔 사용한다는 사실이다. 건물은 남향(子午座向)한 안채에 남북으로 축을 맞춰 전면에 H자 평면의 사랑채를 두고 안마당 동편에는 곳간채를 배치하였다. 안채와 사랑채 사이에 건립되었던 행랑채, 광채 등은 1920년대를 전후하여 소실되고, 지금은 축사, 창고 등의 시설물들이 대신 자리하고 있다.

공간구성은 가장 북쪽에 안채가 있고 안채 전면에 사랑채가 있다. 담장은 현재 안채와 사랑채 사이에 토담이 일부 있을 뿐 원형이 남아 있지 않아서 외부공간의 구성은 짜임새를 잃었으며, 지금은 사랑채 앞으로 소로가 있지만 이 건물의 건축 당시에는 사랑채에 대문간이 있는 것으로 보아 사랑채 전면은 사랑마당이 있었을 것으로 추정되며, 진입로는 지금은 동쪽으로 출입하도록 되어 있으나 원래는 서쪽으로 진입로가 있었다 한다.

안채

안채는 남도형식의 평면구성을 이루어서 부엌, 안방, 윗방, 2칸 대청, 건넌방이 차례로 배열되었다. 말하자면 6칸 전후 퇴집인 셈인데 아래퇴는 처마

전경

사랑채

합각부 지붕가구

사랑채

밑을 이용해서 헛기둥만 세워 만들었다. 머리퇴는 만들지 않았는데 사랑채가 따로 있는 까닭이다. 부엌은 앞퇴에 봉당을 만들고 안으로 들어와 벽을 만들었으며 부뚜막 위에는 벽장을, 아래퇴 상부에는 살강이 시설되었다. 아랫방에서 대청까지는 앞퇴에 뒷마루를 깔고 대청 전면은 개방하였다. 대청과 윗방과의 사이도 불발기 분합문을 달아서 필요에 따라 여름에는 개방하여 이용할 수 있도록 계획되었다. 그러나 뒷벽은 외진주 자리에 놓지 않고 내진주(高柱) 사이에 만들어서 따로 뒷마루와 구분짓고 있어 특이한 공간을 이용한 셈이다. 건넌방 앞퇴에는 위로 다락을 매달고 아래는 굴뚝으로 쓴다.

안채는 정면 6칸, 측면 3칸의 팔작집이다. 정면에서 볼 때 좌측면 칸에 부엌을 후면 2칸으로 두고 전면 툇간을 외부로 개방하였으며 우측면 칸도 전면 툇간을 외부로 개방하여 불아궁이를 설치하고 후면으로 방과 후면 툇간마루를 구성하였다. 우측 방 좌측으로 2칸은 대청마루를 드렸는데 후면 툇간을 벽으로 막고 각 칸에 띠살문 2짝을 달았다. 부엌과 대청마루 사이에 2칸은 전면 툇간마루를 배치하고 후면 2칸을 방으로 구성하였다. 부엌 바로 옆의 방 배면에서 우측면 건넌방 측면까지 툇마루를 달았고 부엌 좌측면 기단에는 벽장식으로 달아내고 마루를 깔아 찬장으로 구성하였다.

기단은 자연석으로 정면에서 두벌대로 배면에서 초벌대로 낮게 쌓여 있다. 주초석은

뒷간

곳간채

자연석 덤벙주초를 얹고 각주를 세웠으며 전후 내진고주를 2고주로 구성하였다. 지붕가구는 2고주 5량가로 짜여 있다. 보는 전후 고주칸에 대량을 걸고 전후 퇴량을 대량과 맞보형식으로 고주의 기둥몸에서 결구시켰다. 종량은 전후 고주로 받치고 있다. 대공은 판대공이며 사다리꼴이고 처마는 홑처마이다. 귀처마는 말굽서까래로 건너지르고 지붕의 합각벽은 와편쌓기로 마무리하여 우측에 福자와 좌측에 禧자 문양을 넣었다.

사랑채는 ㅠ자 모양으로서 앞쪽의 양날개는 많이 내밀고 뒤로는 반 칸만 내달았다. 특히 서쪽 날개를 동쪽 날개보다 길게 한 것이 특이하다. 평면의 구성은 가운데 몸칸에

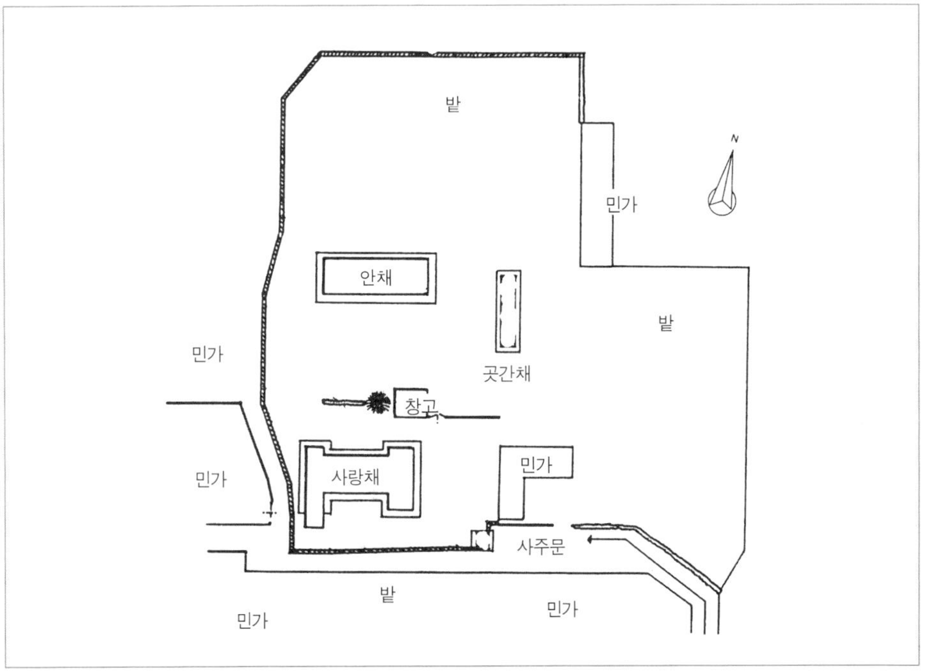

배치도

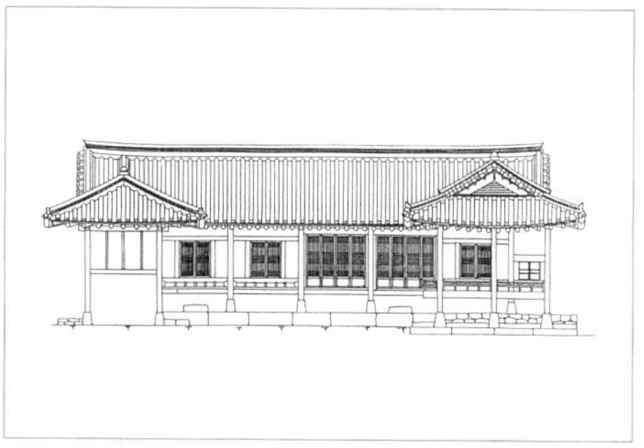

정면도

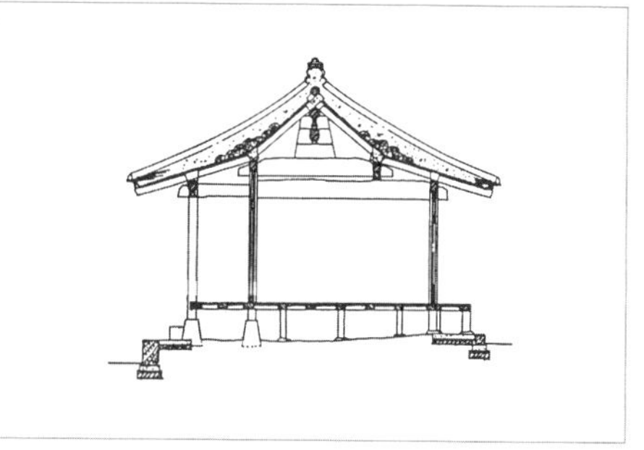

단면도

위 · 아래 사랑대청을 나란히 두고 서쪽 날개는 뒤로부터 몸칸보다 반 칸을 빼서 뒷방, 사랑부엌(상부에 다락), 상 · 하 앞방, 작은 부엌을 배치하며, 동쪽 날개는 역시 반 칸을 뒤로 빼서 글방, 상 · 하 건넌방, 누마루의 차례로 놓인다. 몸칸은 앞뒤로 퇴가 있고 서쪽 날개는 단칸이며 동쪽 날개는 머리로 앞퇴를 달았다. 몸칸의 앞퇴와 동쪽 날개 머리퇴에는 뒷마루를 깔고 뒷방의 서쪽과 북쪽, 앞방의 동쪽에는 끝마루가 시설되었다. 대청의 앞문은 분합문으로 된 바, 내진주 사이에 만들어졌다. 누마루는 사방으로 개방되었는데 서쪽으로만 간단히 난간이 시설되었다.

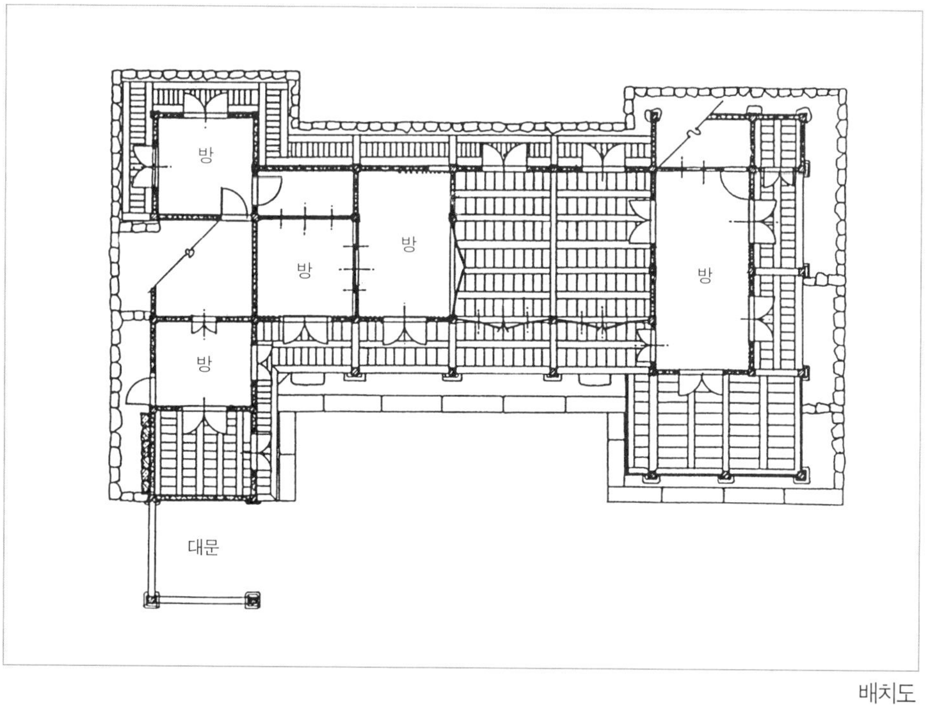

배치도

사랑채는 정면 7칸, 측면 3칸의 몸채에 좌우 익랑을 1칸씩 달아낸 ㄷ자형 팔작집이다. 평면은 몸채의 중앙에 2칸 방과 2칸 대청마루를 두고 우측 익랑에 누마루와 좌측 익랑에 부엌과 누다락을 배치하여 각 실들을 구성하고 있다. 기단은 자연석 기단으로 초벌대 높이로 낮게 되어 있다. 주초석은 4각 주초석을 놓고 기둥은 각주를 세웠으며 몸채에서 내진주를 전후 고주로 구성하였다. 지붕가구는 2고주 5량가로 짜여 있다.

처마는 부연을 달지 않은 홑처마이며 귀처마는 선자서까래를 갈모산방 위에 배치하여 처마곡선을 이루고 있다. 지붕은 팔작지붕인데 몸채의 좌우측 합각이 측면 지붕의 중간에 구성되어 있다. 익랑의 지붕은 좌측면에서 우진각으로 되어 있고 우측면에서 팔작지붕 형식으로 구성되어 있다.

곳간채는 정면 2칸, 측면 1칸의 한 채와 정면 3칸, 측면 1칸의 한 채를 나란히 배치하고 지붕을 한몸으로 연결시켜 이엉을 이은 초가집이다. 기단은 자연석으로 좌측 채에서 초벌대로 쌓고, 우측 채에서 두벌대로 쌓아 높이가 다르다. 주초석은 자연석 덤벙주초를 받치고 각주를 세워 인방재를 통끼움으로 맞추었다. 좌측 채에서는 간주를 하인방 위에 세우고 빈지널을 끼워넣어 벽체를 만들고 우측 채에서는 간주를 주초석 위에 세워서 빈지널과 인방재를 짜맞추었다. 지붕가구는 종도리를 중심으로 전후 처마서까래를 배치한 3량가이다.

뒤주는 네 모서리에 각주를 세우고 하인방을 기둥에 통끼움으로 짜맞추었다. 하인방 위에 간주를 세우고 빈지널로 끼워 맞춘 벽체로 구성하고 모임지붕으로 이엉을 이었다.

이 가옥의 특징은 서쪽 날개에는 대문간을 설치하여 하인이 기거하고 동쪽으로는 주인이 기거하도록 건물의 형태와 양식도 구분하여 지은 것이다. 예를 들면 동쪽 날개부분은 지붕이 앞뒤 합각지붕이며 가구도 굴도리를 사용한 5량가이다. 창호도 쌍여닫이문 하부에 머름을 설치하여 품격을 높였으나 서쪽 날개부분은 지붕을 앞뒤 우진각으로 처리하고 가구도 납도리를 사용한 3량가이다. 창호도 머름을 설치하지 않은 간단한 양식이다. 전체적으로 고전적 느낌이다.

이 집에서 특기해야 할 사항은 곳간채의 구조이다. 이것은 완전히 빈지널로 짜맞춘 집으로서, 일반적으로 빈지널은 세로로 넣는데 여기서는 가로로 기둥에 홈을 파서 끼웠다. 빈지널을 다듬은 솜씨도 당시의 톱과 자귀를 사용한 축조 때의 기법 그대로이다.

영동 규당 고택
(永同 圭堂 古宅)

- 지정번호 : 중요민속자료 140호
- 건축유형 : 주택
- 소 재 지 : 충북 영동군 영동읍 계산리 417
- 창건시기 : 19세기말(조선 고종 22년(1885) 전후)

안채에 덧붙인 사랑공간

중요민속자료 제140호로 영동군 영동읍 계산리에 있다. 이 집은 ㄱ자형의 안채와 광채가 널찍이 둘러앉아 전체적으로 튼ㅁ자 모양을 이루지만, 이것은 유교적인 개념의 안살림 공간이고 바깥살림에 해당하는 외부공간은 변형이 많이 진행되어서 그 전체적 원형을 알기가 힘들다. 건축연대는 망와의 기록에 따르면 을유삼월(1885년)과 병술삼월(1886년) 두 종류가 보이므로 19세기 말 건물로 생각된다.

안채의 평면구성은 남도방식에 따라 안채머리에 사랑공간을 덧붙인 것으로 보인다. 서쪽 아래로부터 부엌, 안방, 윗방, 2칸대청, 건넌방을 일직선으로 놓고, 남쪽으로 꺾어져서 작은방, 대청, 아래 윗사랑방으로 구성되었다. 부엌은 전후퇴를 터서 쓰며 상부에는 다락을 시설했다. 측벽은 처마 밑을 이용하여 내밀어 쌓고 복판에 살강을 만들었다. 안방과 윗방은 4짝미세기로 구분하며 뒤퇴에는 각각 골방을 만들어 두었다. 윗방과 대청 사이는 분합문으로 개방할 수 있도록 하였고 대청의 앞쪽도 고주 사이에 분합문을 달았다. 앞퇴에는 안방에서 대청까지 툇마루를 설치하고, 건넌방 옆의 우퇴에는 역시 토광을 시설하였는데 이것은 중부지역에서 자주 보는 수법이다. 사랑

사랑채

행랑채

안채

방 역시 우퇴에는 툇마루이고 안쪽에는 쪽마루를 깔았는데 툇마루가 사랑대청에서 연결되지 않고 출입문을 지나 구분되도록 계획했다.

안채인 몸채의 평면은 좌측면 칸에 부엌을 배치하고 2칸 방, 2칸 대청마루, 1칸 방, 툇간마루로 나란히 연결되어 있다. 종단면으로 볼 때 방은 후면 툇간과 중앙 1칸으로 되어 있고 전면 툇간에 마루를 구성하여 각 실들로 연결되어 있다. 익랑 사랑채는 안채와 연결되는 칸에 전면 툇간의 기단 바닥을 파서 부엌으로 만들고 그 뒤로 1칸과 후면 툇간에 마루방을 드렸다. 그리고 방을 2칸 드리고 그 후면 퇴칸은 마루로 만들어 안채와 연결하였다. 안채 좌측으로 행랑채가 ㄴ자 형태로 종단 1칸 전체 11칸으로 배치되어 있다.

기단은 자연석을 초벌대 높이로 쌓아 낮으며 주초석은 자연석 덤벙주초를 받쳐 각주를

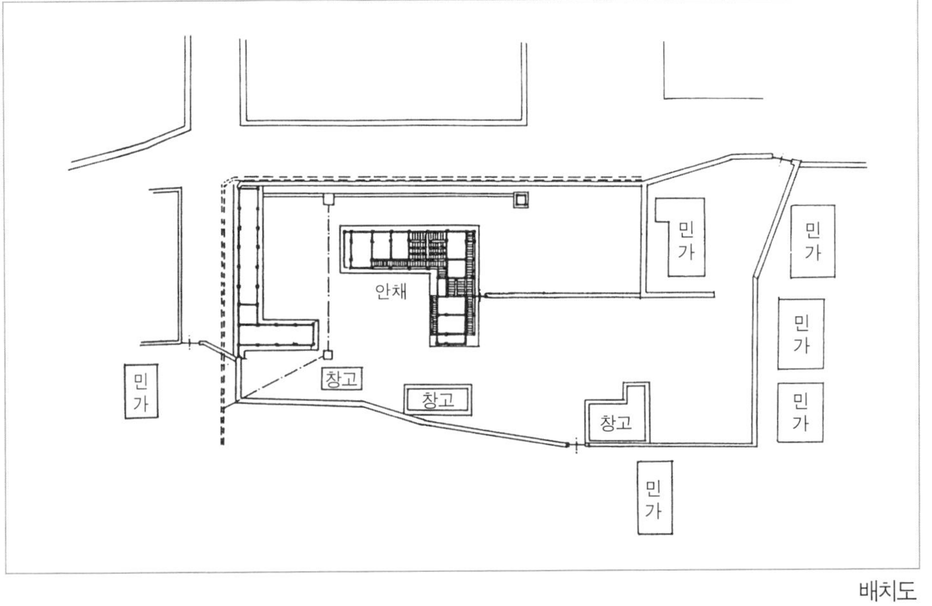

배치도

세우고 전후 두 개의 고주와 처마기둥으로 구성하였다. 지붕가구는 2고주 5량가이다. 안채의 대청마루에서는 후면 고주를 세우지 않고 전면 고주를 중심으로 대량과 전면 퇴량으로 구성되어 있다. 대청마루의 한복판이 되는 대량 중앙부를 굵은 원기둥으로 받치고 있는데 이 기둥은 흔히 볼 수 없는 특이한 예로 보인다.

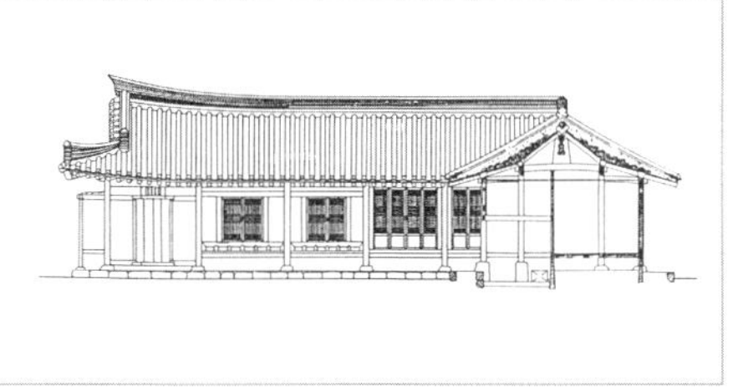

입단면도

사랑채 뒤로 담장 일곽 안에 정면 3칸, 측면 1칸의 초가가 한 채 있다. 이 초가집은 송재휘 가옥에 딸린 가람집이 아니었을까 하는 추측이 든다. 초가집에 딸린 별도의 대문이 있고 방과 부엌, 변소로 구성된 소규모 농가이다. 송재휘 가옥의 담장 일곽 안에 있지만 본채와 경계담장과 통로가 구성되어 있다. 이 가옥의 기단과 주초석은 자연석이고 기둥은 각주로 되어 있다. 지붕가구는 3량가이다. 2칸 방에는 퇴로 달아낸 변소와 방이 있다.

광채는 안채 서쪽에 뒤뜰을 둘러싸는 형태로 배치되어 있고 3량가의 맞배지붕 기와집이다. 모두 11칸으로 ㄱ자형 집인데 전면 동쪽으로부터 부엌 1칸, 온돌방 2칸, 마루로 구성되고 나머지 서쪽 날개는 광채로 쓰여진 듯하다.

이 밖에 안채 건넌방 동쪽에 마련된 뒷간은 단칸 초가 사모지붕으로 만들었는데 모양이 아름다워 인상적이다. 출입문은 판장문이고 벽도 번지널이며 서까래는 네모꼴이다.

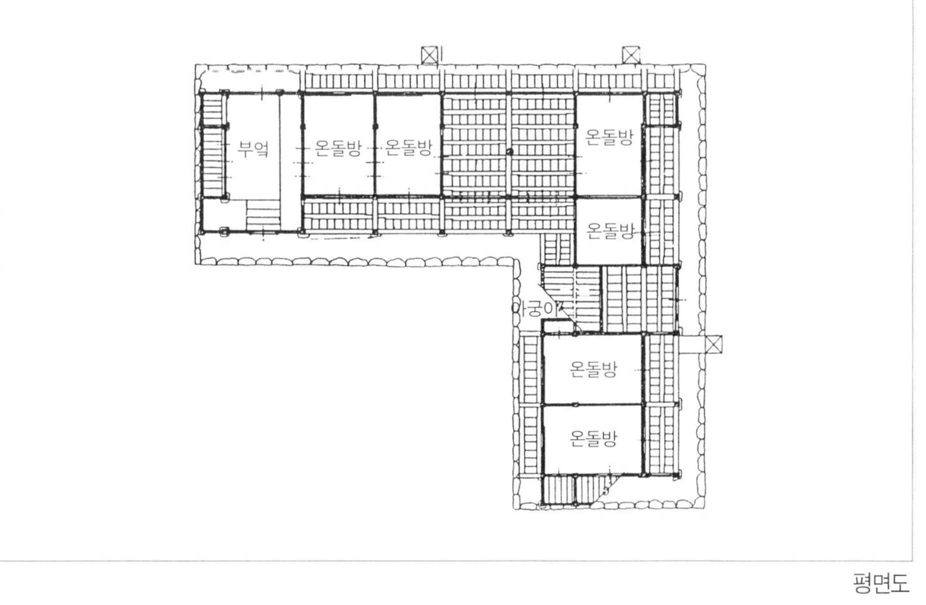

평면도

영동 김참판 고택
(永同 金參判 古宅)

• 지정번호 : 중요민속자료 142호
• 건축유형 : 주택
• 소 재 지 : 충북 영동군 양강면 괴목리 401-2
• 창건시기 : 17세기말

한옥의 단아한 아름다움

이 가옥은 영동군에서 약 4km 거리에 위치하고 있다. 안채, 작은 사랑채, 문간채, 광채, 큰사랑채, 사당 등의 건축물이 있었다고 하는데, 큰사랑채와 사당은 소실되어 기단만 남아 있다. 건축연대는 상량문에 의하면 조선중기인 17세기 말로 추정되고, 양강면과 인근 영동읍내의 많은 토지가 대상가옥의 소유로 만석지기의 부농이었다고 하나 현재는 토지 약간과 집만을 소유하고 있다.

안채는 남동향으로 낮은 동산을 뒤로 대지 깊숙한 곳에 위치하여 뒷마당을 형성시킨다. 전에는 정면에 큰 사랑채가 자리하여 ㄷ자형 안채와 함께 안마당을 형성하고 좌측의 작은 사랑채, 우측의 광채, 정면의 문간채와 함께 사랑마당을 형성하였다고 하나, 현재 큰사랑채는 소실되어 기단만 남아 있고 그 위치에 정원이 있다. 작은사랑채는 남동향으로 정면에 연못이 있는 정원이 꾸며져 있다. 안채의 좌측에는 우물이 있고, 북동쪽 제일 깊숙한 자리에 사당이 위치했던 흔적으로 기단부가 남아 있다.

마당은 크게 안마당, 사랑마당으로 나뉘어진다. 안마당은 ㄷ자형의 안채와 현재는 해체된 큰사랑채의 사이공간으로 집안의 경사 때 가사활동이 주로 이루어진다. 사랑마당을 통해 출입하게 되며, 외부에 직접 면하지

안채

안채 대청마루

작은 사랑채

안채 창호

종도리 밑 대공

않고 트인 ㅁ자형으로 폐쇄적인 공간을 이루고 있다. 사랑마당은 큰사랑채, 광채, 문간채와 작은사랑채로 둘러싸여진 공간으로 대문을 통해 직접 진입할 수 있다. 대문채와 사랑채가 마주보고 배치되어 있었으나 큰사랑채가 소실되어 현재는 안채가 폐쇄성을 잃고 있다. 작은사랑채 전면에 담으로 둘러싸인 공간은 연못과 나무 등으로 조경을 하였고 은밀하며 한적하다. 현재 다른 건물은 비워두고 작은사랑채에서 주생활이 이루어지고 있다. 뒷마당은 안채의 뒷부분으로 부엌과 연결되어 주로 부녀자들의 작업공간으로 쓰였었다. 부엌 위쪽으로 장독대 터가 남아 있으며 반지하식 음식물 저장소가 있었다고 한다.

안채는 정면 6칸, 측면 4칸의 ㄷ자형 평면이며, 사랑채와는 별동으로 된 독립형이고 배치유형은 집중형이라 할 수 있다. 가구형식은 1고주 5량가로써 부엌, 안방, 윗방, 대청, 마루방이 일렬로 배치되어 있고, 돌출부의 가구형식은 3량가로 부엌측은 맞배지붕, 마루방측은 팔작지붕으로 되어 있다. 여기서 맞배지붕 부분에는 큰사랑채가 연결되었던 것으로 여겨지는 흔적이 남아 있고, 일반적으로 나타나지 않는 결구방식인 이중으로 된 서까래구조가 쓰였다. 팔작지붕 부분에는 2칸의 온돌방이 있고 물건을 넣는 데 쓰였던 벽장이 있으며, 그 밑에는 함실아궁이가 있다. 윗방과 대청마루, 마루방은 분합문에 의하여 공간분화가 이루어지나, 들문을 들어 올릴 경우 하나의 커다란 공간을 형성하여 필요에 따라 가변적으로 쓸 수 있게 했다. 처마는 홑처마이며, 기둥은 각주이고 몇몇 기둥의 하단부는 동바리 이음을 하였다.

안방은 웃방과의 사이에 두 짝 미세기문을 두었으나 현재는 없어지고 하나의 공간으로 사용되고 있다. 안마당 뒤쪽에는 안주인의 생활용품을 넣어두는 수납공간인 골방이 네 짝 미세기문으로 구획되어 있다. 바닥은 온돌에 장판을 깔았고 벽과 천장을 도배지로 마감하였으며 대청은 연등천장으로 지붕가구를 노출시켜 놓았다. 또한 안마당 쪽으로 네 짝 분합문을 달아 필요시에 들쇠에 매달아 외부에 개방되도록 하였다. 뒷마당쪽에는 두 개의 당판문을 달았다. 바닥은 우물마루로 되어 있다. 마루방은 사당이 소실된 후 위패를 모시는 공간으로 사용되고 있는데 그 이전에는 찬방이었다고 한다.

부엌은 안마당과 뒷마당을 연결시키는 판문이 있고, 사롱살창이 있어서 환기를 돕고 있다. 부엌 위에는 안방에서 들어갈 수 있는 벽장이 있다. 방 앞에는 툇간마루가 놓여져 있으며, 우측의 툇마루는 대청과 연결되어 있고 배면에도 툇마루가 길게 놓여져 있다.

큰사랑채는 1960년경 소실되어 현재 기단부만이 남아 있다. 소실되기 전에는 부엌, 사랑방, 윗방, 대청, 마루방이 一자형으로 배치되어 있고 안채의 맞배부와 연결되어 트인 ㅁ자형의 구성을 보이고 있었다고 하며, 모든 방은 사랑마당쪽의 툇마루로 연결되어 있었다고 한다.

작은사랑채는 남동향으로 부엌과 건넌방, 사랑방, 윗방, 대청이 一자형으로 배열되어

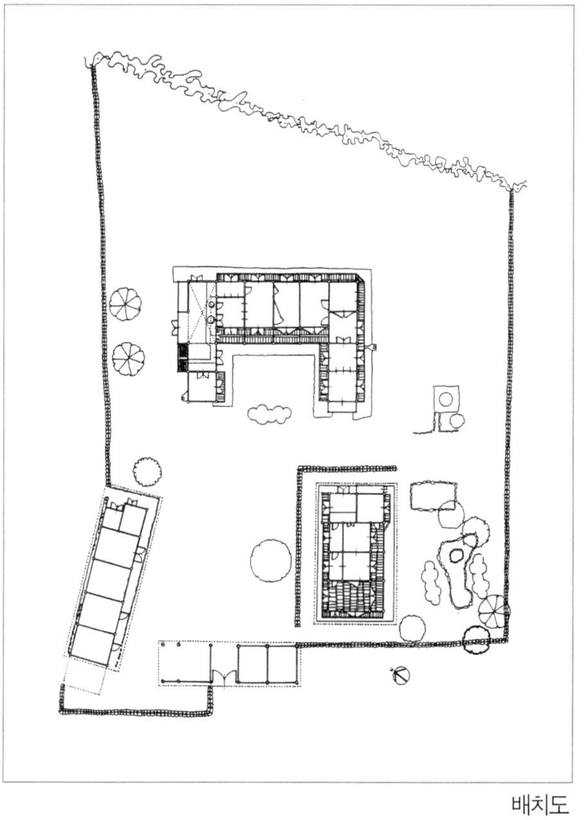

배치도

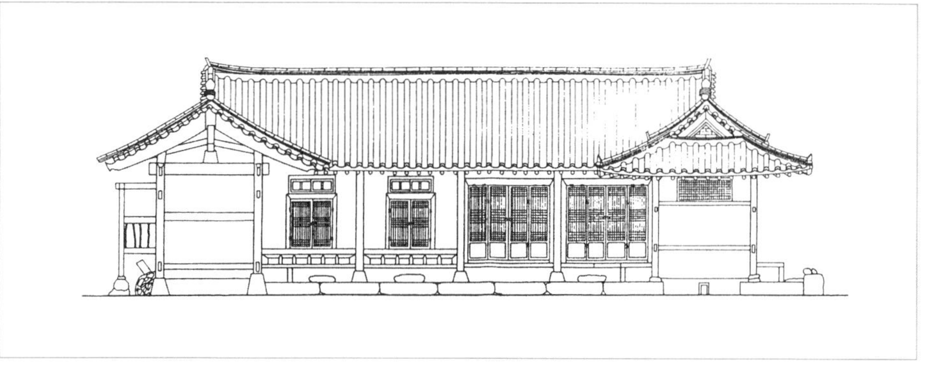

정면도

있고 사랑방, 윗방에는 사랑마당쪽으로 골방이 두 짝 미닫이로 각각 분할되어 있다. 대청에는 두 면에 네 짝 분합문을 달아 모두 들어 올리게 되어 있다. 각 방 앞에는 툇마루가 있어 모든 방이 연결되어 있다. 작은사랑채의 부엌 옆으로 큰사랑채의 툇마루와 연결되었으리라 추측되는 흔적이 발견되었으나, 자료의 부족으로 정확한 고증은 어렵다. 별당 마당쪽의 사랑방 문은 안채와 같은 이중문이고 천장은 도배지로 마감하였고 지붕은 팔작지붕이며 홑처마이다.

광채는 정면 5칸, 측면 1칸이고 우진각지붕으로 시멘트 기와로 된 점을 보면 근래 보

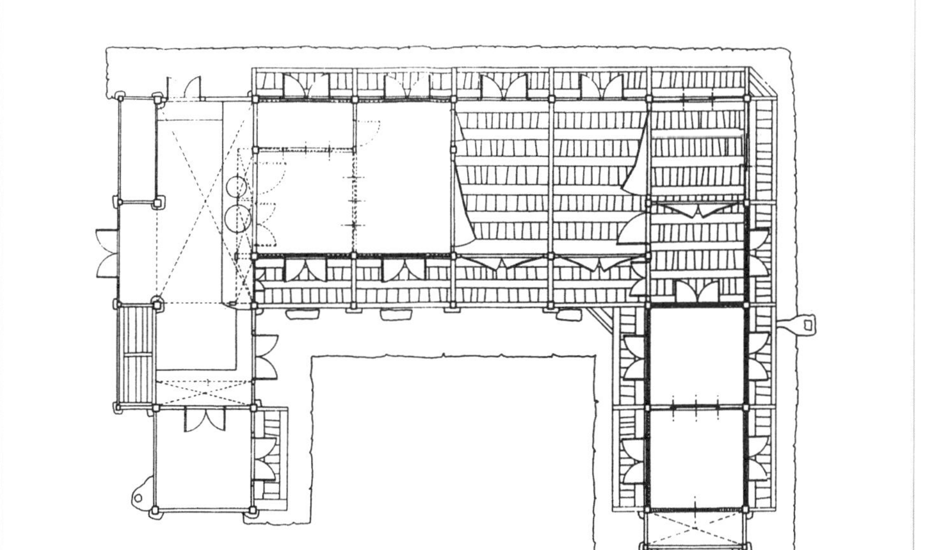

평면도

수한 것으로 보인다. 광 3개에 변소가 측면에 있으며 바깥과 면한 부분의 벽은 화방벽 구조로 되어 있다.

문간채는 정면 5칸, 측면 1칸이다. 현재는 광, 대문, 방, 부엌으로 구성되어 있다. 사당은 6.25때 소실되어 현재 기단부만 남아 있는데 정면 2칸, 측면 2칸이었던 것으로 전해진다.

안채 전면과 큰사랑채 기단에는 장대석 기단을 사용했고, 안채 배면과 측면, 그 외의 건물은 자연석 기단으로 되어 있다. 초석은 안채와 큰사랑채, 작은사랑채는 사각주초이고, 광채와 문간채는 자연석 주초이다. 지붕은 안채는 ㄷ자형으로 좌측은 맞배지붕이며 우측은 팔작지붕이다. 작은사랑채는 一자형으로 팔작지붕이고 광채와 문간채는 우진각지붕이다. 건물의 대부분이 외엮기 흙벽구조를 하고 있으며, 광채의 배면에는 화방벽구조로 되어 있다. 안채와 작은사랑채에 면한 문은 모두 이중문으로, 안쪽에는 세살 미닫이문이 있고 밖으로는 세살 쌍여닫이문이 있다. 안채의 배면의 문틀 가운데에 샛기둥이 있는 영쌍창이 있다.

안채 뒷면의 선자서까래부분에는 겹처마구조에서 볼 수 있는 추녀와 사래가 나타나고 있다. 안채의 부엌에 면한 날개부는 원래 큰 사랑채와 연결되었다고 여겨지는 맞배지붕 부분에 큰사랑채가 소실됨으로써 가구형태가 노출되었는데, 여기에 보이는 서까래는 이중으로 설치되어 있다.

이 가옥의 이중으로 된 서까래의 구조를 보면 안채의 몸통부의 5량구조 중도리에서 맞배부 3량구조 종도리의 연결이 부엌 위, 다락방 위 외기도리에서 연결되어 있는데, 맞배부에서 이중으로 상부에 걸은 종도리와 5량가 중도리의 높이를 같게 하여 결구하였다. 이 구조는 지붕의 기와골의 높이를 몸채와 맞배부가 같게 되도록 하여 연결부위에서 지붕 기와의 높낮이가 생기지 않도록 한 수법으로 추측된다. 이러한 것은 예가 드물다. 본 가옥의 이중으로 된 서까래의 구조를 보면 안채의 몸통부의 5량구조 중도리에서 맞배부 3량구조 종도리의 연결이 부엌 위, 벽장 방 위 외기도리에서 연결되어 있고, 그 위에 다시 종도리가 이중으로 쓰여졌다.

영동 김참판 고택의 특징은 다음과 같이 살펴볼 수 있다. 첫째, 안채의 돌출부가 흔히 있는 결구방식이 아닌 이중으로 된 서까래 방식을 취하고 있다. 맞배부에서 이중으로 상부에 걸은 종도리와 5량가 중도리의 높이를 같게 하여 결구하였다. 둘째, 안채는 홑처마집인데 배면 추녀구조에서 겹처마집에서나 볼 수 있는 추녀와 사래가 있다. 셋째, ㄷ자형 안채에 있어서 좌우 날개부가 서로 상이한 지붕형식을 보이고 있다. 넷째, 안채의 배면 문틀 가운데 샛기둥이 설치되어 있다.

영동 김참판 고택은 한옥의 단아한 아름다움을 간직한 주택이다.

영동 성위제가옥
(永同 成渭濟 家屋)

- 지정번호 : 중요민속자료 144호
- 건축유형 : 주택
- 소 재 지 : 충북 영동군 학산면 봉림리 708
- 창건시기 : 20세기초

자귀로 다듬은 광채를 갖춘 가옥

이 집은 안채 종도리 장여 하단에 “용 숭정기원후오정유년이월십팔일미시상량경좌갑향구(龍 崇禎紀元後五丁酉年二月拾捌日未時上樑庚坐甲向龜)”라고 기록되어 있는 것을 볼 때 1897년에 건립한 것으로 추정할 수 있다. 그 밖의 건물은 모두 20세기 초 이후의 건물인데, 다만 광채만이 건축연대를 18세기 말까지 올려볼 수 있는 건물이다.

현재 이 가옥의 진입은 사랑채 앞으로 하여 사랑채 우측의 사주문을 통하여 내부로 진입하는데 문간채가 별도로 있으나 잘 사용되고 있지 않다. 안채가 집 가운데 서향하여 자리하고 안마당을 사이로 앞쪽에 사랑채가 배치되었다. 안마당 남쪽에는 커다란 광채가 놓이며 광채 측면 서쪽이 경영공간으로서 바깥마당이 된다. 바깥마당 앞으로 대문간이 배치되며 대문간 남쪽으로 담장을 넓게 돌려 이웃과 접경했다. 북쪽으로는 ㄱ자로 담장을 꺾어 사랑채에 붙여서 사랑마당과 구분지으며 사주문으로 연결했다. 안채의 측면과 후면에는 작은 뒤주와 사당이 있어 전체적으로 짜임새 있는 구성을 볼 수 있다. 대체적으로 당시 중농 이상의 농촌생활에 맞게 세심한 주의를 기울인 것을 알 수 있다.

전경

안채는 정면 6칸, 측면 2칸의 우진각집이다. 평면은 정면

4칸으로 몸채 가구를 짜고 좌우측면에서 처마 끝으로 반 칸 퇴를 달아낸 一자집이다. 우측면 1칸과 반칸 퇴는 부엌이며 부엌 좌측으로 전면 툇간을 마루로 만들고 후면 1칸을 방으로 구성하였다. 이 안방 좌측 1칸은 대청마루로 되고 좌측면 1칸은 건넌방으로 구성되어 있다. 건넌방 좌측면의 처마 끝에 기둥을 세우고 마루를 깔았다. 이 툇간은 전면의 반 칸 퇴를 외부로 개방된 작은 마루로 만들고 후면 1칸을 고방으로 구성하였다.

광채

기단은 자연석을 두벌대로 쌓았고 주초석은 자연석 덤벙주초를 놓았다. 기둥은 각주인데 일반적으로 고주로 세우는 툇간 안쪽의 기둥을 평주로 세웠다. 지붕가구는 툇간 안쪽의 내진주를 중심으로 전면 퇴량과 후면 대량을 맞보로 연결하였다. 대량 위에 동자주 대공을 세워서 종도리를 받치고 있다. 가구형식은 3량가이며 종도리를 중심으로 전후 처마서까래가 길게 배치되어 있다. 처마는 홑처마로 처마곡선이 거의 나타나지 않는다. 민가집 와가에서 합각지붕은 충북지방에서 좀처럼 보기 어려운데 이 가옥의 안채와 사랑채

광채 내부가구

뒤주

사랑채

사당

에서 볼 수 있다.

서까래의 굵기나 전면 툇간을 구성한 가구에서 3량가로 긴 처마서까래로 구성되어 있는 지붕가구, 처마곡선이 뚜렷하지 않은 점 등으로 볼 때 본래 초가집이 아니었을까 하고 추측된다. 지붕 용마루에는 부고 기와 위에 수키와와 암키와를 한 장씩 내 이어서 눈썹지붕을 구성하고 그 위에 5단 마루기와 잇기를 하였다. 이러한 용마루 기와잇기는 좀처럼 보기 힘든 특이한 형태이다. 기둥에는 장부구멍 등이 남아 있으므로 다른 건물을

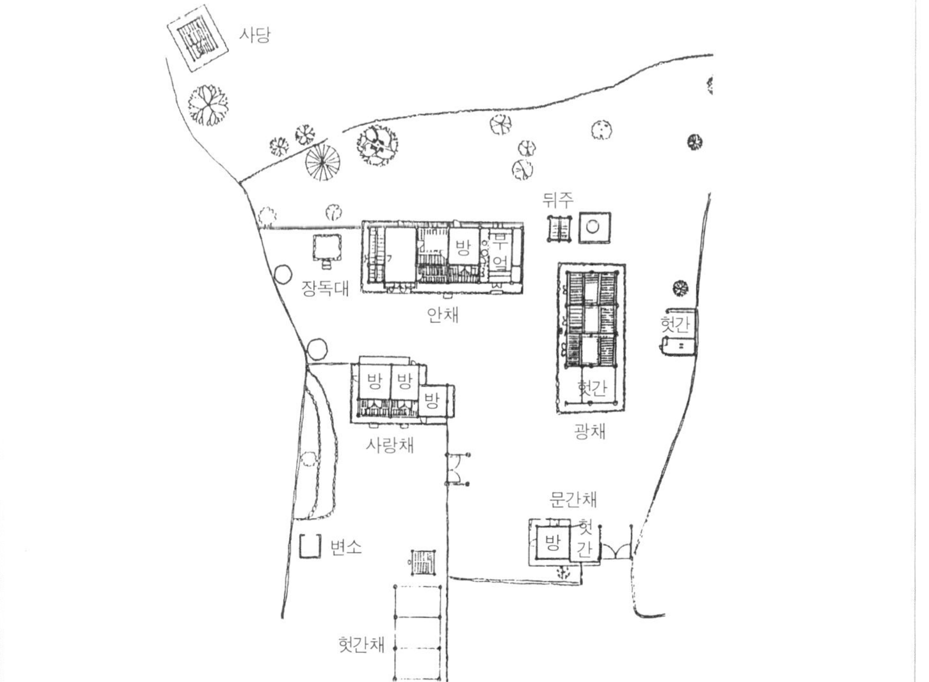

배치도

해체한 부재를 사용한 듯이 보인다.

사랑채는 정면 3칸, 측면 2칸의 우진각 집이다. 평면은 정면에서 볼 때 우측면 1칸 부엌과 전면 툇간마루 및 2칸 방으로 구성되어 있다. 방의 후면에는 처마 끝으로 벽을 막은 고방이 구성되어 있다. 기단은 자연석을 두벌대로 쌓았고 주초석은 자연석 덤벙주초를 받치고 각주를 세웠으며 안채에서 처럼 종단으로 세 개의 기둥을 평주로 구성하였다. 지붕가구 또한 안채처럼 대량 위에 동자주를 세워 종도리를 받친 3량가이다. 사랑채에서도 서까래는 전후 처마 서까래만을 길게 이었다. 처마는 거의 곡선을 이루지 않고 있다. 이 건물 또한 가구의 짜임새로 보아 본래 초가집이었을 것으로 보인다. 방의 후면에 달아낸 고방은 몸채의 하인방 높이에서 통나무를 깔고 그 위에 진흙을 다져서 바닥을 만들었다.

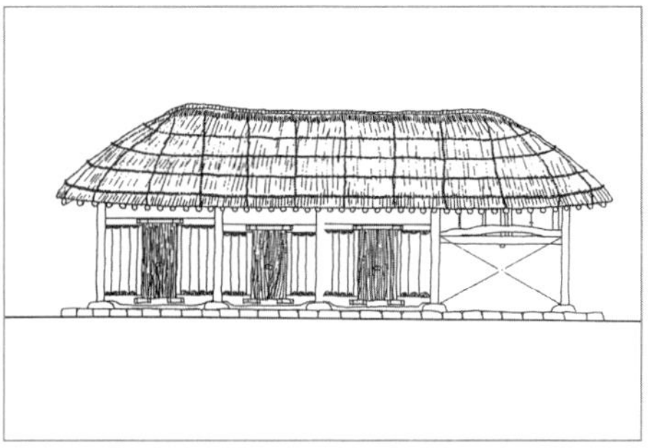

광채 정면도

안채 우측 전방에 있는 광채는 정면 4칸, 측면 2칸의 초가집이다. 기단은 초벌대로 낮으며 주초석은 자연석 덤벙주초로 받치고 기둥은 외부 처마기둥을 각주로 세웠다. 내부 중간열 기둥은 원목을 자귀로 대강 다듬어서 종도리까지 높게 세웠다. 지붕가구는 내부에 세운 고주의 기둥몸 상부에 종횡으로 보를 걸고 3량가로 도리를 구성하였다. 벽체는 자귀로 다듬은 통나무쪽을 인방재에 세워서 끼워 막았다. 이러한 벽체 가구는 흔히 볼

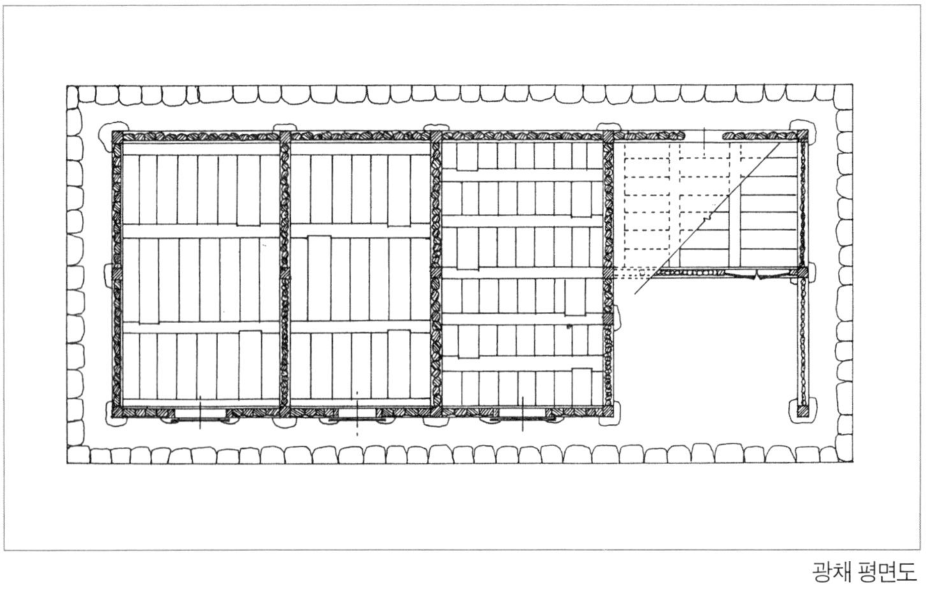

광채 평면도

수 없는 예로서 특이하게 보인다. 민가 건물은 아니나 비슷한 예를 마곡사 신검당에서 볼 수 있다. 광의 문은 두꺼운 통판으로 달려 있고 하부에 둔테목도 하인방을 깎아서 만들었다. 이 건물은 벽체와 기둥, 보, 도리 등에서 원목을 자귀로 대강 치목하여 사용하고 있고 인방재가 기둥을 뚫고 나와 내밀고 있는 점, 종도리를 중앙 고주 상단에 홈을 파서 끼워 맞춘 점 등에서 독특한 기법들을 볼 수 있다.

광채 바로 옆에 있는 뒤주는 네 귀에 기둥을 세우고 인방재를 끼워 맞춘 다음 판재로 벽을 막았다. 지붕은 모임지붕으로 된 초가지붕이다. 인방과 기둥의 맞춤은 인방재가 기둥 몸을 뚫고 나와 있으며 산지를 꽂아 빠지지 않도록 하였다. 뒤주 역시 전통적 기법을 간직한 그대로의 모습이다. 네 기둥을 세우고 고상식(高床式)으로 마루를 놓은 다음, 가로로 빈지널을 지르고 초가삿갓지붕을 올린 것인데, 특히 기둥과 하방(下枋)의 맞춤기법은 오래된 법식으로 인상적이다.

안채 뒤에는 사당(가묘)이 정면 1칸, 측면 2칸으로 세워져 있다. 전면 툇간에는 마루가 깔려 있고 후면 1칸은 벽체로 막아 위패를 모시고 있다. 지붕은 맞배집으로 3량가로 구성되어 있다. 작은 규모이나 양측면에서 보이는 보는 툇간 내측의 평주상에서 퇴량과 대량을 맞보형식으로 얹었다. 이러한 기둥과 보의 가구형식은 이 가옥의 안채와 사랑채에서도 쓰이고 있다. 박공으로 내민 주심도리에는 기둥으로 받치고 있는 까치발이 구성되어 있다.

영동 묵정리 고가
(永同 墨井里 古家)

- 지정번호 : 충북유형문화재 146호
- 건축유형 : 주택
- 소 재 지 : 충북 영동군 양강면 묵정리 488
- 창건시기 : 1932년 이건
- 현황 조성시기 : 20세기

재실로서 건축된 가옥

이 가옥은 1932년에 용화면 월전리에 있던 정참봉의 집을 이건했다고 전해 오는 주택으로, 오래된 건물은 아니지만 특징 있는 세부 부재를 갖추고 있다. ㄱ자형의 안채와 一자형의 부속채 그리고 솟을삼문형의 대문 등이 남아 있다.

안채는 정면 5칸, 측면 2칸의 몸채 좌측면에 익랑을 3칸 달아낸 ㄱ자형 팔작집이다. 몸채는 좌측면에 1칸 방과 중앙 2칸 대청마루, 마루방으로 된 사랑방으로 구성되어 있다.

안채는 자연석으로 축조된 기단 위에 누마루 전면에는 장초석을 놓고 다른 부분에는 사각의 장초석을 놓았다. 네모기둥 위에 창방(昌枋)을 세웠고 그 위에 소로(小累)받침을 4구씩 배치하였다. 마룻보 위에 원형의 대공을 놓아 뜬창방과 종도리의 이중도리를 받치고 있는 점이 주목된다. 종도리 장여에 "임신이월이십삼일상량(壬申二月二十三日上樑)"이라는 상량문이 있으며 지붕은 홑처마 팔작지붕이다.

전경

안채의 익랑채는 2칸 방과 골방 앞에 툇간 마루가 있고 높은 누마루 방으로 구성되어 있다. 익랑이 있는 누마루 밑에 방의 불아궁이가 설치되어 있다. 몸채 전면 툇간에는 툇간마루가 구성되어 있어서 측면 익랑 툇간마루와 연결되어 있다. 기단은 시멘트 모르타르

안채

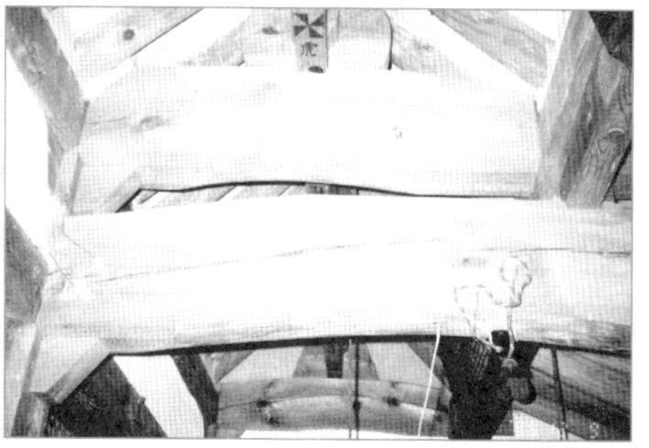

내부가구

로 발라져 있으나 본래 자연석 기단으로 축조되어 있었던 것으로 보인다. 주초석은 4각 주초석이고 누마루 전면 기둥 옆에는 장초석이 놓여 있다. 기둥은 각주이고 툇간에 고주가 세워져 있다.

지붕가구는 1고주 5량가로 짜여 있다. 보는 전면 고주를 중심으로 대량과 전면 퇴량이 고주의 기둥에서 맞보형식으로 결구되어 있으며 종량은 고주와 대량에 세워진 동자주로 받치고 있다. 종도리 하부에는 종량칸에 횡으로 뜬창방을 걸고 소로를 배치하여 종장여를 받치고 있다. 처마는 홑처마로 부연을 달지 않았다. 귀처마는 주심도리 위에 갈모산

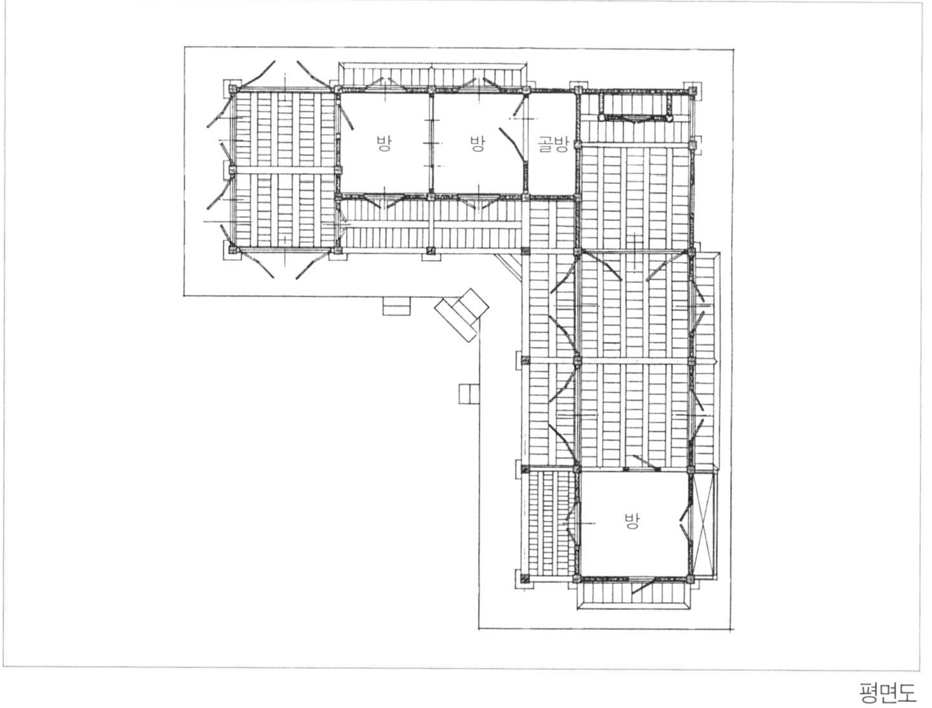

평면도

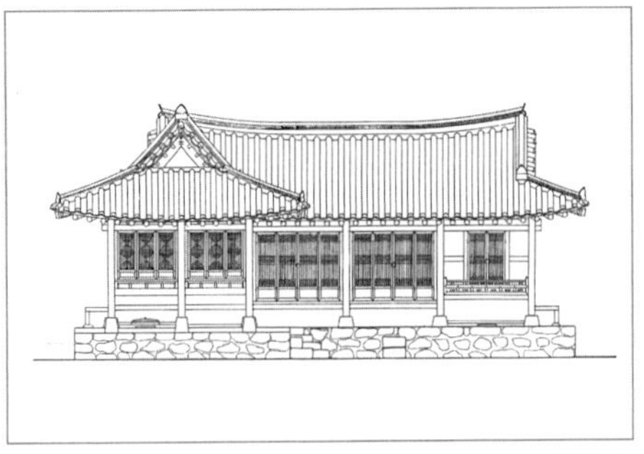

정면도

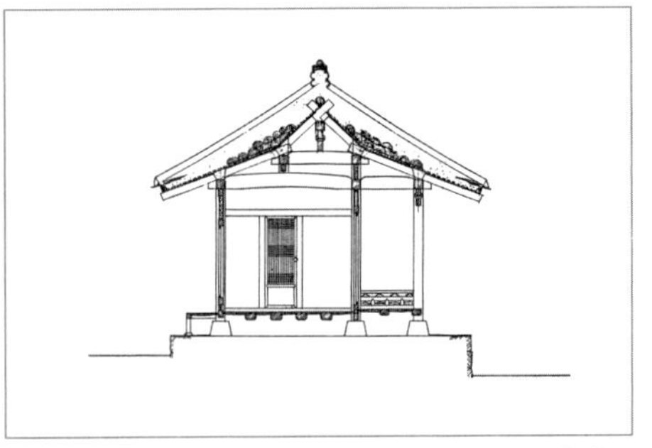

단면도

방을 놓고 말굽서까래를 배치하여 처마곡선을 이루고 있다. 창호는 띠살문으로 방과 대청마루에 달았다. 익랑 누마루의 띠살문은 가로 살의 길이를 변화있게 하여 정방형을 대각으로 나눈 특이한 입면 문양으로 구성되어 있다. 몸채의 우측면 툇간 마루에는 머름난간을 설치하였고 머름 위에 하엽을 배치하고 두겁대를 가로로 구성하였다.

사랑채는 솟을대문과 몸채로 구성된 ㄱ자형 집이다. 몸채는 좌우측면에는 합각을 구성한 팔작집이고 문간은 맞배지붕이다. 기단은 바깥마당에서 자연석으로 높게 쌓은 축대를 이루고 있고 안마당 쪽에서 초벌대로 낮게 구성되어 있다. 주초석은 4각 주초석으로 받치고 기둥은 각주로 되어 있는데 몸채의 경우 툇간에 고주를 세웠다. 지붕가구는 몸채에서 1고주 5량가로 되어 있고 익랑 문간채에서 3량가로 구성되어 있다. 몸채의 보는 고주를 중심으로 대량과 퇴량이 맞보형식으로 연결되어 있다. 종량은 고주와 대량 위에 세운 동자주로 받치고 있다. 문간채의 기둥 상단에 주두를 놓고 창방은 주칸에 연결하여 소로를 배치한 소로수장집으로 꾸몄다.

솟을대문 위에는 홍살을 구성하고 있으며 영사제(永斯齊)라는 편액이 걸려 있다. "永斯齊"라는 편액으로 볼 때 이 가옥은 본래 재실로 건축된 듯하다. 또한 안채의 경우 대청마루가 특별히 크게 구성되어 있고 사랑방이 있으므로 재실로 건축되었을 가능성을 보이고 있다.

영동 가곡리 고가
(永同 柯谷里 古家)

- 지정번호 : 충북유형문화재 147호
- 건축유형 : 주택
- 소 재 지 : 충북 영동군 양강면 가곡리 467
- 창건시기 : 1917년

안채와 사랑채의 병렬

이 건물은 1917년에 건립된 살림집으로 안채와 사랑채, 솟을삼문형의 대문이 남아 있다. 一자형 평면의 안채는 정면 5칸, 측면 3칸의 팔작집이다. 기단은 자연석으로 만들었고 주초석은 4각주초석으로 가공되어 있다. 기둥은 각주를 세웠고 전면 툇간에 내진주가 고주로 구성되어 있다.

지붕가구는 고주를 중심으로 대량과 퇴량을 연결하여 상부 도리가구를 짜올린 1고주 5량가이다. 처마는 홑처마인데 처마곡선이 거의 나타나지 않는다. 귀처마에서 보면 갈모산방이 뚜렷하게 보이지 않으며 서까래도 평서까래에 가까운 배치로 구성되어 있다. 현지 주민들의 말에 의하면 본래 초가집이었는데 기와집으로 개조되었다고 하는데 가구방식에 대한 구체적인 조사확인을 하지 못하여 확신할 수 없다.

평면은 정면에서 볼 때 우측면 1칸을 부엌으로 배치하고 좌측으로 4칸의 방을 드렸다. 전면 툇간에는 장마루를 깔았으며 좌측면 1칸 툇간 마루는 한 단 높게 올리고 정면에 난간을 설치하였다. 이 누마루 밑에는 불아궁이를 설치하였다.

전경

안채의 부엌 바로 앞에 광채가 정면 2칸, 측면 1칸 맞배집으로 세워져 있다. 자연석 기단과 주

문간채

안채

사랑채 내부가구

안채, 광, 사랑채

초석으로 건물 하부를 구성하였고 기둥은 각주를 세웠다. 지붕가구는 종도리와 처마도리 사이에 처마서까래를 배치하여 지붕을 이은 3량가이다.

사랑채는 안채 정면에 一자로 배치되어 있어서 안채, 광채와 건물이 전체적으로 ㄷ자

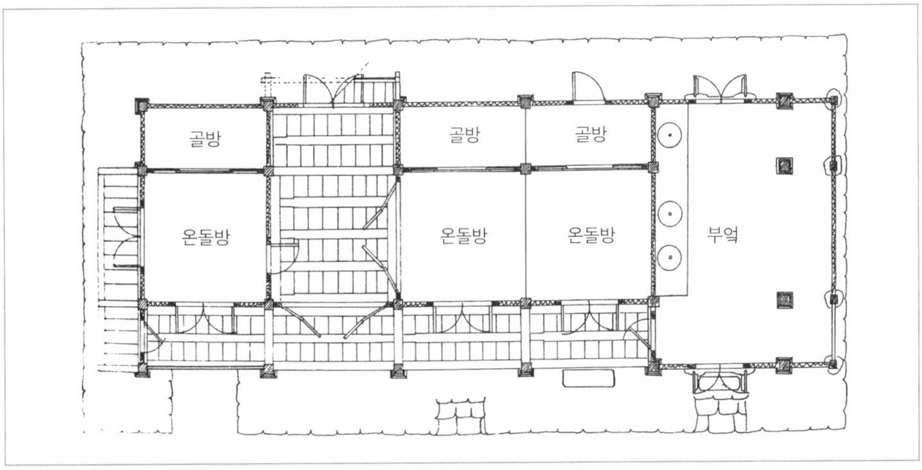

평면도

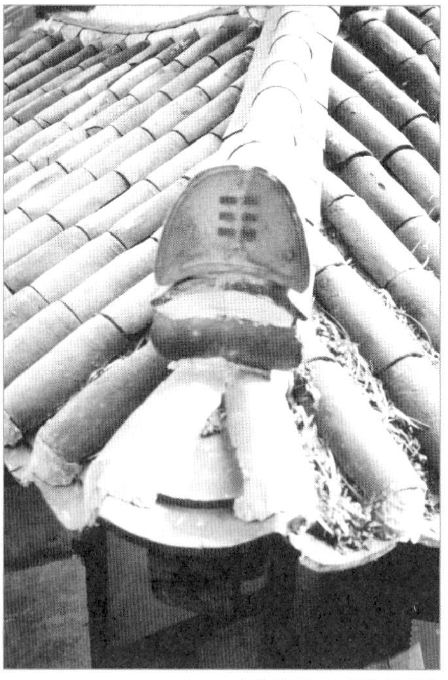

안채 망와의 태극 4괘문

안채 아궁이

형을 이루고 있다. 평면은 정면 6칸, 측면 2간이며 우측면 1칸은 반 칸 퇴로 된 마루로 구성되어 있다. 기단은 자연석으로 쌓았고 주초석은 4각주초석으로 설치되어 있다. 지붕가구는 전면 툇간에 고주를 세운 1고주 5량가이며 처마는 홑처마이다.

사랑채 앞의 문간채가 정면 3칸, 측면 1칸의 맞배집으로 세워져 있으며 대문간은 좌우측면 칸보다 지붕을 한 단 높게 구성한 솟을대문이다. 정면에서 볼 때 대문의 좌측 칸은 광이고 우측 칸은 방이다. 기단과 주초석은 자연석으로 설치하고 각주를 세웠다. 지붕가구는 종도리를 중심으로 처마서까래를 걸친 3량가이다. 대문도 정면 기둥에 문선을 붙이고 둔테목을 구성하여 달았다. 문 상인방 위에는 홍살을 배치하여 꾸몄다.

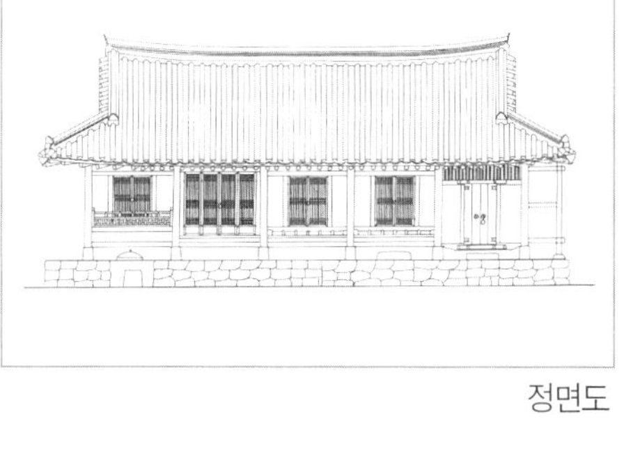

정면도

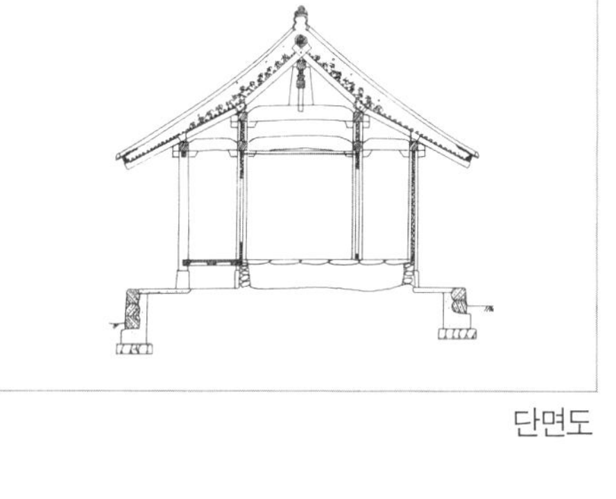

단면도

제5장

누정건축

누정건축

충청북도에는 누각이나 정자들이 타 지역에 비하여 많이 남아 있으며, 이러한 사실은 이 일대가 남한강과 금강 유역을 따라 기암절벽이 많고 경관이 아름다운 곳이 많아 아취(雅趣) 있는 건물들을 여러 곳에 건립한 것으로 보인다.

충청북도 누정건축의 실례는 제천 청풍 금남루, 청풍 팔영루 · 한벽루, 영동 가학루, 그리고 괴산 고산정 · 애한정, 옥천 양신정 등이다.

특히 한벽루는 조선조 후기 지방관아의 한 누각건물의 대표적인 것으로, 건물의 아름다움이 특별히 뛰어나며, 공간구성의 기법이나 가구짜임의 아름다움은 가히 누정건축의 백미라 할 수 있다.

충북지역은 산수의 아룸다움과 더불어 사대부와 선비들의 유학적인 풍류로 인하여 다른 지역에 비해 특별히 많은 누정건축이 다양한 형태로 지어졌다. 한벽루와 같은 아름답고 기교가 넘치는 누정이 있는가 하면 소박하고 투박한 가운데 자연과 더불어 동취될 수 있는 작고 고졸한 정사 형태의 누각 또한 수없이 많다. 요컨대 자연과 동화되어 선경의 경지에서 스스로를 닦아나간 옛 선조들의 흔적을 볼 수 있게 하는 것은 이 지역의 건축이 주는 또 다른 운취이다.

청풍 한벽루
(淸風 寒碧樓)

- 지정번호 : 보물 528호
- 건축유형 : 누각
- 소 재 지 : 충북 제천시 청풍면 물태리 6-20
- 창건시기 : 고려 충숙왕 4년(1317)
  조선 인조 12년(1634) 개창
- 현황 조성시기 : 1975년 복원, 1985년 이건

누정건축의 백미

충원목(忠原牧)에 부 1, 군 2, 4현이 있었고 그중에 부 한 곳이 청풍부(淸風府)였다. 조선 현종(1660~1774년)의 비인 명성왕후(明聖王后) 김씨의 본관이 청풍으로 소백산맥 줄기에 있는 외진 고을 전체가 부로 승격하는 혜택을 입은 것이다. 청풍부에는 객사 55칸, 아사 37칸과 기타의 부속채가 있었으며, 아사 37칸 중에는 치소인 관수당(觀水堂)을 비롯하여 한벽루, 응청각, 명월정, 범영루가 있었고 객관의 서헌(西軒)인 매월헌 등이 있었다. 한벽루는 제원군 청풍면 읍리 203-1에 위치하고 있었으나, 충주댐 건설로 이전 조성하여 현재는 청풍면 물태리 청풍문화재단지 안에 있다.

한벽루는 관수당 동편 한강변 벼랑 위에 객사와 나란히 있었고, 고려 충숙왕 4년(1317)에 청공 스님이 왕사가 되고 청풍현이 군으로 승격되면서 창건된 것으로 전한다. 조선초기인 태조 6년(1397)에 중수한 바가 있었다 하며, 하륜(1347~1416)이 지은 기문의 편액이 남아 있어, 여기에서 한벽루의 경관을 찬미하는 내용과 말미에 "수락사년병술십이월(水樂四年丙戌十二月)"이라 기록하여 태종 6년(1406)에 지은 기문인 것을 알 수 있다. 또한 누 위의 중수기에는 "숭정갑술구월일빈산

전경

정면

누상가구

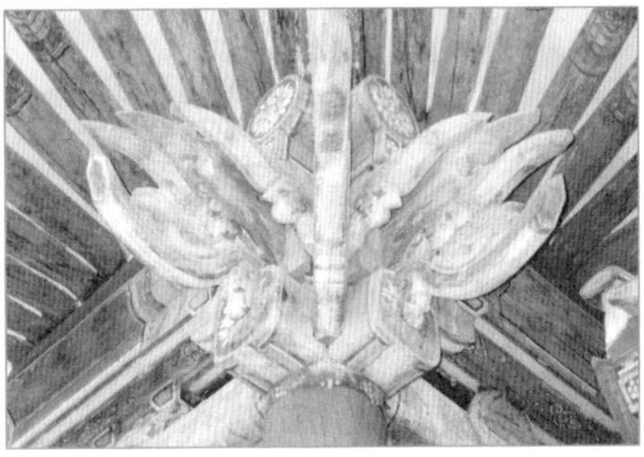

공포

지붕가구

옹이준기(崇禎甲戌九月日賓山翁李埈記)"라는 기록이 있어 인조 12년(1634)에 중건한 것을 알 수 있으며, 이 당시의 모습이 현재까지 남아 있는 것으로 보고 있다.

그 후 고종 7년(1870)에 부사 이직현이 중수하였으며, 고종 37년(1900)에는 부사 현인복이 보수하였다. 1972년 8월 대홍수로 완전 도괴되었던 것을 1975년 원래의 양식대로 복원한 후, 1985년말 충주댐 건설로 청풍읍 전부가 물에 잠기게 되자 지금의 터로 옮겨 짓게 되었고, 1995년에는 행정구역의 통합으로 제원군에서 제천시로 행정구역 명칭이 변경되었다. 누각에는 송우암, 부사 박필문, 곡운 김수증, 추사 김정희의 "청풍한벽루(淸風寒碧樓)"라 명한 액자가 있고 창석 이준의 중수기가 있다.

한벽루는 정면 4칸, 측면 3칸의 누각 외 측면에 진입회랑 3칸을 연결한 팔작집 누각이다. 삼분변작 5량 구조이며 통상적인 기수가 아닌 우수의 정면 칸수로 형성된 특색이 있다. 이것은 주변의 경관과 건물의 배치에서 검토될 필요가 있으나 한벽루만 남아서 현재의 위치로 이건되었기에 해석이 곤란하다. 그러나 건물이 우수칸으로 설정된 예가 많지는 않으나 희소한 것도 아니라는 것을 고려하면 건물의 규모와 주변환경에 따라 우수칸이 설정될 수 있다는 예로 볼 수 있는 것이다. 주칸의 설정은 정면에서는 9자 간격이나 양협간에서는 4치 정도가 줄어 들었으며, 측면에서는 중앙이 8자에 전후툇간은 6자 정도이다.

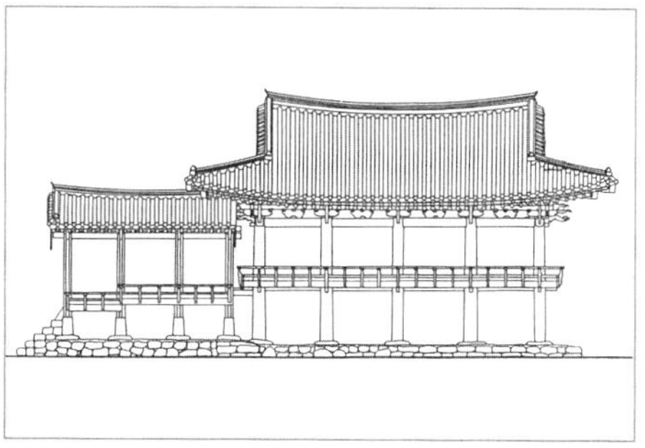

정면도

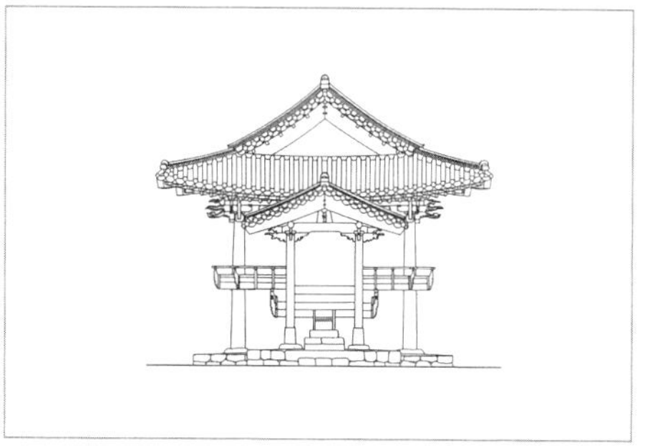

좌측면도

기단은 자연석 두벌대로 쌓았고 주초석은 자연석으로 평평한 반석을 사용하였다. 누하주와 누상주를 분리하여 기둥을 세웠으며 민흘림 원기둥으로 되어 있다. 누마루에는 4면에 계자난간을 둘렀다. 누상부는 고주 없이 통간으로 형성되었으나 누하부는 측면 주열에 상관없이 중앙열에 마루의 장귀틀을 받치는 기둥이 추가되어 있으며 기둥 높이는 상하층 모두 8자 정도로서 보편적인 치수이다.

두공은 출목 이익공으로 짜여 있다. 익공 촛가지는 초익공에 연화 앙서를 구성하고 이익공에 쇠서를 내었다. 보머리에는 봉두를 조각하여 꽂았다. 화반은 3소로 화반을 각 주칸에 1구씩 배치하였는데 화반의 형태는 파련각하여 모양을 내었다. 공포의 형식은 주심포양식과 익공양식이 혼합되어 외출목 도리에 출목첨차가 있는 이익공 형태로서 주칸에는 화반이 설치되었다. 이러한 형식의 공포가 조선시대 관아건축에서 많이 사용되고 있으나 이 형식을 지칭하는 용어가 확립되지 못하여 표현이 거추장스럽다.

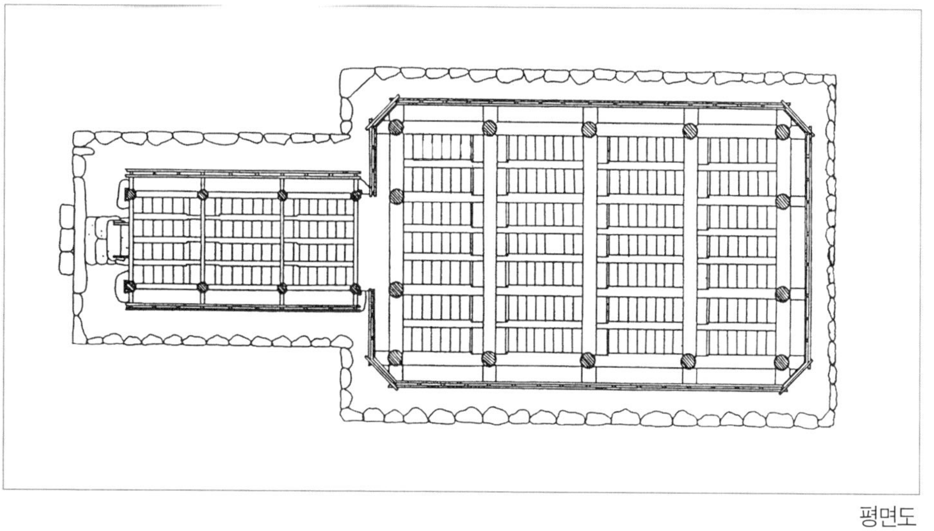

평면도

지붕가구는 전후 처마기둥 칸에 대량을 장통보로 걸고 종량과 중도리, 종도리를 구성한 5량가이다. 처마도리와 중도리의 간격이 6자 정도이므로 처마 깊이는 지붕 하중의 균형상 6.5자이며, 따라서 처마 깊이는 적은 편이 아니나 누각 건물의 상하층 전체 기둥 높이 16자에 비교하면 처마가 짧게 보인다. 정면에서는 한편에 복도각의 지붕이 연결되어 그러한 현상이 완화되었지만 측면에서는 현저하게 느껴진다.

누각의 천장은 연등천장이나 외기부분과 우측의 중앙부만 우물반자로 하였다. 외기부분은 당연히 우물반자로 되는 것이나 측면 중앙부에 외기반자보다 단을 낮춰 우물반자로 한 것은 이색적이다. 이와 유사한 모습을 삼척 죽서루에서 인지할 수 있는 것으로 보아 특별한 행사 또는 연회 시에 이 부분이 상석으로 취급되었을 것으로 추측된다.

한벽루의 좌측에는 익랑 삼칸이 연속되어 있으며 주칸에서 측면은 8자 칸으로 누각의 측면 주칸과 같고, 정면은 7자 한 칸에 양협간은 6.5자 칸으로 되었고 복도각과 한벽루의 사이는 4자 간격이다. 익랑은 초익공양식에 삼량구조 홑처마 맞배지붕이며 좌측면에서 진입하여 첫칸은 마루가 한 단 낮게 구성되고 복도각과 누각 사이에서 층단이 형성되어 누상으로 오르게 되었다. 복도각이 부설된 형식은 밀양 영남루에서도 유사한 모습으로 나타나고 있으며, 이것은 관아 또는 객사 건축이라는 특수성 때문인 것으로 보이며, 충북지방에서 보기 드문 규모있는 누정으로 남아 있다.

합각지붕의 이익공계 2층 다락집으로 강변의 경치를 감상할 수 있는 외부공간용 건축이다. 석축으로 된 기단 위에 덤벙주초를 놓고 25개의 기둥을 세워 아래층을 구성하며, 위층은 2고주 5량 구조로 앞뒤로 툇간이 형성된 일반적인 누각형식이다.

청풍 한벽루는 건축구성의 아름다움과 추녀곡선의 현란함으로 인하여 가히 누정건축의 백미라 일컬을 만하다.

청풍 금남루
(淸風 錦南樓)

- 지정번호 : 충북유형문화제 20호
- 건축유형 : 누각
- 소 재 지 : 충북 제천시 청풍면 물태리 6-20
- 창건시기 : 조선 순조 25년(1825)
- 현황 조성시기 : 1985년 이건

청풍부의 아문

제천군 청풍면 읍리 203-1번지에 있다가 물태리로 이건했다. 금남루는 청풍부의 아문(衙門)으로 "도호부절제아문(都護府節制衙門)"이란 현판이 걸려 있는데 부사 조길원의 필적이라 한다.

조선 순조 25년(1825)에 청풍부사 조길원이 창건하고 편액하였으며, 고종 7년(1877) 부사 이직현이 중수하였고, 동왕 37년(1900)에 부사 현인복이 전면 보수하였으며 1956년에 다시 일부를 보수하였다.

금남루는 정면 3칸, 측면 2칸의 2층 누각 팔작집이다. 기단은 장대석 초벌대로 낮게 설치되어 있다. 주초석은 판각으로 다듬은 높은 장초석이며 누하주는 민흘림 원기둥으로 세워 중앙에 횡으로 배치하여 세 칸에 내문을 달았으며, 누하주 기둥머리에는 귀틀을 짜서 2층 마루를 우물마루로 깔고 외부에 계자난간을 둘렀다. 누상주는 민흘림 원기둥으로 구성되어 있다.

전경

두공은 이익공으로 되어 있고 재주두를 구성하지 않았다. 주칸에는 3소로 화반을 1구씩 배치하였다. 익공의 촛가지는 연화를 초각한 앙서와 윗등에 싹을 새긴 수서로 구성되어 있고 보머리에 봉두를 조각해서 꽂았다. 익공의 뒤뿌리는 운공으로 조각하여 보아지로 구성하였다.

지붕가구

지붕가구는 전후 처마기둥 칸에 대량을 장통보로 걸어 종량을 얹고 판대공으로 종도리를 받친 5량가이다. 측면에는 가운데 기둥에서 충량을 걸어 대량 위에 연결하고 외기도리를 받쳐서 합각을 구성하였다. 처마는 부연을 달아댄 겹처마이며 귀처마에는 사래와 추녀를 걸고 선자서까래와 부연을 들어서 꾸몄다. 대량과 종량은 작은 건물임에도 매우 우람한 부재로 구성하여 힘차게 느껴진다. 중도리 밑에는 뜬창방을 대량에 걸쳐대고 소로를 배치하여 장여를 받치고 있다. 화반은 3소로 화반으로 정면과 배면 칸에 배치하고 측면에는 원형으로 된 1소로 화반으로 구성하였다.

청풍 금난루는 문루건축으로서 소박한 아름다움과 향기를 갖고 있다.

진천 농교
(鎭川 籠橋)

- 지정번호 : 충북유형문화재 28호
- 건축유형 : 교량
- 소 재 지 : 충북 진천군 문백면 구곡리 601-32
- 창건시기 : 고려말기, 삼국시대
- 현황 조성시기 : 20세기

돌로 만든 배다리(船橋)

그 축조연대가 아직 공인되지 않고 있으나 우리나라 고대(古代) 교량사(橋梁史)를 연구하는 데 중요한 자료이다. 진천군 문백면 굴티(중리)마을은 상산 임씨의 세거지로, 고려 적에 최씨 무신정권의 뒤를 이어 권세를 잡았던 무신 임연(?~1270년)이 태어난 곳이다. 이 마을 앞으로 흐르는 하천이 세금천(洗錦川)이다. 여기에서 매우 독특한 형태의 다리 하나를 만난다. 다리는 얼핏 보아 거대한 지네가 몸을 슬쩍 틍기며 물을 건너는 듯한 형상을 하고 있다. 자연석을 축대 쌓듯이 안으로 물려가며 쌓아올린 교각의 너비가 그 위에 올려진 상판보다 넓으므로, 튀어나온 교각의 양끝이 지네 발처럼 보이는 것이다. 재료로 쓰인 돌도 독특한데 주로 자색이지만 얼룩무늬가 박힌 쑥색 돌도 있다. 주변을 살펴보면 이 동네 돌이 대개 그렇다.

전경

고려 고종 때의 권신인 임연이 전성기에 고향 마을 앞에 놓은 것이라 전해오는 것으로 보아 이 다리는 대략 고려 말에 놓였을 것으로 추정된다. 근처 노인들 사이에 전해지는 말에 따르면 임연은 날마다 세금천에서 세수를 했다고 한다. 어느 몹시 추운 겨울날, 임연이 세수를 하다 보니 건너편에서 젊은 부인이 내를 건너지

교각 세부

교각 입면

못해 애를 태우고 있었다. 이유를 묻자 아버지가 돌아가셨다는 소식을 듣고 친정에 가는 길이라는 것이었다. 그 정경을 딱하게 여긴 임연은 당장 용마를 타고 돌을 실어 날라 다리를 놓아주었다. 이때 일을 마친 용마는 기운이 다 빠져서 죽었는데 용마에 실었던 마지막 돌이 떨어져 그대로 둔 것이 마을의 용바위라고 한다.

나라에 큰 변고가 있을 때면 농다리가 며칠씩 우는데 한일합방 때와 한국전쟁 때도 며칠이고 울어서 동네사람들이 잠을 못 잤다고들 한다. 다리가 오래되다 보니 전설도 많다. 다른 한편으로는 김유신의 아버지 김서현이 고구려부터 낭비성을 되찾은 후 그 기념으로 농다리를 놓았다는 전설도 있다. 한편, 진천 일대의 좋은 경치 여덟 가지를 꼽은 '상산팔경' 가운데 '농암모설'이라는 것이 있으니, 이 농다리 위에 흰눈이 쌓였을 때의 정취를 말하는 것이다.

이 다리는 구곡리 굴티부락 앞 세금천에 축조된 석교(石橋)로, 두께가 각각 1m가 넘는 교각들은 양끝을 유선형으로 오므려 물살의 저항을 덜 받게 해놓았으며 너비가 3m쯤 된다. 그 위 한가운데에 길이 1.7m 안팎, 두께 0.2m쯤 되는 돌판을 한 개 또는 두 개씩 걸쳐서 상판으로 삼았다. 옛 기록에 따르면 맨 처음에는 교각의 수가 28개였다는데 지금은 양쪽으로 두 개씩이 줄어서 24개만 남아 있다.

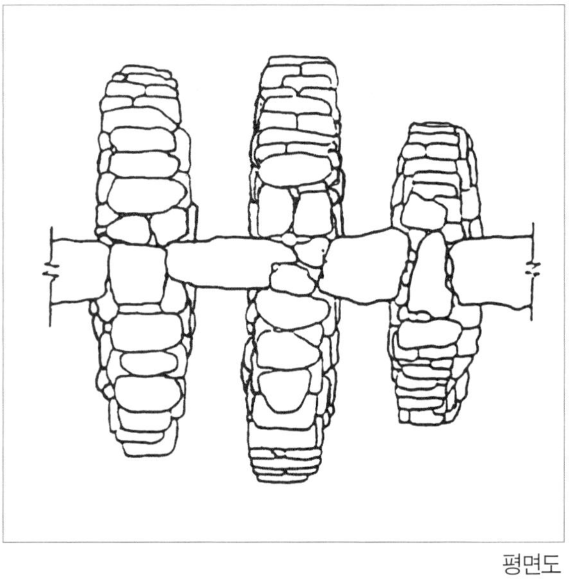

평면도

단면도

총 연장 길이는 서편 교대와 동편 교대를 합쳐 84m 정도가 되며, 통수구간, 즉 상판석이 연결되어 유수(流水)를 통과시키는 구간은 54m 정도이다. 통수로 저면으로부터 상부까지의 높이, 즉 교각의 높이는 일정하지 않으며, 바닥의 퇴사량과 교각들의 파손상태에 따라 차이가 있으나, 대략 1.5~1.7m 정도이다. 교각과 교각 사이의 간격 또한 일정치 않으며 1.2~1.5m의 범위를 갖는다. 교각에 사용된 석재는 대체로 30~40cm의 사력암질(砂礫岩質)의 자석(紫石)을 물고기 비늘처럼 쌓아 올렸으며, 석회(石灰)로 보강하지는 않았으나 장마에도 유실됨이 없이 원형을 유지하고 있다. 교량의 상부구조를 이루는 상판석은 길이 1.5~3.0m, 폭 0.6~1.3m, 두께 20~40cm의 크기로서 교각과 교각 사이를 잇고 있다.

예전에는 어른이 서서 다리 아래로 지나갈 만큼 물 바닥이 낮았다지만 지금은 토사가 많이 쌓여서 그 아래에 묻힌 교각의 전체 높이나 기반부는 확인할 수 없다. 상판석 양쪽으로 교각이 튀어나오게 한 것이라든가 교각의 양끝을 유선형으로 만드는 등의 배려로 인해 이 다리는 오랜 세월 이 만큼 잘 보존될 수 있었다. 그러나 워낙 오랜 세월이다 보니 조금씩 허물어진 것을 다시 손보는 가운데 변형이 있었는지 교각과 상판의 길이나 간격 등이 일정하지 않고 다리의 방향도 중간에 조금 휘어 있다.

교각의 축조수법은 크고 작은 자연석을 맞물려 쌓아올렸다. 전체적인 형태는 물이 흐르는 방향을 따라 유선형의 윤곽을 이루고 있다. 교각 상부는 평평한 상태로 마무리하고 교판석의 양쪽 끝을 교각돌 사이에 끼어 물리도록 설치하였다. 교각과 교각 사이로 물이 흐르도록 되어 있으며 교각의 석축도 돌틈이 있어서 물의 저항을 덜 받도록 되어 있다.

진천 농교는 고대(古代) 전설을 간직한 곳으로서 돌로 만들어진 배다리(船橋)를 연상하게 한다.

괴산 애한정
(槐山 愛閑亭)

• 지정번호 : 충북유형문화재 50호
• 건축유형 : 정자
• 소 재 지 : 충북 괴산군 괴산읍 검승리 76
• 창건시기 : 조선 광해군 6년(1614)
• 현황 조성시기 : 1979년 해체보수

괴산 선비들의 옛 향기

이 정자는 조선 선조 때의 유현(儒賢) 박지겸(朴知謙)이 세상을 피하여 지내던 곳으로, 광해군 6년(1614)에 창건하고 그의 호를 따서 애한정이라 하였다. 그의 손자 파청당(把淸堂) 박정의(朴廷儀)는 향당(鄕黨)의 칭송을 받는 효자로서, 이에 감동한 괴산군수 황세구(黃世耉)가 자기의 봉급으로 애한정을 중수하였다 한다.

이 정자는 정면 6칸, 측면 3칸의 팔작집이다. 정면 처마 밑에 애한정이라는 당호가 걸려 있는데 건물형태로 보아 본래 정사(精舍)류의 건물로 세워진 듯이 보인다. 기단은 자연석으로 축조되어 있다. 주초석은 정면의 기둥들에서 팔각으로 다듬어져 있고 그밖의 기둥들은 4각주초석으로 구성되어 있다. 기둥도 정면 처마기둥은 원기둥을 사용하였는데 나머지 기둥들은 각주이다. 두공은 정면 기둥칸에서만 익공식으로 구성하였다. 익공쇠서는 촛가지를 내지 않고 짧게 직절하여 짧게 마구리만 보이고 있고 첨차는 양단부를 경사면으로 깎은 간략한 형태이다. 화반은 2소로로 구성되어 있는데 윗면이 넓은 제형으로 단순한 형태이다.

입구 계단

지붕가구는 전면 툇간에 처마기둥과 같은 높이로 평주를 세우고 전면 퇴량과 대량을 맞보 형식으로 짰는데 도리의 구성으로 보면 5량가

전경

지붕가구

지붕가구

마루가구

이다. 중도리와 종도리 하부에는 뜬창방을 가로로 걸고 소로를 배치하여 장여와 도리를 받치고 있다. 팔작집인데 측면에서 충량을 보머리만 짧게 만들어서 올리고 가구를 짜지 않은 특이한 형태이다. 충량을 결구하지 않은 대신 중도리 뺄목으로 짜여지는 외기도리 가구가 종량에서 짧게 내밀고 있다.

합각부는 측면 처마서까래 윗면에서 종도리를 길게 내밀고 키대공으로 받쳐 구성하였으며 대청마루에서 보이는 판대공은 파련대공으로 만들어서 모양을 내고 있다. 처마는 겹처마이고 귀처마 서까래로 초장 평면에서 절반 정도까지 말굽서까래로 구성하고 나머지는 막장까지 선자서까래로 구성하였다. 평면은 정면에서 볼 때 중앙 2칸을 대청마루로 구성하였다. 대청마루 좌측에서는 온돌방을 1칸 두고 측면칸에서 마루방으로 구성하였다. 대청마루 우측에서는 온돌방이 ㄴ자 형태로 있고 배면 귀칸에 마루방이 1칸 있다.

전면 툇간 마루는 각 실들의 통로로 연결되고 있다.

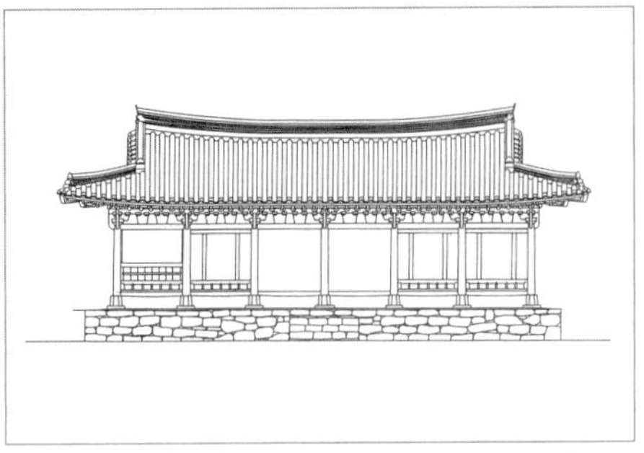

정면도

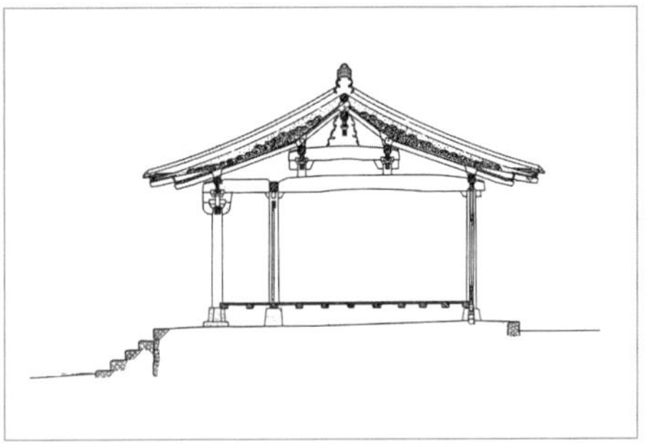

단면도

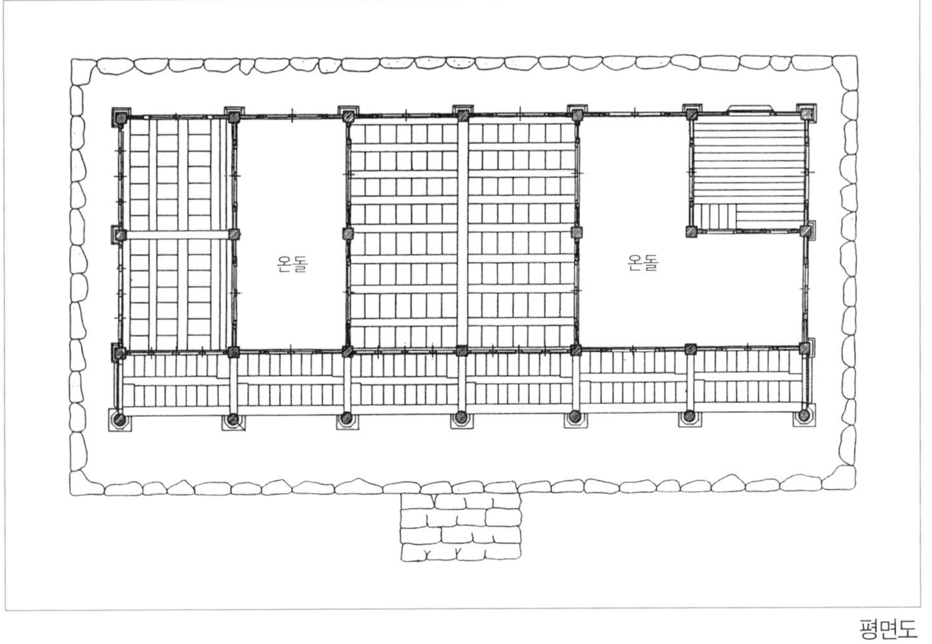

평면도

괴산 애한정은 수령이 오래된 소나무 숲 아래로 맑은 물이 흐르고 사방의 풍광이 수려하며 고식(古式)기법이 간직된 고즈넉한 정자이다.

고산정 및 제월대
(孤山亭 및 霽月臺)

• 지정번호 : 충북기념물 24호
• 건축유형 : 정자
• 소 재 지 : 충북 괴산군 괴산읍 제월리 산16-2
• 창건시기 : 조선 선조 29년(1596)

괴산 선비들의 옛 향기

조선 선조 때의 명현(名賢) 유근이 충청관찰사로 있을 때, 이곳의 풍광을 사랑하여 선조 29년(1596)에 창건하였다. 만송정(萬松亭)이라 하다가, 광해군 때에 국정의 어지러움을 피하여 이곳에 은거하면서 고산정이라 개칭하였다고 한다.

정호(亭號) 현판은 이원의 글씨이고 "호산승집(湖山勝集)"의 현판은 명나라 사신 주지번의 글씨이다. 인조조에 명나라 사신 웅화(熊化)가 래조(來朝)하였을 때 유근이 원접사로 나아갔다. 교분이 두터웠던 웅화가 지어보낸 "고산정사기(孤山精舍記)"와 화답시 현판이 걸려 있다. 창건 이래 수차 보수되었으나 현재 다소 퇴락되어 있고 단청이 퇴색되어 있다. 괴강(傀江) 청류(淸流)의 양안(兩岸)에 산재한 일련의 승경지를 고산9경(孤山九景)이라 하는데 이 정자는 그중의 하나로 경치가 절경이다. 정자 동남쪽에 있는 제월대에서 내려다보는 풍광은 수려하기 그지없다.

전경

이 건물은 정면 2칸, 측면 2칸의 팔작집이다. 주초석은 자연석 위에 주좌를 원형으로 조출하여 설치하였다. 기둥은 원기둥으로 민흘림을 보이고 있으며 기둥 상단에는 장여를 짜 맞추고 기둥머리를 곡면으로 가공하여 도리를 얹었다.

지붕가구는 중간기둥의 전후칸에 대량을 걸고 좌우

내부

제월대

지붕가구

측면 중간기둥에서 충량을 걸쳐서 十자 형태로 보가구를 짰다. 대량 위에 동자주를 세우고 종량을 걸었고 중앙에 하나만 있는 종량을 중심으로 납도리로 된 중도리를 횡방향으로 균형을 잡아 설치한 다음 외기도리를 짜서 추녀를 걸고 합각을 올렸다. 네 귀부의 서까래로 선자를 틀고 처마서까래를 주심도리와 중도리에 걸었다. 종량과 외기도리 위에 판대공을 세우고 종도리를 받쳐서 단연을 배치하였다. 이 건물의 지붕가구는 사방 2칸 집에서 팔작지붕 가구를 구성한 흔히 볼 수 없는 예이다. 바닥은 약간 높게 우물마루를 깔고 기둥 옆에 머름난간을 설치하였다. 전체적인 건물의 형태는 장식을 배제하여 간결하게 느껴지는데 가구를 견실하게 짜맞추고 있다.

청주 망선루
(淸州 望仙樓)

• 지정번호 : 충북유형문화재110호
• 건축유형 : 정자
• 소 재 지 : 충북 청주시 상당구 남문로 2가 92
• 창건시기 : 고려
• 현황 조성시기 : 21세기

청주 선비들의 옛 향기

망선루는 객관(客館)의 동쪽에 있었으며 옛 이름은 취경루(聚景樓)이다. 지정(至正) 신축년(공민왕 10년)에 고려 공민왕이 홍건적을 피하여 안동으로부터 이곳에 옮겨와 수개월 동안 머물렀었다. 도적이 평정되자 문과와 감시(監試) 합격자의 방을 붙였었는데, 훗날 사람이 그 방을 써서 누에 게시하였다. 누각은 오랫동안 헐어 있었는데, 천순(天順) 신사년(세조 7년, 1461)에 목사 이백상(李伯常)이 새로이 중수하고 한명회(韓明澮)가 누각의 편액을 고쳐서 망선루라 하였다. 또한 목사(牧使) 이섬이 중수하였고, 목사 이수득(李秀得)이 수즙(修葺)한 일이 있다. 그 후 청주보통학교 여자부 교사로 이용되다가 1921년에 망선루가 헐리고 무덕전(武德殿)이 이 자리에 신축됨으로써, 1923년 남석교(南石橋) 언서리 제일교회로 이전되어 정남학교 교사로, 또한 세광고등학교 교사로도 쓰였으며 교회의 교육관으로도 사용되었다.

망선루는 정면 5칸, 측면 3칸 규모로 15칸 집이다. 팔작기와지붕으로 용마루 높이는 10.29m이다. 가구는 사부변작 5량 구조이다.

복원된 망선루 전경

제일교회에 있던 당시의 망선루에 대한 현황조사가 이루어졌으며, 그 상황은 다음과 같다.

기단은 배면의 좌측 두 협간

복원된 망선루 지붕가구

사이에 일부 남아 있다. 화강석을 1척 내외로 절단하여 기단 수직면과 윗면을 거친 정다듬으로 가공하고 한 단 설치했다. 가공 기법이나 기단석의 모양으로 보아 원형은 아닌 듯하였다.

누상층도 누하부와 동일한 공간구성을 하였다. 다만 간벽이 조적조가 아닌 각재 위 미장합판 마감으로 되어 있었고 좌측 두 칸은 성가 연습실로 사용되고 있었으며 어간은 계단과 대기실로 쓰이고, 우측 두 칸은 청년부 소예배실로 사용되었다.

초석은 막돌과 자갈, 모래를 혼합한 적심석을 초석의 넓이보다 두 배 넓게 다져 깔고 화강석을 원형의 형태로 다듬고 주좌면은 별도의 부주좌 없이 수평지게 되어 있었다.

망선루 난간의 위치는 조사된 홈구멍을 토대로 어느 정도 윤곽이 드러났다. 그러나 난간의 종류가 어떤 것이었는지는 정확히 단언할 수가 없었다. 다만 현재의 머름대 구멍간의 높이차가 두 자 내외인 것으로 보아 이중머름은 아니었던 것으로 보인다.

처마 내밀기는 좌 · 우 측면은 대칭이고 전 · 후면은 각각 달랐다. 처마 앙곡은 전반적으로 추녀마루 부분에서 약하게 반전되었다. 공포는 초익공 소로수장집으로 주칸 사이의 소로 외에는 별다른 치장이 없었다. 기둥 머리에 창방을 열주 방향으로 걸고 창방과 직

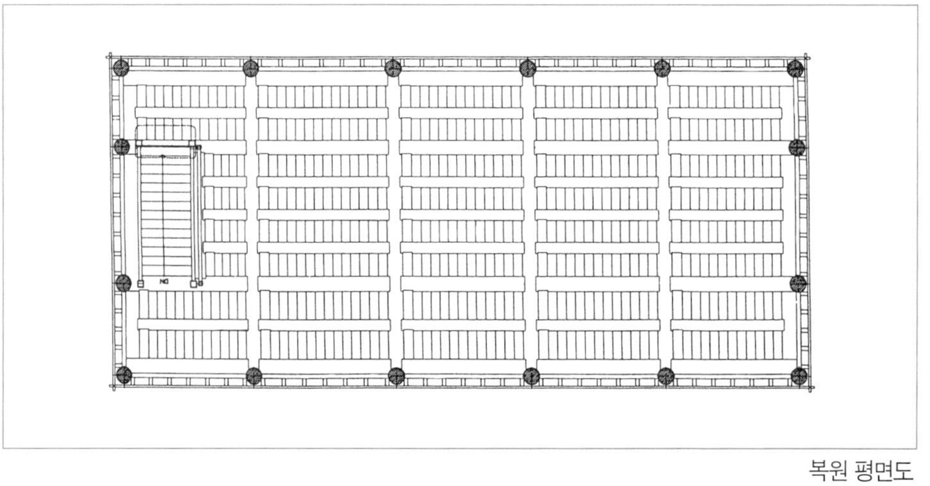

복원 평면도

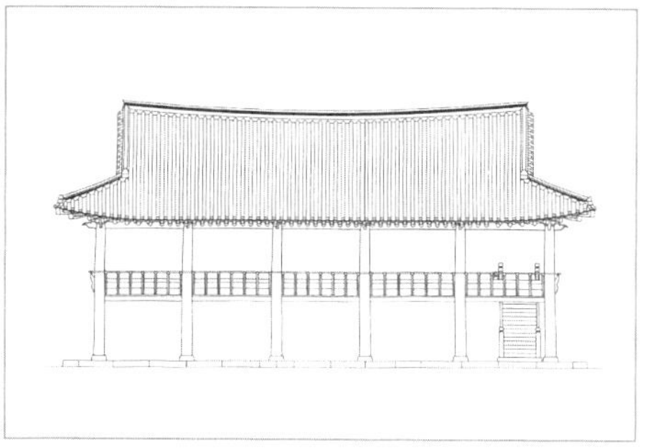

정면도

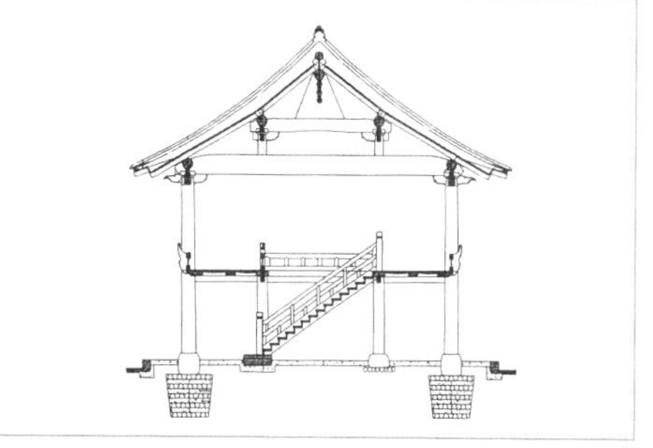

단면도

교하여 초익공을 화통가지 맞춤하였으며 그 위에 주두를 놓고 보머리를 받았다. 공포의 전체적 구성감은 기둥의 굵기와 처마의 규모에 비하여 왜소한 느낌이었다.

가구구조는 무고주 5량가이다. 도리 나눔은 대체적으로 사분변작법을 따랐다. 기둥 상부에 도리방향으로 창방과 대량방향으로 익공을 화통가지 맞춤으로 조립하고 주두를 얹은 후 각재의 통보를 고주 없이 건너질렀다. 큰보 위에 동자기둥을 세우고 탱주와 같은 방법으로 화통가지 맞춤을 하였으며 동자주 상부에 창방을 걸어 주두를 얹고 그 위에 원방형의 작은보를 걸었다. 귀서까래의 경우 현재 말굽선자로 되어 있는데 조사 결과 말굽선자로 사용된 서까래의 내부면에서 선자서까래가 사용되었던 흔적이 남아 있었다.

지붕은 팔작지붕으로 와구토 마감을 하였다. 가구구성에서 언급하였듯이 건물의 중심축이 전후 비대칭이고 처마와 추녀의 내밀기가 각각 다르게 시공되어 기와잇기에 있어서도 이 영향을 받았다. 당시 기둥면에는 석간주칠이 남아 있었다(청주시, 청주 망선루 현황조사 보고서, pp.11~32). 상기의 제반 조사를 거친 후, 현재는 중앙공원으로 옮겨 새로이 옛 모습을 추정하여 복원하였다.

망선루는 본래 객사에 부속된 건물이며 고려 때부터 역사에 등장하는 청루 선비들의 교육과 문화의 장으로서, 청주와 역사를 함께 해온 연못가의 아름다운 누정이었다.

구 망서루 측면

구 망선루 익공

무농정지
(務農亭址)

• 지정번호 : 충북기념물 85호
• 건축유형 : 정자
• 소 재 지 : 충북 청주시 상당구 방서동 210-4
• 창건시기 : 고려초기, 1949년 중건, 1988년 개건

농사를 독려한 정자터

유적비(遺蹟碑)에 의하면 청주 한씨의 시조 한란(韓蘭)이 농사를 힘써 하던 장소에 정자를 짓고 무농정이라 편명(扁名)하였다 한다. 한란은 고려 개국공신이며 삼중대광(三重大匡) 태위(太尉)였다. 그 후 이 정자는 허물어져 없어졌다.

숙종 14년(1688) 여름에 정자가 없어진 자리에 후손 한익저가 유적비를 세웠다. 건물은 1949년에 후손들이 정자의 옛터에 시멘트로 중건하였다가 1988년 목조로 개건하였다. 현재의 이 정자 건물은 정면 3칸, 측면 2칸의 겹처마 팔작집이다.

기단은 화강석으로 다듬은 장대석으로 초벌대로 낮으며 주초석은 화강석을 사각으로 다듬어서 설치하였다. 기둥은 원기둥으로 세워져 있는데 창방을 비롯하여 다른 부재들에 비해 굵으며 그 높이도 너무 낮다.

두공은 주심포계 형식을 채용하고 있는데 조각의 양식기법은 말기적인 형태로 구성되어 있어서 전통적인 건축양식과 다소 이질적인 느낌을 주고 있다. 지붕가구는 5량가이며 종량을 받치고 있는 대공은 포대공의 형식을 취하고 있다.

복원된 무농정

무농정지는 농사를 힘써 하도록 독려한 동산 위의 정자터로서 고려, 조선시대를 통하여 우리나라 사대부의 농경 풍속을 전해주는 귀중한 곳이다.

지선정
(止善亭)

- 지정번호 : 충북유형문화재 111호
- 건축유형 : 정자
- 소 재 지 : 충북 청원군 현도면 매봉리 248
- 창건시기 : 조선 광해군 6년(1614),
  고종 16년(1879) 개건

청원 선비들의 옛 향기

지선정은 조선 광해군 6년(1614) 처사(處士) 오명립(吳名立)이 처음 건립하였다. 그는 광해군 5년(1613) 폐모론이 일어나자 느낀 바 있어 벼슬을 단념하고 고향으로 돌아와 정자를 짓고, 그의 호를 따서 지선정이라 하였다. 이곳에서 경서를 강론하고 후학을 길렀다. 숙종 30년(1704)에 개건되고 영조 14년(1738)과 순조 2년(1802)에 중수되었는데, 고종 16년(1879) 3월에 후손인 당산공(唐山公) 정호(正鎬)와 농은공(農隱公) 계영(啓英)이 개건하고 담장과 중문을 설치하였다.

우암(尤庵) 송시열이 쓴 편액과 한수재(寒水齋) 권상하(權尙夏)가 쓴 "지선정(止善亭)" 편액이 있다.

이 건물은 정면 3칸, 측면 2칸의 아담한 팔작집이다. 기단은 자연석을 초벌대로 설치하여 나즈막하게 축조되었고 주초석은 자연석 덤벙주초로 되어 있는데 간혹 화강석 원형 주초도 섞여 있다. 기둥은 각주인데 전후 보칸의 중간기둥을 평주로 세우고 대량을 맞보 형식으로 걸었다.

전경

중앙 대청마루에 있는 대량은 전후 처마기둥 사이에 장통보를 걸었다. 지붕가구는 5량가이고 처마는 홑처마이다. 대

지붕가구

대청마루와 누마루

남측 창호

배면

청마루와 누마루 외부에 머름을 구성하고 출입문과 창호를 달았다. 마루 주변 벽체는 판벽이고 방에는 회벽으로 마감되어 있어서 외관상 마루와 방을 알아볼 수 있다. 창호는 대부분 띠살문으로 되어 있는데 궁판이 높게 구성되어 있다. 본래 백골집이었을 것으로 보이나 약한 석간주로 칠해져 있어서 고풍스런 모습을 흐리고 있다.

지선정은 멀리 조망할 수 있는 동산에 건립되어 스스로 연구하며 후학을 가르친 정사로서, 충북지역 선비들의 풍모를 알 수 있게 하며 특히 대청마루와 누마루의 구성은 운취를 더 해준다.

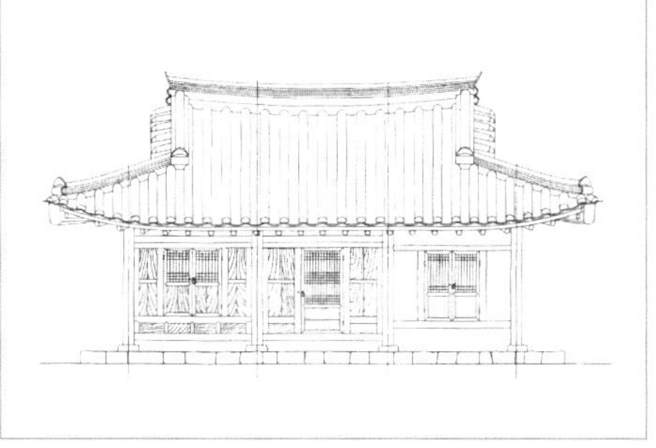

정면도

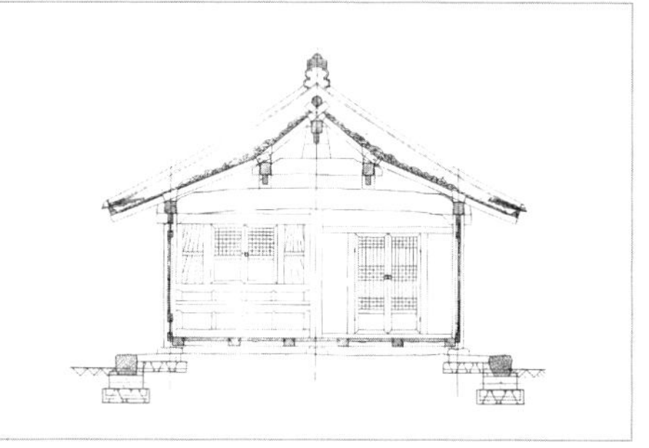

단면도

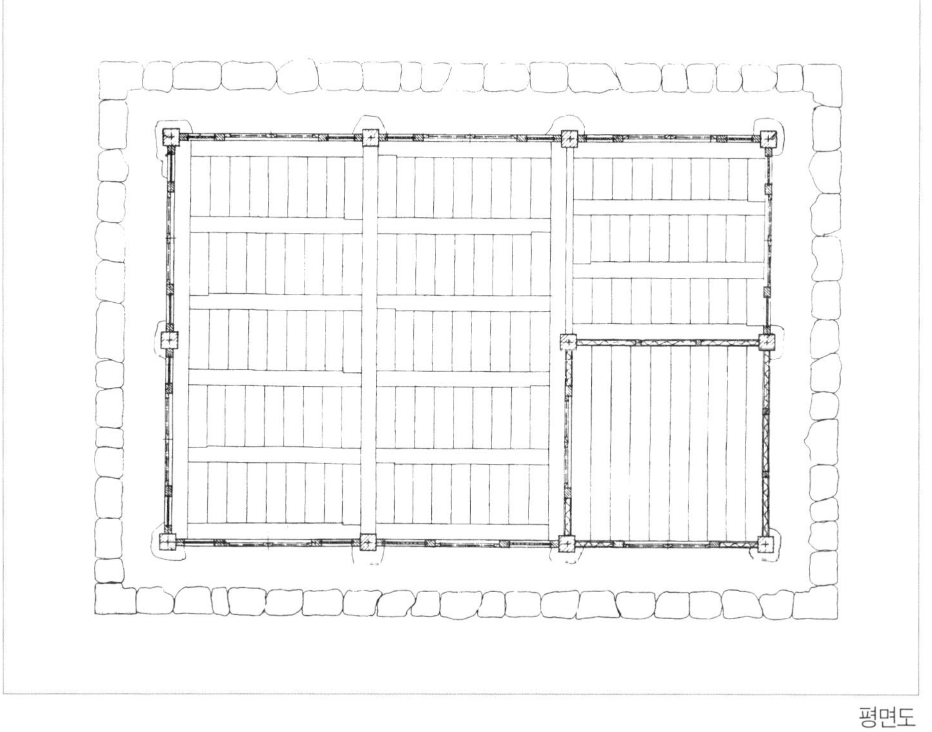

평면도

옥천 청석교
(沃川 靑石橋)

- 지정번호 : 충북유형문화재 121호
- 건축유형 : 교량
- 소 재 지 : 충북 옥천군 군북면 증약리 1068-1
- 창건시기 : 고려시대

강감찬의 전설 어린 옥천의 옛 다리

이 다리는 660년 신라 문무왕 때 만들어진 것으로 전해지고 있으며, 본래 경부선 철도변에 있던 것을 철도공사를 하면서 지금의 자리에 옮겨 놓았다. 특히 이 다리가 있는 증약(增若)은 찰방역(察訪驛)이 있던 곳으로 사람의 왕래가 많았을 것으로 보이며, 이런 것으로 인하여 강감찬(姜邯贊) 장군의 일화는 이 지역 주민들의 입에서 입으로 지금까지 전해져 내려오고 있다.

즉, 신라가 망하고 고려가 신라 땅을 지배하게 되었을 때, 신라의 수도인 경주는 천년 도읍지로서의 긍지와 신라인들의 자부심 등이 뿌리박혀 있어 고려에 순종하지 않을 뿐 아니라 부윤을 보내면 통치를 못하고 밀려나기만 하였다. 그래서 지용을 겸비한 명장 강감찬이 경주부윤으로 부임하게 되어 이곳에서 하루 저녁 쉬게 되었는데, 이곳에 모기가 너무 많아 백성들이 심히 괴로움을 당하고 있음을 보고 "아무리 미물이라 하더라도 백성을 괴롭히는 죄는 용서할 수 없다. 즉시 물러가지 않으면 멸종을 면치 못하리라"하고 호령을 하니 모든 모기가 자취를 감추었다고 하며, 지금도 이곳에는 모기가 적다고 한다. 그리고 경주 사람들은 이와 같은 강감찬 장군의 신통력을 믿고

전경

교각 전경

상부구조

교각 가구구조

교각상세

따라 훌륭한 통치를 하였다고 전한다.

다리의 구조는 하천 바닥에 장대석으로 지대를 깔아 만들고 그 위에 석조 교각을 4각 기둥으로 세웠다. 양쪽 교각주 위에 동귀틀 돌을 걸치고 그 위에 청판석을 놓았으며 동귀틀 돌은 밑바닥에 홈을 파서 교각돌에 끼워 걸었다. 청판석은 양쪽 끝에 반턱을 내어서 동귀틀 돌에 걸쳐 놓았고 교대는 장대석을 쌓아서 축조하였다. 다리의 길이는 6.9m, 폭 2.2m, 높이 1.75m로서 옛날 서울을 오르내릴 때 많은 사람이 이용하였을 것으로 보인다.

옥천 청석교는 우리나라의 전통적인 가구식 다리로서 이 지역에 산출되는 재료로써 청판석을 놓아 더욱 향토색이 묻어난다.

옥천 양신정
(沃川 養神亭)

• 지정번호 : 충북기념물 29호
• 건축유형 : 정자
• 소 재 지 : 충북 옥천군 동이면 금암리 76
• 창건시기 : 조선 인종 원년(1545)
• 현황 조성시기 : 조선 순조 28년(1828) 재건

옥천 선비의 옛 향기

이 정자는 조선 인종 원년에 전팽령(全彭齡)이 밀양부사로 있다가 물러나 쉬면서 글 읽는 곳으로 건립하였다. 선조 30년(1597) 정유재란 때 병화로 불타 없어진 것을 광해군 12년(1620)에 다시 지었으나 영조 9년(1733)에 무너져 없어졌었다. 지금의 정자는 순조 28년(1828)에 다시 건립한 정면 2칸, 측면 2칸 규모의 팔작집이다. 이 정자를 처음 건립하였을 때의 사정을 전하는 소세양(蘇世讓)의 "양신정기(養神亭記)"가 남아 전해온다.

양신정은 정면 3칸, 측면 2칸의 팔작집이다. 기단은 장대석을 초벌대로 설치하여 낮게 되어 있다. 주초석은 4각 주초석으로 다듬은 화강석으로 놓고 기둥은 각주로 세웠다. 기둥머리에는 주두를 구성하지 않았는데 보아지를 처마쪽으로 내밀어서 촛가지 모양으로 조각하였다. 중간의 기둥 두 개에는 촛가지 밑에 쪽소로를 붙여 흥미롭게 표현되어 있다.

전경

지붕가구는 전후 처마기둥 칸에 대량을 걸고 종량과 중도리 및 종도리를 짜올린 5량가이다. 측면에서는 충량을 대량과 결구시키고 외기도리를 받쳐서 합각을 올렸다. 처마는 홑처마이며 네 귀에 선자를 틀어서 천장을 꾸몄다.

내부가구

마루구조

선자서까래

전경

반자는 대청의 경우 합각부의 외기도리 칸에만 우물반자를 구성하여 합각벽이 보이지 않도록 하였다.

평면은 정면에서 볼 때 좌측 1칸을 방으로 하고 우측 2칸을 마루로 구성하였다. 마루칸에는 주선을 기둥 옆에 붙여 세웠으며 높은 평난간을 둘렀다. 방의 창문은 띠살창으로 되어 있으며 방과 마루 사이에는 정자살문으로 크게 달려 있다. 정자 주변에는 막돌담장으로 4면을 둘러막고 일각문으로 출입문을 세웠다.

옥천 양신정은 소박한 자태로서 충북지역 선비들의 풍모를 알게 하는 정사이다.

영동 가학루 (永同 駕鶴樓)

• 지정번호 : 충북유형문화재 22호
• 건축유형 : 정자
• 소 재 지 : 충북 영동군 황간면 남성리 140
• 창건시기 : 조선 태조 2년(1393), 광해군때 중건
• 현황 조성시기 : 광해군

영동 선비들의 옛 향기

황간은 영동군 북쪽, 추풍령 턱 밑에 자리잡은 면이다. 황간 면소재지인 남성리, 높다란 언덕 위에 가학루가 있다. 옛 황간산성(黃澗山城) 터 안에 있으며 황간향교 앞에 있는 이 누각은 조선 태조 2년(1393)에 황간현감 하첨(河詹)이 창건하였다. 뒤에 경상도 관찰사 남공(南公)이 마치 학이 바람을 타고 떠다니는 듯하다 하여 가학루라 편액하고 이첨(李詹)이 기문을 썼다. 임진왜란 때 병화로 소실된 것을 광해군 때 현감 손번(孫蕃)과 구장원(具長源)이 중건하고, 숙종 42년(1716) 현감 황도(黃鍍)가 개와를 보수하였다. 정조 때 현감 이운영(李運永)이 중수하고, 1930년에 김석영(金錫泳) 군수가 다시 중수하였다.

가학루는 정면 4칸, 측면 3칸의 팔작집이다. 기단은 자연석을 초벌대로 나지막하게 쌓았다. 자연석 덤벙주초 위에 기둥은 민흘림 원기둥을 세웠는데 배흘림에 가까운 것과 자연스럽게 굽은 것도 보이고 있다.

전경

두공은 이익공으로 짜여 있으나 재주두는 구성되지 않았다. 주칸에 놓이는 화반은 넓은 온칸에만 있고 반칸에서는 구성되지 않았다. 익공의 촛가지는 하부에 싹이 하나 돋아 있고 끝이 수평으로 짧게 조각되어 있으며 첨차와 화반은 파련각으로 조각

좌측기둥

우측기둥

되어 있다. 보머리는 장식을 하지 않고 그대로 직선에 가깝게 사절되어 있다. 지붕가구는 각주로 되어 있는 내진고주와 처마기둥 간에 대량을 설고 퇴량을 맞보로 결구한 1고주 5량가이다.

처마는 부연을 달지 않은 홑처마이며 귀처마는 평행서까래에 가까운 말굽서까래로 구성되어 있다. 좌우 측면에는 기둥의 배치가 다르게 되어 있다. 좌측면에는 중간의 간주가 2개이고 지붕가구에서 충량도 2개로 구성되어 있다. 우측면에는 중앙 간주가 한 개로 되어 있으며 충량도 한 개로 짜여 있다. 충량은 곡재를 사용하여 대량 윗등에 걸쳐 놓았다.

천장은 연등천장으로 서까래와 지붕가구가 노출되어 있다. 다만 추녀 뒤뿌리가 결구되는 합각부의 외기도리 부분에서 판재로 반자를 설치하여 막았다. 추녀 뒤뿌리를 잡아주는 강다리가 외기도리 왕찌짜임 안쪽에서 보이고 있다. 종도리를 받치고 있는 대공은 항아리 모양의 파련대공으로 구성되어 있다. 누각이지만 기둥 몸채에 마루를 약간 높게 설치하고 평난간을 단순한 형태로 구성하였다.

영동 가학루는 멀리 영남을 내려다 볼 듯한 기개로 산마루에 서 있으며, 기둥이 생략된 평면과 지붕가구의 고졸함은 영동 선비들의 소박하고 운치 있는 풍류를 볼 수 있게 한다.

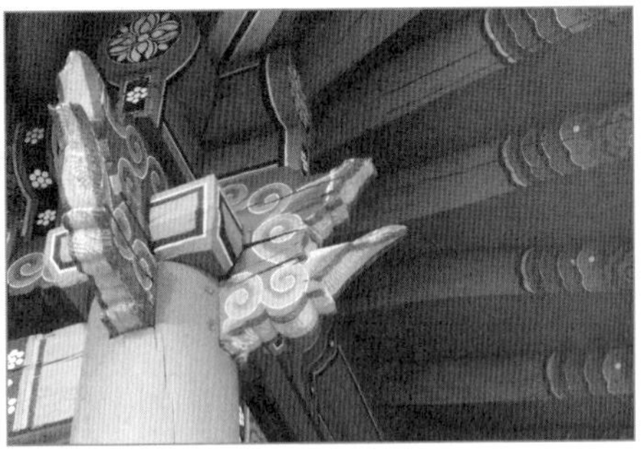

귀공포

전경

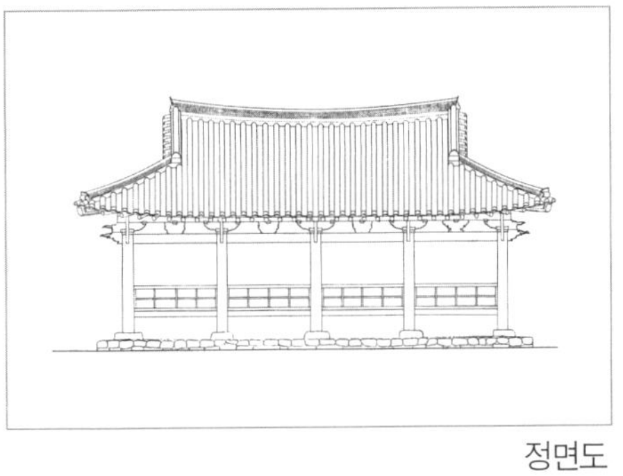

정면도

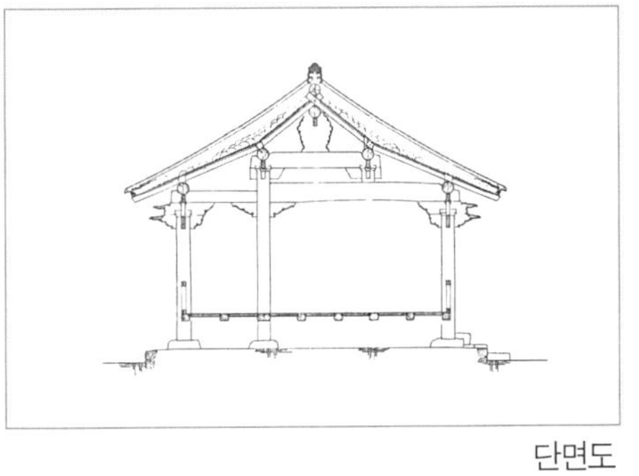

단면도

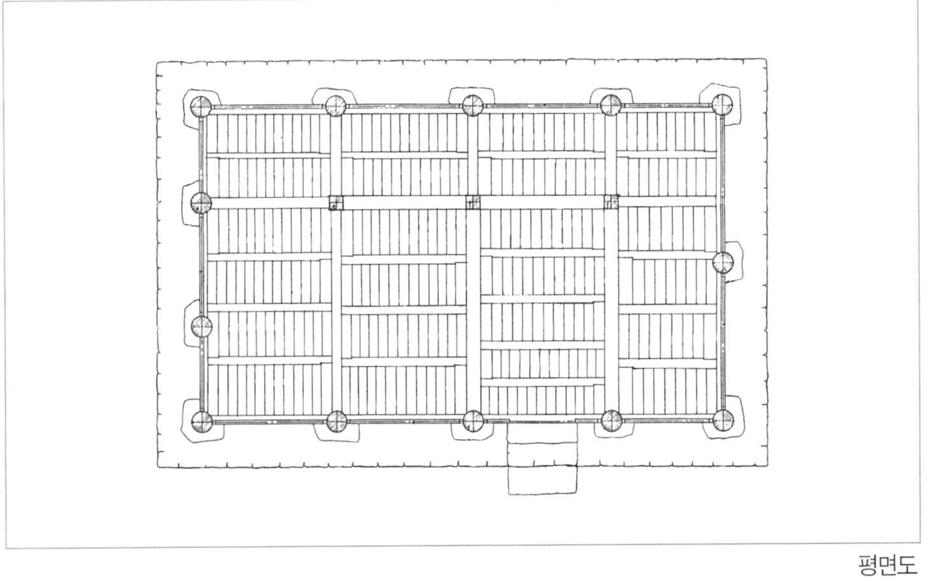

평면도

영동 화수루
(永同 花樹樓)

• 지정번호 : 충북유형문화재 165호
• 건축유형 : 정자
• 소 재 지 : 충북 영동군 상촌면 하도대리 81
• 창건시기 : 조선 명종 1년(1546), 순조 4년(1804) 이건

운치 있는 작은 서당

조선 명종 1년(1546)에 고성남 씨 수일파 문중에서 건립하여 옥계서당이라 하여 후손들의 강학처로 사용하다가 순조 4년(1804)에 현재의 위치인 영동군 삼촌면 하도대리 49번지로 옮겨 화수루라 하였다.

고성남 씨 수일파 후손인 남기준 옹에 의하면, 서당으로 세워진 것으로 여름에는 대청에서 겨울에는 방에서 공부했다고 한다. 일제 때 초등학교가 없었기 때문에 여기에서 천자문에서 논어, 맹자까지 배웠으며, 연령의 제한없이 다 모여 앉아 개별적인 교습으로 진행되었다고 한다. 강학 외에는 별도의 성격으로 사용되지 않았는데, 타 성들도 공부하였기 때문이라 한다. 예를 들면 집안의 문제들에 대한 토의는 마을의 큰 집에서 이루어졌다고 한다.

전경

선생은 일반적으로 다른 곳(마을의 개인집)에서 식사를 하였으며, 취침은 서당에서 하였는데, 때로는 식사를 날라 주었다고 한다. 선생님의 자리는 구들이 시작되는 서쪽의 아랫목에 자리하고 있으며, 서편의 배면부에 詩書府庫라는 별도의 감실 비슷한 서고를 두어 책과 자료를 보관하는 장소가 만들어져 있다. 현재는 수일파

귀공포

내부가구

함실아궁이

전경

종회에서 문중회의를 할 때에 사용된다고 한다.

대청마루의 중수기에 보면 "... 옥계서당 동쪽에 작은 누를 세우니 화수루라..., 1546년에 병건, 1613년에 1차 중수, 숭정3갑자 순조4년(1804년)에 중수하노라..." 라 기록되어 있는 것을 보면, 화수루는 처음 건립 당시에는 서당 옆의 누각으로 건립되었는데, 차후에 옥계에서 하도대로 이건하면서 서당은 없어지고 화수루가 서당의 역할을 병행하면서 사용되었던 것으로 사료된다. 또한 현 하도대의 고성남씨 수일파의 집성촌인 하도대에는 별도의 정자들이 천변에도 있어서 그곳에서 어른들이 유희나 휴식을 즐겼다고 하는 동네 주민들의 얘기로 미루어볼 때 서당의 기능으로 사용되었다고 본다.

화수루는 기단 위에 하부기둥을 두어 지면에서 1.55m 정도를 띄워 상부바닥을 놓은 정면 2칸, 측면 2칸의 고설식 온돌집으로서, 전면 2칸을 우물마루의 대청으로 하고 후면 2칸은 온돌방으로 드렸다.

기단은 자연석을 초벌대로 낮게 설치하고 주초석은 자연석 덤벙주초로 받쳤다. 기둥은 민흘림 원기둥으로 누하주와 누상주를 각각의 부재로 세웠다. 누마루는 누하주 위에 귀틀을 짜고 청판을 깔았으며 마루 귀틀은 기둥 밖으로 길게 빼고 궁판에 안상을 조각한 평난간을 둘렀다. 기둥머리에는 주두를 놓고 창방을 주칸에 걸었으며 소로를 배치하였다. 익공은 단순한 형태의 운공 모양이고 창방 뺄목은 첨차형태로 만들고 소로를 한 개

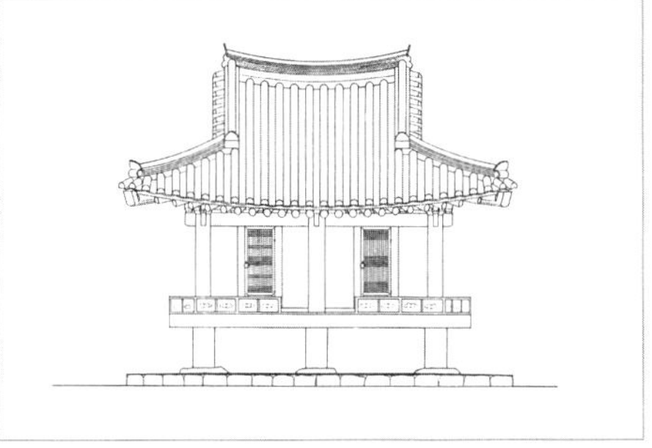

정면도

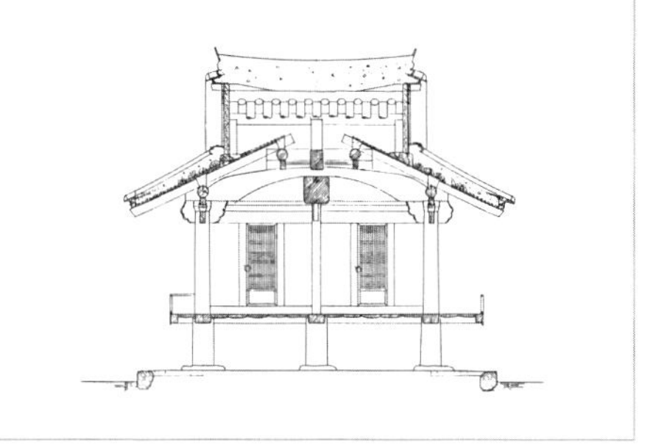

단면도

놓아 장여 뺄목을 받치고 있다.

지붕가구는 내부 중앙에 있는 기둥을 중심으로 정면과 배면의 중간 처마기둥에서 대량을 맞보로 잇고 그 위에 중도리를 사방으로 짠 다음 왕찌짜임 위에 추녀를 올렸다. 처마는 홑처마이며 귀처마는 주심도리 위에 갈모산방을 놓고 선자서까래를 배치하여 처마곡선을 이룬다. 방은 누하부에 고막이를 쌓고 아궁이와 가내굴을 구성하여 온돌을 높게 놓았으며 방바닥은 진흙을 다져서 그대로 기름을 먹여 마감한 흙장판으로 되어 있다. 이 흙장판은 흔히 볼 수 없는 독특한 기법으로 남아 있다. 건물의 좌측면 하부에 아궁이가 시설되어 있고, 우측 맞은편에 2개의 돌출형 굴뚝을 두어 ㄹ자형 온돌형식을 나타내고 있는데, 2개의 굴뚝을 시설한 것은 난방(煖房)을 강조한 때문으로 보인다. 영동 화수루는 충북지역 산간의 소박한 서당으로서 작은 정자를 지어 나가는 장인의 기법이 대단히 운취 있고 흥미로우며, 당시의 교육풍토를 알 수 있는 귀중한 문화유산이다.

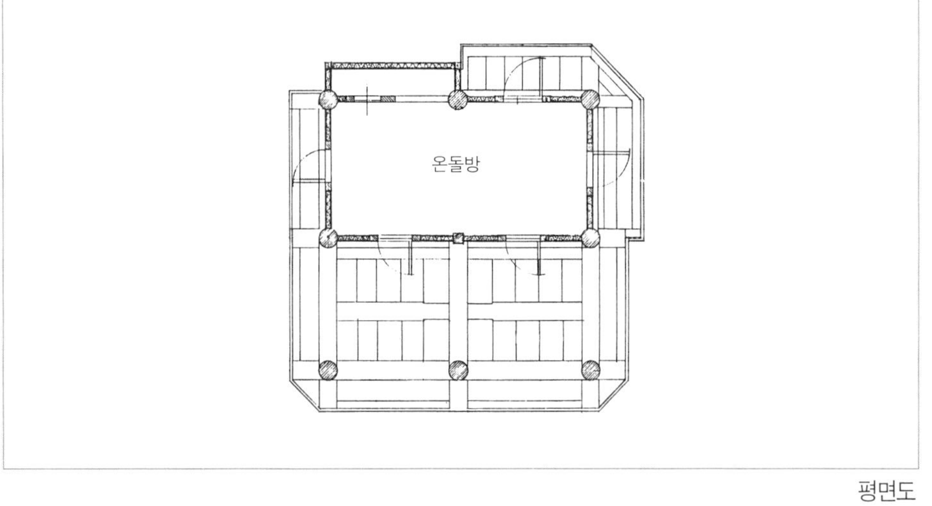

평면도

제6장

기타 건축

음성 감곡성당

- 지정번호 : 충북유형문화재 188호
- 건축유형 : 성당
- 소 재 지 : 충북 음성군 감곡면 왕장리 357-2
- 창건시기 : 1930년

충북지역 근대기 건축

조선에 천주교가 전래된 것은 17세기 초 청나라 연경(지금의 북경)으로 파견된 조선시대의 외교사절인 부연사행(赴燕使行)을 통해 먼저 학문으로 소개되었다. 그리고 1세기 반 이상에 걸친 학문적 접촉과 연구를 통해 18세기 후반에 종교로 발전하였다. 선교사의 전교 없이 오로지 한역(漢譯) 서학서(西學書)를 매개로 하여 자발적인 천주교의 수용은 지금까지 유래가 없다.

감곡성당은 1921년 터닦기를 시작하여 1930년에 완공된 벽돌구조의 고딕양식으로, 중앙 종탑을 중심으로 좌우 양탑이 있는 것이 특징이다. 배치는 장방형 평면에 장변축을 동서 방향으로 두어 주출입구를 서쪽으로 두는 전형적인 고딕성당의 배치를 보여주고 있다. 성당을 중심으로 남측으로 사제관과 교육관이 배치되어 있고 현재의 출입은 매괴여자중 · 상업고등학교가 있는 남쪽이다. 교육관 뒤편으로는 수녀원이 있으며 북측은 넓은 광장에 주차장으로 정비되어 있다. 사제관은 1934년에 준공된 석조 2층 건물이다.

정면

성당의 지대석은 평균 90cm 높이의 3단 화강석 쌓기로 이루어져 있으며 그 위에 벽돌이 쌓여져 부축벽과 벽체를 이룬다. 평면은 삼랑식의 장방형으로 열주와 볼트 천장에 의해서 신랑(nave)

측면

내부

측랑

과 측랑(aisle), 익랑(transept)의 구별이 뚜렷한 삼랑식의 잔류고딕양식이다. 좌우 양측의 돌출한 출입구에 의해 라틴 십자형의 구성을 하였고 신랑은 측랑보다 주간이 넓은 바실리카식 평면형태를 하고 있다. 신랑의 천장은 뾰족 배럴볼트(pointed barrel vault)이며 측랑은 평천장인데 각 베이의 경계선에는 목재에 녹색 칠을 한 리브(rib)가 있다. 본 건물 천장의 특징은 모두 목재로 구성되어 있다는 점이다. 신랑과 측랑의 경계에 있는 열주에 지지되고 있는 리브에 졸대를 촘촘히 대어 플라스터 마감하였고 창호는 대부분이 뾰족아치(pointed arch)이며, 아치 상부만 후드 쇠시리(hood molding)로 장식되어 있다. 스테인드글라스는 장식수법과 색상에서 단순함을 보여준다. 특히 색동의 유리조각은 한국전통의 아름다움을 표현하고 있다.

전면 파사드에는 3개의 종탑을 가지고 있다. 8각의 중앙 종탑은 높이 35.296m로 좌우 양탑의 높이 15.8m에 비해 월등히 높은 것이 특징이며, 우리나라에서 가장 높다. 종루 뾰족탑에도 환기를 위한 고정창이 설치되어 있어 뾰족탑 목재 뼈대의 부식을 방지하고 있다. 지붕은 전면 종탑과 뾰족탑은 판각형의 모임지붕이고, 배면에서는 만사드형태로 처리하였다. 본 건물에 사용된 주요 목구조는 지붕의 트러스 구조와 배럴 볼트 구조, 종탑의 목조 뾰족탑 구조, 그리고 마룻바닥 구조를 들 수 있다. 음성 감곡성당은 충북지역 근대기 건축의 귀중한 자료이다.

청주 성공회 성당
(淸州 聖公會 聖堂)

• 지정번호 : 충북유형문화재 149호
• 건축유형 : 성당
• 소 재 지 : 충북 청주시 상당구 수동 202
• 창건시기 : 1935년

서양건축과 한옥의 융합

이 성당은 주위로부터 확연히 드러나는 청주시 중심 수동 언덕 위에 위치하고 있다. 성당의 진입은 서쪽으로부터 완만한 경사로를 따라 돌아 올라갈 수가 있고, 또한 남쪽으로부터 가파른 경사로와 계단을 이용할 수 있다. 성당은 출입구 전면이 남향으로 자리잡아 가파른 계단과 강한 종축을 형성하고 있다. 청주에 성공회가 설립된 것은 1922년이며, 1935년에 이 성당이 건립되었다.

전체적인 대지형상은 높은 언덕 위에 남북으로 평평하게 깎은 배의 형상을 하고 있다. 이곳 청주 성공회 성당 역시 강화성당과 유사한 형상으로 정리된 대지의 중앙에 한옥 붉은 벽돌집으로 세워져 있다.

전경

지붕가구

내부

정면

신랑

성당은 낮은 기단 위에 초석을 놓고 네모 기둥을 세우고 대들보와 마룻보 위에 사다리꼴 판대공(臺工)이 종도리를 받치는 한식 목조건물로 정면 4칸, 측면 8칸의 9량가 납도리형 겹처마의 팔작지붕이다.

기단은 장대석을 초벌대로 설치하여 나지막하다. 주초석은 화강석으로 된 사각주초를 받치고 기둥은 각주로 세웠으며 내부에 2고주가 제단을 향해 열주로 구성되어 있다. 2열의 열주에 의해 신랑과 측랑이 완전히 구분되는 삼랑식 장방형 평면인데 횡간이 4칸 종간이 8칸이다. 진천성당과 같이 정면 좌우 측랑이 출입구 포치이며, 중앙칸에는 석조 세례반이 놓여 있다. 맨 뒤쪽 칸(중앙과 우측 신랑)은 제의실이며 좌측 측랑 칸에는 크레던스와 감실이 설치되고 제대는 뒷벽에서 떨어져 있다. 예배공간의 단변:장변의 비는 1:1.9이며, 신랑만은 1:3.5이다. 진천성당과 더불어 단층 한옥성당의 전형을 보여준다.

가구는 2고주 9량가 형식이다. 성당의 평면은 한쪽 합각부를 입구로 두고 반대쪽 합각부에 제단을 구성하였다. 그리고 내부에 고주열을 따라 양쪽에 툇간을 두었다. 툇간의 가구는 처마기둥 상단에서 고주의 주신 사이에 퇴량을 연결하고 퇴량 중간에 대공을 세

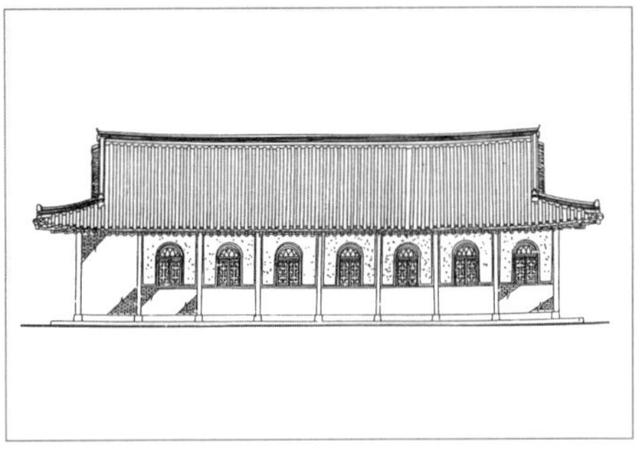
배면도

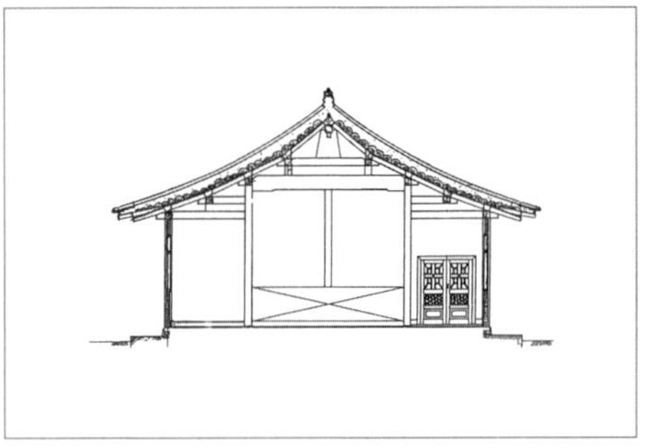
단면도

우고 계량을 다시 고주 상부 주심에 연결하여 하중도리를 받치고 있다. 중도리는 각각 고주로 받치고 있으며 고주칸에 대량을 연결하고 있다. 대량 위에 동자주를 세워 종량을 걸어서 상중도리를 받치고 종량 한가운데에 판대공을 세워 종도리를 받치고 있다.

전체적인 가구는 높은 고주를 이용하여 툇간과 중앙칸에 각각 보를 중첩시켜 넓은 스팬을 이루고 있는 합리적인 구조를 이루고 있다. 9량가나 되는 넓은 지붕가구가 연등천장이 노출되어 있어 보아지나 주두, 소로를 사용하지 않고 있는데도 보와 연목으로 중첩되는 연속적이며 간결한 가구의 아름다움을 느끼게 한다. 처마는 연목 위에 부연을 달아낸 겹처마이고 추녀 부위에 선자 서까래를 틀어 올렸다. 벽체는 붉은 벽돌을 중방 아래까지 쌓고 창호 주위에서 회벽으로 마감하였고 창호는 출입문 외에 아치창을 주로 구성

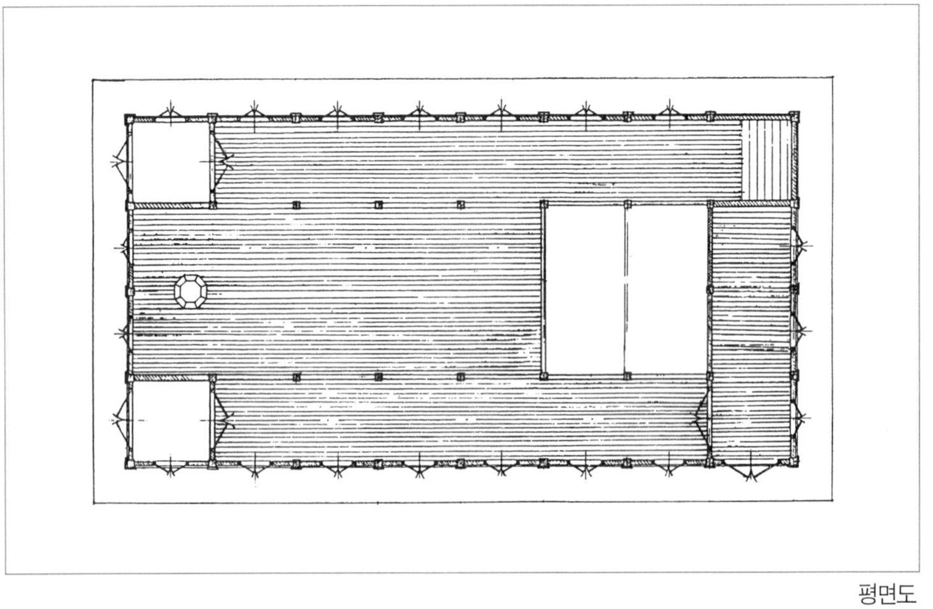
평면도

하였다. 창살문양은 亞자형 완자무늬를 변형하여 구성하고 아치부분에 서양식 창살문양을 조합하였다. 지붕기와는 한식기와를 올리고 용마루와 합각 내림마루 끝에 망와를 올려 마감하였다.

목조 출입문은 벽돌로 평아치를 쌓아 두 짝 여닫이문을 설치하였고 창문틀은 목조 원형 아치를 설치하고 두 짝 여닫이 창문을 달았다. 문과 창문의 살문양은 한식 창살문양을 기본으로 하여 교회의 종교적인 분위기를 자아내게끔 하였다. 내부는 신도석과 성역을 구분하였으며 연등천장에 한식목구조를 그대로 노출시켜 엄숙하고 장중한 느낌을 주게 하였다.

외벽의 하부는 적벽돌로 치장쌓기를 하였고 상부는 시멘트 모르타르를 거칠게 부착시켰다. 정면 합각부분에 전돌로 십자가를 장식하였으며, 디테일이 비교적 치밀하다. 바닥은 목조마루이고 천장은 가구가 노출된 연등천장인데 부재, 기법 등이 준수하여 강화성당 다음가는 훌륭한 한옥성당으로 평가된다.

이 건물은 한옥의 구조를 갖추면서 서구적인 형태로 지어진 성당 건축이다. 이러한 것은 근대 초기 서양건축과 한국건축이 융화되어 나타난 절충형식으로서 동 · 서 건축의 융합형식을 보여주는 건축사적 의의를 지닌 귀중한 자료가 된다.

청주 탑동 양관
(淸州 塔洞 洋館)

• 지정번호 : 충북유형문화재 133호(6동)
• 건축유형 : 양관
• 소 재 지 : 충북 청주시 상당구 탑동 94-17외
• 창건시기 : 1907~1932년

과도기적 건축

구한말(舊韓末) 개화기에 충북지방 기독교 문화의 요람이었던 청주선교사 양관은 1907년부터 1932년 사이에 건립된 6동의 서구식 건물로서, 미국북장로교회 소속 선교사들에 의해 청주지방에서는 맨 처음으로 건립된 양옥(洋屋) 건물이다.

청주시의 중심으로부터 동쪽으로 약 2km 정도 떨어진 산등성에 위치한 양관은 미국북장로교회 소속 선교사였던 민노아(F.S.Miller)목사가 1900년경 청주시 탑동 195번지 일대에 선교부지를 마련하여 부인과 함께 정착함으로써 건립의 기틀이 마련되어 1907년 양관 1호 건물을 건립하게 되었다. 그 뒤에 계균(Edwin-Kagin)목사가 부임하여 양관 신축공사의 전반적인 공사행정을 담당하였으며, 1923년에는 부례선(J.S.Purdy)목사 부부 등 여러 선교사들이 청주지역에 주재하면서 복음 포교활동을 하는 등 청주 기독교 문화의 요람으로서 그 중추적인 역할을 담당하였다.

양관건물의 전반적인 특징은 경사진 지형의 레벨차를 이용하여 반지하실을 두고 지상층(2~3층)을 두되, 한식과 양식을 절충한 건축구조양식이라는 점이다.

4호관 전경

6호관 건물을 제외하고는 지하실 부분의 외벽을 화강석으로 처리하였고, 지상층은 붉은 벽돌 및 흙갈색 벽돌을 사용하

4호관

5호관

1호관

5호관 지붕가구

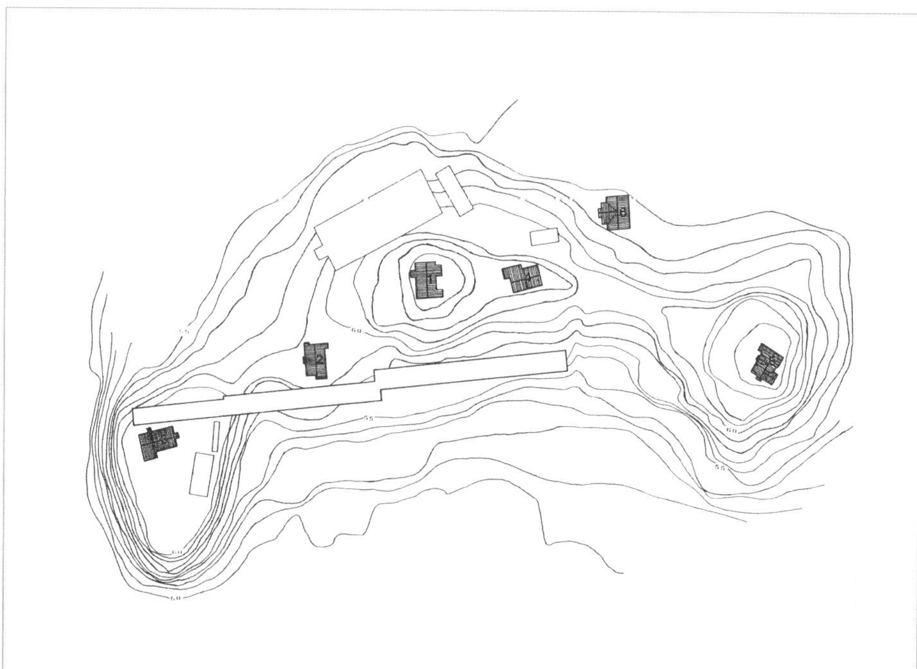

배치도

4호관 정면도

였으며, 지붕은 한식기와를 사용하여 한옥의 팔작지붕형태 내지는 맞배지붕양식을 가미한 절충식 지붕형태를 보여주고 있다.

구조는 조적식 목구조이며 바닥은 장선바닥판 위에 모두 쪽마루를 깔았다. 내벽과 천장에는 쫄대를 댄 후 회사벽바름을 하였고, 최상층 천장구조는 대부분의 지붕구조들이 노출되는 연등천장으로 되어 있다.

따라서 전반적인 공간구성은 한옥의 외형적인 건축양식에서 크게 벗어나지는 않으면서도 한국 전통건축과는 달리 내부적으로는 다소 폐쇄적인 가운데 각 실의 독립성을 최대한 유지할 수 있는 섬세한 공간구성을 보여주고 있다. 외부적으로는 복음포교의 기능을 다할 수 있도록 다소 개방적인 면이 내재되어 있음을 알 수 있다.

양관은 벽체를 조적조로 만들고 한옥의 지붕가구를 짜 올려서 한식기와를 이었다. 벽체와 내부시설은 미국의 근대주거 건축양식을 채용하였다. 지붕가구는 한옥의 보와 도리가구를 바탕으로 서까래를 올리고 박공에 목기연을 구성한 한옥 맞배지붕형식을 주로 구성하고 있다.

양관건물 6동은 건축사적인 측면에서 볼 때, 한국 전통건축에서 근대건축으로 변모해가는 과도기적 건축양식을 보여주고 있다는 점에서 매우 중요한 건축문화적 가치를 지니고 있다.

부록

- 권역별 문화재 목록 및 위치도
- 용어해설
- 참고문헌

권역별 문화재 및 위치도

단양군

문화재 명칭	지정번호	건축 유형	주 소	창건시기	현황 조성시기
향산리 삼층석탑	보물 405호	탑파	충북 단양군 가곡면 향산리 471-1	9세기	1973년 해체복원
영춘향교	충북유형문화재 106호	향교	충북 단양군 영춘면 상리 461	1399년	1791 이건
단양향교	충북유형문화재 107호	향교	충북 단양군 단성면 상방리 137-1	1415년	조선명종 이건
단양 조자형 가옥	중요민속자료 145호	주택	충북 단양군 가곡면 덕천리 49	1770년경	

제천시

문화재 명칭	지정번호	건축 유형	주 소	창건시기	현황 조성시기
청풍 금병헌	충북유형문화재 34호	관아	충북 제천시 청풍면 물태리 산6-20	1681년	조선후기
청풍 금남루	충북유형문화재 20호	관아	충북 제천시 청풍면 물태리 산6-20	19세기 중엽	1985년 이건
청풍 팔영루	충북유형문화재 35호	관아	충북 제천시 청풍면 물태리 산6-20	1702년	1983년 이건
사자빈신사지 석탑	보물 94호	탑파	충북 제천시 한수면 송계리 1002	1022년	
제천 장락리 칠층모전석탑	보물 459호	탑파	충북 제천시 장락동 65-2	9세기 말	
제천 신륵사 극락전	충북유형문화재 132호	사찰	충북 제천시 덕산면 월악리 803-5	582년	조선 선조
청풍향교	충북유형문화재 64호	향교	충북 제천시 청풍면 물태리 산6-5	고려 충숙왕	1779년 이건 1985년 이건
제천향교	충북유형문화재 105호	향교	충북 제천시 교동 86	1389년	1590년 이건
제원 박도수 가옥	중요민속자료 137호	주택	충북 제천시 금성면 구룡리 305	1864년	1864년
제원 정원태 가옥	중요민속자료 148호	주택	충북 제천시 금성면 월림리 621	19세기 초	19세기 초
청풍 도화리 고가	충북유형문화재 83호	주택	충북 제천시 청풍면 물태리 6-20		1985년 이건
청풍 황석리 고가	충북유형문화재 84호	주택	충북 제천시 청풍면 물태리 산6-20		충주댐 건설로 이건
청풍 후산리 고가	충북유형문화재 85호	주택	충북 제천시 청풍면 물태리 산6-20		1985년 이건
금성 중전리 고가	충북유형문화재 86호	주택	충북 제천시 금성면 중전리 45	19세기 중엽	19세기 중엽
김세균 판서 고가	충북유형문화재 88호	주택	충북 제천시 한수면 송계리 723-3		1985년 이건
수산 지곡리 고가	충북유형문화재 89호	주택	충북 제천시 청풍면 물태리 산6-20		1985년 이건
한수 명오리 고가	충북민속자료 5호	주택	충북 제천시 한수면 송계리 723-2		1985년 이건
청풍 한벽루	보물 528호	누각	충북 제천시 청풍면 물태리 산6-20	1317년 1634년 개창	1975년 복원 1985년 이건

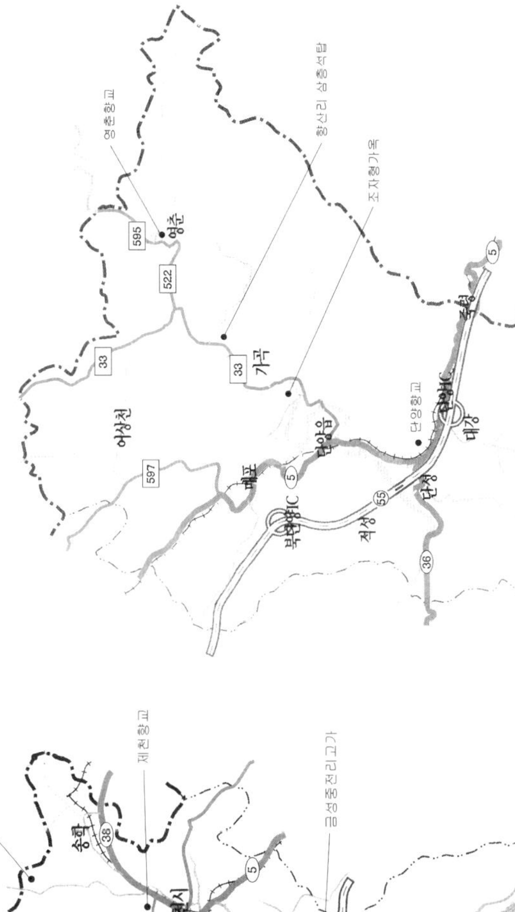
영춘향교
향산리 삼층석탑
조자형가옥
단양향교
영춘
가곡
어상천
매포
단양읍
대강
단성
적성

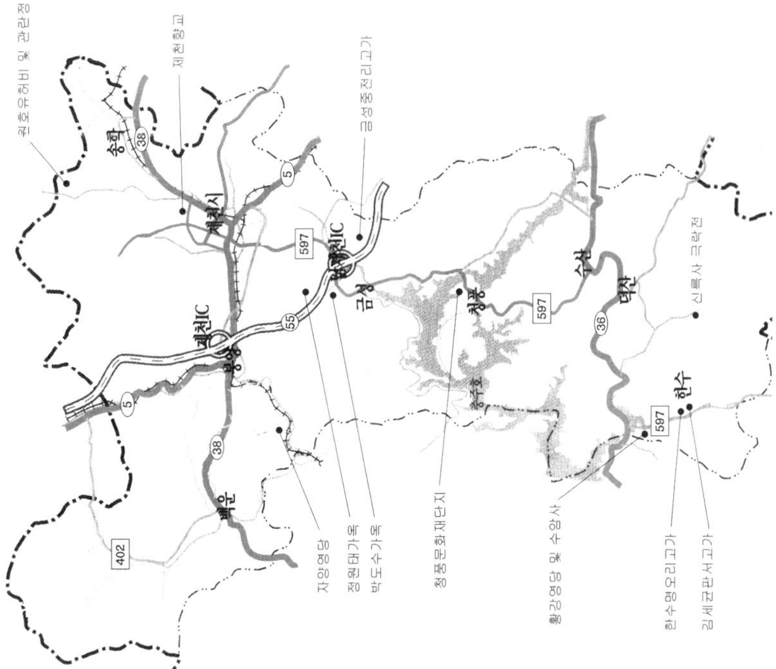
원호유허비 및 관란정
제천향교
송학
제천시
제천IC
봉양
백운
금성
청풍
수산
덕산
한수
자양영당
정원태가옥
박도수가옥
청풍문화재단지
황강영당 및 수암사
김세균판서고가
신륵사 극락전

충주시

문화재 명칭	지정번호	건축 유형	주 소	창건시기	현황 조성시기
충주 청령헌	충북유형문화재 66호	관아	충북 충주시 성내동 154-1	1870년	1983년 해체보수
충주 제금당	충북유형문화재 67호	관아	충북 충주시 성내동 154-1	조선초기	1983년 해체보수
중원 탑평리 칠층석탑	국보 6호	탑파	충북 충주시 가금면 탑평리 11	8세기 경	
청룡사 보각국사 정혜 원륭탑					
중원 미륵리 사지	사적 317호	사지	충북 충주시 상모면 미륵리 58	고려초기	
괴산 미륵리 오층석탑	보물 95호	탑파	충북 충주시 상모면 미륵리 56	고려시대	
충주향교	충북유형문화재 57호	향교	충북 충주시 교현동 179-1	1398년	1629년 이건 1897년 중건
중원 윤민걸 고가	중요민속자료 135호	주택	충북 충주시 엄정면 미내리 133	19세기 중반	19세기 중반
최함월 고택	충북유형문화재 87호	주택	충북 충주시 살미면 용천리 428-1	조선 숙종	1983년 이건

음성군

문화재 명칭	지정번호	건축 유형	주 소	창건시기	현황 조성시기
음성향교	충북유형문화재 104호	향교	충북 음성군 음성읍 읍내리 156-1	1560년	1887년
음성 김주태 가옥	중요민속자료 141호	주택	충북 음성군 감곡면 영산리 239-1	1901년	1901년
음성 공산정 고가	중요민속자료 143호	주택	충북 음성군 감곡면 영산리 585-3	19세기 후반	1924년 보수
음성 감곡성당	충북유형문화재 188호	성당	충북 음성군 감곡면 왕장리 357-2	1930년	1930년

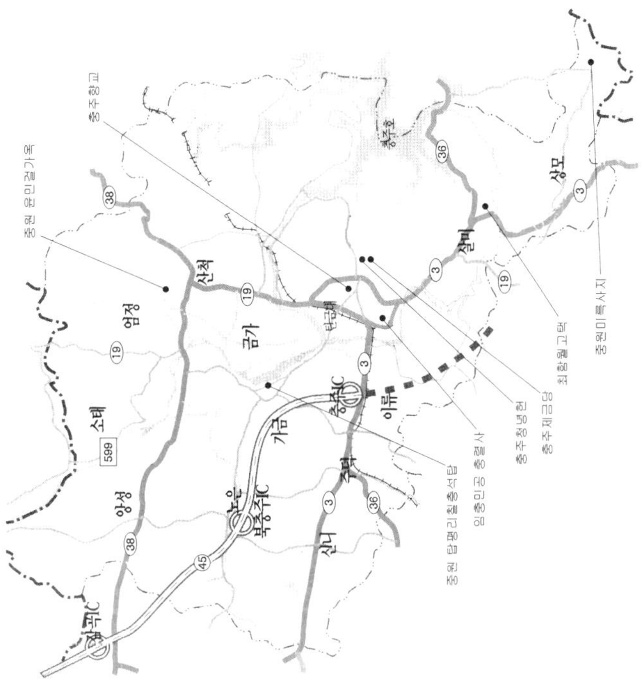

충주향교
충원 윤민걸가옥
충원 탑평리칠층석탑
임충민공 충렬사
충주청녕헌
충주제금당
최함월고택
충원미륵사지

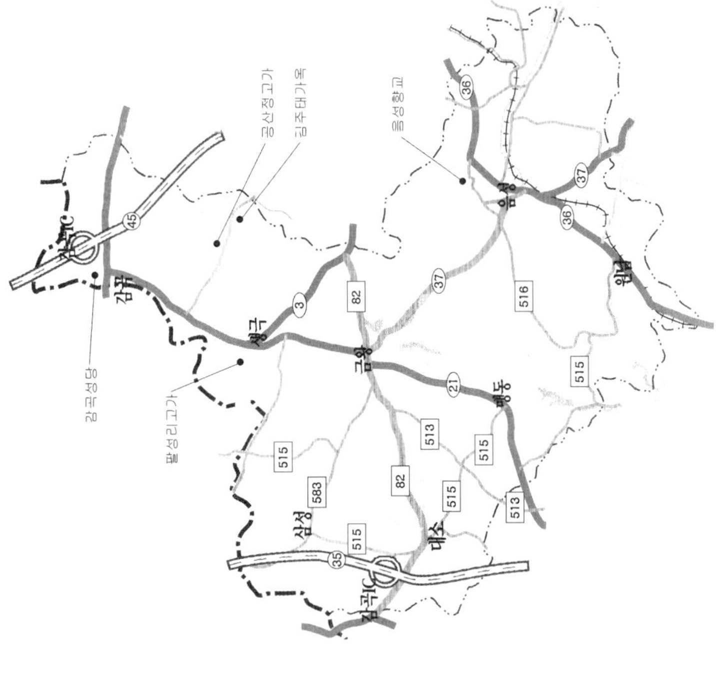

금산정고가
김주태가옥
음성향교
감곡성당
팔성리고가

진천군

문화재 명칭	지정번호	건축유형	주 소	창건시기	현황 조성시기
진천향교	충북유형문화재 101호	향교	충북 진천군 진천읍 교성리 416	조선 태조	1981년
이상설 생가	충북기념물 77호	주택	충북 진천군 진천읍 산척리 134-2	조선시대 말	20세기
진천 농교	충북유형문화재 28호	교량	충북 진천군 문백면 구곡리 601-32	삼국시대 고려말기	20세기

괴산군

문화재 명칭	지정번호	건축유형	주 소	창건시기	현황 조성시기
청안 동헌	충북유형문화재 93호	관아	충북 괴산군 청안면 읍내리 573-5	1405년	1981년 복원수리
연풍 동헌	충북유형문화재 162호	관아	충북 괴산군 연풍면 삼풍리 162	1766년	1965 중수 1972 이건
괴산 동헌	충북유형문화재 163호	관아	충북 괴산군 괴산읍 서부리 625	조선초기	
연풍 향청	충북문화재자료 13호	관아	충북 괴산군 연풍면 삼풍리 165-1	조선시대	1995년
보개산 각연사		사찰	충북 괴산군 칠성면 태성리 38	조선후기	
괴산 각연사 대웅전	충북유형문화재 126호	사찰	충북 괴산군 칠성면 태성리 38	조선후기	
괴산 각연사 비로전	충북유형문화재 125호	사찰	충북 괴산군 칠성면 태성리 38	조선후기	
청안향교	충북유형문화재 40호	향교	충북 괴산군 청안면 읍내리 278	조선초기	1981년
괴산향교	충북유형문화재 102호	향교	충북 괴산군 괴산읍 서부리 104	조선초기	조선 중종 이건
연풍향교	충북유형문화재 103호	향교	충북 괴산군 연풍면 행촌리 590	1515년	20세기
청안 사마소	충북기념물 49호	사당	충북 괴산군 청안면 읍내리 279	1703년	20세기
괴산 김기응 가옥	중요민속자료 136호	주택	충북 괴산군 칠성면 율원리 907-10	1910년	20세기
괴산 청천리고가	중요민속자료 147호	주택	충북 괴산군 청천면 청천리 76	19세기 후반	20세기
괴산 홍범식 고택	충북민속자료 14호	주택	충북 괴산군 괴산읍 동부리 450-1	1861년	21세기
괴산 이창훈 가옥	충북민속자료 17호	주택	충북 괴산군 감물면 오간리 47		
괴산 애한정	충북유형문화재 50호	정자	충북 괴산군 괴산읍 검승리 76	1614년	1979 해체 보수
괴산 고산정 및 제월대	충북기념물 24호	정자	충북 괴산군 괴산읍 제월리 산 16-2	1596년	

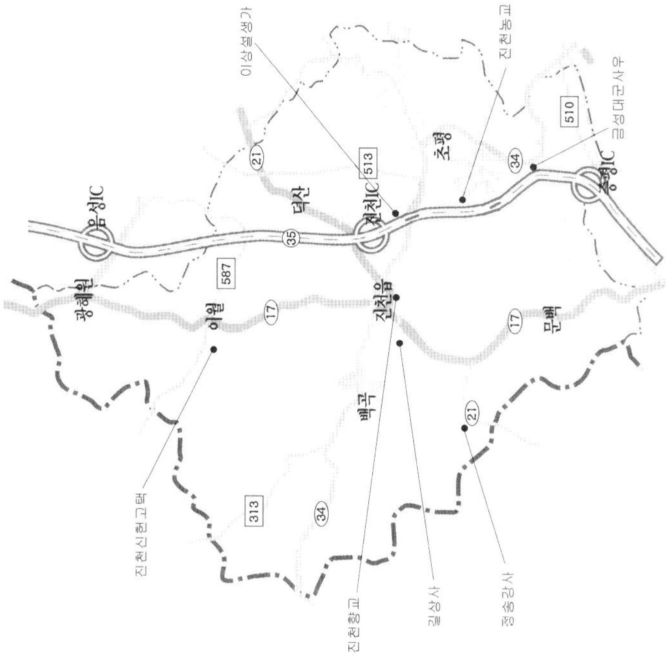

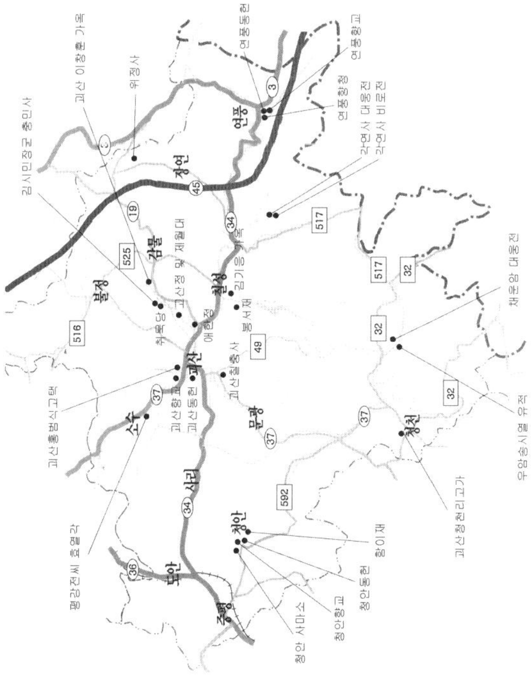

청주시

문화재 명칭	지정번호	건축 유형	주 소	창건시기	현황 조성시기
충청도 병마절도사 영문	충북유형문화재 15호	관아	충북 청주시 상당구 남문로 2가 92-6	1731년	1868 중건 1955, 1984 보수
청주 동헌	충북유형문화재 109호	관아	충북 청주시 상당구 북문로1가동 171-3	1734년	1825 중건
청주 흥덕사지	사적 315호	사지	충북 청주시 흥덕구 운천동 866	신라시대	20세기
용두사지 철당간	국보 41호	당간	충북 청주시 상당구 남문로 2가 48-19	962년	
청주 보살사 극락보전	충북유형문화재 56호	사찰	충북 청주시 상당구 용암동 7	567년	조선후기
청주 탑동 오층석탑	충북유형문화재 25호	탑파	충북 청주시 상당구 탑동 251		
청주향교	충북유형문화재 39호	향교	충북 청주시 상당구 대성동 67	조선 태조	
청주 신전동 고가	충북유형문화재 145호	주택	충북 청주시 흥덕구 신전동 180	1926년	20세기
청주 망선루	충북유형문화재 110호	정자	충북 청주시 상당구 남문로 2가 92	고려시대	
청주 성공회 성당	충북유형문화재 149호	성당	충북 청주시 상당구 수동 202	1935년	
청주 탑동 양관	충북유형문화재 133호	기타	충북 청주시 상당구 탑동 94-17	1907~1932년	1907~1932년
무농정지	충북기념물 85호	정자	충북 청주시 상당구 방서동 210-4	고려초기	1949년 중건 1988년 개건

청원군

문화재 명칭	지정번호	건축 유형	주 소	창건시기	현황 조성시기
문산관	충북유형문화재 49호	객사	충북 청원군 문의면 문산리 산6-1	1666년	1728년 중수
구룡산 안심사		사찰	충북 청원군 남이면 사동리 271	통일신라시대	20세기
안심사 대웅전	보물 664호	사찰	충북 청원군 남이면 사동리 271	1626년	20세기
안심사 비로전	충북유형문화재 112호	사찰	충북 청원군 남이면 사동리 271	1613년	조선후기
청원 월리사 대웅전	충북유형문화재 58호	사찰	충북 청원군 문의면 문덕리 5	1657년	
청원 계산리 오층석탑	보물 511호	탑파	충북 청원군 가덕면 계산리 48	고려시대	
문의향교	충북유형문화재 94호	향교	충북 청원군 문의면 미천리 220-1	조선초기	1683년 이건 1915년 재건
묵정영당	충북유형문화재 108호	향교	충북 청원군 낭성면 관정리 428		
삼세충효문	충북기념물 40호	정문	충북 청원군 북일면 비중리 110-1	1717년	1972년
청원 이항희 가옥	중요민속자료 133호	주택	충북 청원군 남일면 고은리 190	1861년	20세기
청원 유계화 가옥	중요민속자료 138호	주택	충북 청원군 부용면 부강리 385	1866년	21세기
신영호 고가	충북유형문화재 148호	주택	충북 청원군 가덕면 인차리 148-2	1881년	20세기
손병희선생 유허지	충북기념물 30호	주택	충북 청원군 북이면 금암리 385-2	1860년	1971년 해체보수
청원 과필헌 고택	충북민속자료 8호	주택	충북 청원군 낭성면 호정리 27-1		
지선정	충북유형문화재 111호	정자	충북 청원군 현도면 매봉리 248	1614년	1879년 개건

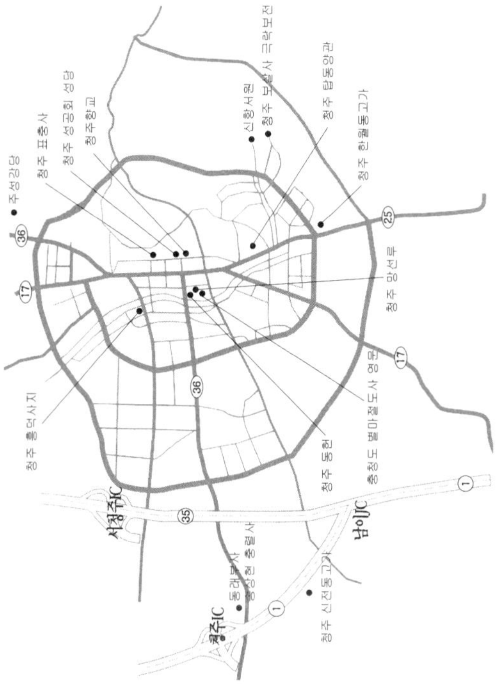
서청주IC
남이JC
청주IC
청주 동헌
청주 향교
청주 망선루

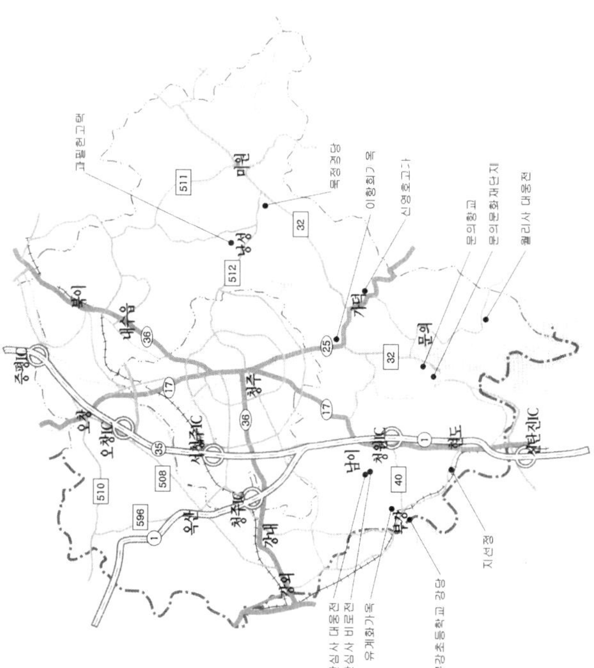
증평IC
북이
내수읍
오창
오창IC
청주
낭성
미원
가덕
문의
남이
청원IC
현도
신탄진IC
옥산
강내
강외
부강

보은군

문화재 명칭	지정번호	건축 유형	주 소	창건시기	현황 조성시기
보은 동헌	충북유형문화재 115호	관아	충북 보은군 보은읍 삼산리 119-4	17세기말 추정	1860년 중수 1983년 보수
회인 인산객사	충북유형문화재 116호	객사	충북 보은군 회북면 중앙리 15외	1655년 중건	1803년 중수 1983년 해체보수
속리산 법주사 일원	사적 및 명승 4호	사찰	충북 보은군 내속리면 사내리 산 1-1외	신라시대	21세기
법주사 철당간					
법주사 대웅보전	보물 915호	사찰	충북 보은군 내속리면 사내리 209	1624년	21세기
법주사 팔상전	국보 55호	사찰	충북 보은군 내속리면 사내리 209	1624년	
법주사 원통보전	보물 916호	사찰	충북 보은군 내속리면 사내리 209	1624년	1974년
법주사 사천왕문	충북유형문화재 46호	사찰	충북 보은군 내속리면 사내리 209	1624년	1974년
보은향교	충북유형문화재 95호	향교	충북 보은군 보은읍 교사리 283외	조선	조선
회인향교	충북유형문화재 96호	향교	충북 보은군 회북면 부수리 405-2	1418~1450년	1611년 재건
보은 선병국 가옥	중요민속자료 134호	주택	충북 보은군 장안면 상개리 154	1919~1921년	20세기
보은 최태하 가옥	중요민속자료 139호	주택	충북 보은군 삼승면 선곡리 281	1892년	
보은 최혁재 가옥	민속자료 16호	주택	충북 보은군 삼승면 선곡리 309-1		
선병묵 고가	문화재자료 4호	주택	충북 보은군 장안면 하개리 96		
선병우 가옥	문화재자료 5호	주택	충북 보은군 장안면 하개리 142-1		
보은 최재한 가옥	문화재자료 44호	주택	충북 보은군 삼승면 선곡리 214-1		

옥천군

문화재 명칭	지정번호	건축 유형	주 소	창건시기	현황 조성시기
옥천 이지당	충북유형문화재 42호	서당	충북 옥천군 군북면 이백리 33	조선중기	1901년 재건
옥천향교	충북유형문화재 97호	향교	충북 옥천군 옥천읍 교동 320	1398년	1592년
청산향교	충북유형문화재 98호	향교	충북 옥천군 옥천읍 교평리 267	1398년	1654년 이건
옥주 사마소	충북유형문화재 157호	사당	충북 옥천군 옥천읍 상계리 57-2	1654년	1893년
옥천 경현당	충북유형문화재 158호	서당	충북 옥천군 이원면 용방리 53	1677년	20세기
옥천 백운리 고가	문화재자료 60호	주택	충북 옥천군 청산면 백운리 163-4		
옥천 양신정	충북기념물 29호	정자	충북 옥천군 동이면 금암리 76	1545년	1828년 재건
옥천 청석교	충북유형문화재 121호	교량	충북 옥천군 군북면 정계리 산7-1	고려시대	

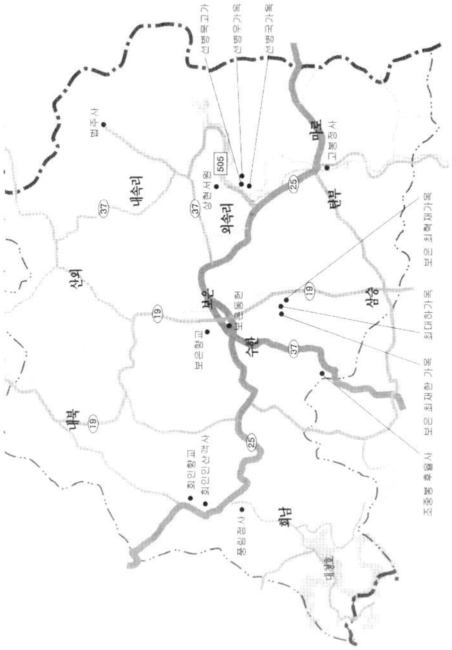

법주사
내속리
외속리
산외
보은
수한
내북
회남
삼승
탄부
마로
보은향교
고봉정사
대청호

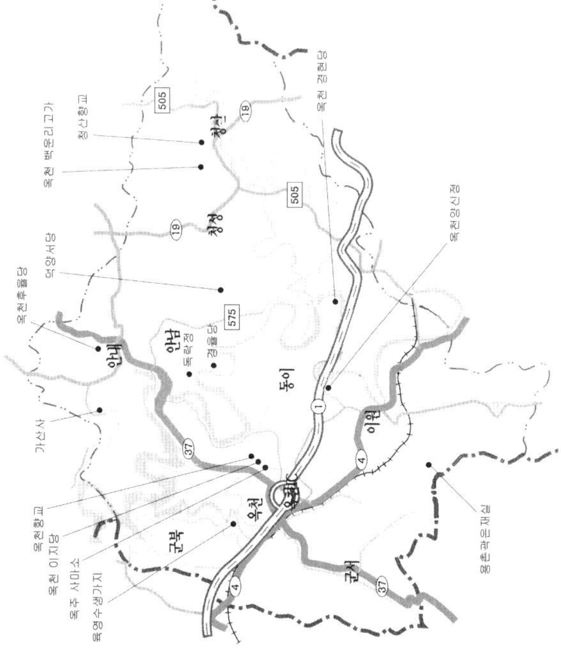

옥천향교
옥천 이지당
옥주 사마소
육영수생가지
가산사
옥천 후율당
독락정
경율당
옥천 백운리고가
청산향교
옥천 경현당
안내
안남
청성
청산
동이
이원
군북
옥천
군서

영동군

문화재 명칭	지정번호	건축 유형	주 소	창건시기	현황 조성시기
천태산 영국사		사찰	충북 영동군 양산면 누교리 1397	신라시대	20세기
영국사 대웅전	충북유형문화재 61호	사찰	충북 영동군 양산면 누교리 1397	668년	1980년 해체복원
영국사 삼층석탑	보물 533호	탑파	충북 영동군 양산면 누교리 1397	통일 신라시대	
영국사 망탑봉 삼층석탑	보물 535호	탑파	충북 영동군 양산면 누교리 산139-1	고려중기	
영동 자풍서당	충북유형문화재 73호	서당	충북 영동군 양강면 두평리 561	조선초기	1964년
영동향교	충북유형문화재 99호	향교	충북 영동군 영동읍 부용리 392	1567~ 1608년	1754년 이건
황간향교	충북유형문화재 100호	향교	충북 영동군 황간면 남성리 150-1	1394년	1666년 이건
사로당	충북유형문화재 151호	서당	충북 영동군 매곡면 노천리 322	1710년	1710년
김자수 유적	충북기념물 41호	강학처 정효각	충북 영동군 심천면 각계리 388	1506~1544년 1721년	1816년
홍학당	충북유형문화재 152호	서당	충북 영동군 매곡면 노천리 452-1	1520년	조선고종
영동 삼괴당	충북기념물 22호	서당	충북 영동군 상촌면 임산리 446	조선중기	1802년 중수
영동 소석 고택	중요민속자료 132호	주택	충북 영동군 심천면 초강리 420-2	1885년	19세기
영동 규당 고택	중요민속자료 140호	주택	충북 영동군 영동읍 계산리 147	19세기말	
영동 김참판 고택	중요민속자료 142호	주택	충북 영동군 양강면 괴목리 401-2	17세기 말	
영동 성위제 가옥	중요민속자료 144호	주택	충북 영동군 학산면 봉림리 708	20세기 초	
영동 묵정리 고가	충북유형문화재 146호	주택	충북 영동군 양강면 묵정리 488		20세기
영동 가곡리 고가	충북유형문화재 147호	주택	충북 영동군 양산면 가곡리 467	1917년	
영동 가학루	충북유형문화재 22호	정자	충북 영동군 황간면 남성리 140	1393년	광해군 중건
영동 화수루	충북유형문화재 165호	정자	충북 영동군 상촌면 하도대리 81	1546년	1804 이건

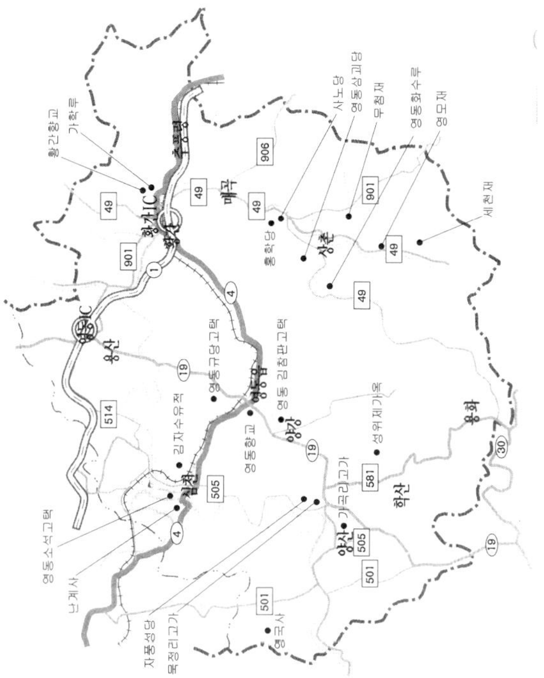
황간향교
가학루
세천재
영동향교
영국사

용어 해설

- 가새 - 네모 구조로 된 골조의 변형을 방지하기 위하여 그 대각선상으로 건너지르는 보강재(벽가새, 하늘가새 등).
- 가적 - 맞배지붕 집의 박공벽에서 달아내 외쪽지붕으로 꾸민 것(안동, 영천 방언). 사랑.
- 갖은삼포 - 주심과 기둥 사이의 중간에도 1출목 다포계의 삼포작 공포를 앉혀서 꾸민 것. 기둥 사이에는 화반과 운궁을 얹고 주심에서 1출목 이익공으로 짠 것.
- 개판 - 지붕널. 물건의 위에 엎어 대는 널의 총칭.
- 겹처마 - 처마 서까래 위에 부연을 달아 꾸민 처마(중첨, 이중처마)
- 계자각(鷄子脚) - 위는 구부정하게 내밀고 초새김하여 난간의 중간 중간에 세워 두겁대를 받치는 짧은 기둥. 대개 두꺼운 널판을 씀. 개다리헌함.
- 고복형 초석 - 북 모양으로 새긴 주춧돌. 북통 주초석
- 고주 - ① 보통 기둥보다 높게 된 기둥.
  ② 솟을지붕 또는 동자기둥을 겸하여 쓰이는 기둥.
- 공간포 - 다포구조에 있어서 기둥과 기둥 사이에 짜올린 공포.
- 공안 - 첨차의 상부 소로와 소로 사이 윗면을 활형으로 깎아내거나 어깨의 앞면을 조금 파낸 부분.
- 공포 - 주두, 소로, 첨차, 제공 등을 짜맞추어 장식을 겸하여 처마하중을 받게 한 것.
- 광창 - ① 넓게 낸 채광창.
  ② 채광하기 위하여 낸 창
- 교두 - 살미나 첨차의 밑면 끝을 활형 또는 원호형으로 깎아낸 모양 또는 그 부분. 살미가 첨차같이 된 것.
- 9량가 - 한식 목조지붕 가구로서 도리가 9개로 된 지붕틀.
- 귀면 - 내림마루(박공마루) 끝이나 사래 마구리에 붙이는 도깨비 얼굴 모양의 장식기와.
- 귀한대 - 귀공포에서 도리와 45° 각도로 내민 포살미.
- 귓보 - 모서리기둥(귀기둥)에 걸쳐지고 대각선상으로 건 지붕보 또는 트러스트의 귀평보.
- 금모로단청(錦毛老丹靑) - 부재의 양끝 또는 한 끝에 머리초를 그리고, 중간 또는 다른 부분에는 단색으로 칠하고 무늬를 넣은 단청. 모로단청과 금단청의 중간정도의 단청.
- 끝걷기 - 서까래 등의 끝머리를 중간부보다 약간 가늘게 훑어 깎는 것.

- 내목도리 - 공포를 짜고 건물 내부로 내놓아 건 도리(내출목도리)
- 내진 - 건물의 내 · 외에 이중으로 기둥이나 벽이 둘러쳐져 있을 때 그 안쪽에 있는 기둥열이나 벽체.

• 내진주 - 한 건물에 기둥 열이 내외 이중으로 둘러져 있을 때 그 안쪽에 있는 기둥(내진 기둥).

• 다포계 - 주심과 주심 사이에도 공포가 배열된 구조형식으로서 주로 고려시대 이후 많이 쓰였음.
• 단연 - 종도리에서 중도리 또는 마룻대 사이에 짧은 서까래.
• 단장여 - ① 기둥 화통가지에 끼워 보나 도리 밑에 보강으로 대는 짧은 가로재.
② 도리 밑에 건너지르지 않고 짧게 받쳐댄 장여.
• 닫집 - 궁궐 · 사찰 · 사묘 등의 보좌, 불단, 제단 위에 지붕 모양으로 씌운 옥개(당가).
• 달동자 - 외기중도리의 왕지부분에 내리세운 짧은 기둥으로 밑 끝에는 꽃새김을 함.
• 당골판 - 단골판, 착고판.
• 덤벙주초 - 둥글넓적한 자연석을 그대로 놓은 주춧돌(호박돌 주초, 자연석 주초).
• 덧서까래 - 지붕의 물매를 잡기 위하여 서까래 위에 덧거는 서까래(허가연).
• 도래걷이 - 보가 기둥에 짜여지는 어깨에 도래를 띄어서 기둥을 싸고 있게 하는 방식.
• 도리 - ① 골조보와 직각방향으로 길어 서까래를 받는 수평재로서 지붕을 꾸미는 골소가 됨
② 처마도리와 중도리 등의 총칭이며 일반적으로는 처마도리를 가리킬 때가 많음.
• 도리간 - ① 도리를 거는 방향으로 서는 기둥과 기둥 사이의 수효.
② 도리방향으로 세운 기둥과 다음 기둥과의 거리 또는 그 사이.
• 돌란대 - 난간의 맨 위에 건너 대어 손스침이 되는 부재로서 단면은 원형, 팔각형, 육각형, 사각형으로 하며 쇠시리하여 쓰기도 함(회란대).
• 동자주 - ① 짧은 기둥, 세로로 세운 짧은 받침기둥, 동자기둥의 준말.
② 가구에서 한 구간의 중간에 세운 나무.
• 들장지 - ① 들어올려 여닫는 장지문.
② 들어올려서 걸어놓은 장지문으로 샛장지문에 많이 쓰임.
• 뜬장여 - 도리 밑에 붙지 않고 통장여와 단장여 밑에 떠있는 상태로 부재 간을 연결하는 장여, 종도리와 중도리 밑에 흔히 쓰임.
• 뜬창방 - ① 용마루나 중도리 밑에 있는 대공 또는 동자주에 가로 건너지른 창방.
② 그 밑에 벽이나 평형 가로재가 없이 된 것.
• 띠살 - 투밀이한 창문의 살.
• 띳장 - ① 판벽에 있어서 널을 박아대는 가로 댄 부재.
② 띠방, 널, 넓은 판을 대기 위하여 기둥 사이에 가로 대는 나무 오리.
③ 창문이나 가로 건너 댄 가는 나무.

- 마구리 - ① 목재의 길이방향에 직각으로 자른 끝면(목구, 단구, 말구).
  ② 벽돌의 6면 중 가장 좁은 면.
  ③ 긴 재료가 잘린 끝면.
- 막새 - ① 처마 끝에 덮는 수키와에 와당이 달린 기와.
  ② 숫막새는 내림새(암키와에 와당이 달린 것)를 암막새라 하는 데에서 온 잘못된 말.
- 망새 - ① 지붕마루 끝에 세우는 내림새.
  ② 암막새 모양의 기와(망와).
- 맞보 - 한 개의 기둥 또는 동자주의 좌우에서 마주친 보.
- 맞춤 - 둘 이상의 부재가 서로 직교하거나 경사지게 짜여지는 것.
- 맹장지 - 문 울거미와 살을 온통 두껍게 싸바른 문(북장지).
- 머름 - 창 밑의 하인방과 창틀(창지방) 사이에 머름 동자를 세우고 널로 막아댄 부분(멀다와 음의 이두표기).
- 머름간 - 가구의 한 장명에 문 없이 널로 막은 좁은 구간을 말하며 대개 상하 띳장(쇠목) 사이에 동자를 세워 작은 구간을 만듦.
- 멍에창방 - 주층 건물에 있어서 하층 서까래 상단을 받는 이중기둥에 건너지른 가로재.
- 모접기 - ① 석재, 목재 등의 모서리를 깎아 좁은 면을 내거나 둥글게 하는 일.
  ② 돌의 접합면의 모서리를 접는 일(빗모접기, 두모접기, 세모접기 등) (모치기).
- 모임지붕 - 추녀 마루의 네 귀가 한 지점에 모이게 된 지붕(삿갓지붕, 네모지붕).
- 모방 - 모서리 방, 주로 남서해안의 주거에서 부엌의 전면에 위치하는 방을 일컬음.
- 모퇴 - 모서리부분의 퇴
- 무량갓 - 지붕마루를 꾸미지 않은 건물. 이익공 무량갓(이익공으로 장식되고 지붕은 마루가 없게 꾸민 것). 서울 창덕궁내 대조전 등에 보임.
- 무사석 - ① 네모반듯하게 다듬어 성벽과 담벽 등에 높이 쌓아올리는 돌.
  ② 홍예돌 옆에 쌓은 네모반듯한 돌.
- 문설주 - 문의 양쪽에 세워 문짝을 끼워 달게 된 기둥(선틀).
- 문지방 - ① 출입문 밑에 건너지른 인방, 문틀이 됨.
  ② 문틀에서 밑에 가로 댄 부재.
- 물매 - ① 수평을 기준으로 한 경사의 정도.
  ② 수평 길이에 대한 수직 높이의 치수로 나타냄.
  ③ 지금은 수평 길이 10cm에 대한 높이를 센티미터로 나타내지만 예전에는 한 자에 대한 높이 치수로 나타내었음〔5치물매(5:10)〕.
- 물익공(勿翼工) - 끝이 쇠서모양으로 삐죽하지 않고 두리뭉실하게 초각된 익공의 꾸밈새. 무익공(無翼工), 모익공(母翼工)

• 문울거미 - 문짝의 상하좌우에 짜맞춘 뼈대. 좌우선대 및 상하막이로 됨.
• 민흘림기둥 - 기둥뿌리는 굵고 위로 올라가면서 곡선적으로 가늘게 된 흘림기둥.

• 박공 - ① 건물의 측면 벽에서 내민 경사지붕 옆면에 붙인 널.
② 맞배지붕 끝이나 합각머리에 ㅅ자형으로 댄 널. 원래 지붕에 불어오는 바람을 잡는다는 뜻의 박풍에서 온 말이라고 함.
• 박석 - ① 넓고 얇게 뜬 돌.
② 바닥에 깐 돌.
③ 능묘(陵墓)에서 병풍석과 난간 사이에 깐은 돌, 첨계상석.
• 반5량 - 용마루를 중심으로 지붕틀의 전면은 5량, 후면은 3량으로 꾸민 지붕틀.
• 방주 - 부재 단면이 네모진 기둥(네모기둥, 모기둥)
• 방초박이 - 지붕 끝에서 막새가 흘러내리지 않도록 박아 대는 못.
• 배흘림기둥 - 기둥의 중간이 굵고 밑이나 위로 올라가면서 직선으로 가늘게 된 기둥으로, 기둥의 측면은 직선적으로 경사짐(배불림 기둥).
• 벅수 - 돌짐승
• 벽선 - ① 기둥과 벽 사이에 세운 각재.
② 벽 중간에 벽을 치기 위하여 세운 중깃.
③ 창문이 달리는 좌우에 세운 문틀재(문설주, 설주)
• 보 - 지붕 또는 상층에서 오는 하중을 받는 부재로서 기둥 또는 벽체 위에 수평으로 걸친 구조 부재.
• 보개 - ① 궁전의 왕좌 위에 씌운 천장.
② 탑의 상륜의 보륜과 수연 사이에 있는 지붕 모양의 부분.
③ 보주 같은 것으로 장식한 천개.
• 보아지 - 기둥머리 또는 주두에 끼워 보의 짜임새를 보강하는 짧은 부재 (양봉).
• 복화반 - 화반의 모양이 아래쪽은 넓고 위쪽이 좁은 것.
• 부섭지붕 - 서까래의 밑머리를 다른 벽에 지지시켜 달아낸 지붕.
• 부연 - 처마 서까래의 처마 끝에 덧얹어 건 짤막한 네모난 서까래로서 처마를 위로 올려 모양이 나게 함. 부연초리(내밀기)는 처마 서까래의 1/4~1/3 정도로 함(비연).
• 분합문 - 마루나 방 앞에 설치한 큰 창호.
• 불발기문 - 장지의 한가운데에 가는 살을 짜대고 창호지를 붙여 일부는 채광이 되게 하고 상하에는 안팎을 종이로 두껍게 싸바른 문.
• 빗반자 - 천장의 일부 또는 전부가 경사지게 꾸민 것(빗천장).

- 뺄목 - 부재의 머리가 다른 재의 구멍이나 홈을 뚫고 내민 부분, 장부머리 따위.

- 사개 - ① 여러 갈래의 장부나 촉이 한자리에서 짜이는 것.
  ② 기둥 위에 보나 도리가 상방에서 맞추어지는 것(사괘)
- 사괴석 - 한국 주택의 외벽 또는 담 등을 쌓는 데 쓰이는 네모진 돌로 각각 20~25㎝의 입방체형의 석재, 한 사람이 네 덩이를 질 만한 크기에서 온 말(사고석).
- 사래 - 겹처마의 귀에서 추녀 끝에 내밀어 걸어 부연을 걸치는 짧은 추녀 모양의 부재.
- 4량 - ① 한식 지붕틀에서 전면을 5량으로, 후면은 세마루식으로 꾸민 지붕틀(반오량).
  ② 지붕의 전후면에 처마도리 또는 중도리를 걸고 중도리와 중도리 사이에 서까래를 수평으로 걸어 그 위에 덧집 또는 적심을 채워 지붕마루를 꾸미는 지붕틀(평사량).
- 4분변작법 - 건물의 보간 사이를 4등분한 지점(중간은 제외)에 동자주를 세우고 종량과 중도리를 배치하는 지붕가구의 한 방법으로 4등분점에 고주를 세우기도 함.
- 사절 - 부재축에 직각으로 자르지 않고 경사지게 자른 것.
- 사천주 - 목탑의 심주 주위에 세운 네 기둥으로 사천왕은 수미산의 중턱에 있는 사왕천의 주신으로 동 지국천왕, 남 증장천왕, 서 광목천왕, 북 다문천왕으로 불법에 귀의한 중생을 수호한다고 함.
- 산자 - 서까래 위에 기와를 잇기 위하여 가는 나무오리, 싸리나무, 가는 장작 따위를 새끼로 엮어 댄 것 또는 그 재료.
- 살미 - 주심에서 보 밑을 받치거나 좌우 기둥 중간에 도리와 장여에 직교하여 받쳐 댄 쇠서 모양으로 내민 공포 부재 짜임새의 총칭. 첨차에 직교되며 외부는 쇠서형으로 내밀고 내부는 교두형 또는 초엽, 연화 등을 새김(포살미의 준말)
- 3량가 - 도리가 세개 있는 지붕 가구(세마루지붕틀).
- 삼분두 - 보머리, 장여뺄목 등의 끝을 모양나게 세 번 꺾어 잘라낸 형식의 끝머리.
- 3분변작법 - 건물 전칸 사이의 3등분점에 동자주를 세우고 종량과 중도리를 배치하는 지붕가구의 한 방법. 삼등분점에 고주를 세우기도 함.
- 샛기둥 - 벽을 치기 위해 본 기둥 사이에 세우는 작은 기둥.
- 선자연 - 추녀 옆에서부터 면서까래까지 중도리의 교차점을 중심으로 하여 부채살처럼 배치하는 서까래(선자 서까래).
- 섬돌 - ① 지대를 높이 쌓은 돌(지댓돌, 첨댓돌).
  ② 돌계단.
- 세살 - 가는 창문살의 총칭
  ① 투밀이한 창문의 살.

② 세살문(띠살문)에 쓰이는 살.

• 소란 – ① 큰 부재로 짠, 한 구간에 잘게 구획하여 대는 가는 나무오리.

② 소란반자. 천장틀, 양판틀 등의 가장자리에 장식적으로 쇠시리하여 대는 가는 테두리대.

• 소로 – 장여나 공포재(살미, 첨차, 쇠서, 익공 등)의 밑에 받쳐 괸 됫박 모양의 네모진 부재. 두.

• 소맷돌 – ① 돌계단의 옆면에 막아 댄 돌.

② 계단 옆막이 돌. 우석.

• 쇠서 – 공포에서 보 방향으로 얹어 첨차와 직교하게 짜여지며 끝이 소의 혀 모양으로 생긴 부재.

• 쇠시리 – 나무의 모서리나 면을 모양지게 깎아 만든 것 또는 그 일. 두드러지게 하거나 오목하게 하여 모양을 돋힌 것.

• 수장재 – ① 건축물의 내 · 외부에 노출되어 미려하게 꾸미는 재료의 총칭.

② 목조 구조체에서 체목 이외로서 치장되어지는 목재의 총칭.

• 순각판 – 각출목 사이사이를 첨차 위쪽에서 막아댄 반자 널.

• 신방목 – 일각대문의 기둥 밑에 가로 끼어 댄 나무[신방의 준말].

• 심주 – 탑, 정자, 누각 등의 한복판에 세운 기둥. 중층일 때는 통재기둥을 쓰기도 하며 심초석 위에 세움(옥심주, 중심주의 준말).

• 상사 – 기둥, 창문틀 또는 창문 울거미에 두 줄이 오목하게 들어간 쇠시리 또는 그 모양.

• 아귀토 – 수키와의 처마 끝에 물린 회백토 반죽(와구토, 아구토) .

• 안초공 – 기둥머리의 내 · 외로 평방에 직교하여 끼워서 기둥 상부의 공포를 받는 부재.

• 앙곡 – ① 아래에서 위로 곡선이 져서 휘어오른 상태 또는 그렇게 하는 일. 추녀허리 등.

② 추녀머리에 건 휘어오른 곡선형의 평고대.

• 양성 – 지붕마루의 수직면에 회사반죽 또는 회반죽을 바른 것.

• 어간 – ① 건물의 중앙칸.

② 정간 : 정면이 여러 칸으로 되어 있을 때 그 중앙에 있는 칸. 대개 가장 넓은 칸으로 꾸밈(중앙칸).

• 엄지기둥 – 난간의 끝에 서는 난간 동자보다 굵은 난간기둥.

• 연귀 – 직교하는 두 개의 나무 마구리가 보이지 않게 45° 각도로 빗잘라 대는 맞춤(연구).

• 연등천장 – 서까래 사이(연등)의 개판 또는 앙토 밑에 그대로 치장이 되게 한 반자(연등반자).

- 연목 – 서까래 또는 서까래로 쓰이는 통나무. 대 · 중 · 소 연목으로 구분함.
- 연함 – 암키와의 뒷면에 맞는 골을 파서 평고대 위에 박아 대어 처마끝 암키와를 받는 재〔여암(변음)〕.
- 연침 – 전 · 후 또는 상 · 하에서 오는 서까래가 엇대어지는 끝머리에 구멍을 뚫고 연달아 꿰어 연결하는 가늘고 긴 나무로서 참나무 가지와 굵은 싸리나무를 씀. 쇠못이 없던 때에 쓰던 것으로 마룻도리와 중도리 위에서도 썼으나 지금은 중도리 위에서는 쓰지 않음.
- 5량가 – 전 · 후 처마도리와 중도리 및 마룻도리의 다섯 개의 도리로 꾸민 지붕틀(5량 지붕틀).
- 왕지도리 – 모서리 기둥 밖으로 내민 도리.
- 외기 – 충량에 직접 또는 동자기둥을 세우고 측면 중도리를 저울대 모양으로 꾸민 것. 합작지붕의 보꾹치장으로 꾸밀 때 쓰임.
- 외목도리 – ① 포작 외부에 내놓아 건 도리 (외출목도리).
  ② 기둥의 중심선 바깥쪽에 나앉아 걸리는 도리(나앉은 도리).
- 외진 – 건물의 내 · 외에 이중으로 기둥이나 벽이 둘려쳐져 있을 때 그 바깥쪽의 기둥열이나 벽체(바깥둘레 기둥)
- 외진주 – 건물의 외부 변두리에 둘리어 세운기둥(변두리기둥).
- 용두 – 지붕 용마루 또는 귀마루에 올려 놓은 용머리형의 장식 기와.
- 용마루 – 지붕의 중앙부에 가장 높이 있는 수평 마루. 몸체의 지붕마루로서 제일 높고 큰 것(종마루, 대마루).
- 우물마루 – 마루틀을 짜고 그 사이에 넓은 널을 짧게 잘라 끼워 놓은 마루.
- 우물반자 – 반자틀을 井자로 짜고, 그 사이에 넓은 널 등으로 덮어 꾸민 천장.
- 우미량 – 도리와 보에 걸쳐 동자기둥을 받는 부재. 또는 처마도리와 동자기둥에 걸쳐 그 일단이 중도리에 짜여진 보(꼬리보).
- 운공 – 이익공 공포에 있어서 화반 상부에 가로 얹혀 장여와 도리를 받는 초새김을 한 짧은 부재.
- 운궁 – 건물 내부에서 초새김한 포살미가 중첩된 부분.
- 원주 – 단면이 원형으로 된 기둥 (두리 기둥, 영원주, 둥근기둥)
- 월대 – 궁전 앞에 있는 섬돌(전각기단)
- 유리와 – 광주산 의안토에 황단을 넣어 구운 청기와의 다른 이름(시유와, 청유리와).
- 은장 – 부재의 쪽매 또는 맞댄 자리가 벌어지지 않게 그 사이에 걸쳐 끼워넣는 나비 모양의 나무 쪽.
- 2고주7량 – ① 한식 목조건물에서 내부에 전후로 고주 두 개를 써서 꾸민 7량 지붕틀
  ② 고주가 전후에 대칭형으로 선 7량.

• 이방 – 귀평방머리 위에 얹어 귀의 공포(한대)를 받치는 짧은 부재(고삽).
• 이음 – 재를 길이 방향으로 이어가는 방법 또는 그곳
• 익공계 – 기둥 위에 쇠서 보아지를 끼우고 그 위에 주두, 두공 및 쇠서를 짜서 장식하는 계통의 공포, 초익공과 이익공의 두 형식이 대표적이며, 그 기원은 주심포가 간략 형식화 되었다는 설과 또 다른 형식으로 조선조에 발생했다는 양론이 있음.
• 인방 – 기둥과 기둥 또는 벽선에 가로질러 벽체의 뼈대 또는 문틀이 되는 가로재로 상방, 중방 및 하방의 총칭.
• 1고주5량 – 건물 내부 앞쪽 또는 뒤쪽에 고주 하나를 써서 꾸민 5량 지붕틀.

• 장마루 – 긴 마루널을 깐 마루.
• 장부 – 한 재의 판 구멍에 끼워넣을 수 있도록 다른 재의 끝을 가늘고 길게 널찍한 촉같이 만든 부분. 장부촉과 장부맞춤 등에 쓰임.
• 장여 – 도리 바로 밑에 평행으로 받쳐 거는 인방과 같은 부재(장혀).
• 재주두 – 이익공 형식에서 주두 위의 이익공 두공 위에 얹어 도리밑 장여와 들보를 받는 대접주두, 운두는 낮고 크기는 주두의 밑면과 같이 하는 것이 보통임.
• 절병통 – 사모정 · 육모정 · 팔모정 등의 지붕 꼭대기에 올려 놓는 항아리 모양의 장식 기와.
• 정료대 – 횃불을 피워 놓은 뜰에 세운 기둥 모양의 대. 옛날 대궐 뜰에서 밤중에 참내하는 재신을 위해 횃불을 켰음.
• 제공 – 공포에 있어서 첨차와 살미가 층층이 짜여진 것. 또는 첨차와 직교되는 살미. 주두나 대접받침의 위에서부터 차례로 초제공, 2제공, 3제공 등 위로 각 층을 이름 붙임(제궁).
• 제형보 – 사디리꼴로 된 보. 고려시대의 주심포집에 쓰였음 .
• 종대공 – 종도리를 받은 수직재(마룻대공).
• 종도리 – 건물의 가장 윗부분에 걸친 도리(마룻대).
• 종량 – 지붕가구에 있어서 대들보 위에 동자주를 양쪽에 세우고 그 위에 건너지른 보. 대공을 받음(종보, 마룻보).
• 주간포 – 기둥과 기둥 사이의 중간에 배치한 공포(갖은포, 간포, 공간포).
• 주두 – ① 기둥 머리를 장식하며 공포 부재(살미, 첨차, 쇠서, 두공 등)를 받치는 됫박처럼 네모지게 만든 부재(대접받침).
② 서양 고전건축에서 기둥 위에 얹어 장식한 것. 동시에 상부의 하중을 받아 균등하게 기둥에 전달하는 기능을 지님.
• 주선 – 기둥 옆에 붙은 문설주. 또는 옆벽을 치는 수직재.

• **주심포계** – 목구조 건축에서 공포가 기둥 중심 위에만 짜여진 공포형식. 또는 고려중기 이전의 목조건축의 공포형식.
• **주좌** – 주초 상면에 기둥을 받치는 부분을 약간 높게 새긴 자리.
• **중도리** – 처마도리와 마룻도리 사이에 건 도리.
• **중종보** – 대들보와 마룻보(종량) 사이에 건 도리.
• **지대석** – ① 병풍석, 난간의 기초부에 까는 대석.
② 댓돌
• **직절** – 부재축에 직각으로 자른 것, 또는 그 일.

• **창방** – 한식 목조건물의 기둥 위에 가로 건너질러 연결하고 평방 또는 화반, 소로 등을 받는 수평재.
• **처마** – 지붕이 도리 밖으로 내민 부분(첨아, 첨하)
• **첨차** – 공포에서 주두 또는 소로에 얹혀 도리방향 또는 그에 직교하는 방향의 십자맞춤이 되는 부재. 직교하는 두 재가 거의 동일하여 도명으로 하고 있음.
• **초각** – 당초무늬를 새긴 것(파련각).
• **초공** – ① 도리받침 장여와 직교되어 짜이고 도리가 좌우로 구르지 않게 고정하는 부재.
② 종량의 끝이 도리 및 장여와 짜일 때 도리가 구르지 않게 하고 그 끝머리에 초각한 것.
③ 초각하여 끼우는 재의 총칭(승두).
• **초반** – ① 넓적한 주춧돌.
② 건축물의 지반에 널리 하중을 전달시키기 위하여 주춧돌 밑에 받쳐 까는 넓적하고 큰 돌(초반석).
• **초방** – ① 창방 또는 인방의 뺄목, 끝머리 등을 초새김하여 장식한 것.
② 초새김한 포인방.
• **초석** – 지붕 밑에 기초로 받쳐 놓은 돌(주춧돌).
• **추녀** – 합각지붕과 모임지붕의 귀에 대각선 방향으로 거는 경사진 부재. 그 옆에 붙임혀, 귀서까래 선자, 서까래가 붙음(춘설).
• **출목** – 공포에서 기둥 중심에 대하여 밖으로 나가 앉은 것.
• **취두** – 지붕마루의 양끝머리에 얹는 독수리 머리 모양을 새긴 장식 기와. 국가 · 사회적으로 격식이 높은 건물에만 쓰임.
• **층단반자** – 천장의 갓 둘레 또는 일부를 낮게 하거나 높게 하여 중간부분과 층이 지게 만든 천장(층급반자, 층급천장).
• **치목** – ① 통나무를 도끼나 자귀로 다듬어 재목을 만드는 일.

② 나무를 깎고 다듬는 일.

• 치미 – 용마루 끝에 있는 날짐승 꼬리 모양의 장식기와. 삼국시대에 쓰였음(망새).

• 치석 – ① 깎아낸 돌을 치수에 맞는 석재로 만드는 일.
② 석재를 곱고 면바르게 다듬는 일.

• 7량가 – 한식 목조건물에서 도리가 7개로 된 지붕틀.

• 토대 – 목조건물에 있어서 기초 위에 가로대어 기둥을 고정하는 벽체의 최하부재.

• 토수 – 추녀와 사래 끝에 끼우는 용두형의 기와.

• 통장여 – 길게 건너지른 장여.

• 통층 – 중층 건물에서 내부의 상층 바닥을 꾸미지 않고 통하게 된 구조.

• 툇간 – ① 건물의 내진 밖에 달아낸 내진보다 폭이 좁은 외진의 주칸.
② 전면이 여러 칸으로 된 건물에서 좌우 끝쪽에 있는 칸으로 대개 협간보다도 작게 함.
③ 몸채 앞뒤에 달린 칸. 또는 덧달아낸 칸.

• 퇴량 – 툇간에 건 보(툇보).

• 툇기둥 – 툇간에 세운 기둥. 물림간의 비깥쪽에 서는 기둥, 평주보다 낮게 됨(퇴주).

• 툇마루 – ① 툇간에 놓은 마루.
② 방이나 마루 바깥에 붙여 꾸민 좁은 마루의 총칭.

• 판축기초 – 터파기를 하고 넓직한 돌을 두께 20~30cm 정도로 펴 깔고 위에 토사를 넣어 다지고, 또 그와 같이 하여 축조한 기초. 콘크리트가 없을 때에 쓰인 기초공법의 하나.

• 팔작지붕 – 지붕 위에 까치박공이 달린 삼각형의 벽이 있는 지붕. 처마끝은 모임지붕처럼 되고 용마루 부근에 삼각형의 벽이 있는 지붕(합각지붕).

• 편수깎기 – 기둥 상부를 점차 가늘게 하고 그 윗머리부분을 궁글려 접은 것(어깨굴림).

• 평고대 – 처마 서까래나 부연의 끝에 걸쳐댄 가는 나무(평고자). 처마 서까래 위의 것을 서까래 평고대(초매기), 부연 위의 것을 부연 평고대(이매기)라 함.

• 평방 – 공포 등을 받치기 위하여 평주 위에 건너지르고 창방 위에 얹히는 가로재.

• 평주 – 한식 목조 건물의 여간 좌우에 세운 기둥.

• 포벽 – 공포와 공포 사이에 있는 평방 위의 벽(불벽).

• 포중방 – 공포에 있어서 첨차 위 보방향 전 · 후로 길게 건너지른 부재(포인방, 초방).

• 풍판 – 풍우를 막기 위해 박공벽과 합각벽을 가려 박공널 밑 바로 안쪽에 널판장처럼 댄 널.

• 풍혈 – ① 기구와 가구 속의 통풍을 위하여 뚫어 놓거나 비워놓은 구멍.

② 기구, 가구 등의 구멍이나 비워놓은 갓 둘레에 새김질하고 돌려댄 테두리.

- 하앙계 - 공포를 짜고 위에 경사져 내린 하앙을 뻗쳐 결구한 공포계통.
- 합각 - 지붕위 용마루 옆면에 삼각형의 벽으로 꾸민 부분.
- 합장 - 목구조 건축에서 마룻대의 좌우 이동을 방지하고자 종량에 빗방향으로 버티어 대는 부재(솟을합장).
- 항아리보 - 단면을 항아리 모양으로 다듬어 쓴 보. 고려시대에는 주심포 집에 쓰였음.
- 행공 - 공포에 있어서 외목도리와 장여를 받치는 첨차. 단장여 모양으로 된 것도 있음.
- 헛첨차 - 주심포계 공포 주두 아래에서 기둥머리를 뚫고 내밀어 소로를 얹은 위에 초제공을 받는 부재.
- 협간 - ① 어간의 양측에 있는 주칸.

  ② 전면이 여러 칸으로 된 건물에서 어간 다음에 있는 칸. 대개 중앙보다 작게 함.
- 홍살 - ① 대문의 위쪽에 창살 모양으로 공간을 막아 세워 댄 살.

  ② 홍살문 위에 세워 댄 살. 빨간 단청칠을 함.
- 홑처마 - 부연을 달지 않고 서까래만을 걸어 꾸민 처마.
- 화반 - ① 주심에서는 이익공으로 짜고, 창방 위 중간에 얹어서 주심도리밑 장여를 받는 초새김한 받침.

  ② 엉거시과 식물의 두상화의 가운뎃부분.
- 활주 - 추녀 뿌리를 받친 가는 기둥으로 단면에 원형인 것과 팔각형인 것이 많음(산기둥).
- 회첨 - ㄱ자 집의 안귀에 있는 처마. 지붕골에 있는 처마(고삽).

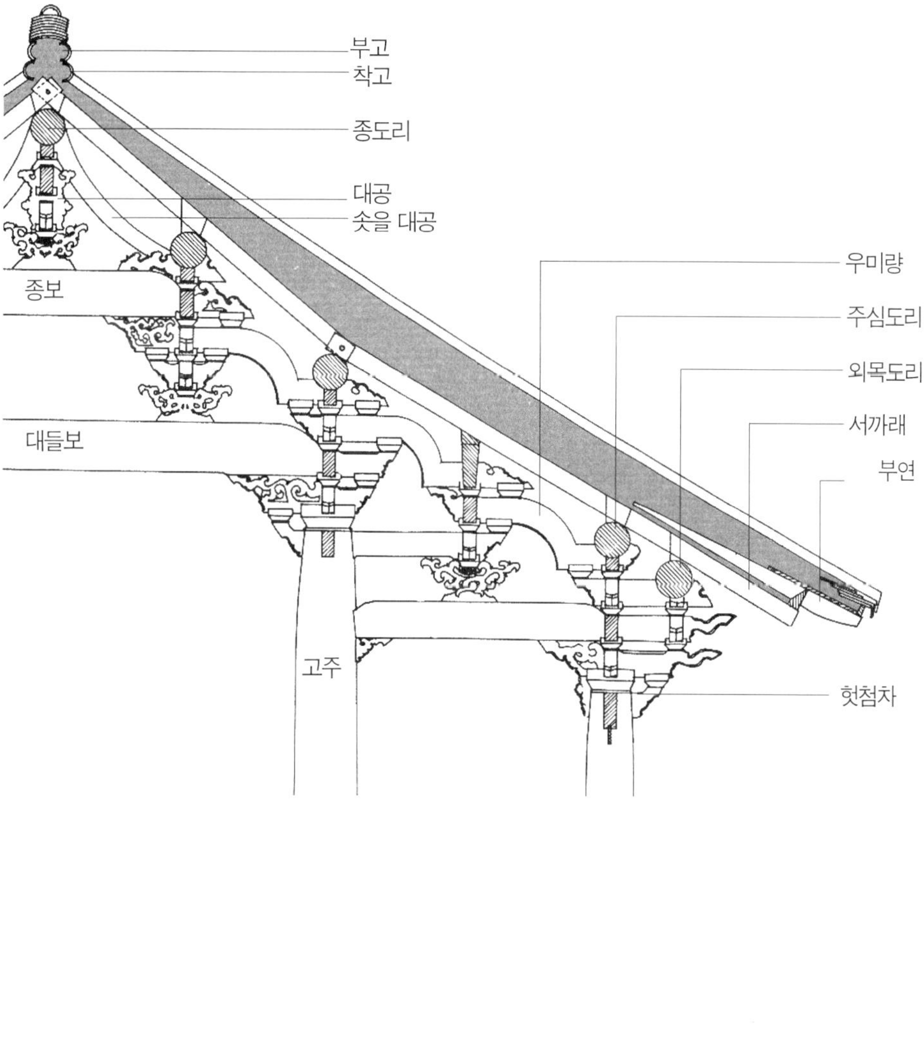
부고
착고
종도리
대공
솟을 대공
우미량
종보
주심도리
외목도리
대들보
서까래
부연
고주
헛첨차

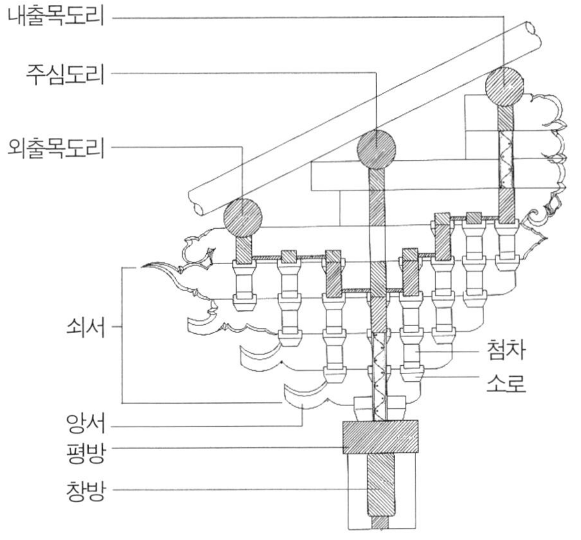
내출목도리
주심도리
외출목도리
쇠서
첨차
소로
앙서
평방
창방

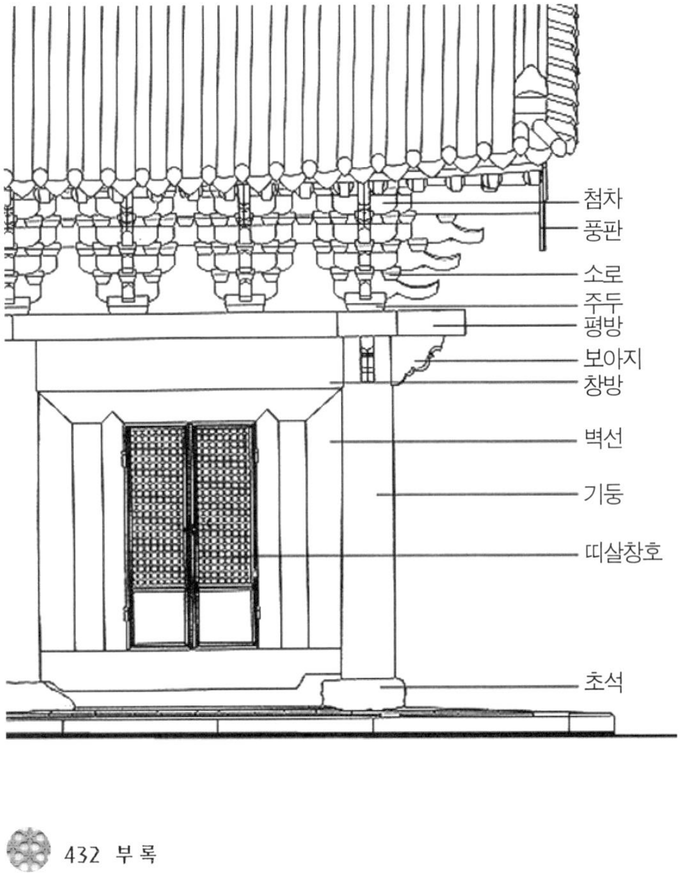
첨차
풍판
소로
주두
평방
보아지
창방
벽선
기둥
띠살창호
초석

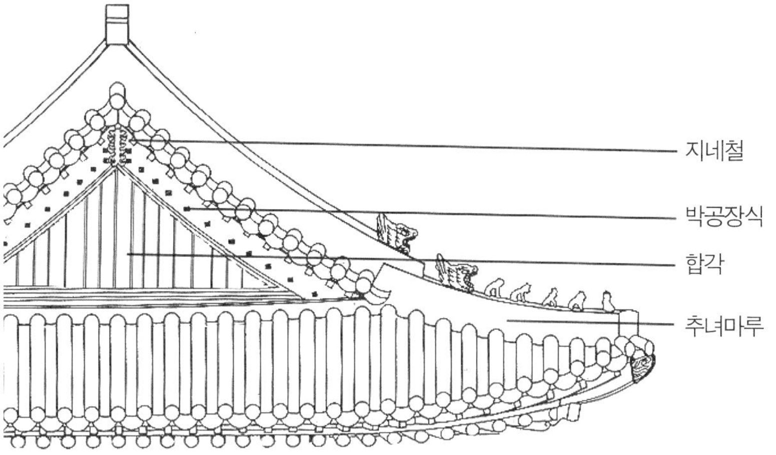
지네철
박공장식
합각
추녀마루

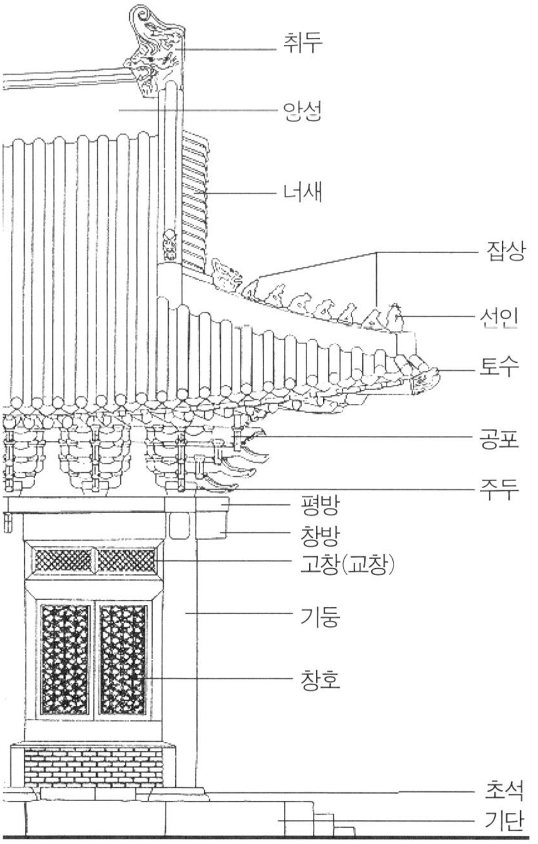
취두
안성
너새
잡상
선인
토수
공포
주두
평방
창방
고창(교창)
기둥
창호
초석
기단

법주사 팔상전 가구명칭도

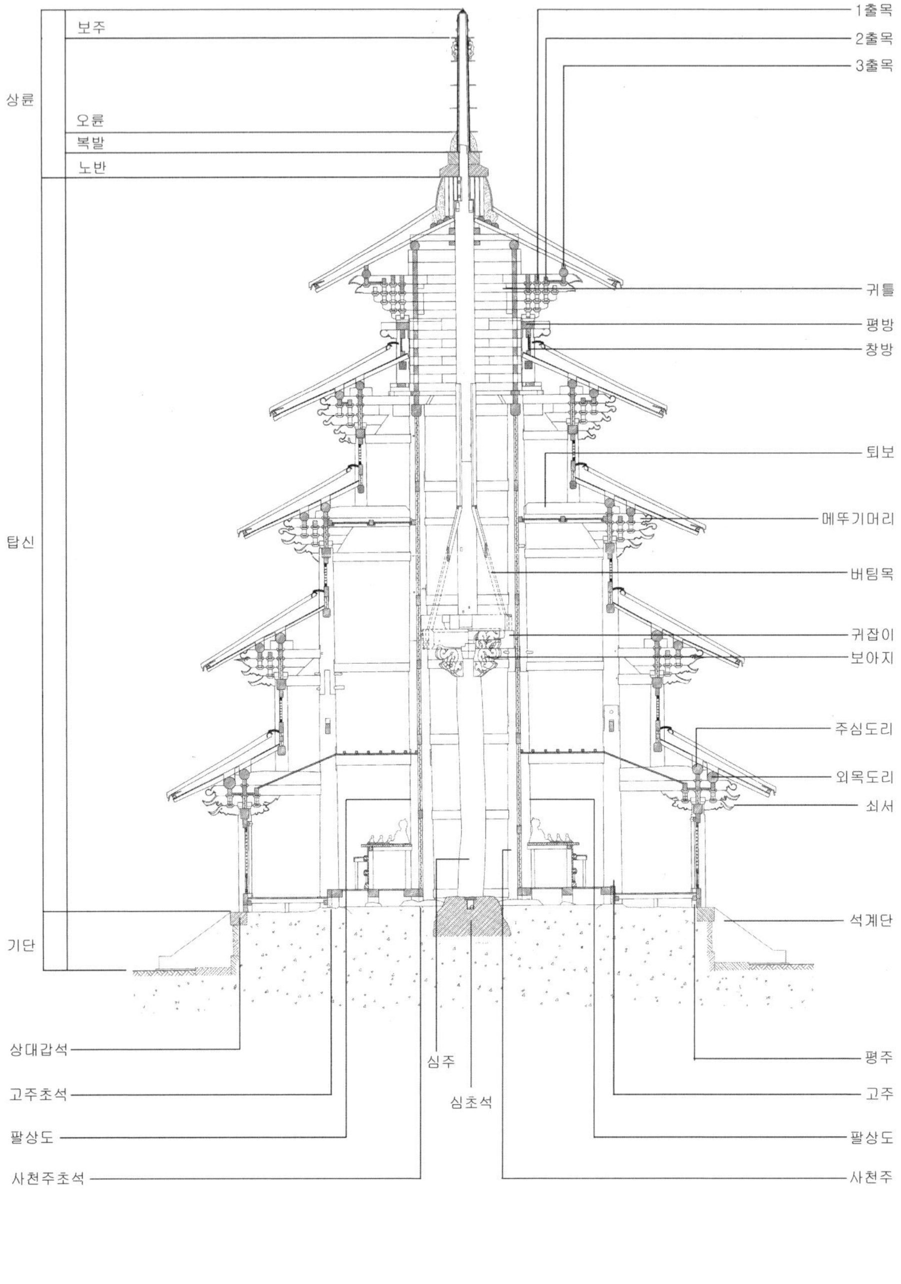

참고문헌

강영환, 한국 주거문화의 역사, 기문당, 1991.

김경표, 팔상전의 구조형식에 관한 연구, 동국대학교 박사학위논문, 1988.

김경표, 중원지역 민가형태 조사연구, 충북대학교 논문집 제25집, 1983. 6.

김경표, 손병희 생가 복원에 대한 고찰, 인문학지 제4집, 1989. 8.

김경표, 이상설 생가 복원에 대한 고찰, 호서문화연구 제9집, 1990. 12.

김경표, 동학교도 집결지 도소건물 복원에 관한 연구, 호서문화연구소 연구총서 5, 1993. 9.

김경표, 충북지역민가 실측조사 연구, 대한건축학회 충북지부 학술발표논문집 2권1호, 1993. 11.

김경표, 청주과학단지 문화유적 지표조사보고(고건축 민가분야), 박물관 조사보고 제41책(충북대), 1994. 6.

김경표, 청풍 명월산성, 호서문화연구소 연구총서 제7책(충북대), 1994. 8.

김경표, 김동욱, 김동현 외12, 한국건축사, 대한건축학회편(기문당), 1996. 9.

김덕문, 조선시대 전통목조건축의 통주형 중층체계, 충북대학교 박사학위논문, 1997.

김동욱, 한국 건축의 역사, 기문당, 1997.

김동욱, 한국건축공장사연구, 기문당, 1993.

김봉열, 한국의 건축(전통건축편), 도서출판 기문당, 1994.

김원룡. 안휘준, 한국미술사, 서울대출판부, 1993.

김원룡, 한국고고학개설, 일지사, 1987.

김정기, 한국목조건축, 일지사, 1980.

김정기, 「우리나라 住宅의 歷史」 韓國史硏究 9, 연세대학교 박물관, 1973.

김현길, 중원의 역사와 문화유적, 영록서점, 1984.

김희경, 탑, 열화당, 1982.

류근주, 고설식 온돌집의 조영특성에 관한 연구, 충북대학교 박사학위논문, 1999.

문화재관리국, 중원문화권 문화유적 지표조사, 1982. 9.

박언곤, 한국의 정자, 대원사, 1995.

배병선, 다포계 맞배집에 관한 연구, 서울대학교 박사학위논문, 1993.

윤장섭, 한국건축사(신정판), 동명사, 1998.

윤장섭, 한국의 건축, 서울대학교 출판부, 1996.

이달훈 · 최생길, 향교건축의 양식에 관한 연구(2), 호서문화연구 제3권, 1983.

이중환 지음, 이익성 옮김, 『택리지』, 한길사, 1992.

장경호, 한국의 전통건축, 문예출판사, 1993.

장기인, 한국건축사전, 보성문화사, 1986.

정영호, 빛깔있는 책들103-8 석탑, 주식회사 대원사, 1989.
정인국, 한국건축양식론, 일지사, 1974.
조성기, 한국 중부형 민가에 관한 연구2, 대한건축학회 논문집 7권 6호, 1991. 12
주남철, 한국건축의장, 일지사, 1985.
주남철, 한국주택건축, 일지사, 1990.
한국미술사학회, 고고미술160, 1983. 12.
한국정신문화연구원, 한국민족문화대백과사전9, 웅진출판, 1991.
한국불교연구원, 『법주사』, 일지사, 1976
홍형옥, 한국 주거사, 민음사, 1992.
문화공보부 문화재관리국, 문화재대관 중요민속자료편, 1985.
문화재관리국 문화재연구소, 문화재안내문안집, 1987.
문화재관리국, 문화재수리보고서, 1994.
충청북도, 문화재지, 1982. 2.
충청북도, 충북의 문화재, 1978.
충청북도, 사지, 1982
충청북도 · 충북대학교 호서문화연구소, 중원문화 학술회의 결과보고서, 1995.
충청북도, 충청북도지, 1992.
충청북도 · 충북학연구소, 충북의 사찰을 찾아서, 도서출판 좋은날, 2001.
충청북도 · 충북학연구소, 충북의 유교문화를 찾아서, 2002.
청주대학교 박물관, 충북의 향교와 문묘, 2005.
청주대학교 박물관, 충북의 사지, 2007.
청주대학교 박물관, 청주흥덕사지 발굴조사보고서, 1986.
청주대학교 박물관, 청원군 문화유적, 1990.
청주대학교 박물관, 영동군 문화유적, 1992.
한국미술사학회, 고고미술160, 1983.
문화재관리국, 중원문화원 문화유적 지표조사, 1982.
연세대학교 건축공학과 동양건축연구실, 괴산 김기응 가옥, 1987.
중원군, 중원군 미륵리 석굴실측조사보고서, 1979.
중원군, 미륵리사지 보존기본계획 연구보고서, 1983.
충북대학교 박물관, 진천군의 문화유적 - 고건축분야, 1998.
충북대학교 박물관, 충주댐 수몰지구 문화재 지표조사보고서, 1980.

청주시, 청주 망선루 현황조사보고서, 1998.
청주시, 용두사지철당간 안전진단 및 보존처리 학술연구용역보고서, 1999.
청원군 청원향토문화연구회, 청주동헌 실측조사 및 복원계획보고서, 1998.
건축문화의 해 충청북도 조직위원회, 충북의 건축문화, 1999.
영동군, 영동 영국사 대웅전 수리보고서, 2005.
충주시, 미륵리 석불입상 보호석실 정밀실측 조사보고서, 2005.
청주시 · 충북대학교 박물관, 문화유적분포지도-청주시-, 1998.
청원군 · 청주대학교 박물관, 문화유적분포지도-청원군-, 2000.
진천군 · 충북대학교 박물관, 문화유적분포지도-진천군-, 2001.
괴산군 · 중원문화재연구원, 문화유적분포지도-괴산군-, 2004.
옥천군 · 청주대학교 박물관, 문화유적분포지도-옥천군-, 2005.
보은군 · 중원문화재연구원, 문화유적분포지도-보은군-, 2005.
영동군 · 중원문화재연구원, 문화유적분포지도-영동군-, 2006.
단양군 · 충청북도문화재연구원, 문화유적분포지도-단양군-, 2007.
한국문화재보호협회 청주시지부, 청주시지, 1976.
충주시 중원군, 충주중원지, 1984.
충주시, 충주시지, 2002.
제천시, 제천시지, 2004.
단양군, 단양군지, 1977.
괴산군, 괴산군지, 1990.
진천군, 진천군지, 1994.
청원군, 청원군지, 1990.
청주시, 청주시 역사유적, 1993
옥천군, 옥천군지, 1994.
보은군, 보은군지, 1994.
영동군, 영동군지, 2004.

한국의 건축문화재 ④ – 충북편

김 경 표(金慶彪)

부산대학교 건축공학과 및 동 대학원 졸업
동국대학교 대학원 졸업(공학박사)
동경대학 외국인 연구원
한국건축역사학회 회장
충북대학교 박물관장
현 충북대학교 건축학과 교수
문화재청 문화재위원
충청북도 문화재위원

주요 논저
발해건축사론, 기문당
한국건축사, 기문당(공저)
한국건축사연구1(공저)
한국건축답사수첩(공저)
실상사 목탑의 복원 연구
왕흥사지 목탑의 복원 연구
팔상전의 구조형식에 관한 연구

2012년 9월 15일 1판 1쇄 인쇄
2012년 9월 20일 1판 1쇄 발행

저 자 김 경 표
발 행 인 강 해 작
발 행 처 기 문 당
주 소 서울 성동구 무학봉28길 4-1(왕십리동 966-22)
전 화 2295-6171(代)~5
팩 스 2296-8188
출판등록 1976.10.7(1-44)
홈페이지 http://기문당
http://www.kimoondang.com
ISBN 978-89-6225-425-9 93540

인하 후 정가 7,000원

저자와의 협의하에 검인생략